无人机移动测量数据快速获取与处理

Fast Acquisition and Processing of UAV Aerial Photogrammetry Data

程多祥　主编

测绘出版社

·北京·

内 容 简 介

近年来,无人机移动测量技术发展迅速,已广泛应用于多个领域。凭借其机动灵活、高效快速、成本低廉等特点,无人机航摄系统具备了其他影像获取方式不可比拟的优势。本书结合作者的研究工作,系统、深入地介绍了无人机移动测量的概念、理论和方法。主要内容包括无人机移动测量系统特点与组成、无人机移动测量数据快速获取与处理技术方法、无人机移动测量作业要求,以及无人机移动测量在应急保障、数字城市建设、地理国情监测等方面的应用。

本书可供从事航空影像获取、无人机系统研究等领域的科研工作者和工程技术人员参考使用,也可作为高等院校相关专业教学和研究的参考资料。

图书在版编目(CIP)数据

无人机移动测量数据快速获取与处理 / 程多祥主编
. — 北京 : 测绘出版社,2015.9(2020.8 重印)
ISBN 978-7-5030-3790-0

Ⅰ. ①无… Ⅱ. ①程… Ⅲ. ①无人驾驶飞机－航空遥感－数据处理 Ⅳ. ①TP72

中国版本图书馆 CIP 数据核字(2015)第 237093 号

责任编辑	赵福生	**封面设计**	李 伟	**责任校对**	董玉珍	**责任印制**	吴 芸

出版发行	测绘出版社	**电 话**	010－68580735(发行部)
地 址	北京市西城区三里河路 50 号		010－68531363(编辑部)
邮政编码	100045	**网 址**	www.chinasmp.com
电子邮箱	smp@sinomaps.com	**经 销**	新华书店
成品规格	184mm×260mm	**印 刷**	北京建筑工业印刷厂
印 张	17.75	**字 数**	440 千字
版 次	2015 年 9 月第 1 版	**印 次**	2020 年 8 月第 4 次印刷
印 数	2201－3200	**定 价**	56.00 元

书 号 ISBN 978-7-5030-3790-0

本书如有印装质量问题,请与我社发行部联系调换。

本书编写组

组　　长：程多祥

副组长：高文娟　　赵　　桢

成　　员：陈思思　　王俊伟　　宫银勇　　周兴霞　　樊文锋

　　　　　曹振宇　　张志强　　张　伟　　张　静　　裴尼松

　　　　　廖学燕　　廖小露　　周云波　　李　伟

前　言

传统的地面测量以点方式获取坐标信息,速度慢、成本高,缺少空间上的连续性,且受环境限制较大,当作业人员无法到达某些区域时,也就无法获取该区域的信息。卫星遥感可以实现大面积区域的同步观测,数据具有综合性和可比性,但数据获取时间受到卫星过境时间限制,且费用较高。在自然灾害、公共安全等事件的处理中,迫切需要发展"天—空—地"一体化的观测体系,应用无人机航空摄影技术获取目标区域现势性信息,高效支撑防灾减灾工作。

随着计算机技术、通信技术、控制技术的迅速发展,以及各种质量轻、体积小、探测精度高的新型传感器的不断涌现,无人机移动测量技术的应用广度和深度也迅速扩展。无人机移动测量具有分辨率高、机动灵活、操作简单、成本低廉、响应迅速、应用简便等特点,是卫星遥感和地面测量技术的有力补充。通过搭载高分辨率光学相机、红外传感器、多镜头集成倾斜摄影相机等传感器,获取作业区域测绘地理信息,直观反映区域现状,其成果广泛应用于地理国情监测、应急响应、灾害预警、城市规划、市政管理、公共安全、农业生产、环境保护等领域。本书面向测绘需求,系统介绍了无人机测量数据的快速获取、处理及应用,以及在测量中的适应性改造,为其在应急中的应用提供支撑。

全书分为6章,分别介绍无人机测量的特点、测量系统、数据获取与处理、作业要求及应用。第1章,介绍无人机移动测量的特点、无人机移动测量技术在国内外的发展、应急无人机测量应用需求;第2章,介绍无人机测量系统构成、无人机平台、飞机控制、任务载荷以及无人机在测量中的适应性改造;第3章,介绍无人机测量数据特点、种类,以及数据获取、传输与管理;第4章,介绍无人机移动测量数据处理流程,主要包括数据处理目标、总体流程、影像预处理、空中三角测量、影像快速拼接、影像融合、影像分类与信息提取、影像产品生产等,列举常用软件平台;第5章,介绍无人机移动测量作业的基本要求与应急响应预案,主要包括应急测绘产品生产质量控制、测量成果整理与验收、应急响应组织体系、应急响应、应急预案等;第6章,结合具体案例,介绍无人机移动测量在应急保障、数字城市建设、地理国情监测及电力巡检等领域的典型应用。

作为无人机测量数据快速获取及处理技术的著作,本书集基础性与实用性于一体,可供测绘管理部门、高校相关专业以及从事无人机测量技术研究和应用的技术人员参考。

限于编者水平,书中难免存在错误和不妥之处,恳请专家学者和读者批评指正。

编　者

2014 年 11 月

目　录

第1章 综　述

§1.1　无人机移动测量及特点

无人机的概念最早是在战争的背景下提出的。20 世纪末期,一些研究团体开始研究具有制图潜质的无人机平台。随着导航系统和制图传感器嵌入无人机平台的技术发展,使通过无人机获取高分辨率影像有了可能(Colomina et al,2014)。

近年来,随着智能控制、计算机视觉、地理信息等技术的发展,相关产业公司确立了航空遥感和制图的新模式——无人机移动测量(Colomina et al,2008)。无人机测量已经能满足地理信息产业用户的大范围、高空间分辨率的数据需求,并发展成为独立的产业。政府也为无人机移动测量提出了新的目标:"提供彩色地图和具有想象力的产品,以达到服务传统航空摄影、满足空间数据市场的需求的目的"。

1.1.1　无人机移动测量概念

无人机移动测量是通过无人驾驶飞行器搭载传感设备,快速获取作业区域地物信息,并进行数据处理、信息提取与分析应用。涉及遥感传感器技术、遥控控制技术、通信技术、差分定位技术等;机动灵活,应用简便,有效弥补了卫星遥感和传统人工测量技术的不足,是近年来迅速兴起的测量手段。

现有的无人机系统分为许多种,可以认为每种不同的技术组合到一起就是一种无人机系统。随着无人机顶层技术的突破,通常认为无人机系统主要由三部分组成:无人飞行器、地面控制站、数据通信链。其他组成部分,如自动飞行控制系统、导航传感器、成像传感器、机械伺服系统等,也是至关重要的。

下面将对无人机系统组成进行介绍,主要是针对无人机移动测量系统的主要组成部分。

1. 无人飞行器

由于系统的内在复杂性和飞行任务限制,无人机移动测量系统中用的飞行器多为固定翼或者多旋翼飞行器,最大起飞重量(maximum take-off weight,MTOW)不超过 30 kg,任务半径在 10 km 以内,高度不超过 300 m,搭载小型或者中型光学相机(主要是在可见光波段)(Colomina et al,2014),由人工控制系统,或者基于全球导航定位系统(global navigation satellite system,GNSS)和惯性导航系统(inertial navigation system,INS)自动控制系统,进行飞行控制。

2. 地面控制站

地面控制站(ground control station,GCS)的主要作用是通过软、硬件设备来监视和控制无人机,它可以是固定的,也可以是移动的。"地面"只是字面上的理解,可以是在陆地、海洋或者空中对无人机进行控制。地面控制站和无人机本身同等重要,通过控制站才能感知飞行状况,获取无人机线路的变化信息、无人机平台故障状况、负载传感器的输出信息等。作为无人机测量系统的基本组成部分,随着计算机技术和通信技术的发展,近年来地面控制站也取得了极大进展。对于不同的控制站,由于监视、控制设备的任务不同,其监测器的组成和数量也有所不同。大型的无人机控制系统其监视器可能有多个,而对于便携式的移动地面控制站,则仅仅由软件构成。

3．数据通信链

在考虑到飞行任务和安全的前提下,无人机系统的通信是至关重要的,在空域受到航空管制(air traffic control,ATC)时尤其重要。无人机系统中常用的通信手段有多种,无人机主要的通信方式是无线区域网络(wireless fidelity,WiFi),另外还有其他一些常用手段,如军事系统中的高频卫星通信技术、全球通用微波通信技术(worldwide interoperability for microwave access,Wi-MAX)等。

4．任务规划

在前面提到的无人机系统的组成(无人飞行器、地面控制站、数据通信链)中,没有明确地提出任务准备和任务执行,但是在无人机测量数据获取中,任务规划(mission planning)和执行处理环节也是至关重要的。经验表明,航线的精确设计(航点、航线、飞行速度、高度等)和灵活的实时任务处理能力(传感器配置、飞行导航等)对于任务的高效、安全完成是有帮助的(Mayr,2011)。尽管任务规划和实时处理是无人机系统任务设计中的组成部分,但由于飞行计划设计缺陷或者执行缺陷,重复飞行的问题依旧显著。中小型无人机操作简便,似乎能减少这种不足,然而由于它们是微小型飞行器,重量轻,对风力敏感,稳定性有限。通常情况下,在移动测量飞行设计中,航向重叠设计高达80%,旁向重叠设计为60%～80%,以弥补这种不足。飞行计划应根据作业时飞行区域的风速条件进行实时调整,但在任务实际执行中,这种实时实地调整的执行情况并不理想。任务计划和实时任务处理对于完善的无人机移动测量系统探索至关重要(Colomina et al,2014)。

1.1.2　无人机移动测量特点

作为卫星遥感和传统人工测量的有效补充,无人机移动测量具有它们不可比拟的优势,主要表现在以下几个方面:

(1)机动灵活,响应快速。无人机移动测量机动灵活,能快速通过地面运输到达作业区域;起飞方便,且对起飞场地要求较低,在空旷的田地、楼宇密集的城市、地形复杂的山地、海洋等不同地域都可以进行发射作业(刘鹏 等,2010;范承啸 等,2009)。

(2)操作简便,成本较低。随着无人机技术的发展,无人机操作也越来越智能化和自动化,并具有自动诊断和显示功能,发生故障时会自动返航到起点上空等待排除故障;对作业人员培训时间短,设备维护、保养的成本较低(范承啸 等,2009)。

(3)飞行要求低,适应性好。无人机对飞行要求越来越低,目前已经具有在复杂环境下完成飞行任务的能力,部分机型无人机甚至能在大雨、大雾、大风等复杂天气条件下完成飞行作业。

(4)分辨率高,信息丰富。无人机航高较低,获取的数据分辨率高,信息丰富,部分无人机获取的影像分辨率甚至达到厘米级,能清晰提供地物地貌信息,反映作业区域现状,且应用广泛。

§1.2   无人机移动测量技术及应用进展

无人机移动测量技术主要包括飞行器技术、传感器技术、姿态控制技术、通信技术、影像处理技术等。早期的无人机主要用于军事。20 世纪 80 年代以来,随着计算机技术、控制技术、通信技术的发展,以及各种质量轻、体积小、探测精度高的新型传感器的出现,无人机性能不断提高,应用领域也不断扩展。目前,世界上各种用途、各种性能指标的无人机已达数百种,续航时间和载荷质量也有显著提升,为搭载多种传感器、执行多种任务创造了条件。除了用于军事领域外,无人机测量技术也逐步用于基础地理信息测绘、应急测绘保障、工程变化监测、文化遗产保护、自然灾害监测与评估、数字城市建设、城市规划管理等领域。

1.2.1   无人机移动测量技术进展

1. 国外无人机移动测量技术进展

气球是最早的航空摄影平台,早在 1858 年,Tournachon 已经以热气球作为摄影平台,获取了巴黎的空中影像。随后,得益于摄影技术的简化,其他手段如风筝(1882 年英国气象学家 E. D Archibald 曾使用)、火箭(1897 年瑞士发明家 Alfred Nobel 曾使用)等,也开始用于航空摄影(Colomina et al,2014)。1909 年 W. Wright 用自制的飞机获取了一张运动图像,意味着载人航空摄影的开端,随后航空摄影技术在军事中确立并迅速发展。

20 世纪末,集成电路系统和雷达控制系统的发展是现代无人机航摄系统得以发展的关键。1979 年 Praybilla 和 Wester-Ebbinghaus 用雷达控制的旋转翼无人机,搭载光学相机做了试验,并于 1980 年用直升机模型搭载中型 Rolleifiex 相机做了第二次试验,这是世界上首次将旋转翼无人机平台用于航摄。探试试验为以后无人机在航空摄影中的应用开辟了先河,从那时候开始,旋转或固定翼、单旋或多旋、遥控或自动控制平台开始在航摄系统中大量使用。20 世纪 80 年代,飞行控制技术取得重大突破,可实现自主飞行和预编程控制飞行,无人机续航时间、载荷重量、作业半径都有显著提升。目前,各种性能、不同用途无人机的数量已经达到上百种,为搭载多种传感器、执行多种任务创造了条件。图 1.1 至图 1.8 列出了世界上不同种类无人机的典型代表机型。

图 1.1   美国 Nano Hummingbird

图 1.2   德国 Falcon-8

图 1.3　西班牙 Argos

图 1.4　瑞士 Neo-300

图 1.5　加拿大 Snowgoose

图 1.6　英国 Watchkeeper

图 1.7　美国 Integrator

图 1.8　英国 Zephyr

　　传感器方面,大量中小型传感器开始进入市场。中等大小的传感器可达 8 000 万像素,能胜任中等规模的项目,而同等规模项目在 2006 年前后只能用大型传感器完成。高质量镜头和集成技术的发展为航摄任务的完成奠定了坚实基础,也拓宽了摄影传感器的应用范畴。一些公司(如 Phase One、Hasselblad)和一些生产厂商、集成商(如 Trimble、Optec),还有行业用户已经开始将中小型相机用于专业影像生产。中小型相机与一些小型的稳定器结合起来,质量轻便,易于携带,可以很好地用于应急预警。不同种类的传感器组合起来可以进行多波段、高光谱的摄影,广泛用于农业估产、环境监测等领域。大量的中小型倾斜摄影相机在市场中也开始出现,可以按照固定、旋转、可移动等方式安装,满足不同任务需求。除了安装和集成技术提升外,用于控制硬件和导航的控制系统与常规的飞行管理系统(flight management system,

FMS)相比,性能也有了很大提升。小型和价格相对低廉的激光扫描设备开始与 MS 相机集成,并通过软件解决了任务计划及导航等问题。成像传感器与激光扫描仪、视频成像传感器等设备能根据任务进行适应性集成,并可以将获取的数据存储在数据库中,在导航点接入时实现导航点与信息的对接(Kemper,2012)。

新技术方面,倾斜摄影技术取得重大突破,为人类观察世界提供了新的视角。虽然早在一战时期,军事上已经通过双翼机搭载老式 Graflex 相机从空中获取倾斜影像进行军事侦察,但由于倾斜影像的倾角大,难以进行大范围拼接,用户转向使用容易拼接的以正射投影方式获取的影像。正射影像以垂直角度呈现地物信息,与人们日常观察的世界存在较大差异,使用户深受困扰。随着复杂算法和数字影像处理技术的发展,逐步改变了这种状况,倾斜摄影又重新回到人们的视野。倾斜摄影技术颠覆了以往正射影像只能从垂直角度拍摄的局限,通过在同一飞行平台上搭载多台传感器,同时从垂直、倾斜等不同角度采集影像,将用户引入了符合人眼视觉的真实直观世界。倾斜影像不仅能够真实地反映地物情况,而且还通过采用先进的定位技术,嵌入精确的地理信息、更丰富的影像信息、更高级的用户体验,极大地扩展了影像的应用领域。美国的 Pictometry 公司拥有倾斜摄影数据获取、服务、应用开发的完整解决方案,使得用户能够查看和测量任何与倾斜影像有关的坐标、长度、宽度、高度等要素,并能使影像与 GIS 数据完美叠合集成,提供影像在线访问服务,在倾斜摄影领域占据主导地位。2010 年北京天下图公司将 Pictometry 倾斜摄影解决方案引入国内,也是国内首次引进倾斜摄影技术。

2. 国内无人机移动测量技术进展

我国无人机发展较晚,起步于 20 世纪 50 年代末。20 世纪 90 年代以来,国内大学和科研院所相继成立了无人机专门研究机构。21 世纪初,中国航天集团一些下属院所、民营企业也开始研制无人机,加快了我国无人机的发展步伐(李红林,2013)。

2005 年 8 月,北京大学、中国科学院与中国贵州航空工业集团共同研制的多用途无人机遥感观测系统在黄果树机场首飞试验成功,标志着我国民用无人机对地观测技术跨入实用阶段。中国测绘科学研究院使用多台哈苏相机组合成像,有效地提高了无人机航摄效率(范承啸等,2009)。刘先林院士等主持研发的 SWDC 系列数字航空摄影仪(图 1.9)是一种能够满足航空摄影规范要求的大面阵数字航空摄影仪,具有高分辨率、高几何精度、体积小、重量轻等特点,对天气条件要求不高,能够阴天云下摄影,且飞行高度低、镜头视场角大、基高比大、高程测量精度高、真彩色、镜头可更换。SWDC 系列数字航空摄影仪作为空间信息获取与更新的重要技术手段,产品性价比高,高程精度指标达到同类产品的国际领先水平,整体技术指标达到国际先进水平,是国内首台可用于中小比例尺地形图测绘的"航空相机",为国产化数字航空摄影与航空摄影测量为一体的解决方案奠定了基础。

2012 年 10 月,由中国测绘科学研究院牵头研制的新一代航空遥感系统"高精度轻小型航空遥感系统"在中国测绘创新基地通过验收。项目突破核心部件及系统集成的关键技术,成功研发了高精度轻小型组合宽角数字相机、轻小型机载激光雷达(LiDAR)、高精度与小型化位置和姿态系统(position and orientation system,POS)及稳定平台 4 类核心产品和高效快速数据处理系统,形成了完整的满足不同社会需求的高精度轻小型航空遥感业务运行系统。与国外同类产品相比,具有体积小、重量轻、功能全、成本低、操作方便等优点,并且完全具有自主知识产权,可用于高分辨率对地观测、大比例尺测绘、重大自然灾害应急响应、数字城市建设等方面,为国家重大工程提供了技术支撑,填补了国内空白,打破了国外同类产品的技术垄断和技术壁垒,提升了我国在航空影像获取领域的技术能力和市场的国际竞争力。

2013年7月,中国科学院光电技术研究所成功研制出像素高达1亿的"IOE3—Kanban"相机(图1.10),是目前我国单片CCD像素最高的相机,标志着我国大面阵高分辨率CCD研制技术达到新的阶段。

图1.9 SWDC系列数字航空摄影仪

图1.10   IOE3—Kanban相机

1.2.2 无人机移动测量应用进展

随着计算机技术、控制技术、通信技术的飞速发展,以及各种质量轻、体积小、探测精度高的新型传感器的出现,无人机性能不断提高、功能不断完善,无人机的应用范围和应用领域迅速拓展。在测量方面,随着人们对地理环境的不断理解和对测绘需求的增长,无人机与测绘的关系越来越紧密。无人机移动测量技术不仅提供了更高效的测绘方式,也使航空摄影应用领域得到进一步拓展,涉及多个领域,包括:基础地理信息测绘、自然灾害监测与评估、应急测绘保障、地理国情普查、文化遗产保护、工程监测、数字城市建设、城市规划与管理等。限于篇幅,本节只是介绍了与测绘相关的具有代表性的应用进展。

1. 基础测绘

无人机低空数码航测技术,能够更灵活、快速地获取小范围区域的高精度地理空间信息,其获取的影像分辨率达到厘米级。在轻小型控制平台同时搭载全球定位系统GNSS,支持空中三角测量,在稀少地面控制点情况下能实现高精度、高现势性测量,在提高工作效率的同时也降低了测图成本。此外,无人机对场地、天气及环境条件的依赖性较低,大大增强了测图工作的灵活性,目前已经成为大比例尺测图技术的重要发展方向(胡晓曦 等,2010)。山西省遥感中心在2011年10月进行了无人机航测系统的大比例尺测图精度验证,结果表明:1:2000测图各项精度指标均满足无人机及航测相关技术标准;1:1000测图平面精度满足规范,高程精度略差,DOM满足国家规范(李红林,2013)。

2. 应急测绘保障

在灾害监测、抢险救援、反恐维稳、重大群体行动等场合,需要对事件发生和演化的现场进行实时监视、目标跟踪与三维定位,传统基础测绘的保障模式已经难以满足对任务或事件快速反应的较高要求。以无人机为平台的机载对地观测系统和动态测绘技术的发展,突破地理空间信息快速响应的关键技术,提出了地理空间信息直接服务、直播服务 LGI(live-service for geospatial information)的新模式,能实现动态测绘、应急测绘、动目标精确测绘。2012 年 3 月,张永生(2013)在青海茶卡地区进行了高原高寒机载对地观测飞行试验。试验表明,无人机平台及主要任务载荷工作状态稳定,成像质量和无线传输能力达到设计目标,满足近实时动态测绘的基本要求。

3. 工程变化监测

无人机系统提供的俯视角度是无人机监测在工程领域得以应用的主要原因。事实上,大部分工程领域都需要对基础设施进行监测,一些建成的基础设施监测需求非常大,如高压线路、油气管道、铁路等。Merzh 等提出了使用搭载光学相机的无人机测量系统对基础设施进行监测的设想,并通过使用二维机载雷达进行地形导航,确保在不可视的未知区域进行监测,这种探索非常具有现实意义(Chapman, 2011)。无人机影像虽然分辨率高,但相幅小、变形大,在动态变化监测领域的应用受到了限制,传统的基于像元的变化监测方法已不再适用。因此,有学者提出了基于目标的无人机影像变化监测技术流程,充分利用了无人机影像分辨率高的优点,论证了无人机影像用于变化监测的可行性。

4. 文化遗产保护

无人机在考古和文化遗产保护领域,应用已经相当普遍。操作简便是其最大的优势,处理质量也完全满足文化遗产保护和考古需要。随着传感器和飞行器性能不断提高,其在文化遗产保护和考古领域的应用也取得了新的进展。Mészáros(2011)用固定翼无人机搭载 RGB 相机和家用开源自动驾驶仪获取了 Hungary 废墟的正射拼接影像。Remondino 描述了在意大利的古城 Veio 开展的一系列影像获取案例,通过微型四旋翼无人机搭载 Pentax Optio A40 获取空间分辨率为 1 cm 的影像,并用 MicMac 软件进行了密度匹配处理,获取了大约 4 000 万个点的点云图(Scaioni, 2011)。在 Pava 遗址,用微型无人机 MD4-200 获取了地面分辨率为 1 cm 的影像,并制作了分辨率为 5 cm 的 DSM。与控制点对比,点位平面误差为 3 cm 左右,高度误差为 2 cm 左右。Gonizzi 等(2013)将无人机获取的高分辨率倾斜影像与其他信息(TLS)结合起来进行三维模型重建,很好地满足了考古和古建筑测绘的需要。

5. 数字城市建设

无人机移动测量系统、机动灵活、操作简便,能快速获取区域高分辨率影像,以反映区域现状,为数字城市建设提供现势性地理信息。影像分辨率高,能充分满足城市三维建模需求。用无人机搭载倾斜摄影相机,以不同角度对建筑物进行拍摄,可以获取建筑物的立面信息,建设具有真实感的三维模型。不仅改变了现有的纹理采集方式,也降低了三维建模成本,提高了建模效率。

§1.3　应急无人机移动测量及其应用需求

应急无人机移动测量是指针对地质灾害、森林火灾、城市公共危机等突发情况开展的测绘工作。无人机移动测量响应迅速、机动灵活、操作简便,与传统测量、卫星遥感相比,具有显著优势,在应急救灾方面有着巨大应用需求。

1.3.1　应急无人机移动测量

应急无人机移动测量是通过无人飞行器搭载光学相机、红外传感器、视频成像传感器、激光扫描仪、机载雷达等测量任务专用载荷,对作业区地表状况进行探测,获取区域现势性信息并进行数据处理、信息提取与分析应用(Colomina et al,2014)。它不仅在区域大范围静态地理信息获取方面有着明显优势,而且能满足动态测绘、应急测绘、动目标精确测绘的需求,广泛用于地质灾害应急救灾、森林火灾救援预警、重大群体事件监测、城市应急测绘等领域。

1.3.2　应急无人机移动测量应用需求

随着人们对环境理解的深入和无人机测量系统的发展,无人机与测绘的关系变得更加紧密。无人机移动测量不仅提供了更加高效的测绘方式,也拓宽了航空摄影的应用范围。我国是自然灾害多发国家,对于应急测绘有着巨大需求,主要体现在以下几个方面:

1. 地质灾害应急救灾

应用需求主要包括地震救援、滑坡监测、泥石流监测、火山爆发监测等。地震发生后,可以利用无人机移动测量系统对灾区勘测,提供现场第一手资料,及时了解灾害发生情况、影响范围、受困人员、道路是否畅通等(常燕敏,2013),提高灾害救助时效性和针对性。预测震后受威胁的对象与潜在次生灾害发生体,如对于滑坡泥石流、塌方等形成的淤塞,结合降雨统计数据、河流流量信息等,预测蓄满溢流的可能性(韩文权 等,2011)。利用无人机影像结合地面控制点,进行空三加密,提取 DEM,制作灾区三维景观图(李军 等,2012),直观反映灾区地形地貌景观。应急处置阶段,通过无人机影像了解安置点周边环境信息和空间分布,分析应急安置点布置的合理性。灾后恢复重建阶段,可以对重点地区进行监测,用不同时相数据进行对比,分析重建进度(李云 等,2011)。利用无人机影像建立三维景观模型,将灾区重建规划设计模型引入三维地形景观,提前获悉建成效果,综合考虑规划设计是否合理,以便及时修正(鲁恒 等,2010)。用无人机开展临近高等级公路、铁路、高速公路等交通干道的易发生滑坡、泥石流塌方的区域重点监测,提升灾害预警能力。对于已发生泥石流、滑坡的区域,利用无人机影像和飞行控制数据进行灾场重建,实现灾害应急测量与灾情评估(沈永林 等,2011)。开展火山爆发周围区域监测,及时了解灾害影响范围和人员财产伤亡情况,完成灾害监测和灾情评估任务,为灾害预防和救援方案制定提供科学依据。

2. 森林火灾救援预警

应用需求主要包括火情分析、火源确定、火势蔓延趋势预测、救援方案制定、火情预警等。利用无人机影像及实时获取的火场环境数据,结合林火模型,进行火势蔓延分析(侯海龙,2013),监测火势大小,预测影响范围,为救援途径选择、救援设备及人员部署、火情预警提供决策依据。

3. 重大群体事件监测

需求主要包括重大群体行动监测、防恐维稳等。利用无人机搭载动态位置姿态传感器、高分辨率成像传感器、序列成像传感器等多模式组合传感器(张永生,2013),通过近实时快速测绘处理,对目标区进行快速探测解算及地理重建,将视频信息转化为具有定量地理信息标志的动态地理影像,并可接入互联网,实现实时或者近实时地理信息发布和用户端直播服务,使主管部门能及时获取活动现场信息,掌控事件进展动态。

4．城市应急测绘

城市应急测绘主要是指在发生台风、暴雨、洪灾、沙尘暴等自然灾害，以及火灾等危险事件时，提供应急测绘保障。利用无人机移动测量手段，结合城市应急专题信息库（水下地形数据库、实时舆情数据库、河网水库数据库、避风锚地数据库、气象资料等），进行洪水淹没区域、火情影响范围、台风影响范围等分析，以便合理安排人员撤离路线及救援路线、救援物质调配、渔船避风路线及避风码头选择等。在无人机上搭载视频传感器和导航定位设备，获取实时动态影像及灾区定位信息，在搜救工作中开展定位服务，弥补救灾人员救援漏洞，提高搜救效率（陈为民 等，2012）。

第2章 无人机移动测量系统

§2.1 无人机移动测量系统构成

无人机移动测量系统,一般由飞行平台、任务载荷及其控制系统、飞行控制系统、数据处理系统等几部分组成,如图 2.1 所示。

1. 飞行平台

飞行平台即无人机本身,是搭载测量任务传感器的载体,测量中常用的无人机飞行平台有固定翼平台、多旋翼平台、直升机、无人飞艇等。

2. 任务载荷

任务载荷主要用于获取作业区域影像、视频等测量数据,由任务设备、稳定平台、任务设备控制系统等组成,如图 2.2 所示(崔红霞 等,2004)。

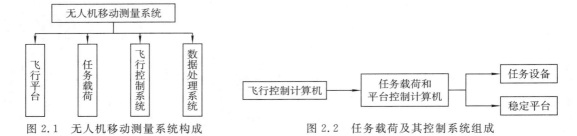

图 2.1 无人机移动测量系统构成　　　　图 2.2 任务载荷及其控制系统组成

移动测量中常用的任务载荷设备主要有高分辨率光学相机、红外传感器、倾斜摄影相机、视频摄像机等。

稳定平台的主要功能是稳定传感器设备和修正偏流角,以确保获得高质量的测量数据。通过对飞控系统控制参数的设置,无人机沿测线平飞、摄影时的姿态角(横滚角、俯仰角)控制精度满足常规测量任务的精度指标,偏流角引起的系统偏差则需要使用稳定平台进行修正(崔红霞 等,2004)。常用的稳定平台有三轴和单轴两种:三轴稳定平台由平台、陀螺仪、加速度计、磁阻传感器、处理器、舵机等组成,可以使传感器保持水平稳定并修正偏流角,具有体积小、精度高、自主稳定与罗差自检校等特点(张强 等,2012);单轴稳定平台由平台、电机和控制电路组成,只修正偏流角(孙杰 等,2003)。三轴稳定平台工作原理,如图 2.3 所示(吴云东 等,2009)。

任务设备控制系统是根据接受的无人机的位置、速度、高度、航向、姿态角以及设定的航摄比例尺和重叠度等数据,来控制相机对焦、曝光时间和曝光间隔,并对稳定平台进行控制。航摄传感器自动化控制系统组成,如图 2.4 所示(崔红霞 等,2004)。

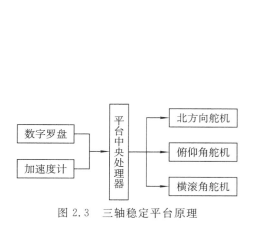

图 2.3 三轴稳定平台原理

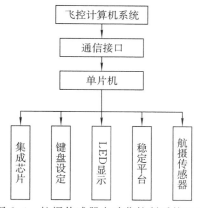

图 2.4 航摄传感器自动化控制系统组成

3. 飞行控制系统

飞行控制系统其目的是实现无人机飞行控制和任务载荷管理,包括机载飞行控制系统和地面控制系统两部分(Jamshidi et al,2011)。

机载飞行控制系统由姿态陀螺、磁航向传感器、飞控计算机、导航定位装置、电源管理系统等组成,可以实现对飞机姿态、高度、速度、航向、航线的精确控制,具有自主飞行(王英勋 等,2009)和自动飞行两种模态(Insaurralde et al,2014)。系统可以根据任务需求增减一些典型的模块,具有容易实现冗余技术和故障隔离的特点。

地面控制系统实时传送无人机和遥感设备的状态参数,可实现对无人机测量系统的实时控制,供地面人员掌握无人机和遥感设备信息,并存储所有指令信息,以便随时调用复查。主要由指令解码器、调制器、接收机、发射机、天线、微型计算机、显示器等组成。图 2.5 为 UAVRS-Ⅱ无人机低空遥感监测系统地面控制系统组成框架(孙杰 等,2003)。

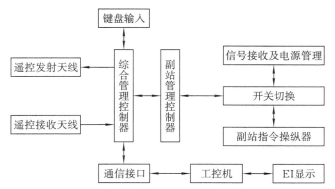

图 2.5 UAVRS-Ⅱ无人机低空遥感监测系统地面控制系统组成

4. 数据处理系统

通过数据处理系统,将获取的无人机姿态信息(POS 数据)及任务载荷原始数据,经过 POS 数据处理、格式转换及预处理后,生成正射影像图、数字线划图、应急专题图等不同类型的数据产品,经过信息提取后,为灾害监测、数字城市建设、文化遗产保护、工程监测、地理国情普查等领域提供决策支持。

§2.2　无人机移动测量系统工作流程

无人机移动测量系统工作流程,如图 2.6 所示。

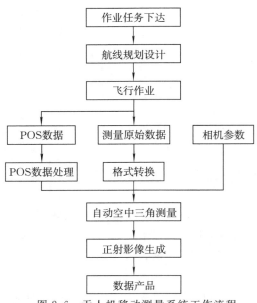

图 2.6　无人机移动测量系统工作流程

具体流程如下:

(1)飞行任务下达后,根据任务范围选择合适机型、传感器,进行航线规划设计,并结合任务区具体地形情况,选择合适的起飞降落场地。

(2)场地确定后,进行移动测量系统的组装,包括传感器安置、无人机组装等,并进行组装后检查,确保无误,待飞。

(3)无人机飞行控制系统,按照设置的航线进行飞行作业,传感器根据设置的拍摄方式进行拍摄。地面控制人员实时监控移动测量系统工作状况,可以根据需要,对作业方式进行控制、调整。

(4)飞行任务完成后,传感器自动关闭,飞机降落回收。

(5)对 POS 姿态数据以及测量获取的原始数据进行处理,并与相机等参数结合,进行自动控制三角测量,制作正射影像。

(6)将正射影像进行拼接镶嵌、匀色处理,生产所需的数据产品,如正射影像图、数字高程模型、数字线划图、应急影像图等。

§2.3　无人机移动测量飞行平台

无人机飞行平台主要包括机体系统、测控系统、机载系统、发射与回收系统、飞控系统、数据链路系统、电源系统等,其组成框图如图 2.7 所示(胡中华 等,2009)。

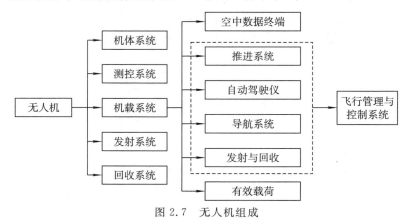

图 2.7　无人机组成

飞行平台把成像传感器系统携带到空中指定地点和航高,并沿着设定的航线飞行。移动测量目前可使用的无人机(unmanned aerial vehicle,UAV)飞行平台有三大类:固定翼无人机、旋翼无人机(包括多旋翼无人机和无人直升机)和无人飞艇。三者相比较,旋翼无人机的灵活机动性最强,可以在很窄小的场地起降,可以沿设定的任意曲折的航线飞行,甚至可以低于最高建筑物的航高飞行,但是,它抗湍流的能力最差,而且一旦出现引擎失效,便像自由落体般地坠地,没有滑翔缓冲时间。无人飞艇大部分重量靠氦气浮力平衡,因此载重性能较好,空中安全性最好,也能沿设定曲折航线飞行,而且能飞得很低、很慢,可以进行高精细测绘。但是,抗风能力较差,氦气成本也比较高,转移迁运比较麻烦。固定翼无人机的高飞性能好,作业效率高,但低飞安全度较差,起降操作较困难。对于这些优缺点,必须在实践中予以协调和采取相应弥补措施。低空航测对无人机的基本要求是:首先保证低空飞行的安全度,其次保证所获取影像质量满足航测要求。这两个基本点引出一系列技术要求。

1. 最低航速

这项要求专门针对固定翼无人机。提出低航速要求的理由有两条:第一,必须低速才能保证低空飞行的安全性,尤其是地形起伏、建筑物高起,以及狭窄山谷间的低空飞行,必须慢飞;第二,由于无人机荷载限制,一般无人机载的成像系统都没有像移补偿装置,当进行大比例尺测图要求高分辨率影像时,为保证影像清晰,必须限制航速。

为了能实现低空低速飞行,无人机的荷载一定要尽量小,这就对后述的成像系统提出轻小型化的要求。

2. 滑跑起飞距离

这项要求也是专门针对固定翼无人机的。轻小型无人机受限于载油量和通信链路能力,不能长航时飞行,因此不像有人飞机一样可以有效使用遍布全国的机场设施。为了发挥它的灵活机动性特长,它需要选择简便跑道起飞和降落。因此,滑跑起飞距离就成为重要的应用安全度指标。滑跑起飞距离主要由所需要的起飞离地速度决定。对于同一架飞机,其起飞载重越大,则所需的起飞离地速度越大,相应的滑跑起飞距离越长。

为了达到起飞离地速度,目前常用有 3 种方法:平坦跑道滑跑起飞,车载起飞,弹射架起飞。从操作简便性、广泛地形适应性来看,弹射架起飞是比较好的发展方向。降落相比起飞要简单些,主要有 3 种方法:滑跑着地,撞网着地,伞降。

3. 飞行控制水平

飞行控制系统在无人机中充当驾驶员的角色,简称自驾仪。飞控系统的最低要求是能保持在空中正常风力情况下,飞行器机体平稳安全地沿着给定的航线轨迹飞行。飞控系统定位与定姿的精度对影像质量有很大影响,其后果是严重地影响影像重叠度。以佳能 5D 相机 24 mm 镜头为例,若使用单镜头相机进行 1:500 测图,则需要增加影像间重叠度或使用更高精度的 GPS 和姿态仪。

4. 低空湍流飞行性能

低空大气气流常受地形、地物的局部温度场的影响,形成湍流。这种湍流没什么规律性,各种波长的气流混杂,形成上下突风、左右突风或风切变。这种湍流使在其中飞行的无人飞行器产生上下左右颠簸,不仅影响航摄质量,更严重威胁飞行器的安全。

低空湍流对固定翼无人机的最大损害是形成颠簸过载,从而被损坏。为防范强颠簸过载,常常采取的措施有:减慢航速,重心配置靠后,采用小展弦比机翼或三角翼无人机。相比而言,无人飞艇抗低空湍流性能最好,虽然遇到湍流也影响航摄质量,但因为飞艇主要靠浮力支持,因此安全性可以保障,而旋翼无人机抗低空湍流能力最差。

2.3.1　固定翼无人机

固定翼无人机通过动力系统和机翼滑翔实现起飞和降落,具有携带方便、展开即飞、加工维修方便、安全性好、机动性强、抗干扰性强等特点,程控飞行容易实现,抗风能力比较强,是类型最多、应用最广泛的无人驾驶飞行器(杨爱玲 等,2010)。它携带的相机多为非量测型相机,与前期设计和拍摄方式上与传统的摄影测量有所不同,是一种新型的低空对地观测平台(杨爱玲 等,2011)。

固定翼无人机的起飞方式主要有弹射起飞和滑跑起飞两种方式。滑跑起飞要求有一定距离较为平整的滑跑场地。弹射起飞时,在有风的条件下,选择逆风安置,最好安置在有高差的地方,以确保有比较充裕的空间和时间提高无人机的飞行速度,增加无人机的升力,及时修正飞行方向,从而保证飞行安全。

着陆方式有伞降和滑跑降落、撞网回收等。滑降时由于飞机起落架没有刹车装置,导致降落滑跑距离长,在狭窄空间着陆的时候,由于尾轮转向效率较低,或是受到不利风向风力或低品质跑道的影响,滑跑过程中飞机容易跑偏,发生剐蹭事故,损伤机体甚至损伤机体内航点设备(刘潘 等,2013)。伞降的时候容易受到风速影响,场地要平坦、开阔,降落方向一定距离内,无突出障碍物、空中管线、高大树木以及无线电设施,以避免与无人机相撞。若风速较大,应逆风降落。如果没有合适的降落场地,可以充分利用无人机本身的起落架的高度,选择在田地降落,如面积较大的水稻田(胡开全 等,2011)。撞网回收适合小型固定翼无人机在狭窄场地或者舰船上实现定点回收(裴锦华,2009)。

固定翼无人机体积小巧、机动灵活,不需要专用跑道起降,受天气和空域管制的影响小,性价比高、运作方便,在越来越多的领域得到重要应用。下边介绍国内具有代表性的几种固定翼无人机。

1. 雨燕固定翼无人机

系统特点:

(1)具备傻瓜式操作,点哪飞哪;即时监控,可随时更改执行任务。

(2)控制电台稳定,保证通信畅通,摄像头或相机清晰成像,支持数据实时回传。

(3)小巧灵活,全自主飞行,快速转移,安全可靠,可进行大范围飞行作业。

(4)方便携带,展开即飞,弹射起飞,自动伞降回收,可超低空飞行,抗干扰性强。

具体规格参数见表2.1。

表 2.1　雨燕固定翼无人机规格参数

技术指标	数值	技术指标	数值
翼展	2.25 m	最大起飞重量	6 kg
机长	1.1 m	最大任务载荷	1.5 kg
最大飞行速度	90 km/h	起飞方式	弹射
相对飞行高度	50～1 500 m	回收方式	伞降回收
海拔升限	5 000 m	控制方式	自主控制
续航时间	60～80 min	风力	5 级
控制半径	30 km(通视条件)	最大活动半径	15 km

图 2.8　雨燕固定翼无人机

2. IRSA(中遥)系列固定翼无人机

系统特点：

(1)气动布局良好,自身安定性优异。

(2)越野能力强,起降场地要求低。

(3)外场维护能力强,便于运输安装。

(4)具备滑翔能力和伞降保护功能。

(5)操作简单,作业展开时间短。

IRSA(中遥)Ⅱ型无人机(图 2.9),机动灵活性强,性价比高,适用于应急航拍及常规测绘。具体规格参数见表2.2。

表 2.2　IRSA(中遥)Ⅱ型无人机规格参数

技术指标	数值	技术指标	数值
翼展	3 m	最大起飞重量	28 kg
机长	2.3 m	最大任务载荷	8 kg
最大飞行速度	150 km/h	航程	400 km
巡航空速	120 km/h	标准作业航程	250 km
海拔升限	6 500 m	巡航抗风能力	15 m/s
航时	4 h	起降抗风能力	5 级

IRSA(中遥)Ⅲ型无人机(图 2.10),具有超大载荷、超长续航能力,可以搭载光学相机、多光谱传感器、视频实时传输系统等传感设备,能满足多种测绘作业需求。具体规格参数见表2.3。

图 2.9　IRSA(中遥)Ⅱ型无人机

图 2.10　IRSA(中遥)Ⅲ型无人机

表 2.3　IRSA(中遥)Ⅲ型无人机规格参数

技术指标	数值	技术指标	数值
翼展	2.6 m	最大起飞重量	14 kg
机长	1.8 m	最大任务载荷	4 kg
最大飞行速度	140 km/h	航程	150 km
巡航空速	100 km/h	标准作业航程	110 km
海拔升限	3 500 m	巡航抗风能力	13 m/s
续航时间	100 min	起降抗风能力	5 级

3．CK 系列固定翼无人机

CK 系列无人机由中国测绘地理信息局研制，为可以实现自动控制的低空无人固定翼飞行平台，机动灵活，抗风能力强，尤其适合 1∶2000 至 1∶5000 比例尺测图和应急防灾救灾任务，主要包括应急型、测绘型、长航时航测型三种不同类型的无人机，以满足不同应用需求。CK 系列无人机分别是 CK-HW13 应急型手抛无人机(图 2.11)、CK-GY04 测绘型无人机(图 2.12)、CK-YY06 长航时航测无人机(图 2.13)。

图 2.11　CK-HW13 应急型手抛固定翼无人机

图 2.12　CK-GY04 测绘型固定翼无人机

图 2.13　CK-YY06 长航时鹞鹰固定翼无人机

具体规格参数见表 2.4。

表 2.4　CK 系列无人机规格参数

规　格	型　号				
	CK-HW13		CK-GY04		CK-YY06
全长/mm	1 100	1 460	1 950	1 800	6 000
翼展/mm	1 200	2 480	2 840	2 400	10 000
有效载荷/kg	1.5	0.8	5	5	50
续航时间/h	1.5	1.5	1.5～2	4	12
起飞方式	手抛/弹射	手抛	弹射/滑跑	滑跑/弹射/车载	弹射/滑跑
回收方式	伞降	滑落	伞降/滑行	伞降/滑行	滑行
飞行半径/km	30	—	30	30	900
抗风能力/(m/s)	8.0～10.7	5.5～7.9	5.5～7.9	5.5～7.9	8.0～10.7
巡航速度/(km/h)	70～110	60	90～120	90～120	150～190
最大飞行速度/(km/h)	140	90	130	140	230
飞行高度/m	5 000	4 000	3 500	3 500	7 500
陀螺仪	三轴陀螺	—	三轴陀螺	三轴陀螺	独有设备
GPS 跟踪模块	有	—	有	有	有
优缺点对比	灵活,传感器丰富	灵活	可以携带中型相机作业	可以携带中型相机作业	可以携带大、中型相机、传感器作业

2.3.2　无人直升机

无人直升机具备垂直起降、空中悬停和低速机动能力,能够在地形复杂的环境下进行起降和低空飞行,具有多旋翼和固定翼无人机不具备的优势,独特的飞行特点决定了它不可替代的优势。它起飞重量大,可以搭载激光雷达、红外传感器等大型传感设备。

20 世纪 50 年代以来,无人直升机在经历了试用、萧条、复苏之后,现已步入加速发展时期。基于研究成本、市场需求、技术能力、研制周期、工程化水平以及研制风险等因素,目前国内外研发机构均将小型(或微小型)无人直升机作为重点研发对象,其起飞重量通常在2 000 kg 以下,其中 500 kg 以下又占绝大多数(赖水清 等,2013)。无人直升机相对于固定翼无人机而言,发展较晚且型号较少。因为无人直升机是一个具有非线性、多变量、强耦合的复杂被控对象,其飞行控制技术更加复杂。

无人直升机的飞行控制方式有 3 种:遥控型、自动型和自主型。遥控型是指通过数据链由地面操作人员对无人直升机进行控制,属“人在回路”控制,要求地面操作人员具有比较专业的水平,因而无法满足工程化和实用化的需求,是实现自动型和自主型控制的过渡阶段。自动型是指根据任务不同,在起飞前规划好航线,设置好控制参数,使无人直升机按预定的航线飞行,完成相应的任务,同时具备简单的故障和应急处置模式。自主型是指无人直升机不依赖人的干涉,能够进行自主控制(赖水清 等,2013)。

飞行控制技术的突破是实现无人直升机真正工程化和实用化的关键。飞行控制技术水平决定了无人直升机的能力,技术水平越高,能力越强,所能承担的任务越多,适应复杂环境的能力越强,用途更加广泛。

与固定翼无人机相比,无人直升机可以做到无需跑道、起降便利,同时在执行任务过程中具备定点悬停、飞行姿态操纵灵活、实时动态影像清晰稳定的特点,在对影像结果要求较高、注重任务细节和质量的行业,得到越来越多的用户青睐(周帅,2013)。下边介绍几种航测中典型的无人直升机。

1. RSC-H2 无人直升机

1)系统简介

RSC-H2 型无人直升机最初是基于环保定点监测、搭载大中型传感器实验而设计的,引进了荷兰国家空间实验室的尖端无人机技术,现已成为国内民用市场最高端的无人直升机平台之一。目前,成功应用的领域包括环保多光谱定点监测、湖泊富营养化分析、水环境监测、航空摄影测量、矿产探测、电力巡线和公安应急等。

图 2.14　RSC-H2 型无人直升机

RSC-H2 型无人直升机机长 2.9 m,主螺旋桨 3.0 m,高 0.8 m。该无人直升机使用的配件均是航空航天工业领域的最新产品:一体式轻型复合材料机身,采用特别设计减少阻力并提高燃料性能的轻型复合材料发动机叶片,功能强大的飞行控制器,高性能的传动系统和双涡轮引擎系统。最大起飞重量为 100 kg,可荷载 35 kg;巡航时间达 4 h,飞行上限 3 000 m,在 100 m 以上静音飞行;支持三种飞行模式,即辅助飞行模式、任务飞行模式和 Home 模式,能自动起飞降落,执行预定飞行任务,在数据通信中断时,直升机能自动返回基地;在各种天气条件下根据用户需求搭载不同的传感器和设备。具体规格参数见表 2.5。

表 2.5　RSC-H2 型无人直升机规格参数

技术指标	数值	技术指标	数值
主螺旋桨	3 m	空重	40 kg
机长	2.9 m	最大起飞重量	100 kg
机高	0.8 m	有效载荷	35 kg
巡航空速	72 km/h	巡航时间	4 h
飞行高度	3 000 m	推力装置	涡轮引擎

2)控制系统

a. 数据通信系统

RSC-H2 无人直升机配备一种采用安全跳频的数据通信系统,用于发布指令和进行控制,并向控制中心传输实时飞行数据,包括初始飞行数据、导航数据、自动驾驶信息和报警信息。另一个类似的数据通信系统将现场实时画面发送到控制中心的显示屏上。直升机、数据通信和控制中心采用集成式机内测试系统,同时根据用户需求和可用频段选择合适的调制解调器。

b. 控制中心

控制中心包括显示实时飞行情况的 TV 显示器和显示图形用户界面的控制计算机显示器。显示内容主要包括:初始航行数据(姿态、速度和距离),导航数据(坐标和地图上的位置),自动驾驶信息(状态、飞行模式、引擎数据),报警信息(不同飞机系统的警报)等。

控制中心可选择便携式或车载式,也可以根据用户现有设备条件定制控制中心。通过控制中心简单的键盘操作可以在飞行中的任何时候终止飞行任务、切换到操纵杆控制、控制直升机返回基地以及重新制定飞行路线。在极少数特殊情况下,在飞行过程中发生数据通信中断时,直升机将自动返回基地。

c.自动触发和日志文件

自动驾驶仪可以在任务飞行模式或辅助飞行模式下按照用户的需求自动开启或关闭传感器。所有的触发事件都由自动驾驶仪存储在一个日志文件中,航行结束后用户可以下载日志文件并进行进一步处理。自动驾驶仪在航向重叠的基础上计算位置、触发相机、进行航摄测绘飞行,日志文件存储下列航飞数据:图像编号、UTC 年份/月份/日期/小时/分钟/秒(分辨率为20 ms)、相机侧滚角/俯仰角/航偏角、经度、纬度、航高(平均海平面)、相对起飞位置的高度、GNSS 的卫星数量。

3)传感器

RSC-H2 无人直升机搭载的传感器包括陀螺稳定摄像机、合成孔径雷达、小相幅数码相机、中相幅数码相机、机载激光雷达扫描仪等。

2．Cutefox(灵狐)无人直升机

1)系统特点

(1)高精度悬停、精确飞行,使得飞行作业更为有效。悬停精度为±0.5 m,可以搭载自动驾驶仪(自驾仪)按照指定航线进行自动飞行,领先的高科技无人机技术使得航拍、监控作业成效显著。

(2)远程操控,每天轻松完成数十公里的空中监控作业。操控人员在地面上,通过地面控制站(地面站),带上视频眼镜,就好像坐在飞机驾驶舱内,自由飞行而无须担心人身安全。飞机平台携带摄像、图传装置可进行近距离的空中监控。传感器通过三轴自稳云台系统,实现姿态控制和拍摄控制,消除飞机姿态对传感器的影响。

(3)即时升空、转场便捷,有效控制监控成本。飞机在数分钟内可以实现升空及降落,转场更为便捷(通常一辆小车就可以实现人机转场),使得单位监控成本降低。

(4)技术领先,彻底保障飞机安全。整套系统通过安全作业的测试,飞控自动增稳系统及多种高科技技术,让飞机更为安全稳健,更有效。

具体规格参数和图分别见表 2.6 和图 2.15。

表 2.6　Cutefox(灵狐)无人直升机规格参数

技术指标	数值	技术指标	数值
主旋翼	2.1 m	最大起飞重量	32 kg
机长	2.5 m	有效载荷	12 kg
燃料箱	4 L	发动机	80 cc(毫升)
最高飞行速度	70 km/h	飞行时间	50 min
启动方式	启动器辅助	最大遥控距离	1 000 m(可增)

图 2.15　Cutefox(灵狐)无人直升机

2）飞控系统

人直升机自动驾驶仪可以实现自主起飞、自主降落、自主任务飞行和地形匹配飞行等功能,完全替代驾驶员飞行使其发展方向,其使用 GPS/INS 组合导航技术和先进的自动控制技术,可以实现非常稳定的自主悬停和巡航飞行。采用地面站、遥控等方式进行飞行控制,有以下几种工作模式:

(1)速度控制/高度锁定模式。在此种模式下,飞行高度可以被锁定,直升机的前后、左右的速度以及机头指向命令将由遥控器发出,通过机载自动控制系统进行精确的反馈控制。

(2)导航点飞行模式(可选配置)。在这种飞行模式下,操作人员可通过地面站计算机对飞机进行操作,可在地面站的电子地图上设立多个导航点,以规划飞机的飞行路线,飞机将根据操作人员指定的路线进行飞行,并且将飞行数据传回地面站,地面站计算机上可以显示全套的飞行数据,操作人员对飞机的飞行路线可以进行实时的调整和观察。

(3)纯手动模式。系统保留了传统的手动控制模式,方便操纵人员切换成纯手动模式进行控制。

实现如下功能:

(1)自稳能力。在各种气象条件及外界不可预测情况影响下,智能测算无人机的各项指标参数,自动控制无人机的飞行姿态的稳定,确保无人机正常飞行。

(2)自航能力。在保持无人机飞行稳定的前提下,采用各种导航手段,控制无人机按照预先设定的航迹飞行,执行相应航线任务。

(3)状态监控与测控接口。作为整个无人机系统的控制核心,飞行控制计算机系统实时监控无人机各模块状态,并通过高速接口与地面站实时进行指令和数据的交换。

3）地面控制系统

地面监控软件,通过与无人机机载飞控系统实时通信,实现以下功能:

(1)在无人机飞行过程中显示加载的飞行区域的电子地图。

(2)实时显示无人机的位置、高度、方向、速度、爬升率、发动机转速、俯仰角、横滚角等参数。

(3)实时显示 GPS 定位状态,实时显示拍摄地点及航拍影像的数量。

(4)操控人员能够发送指令,能捕获中立值、最大风门、最小风门及停车位置等信息。

(5)具有智能报警功能,当 GPS 失锁、电压异常、发动机停车、爬升率和俯冲速度过大等紧急情况时,能够智能发出报警声音,第一时间提示工作人员紧急处理。

3. V750 无人直升机

2011 年 5 月 7 日,由潍坊天翔航空工业有限公司、青岛海利直升机制造有限公司与中航技进出口有限责任公司、中航工业西安飞行自动控制研究所、中国电子科技集团第十研究所联合研制的 V750 无人直升机(图 2.16)在山东潍坊首飞成功,填补了中国中型无人直升机的空白。

V750 无人直升机是一种多用途无人直升机,可从简易机场、野外场地、舰船甲板起

图 2.16　V750 无人直升机

飞降落,携带多种任务设备,具有遥控飞行和程控飞行两种飞行模式。直升机可针对特定地面及海域的固定和活动目标实施全天时的航拍、监视和地面毁伤效果评估等,可完成森林防火监察、电力系统高压巡线、海岸船舶监控、海上及山地搜救等任务。具体技术参数见表 2.7。

表 2.7　V750 无人直升机规格参数

技术指标	数值	技术指标	数值
机长	8.53 m	空重	757 kg
机宽	2.08 m	最大载荷	80 kg
机高	2.11 m	使用升限	3 000 m
最大时速	161 km/h	巡航时间	4 h
巡航时速	145 km/h	抗风能力	5 级
最大航程	500 km	控制半径	150 km

2.3.3　多旋翼无人机

多旋翼无人机具有良好的飞行稳定性,对起飞场地要求不高,适用于起降空间狭小、任务环境复杂的场合,具备人工遥控、定点悬停、航线飞行多种飞行模式,在城市大型活动应急保障、灾害应急救援中具有明显的技术优势。比较有代表性的是自转多旋翼无人机和多旋翼倾转定翼无人机。

自转多旋翼无人机是以旋翼自转提供升力,螺旋桨提供前进动力的旋翼类无人机。自转旋翼机在 20 世纪 20 年代问世,是旋翼升力技术的最早实际应用(徐慧 等,2011)。自转旋翼机需要提供预旋,即起飞前通过传动装置将旋翼预先驱动,然后通过离合器切断传动链路后起飞。断开离合器后,旋翼机依靠前方来流吹动而使其处于自转状态。与直升机和固定翼无人机相比,自转旋翼机在发动机失控时,依然可以依靠自转而实现安全着陆。同时,自转旋翼机具有良好的低空、低速性和安全性,同时具有结构简单、造价较低、维护成本低、操纵简单等优点。

多旋翼倾转定翼无人机(multi tilt wing—unmanned aerial vehicle,MTW—UAV)继承了倾转旋翼机的优点,结合了旋翼机及固定翼机两种飞行器的特长,同时也克服了倾转旋翼机的一部分缺点,采用了倾转定翼机构,最大化利用气动效率;改为多旋翼结构,巡航模式飞行时,即使其中一个电机发生故障,无人机也能继续飞行(王伟 等,2014a)。

多旋翼无人机自主飞行控制系统较为复杂,一般需要设计 3 类控制器:位置控制器、速度控制器及姿态控制器。同时,还有姿态角推算、导航数据融合等算法。无人机的自主飞行涉及飞行器姿态、速度、位置这几个大方面的控制运算,因此对于控制器的运算能力有很高的要求(袁安富 等,2013)。四旋翼无人机作为多旋翼机的代表,其自主控制的研究最为活跃,主要包括室外自主飞行、编队飞行、室内避障以及室内 SLAM 的研究等(王伟 等,2014b)。

旋翼型无人机按旋翼的控制方式还可分为可变轴距机制和固定轴距机制无人机。常见的无人多旋翼机有四旋翼、六旋翼、八旋翼等机型。下边介绍几种典型的多旋翼无人机。

1. EWZ-S8 易瓦特八旋翼无人机

EWZ-S8 易瓦特八旋翼无人机是一款全球同类产品载重量最大、可垂直起降、拥有多项专利的无人飞行系统。可用于执行资料收集、测量、检测、侦查等多种空中任务,航线控制精度高,飞行姿态平稳,可携带多种任务载荷。飞行控制简单可靠,起飞和回收方式简便安全,机身轻巧,可在极小的场地进行垂直起降,使用成本低。

系统具有以下特点:

(1)飞行器具有遥控、自主飞行能力,可以实时修改飞行航路和任务设置。

(2)测控与信息传输设备具有遥控、实时信息传输的功能,具有多机、多站兼容工作及一定的抗截获、抗干扰能力。

(3)侦察任务设备能昼夜实时获取目标图像信息,具有手动、自动控制工作模式,可迅速发现、捕获、识别、跟踪目标。

(4)飞行控制与信息处理站具有对飞行器进行遥控飞行和对机载任务设备进行操控的功能,具有飞行参数与航迹显示、航路规划和实时修改飞行计划、重新设置任务样式的能力,可以实现接收标准视频信号、实时处理和存储图像、数据叠加等操作。

(5)地面保障设备具有简易检测、维修与训练的能力,具有快速更换易损件、备用动力电池组和双模态充电的功能,全系统外场展开迅速。

2．X601 六旋翼无人机

功能特点:

(1)X601 六旋翼无人机(图 2.17)是采用六轴六旋翼的气动设计,可垂直起降、自主导航的无人飞行器系统,搭载不同的任务设备,满足不同任务需求。

图 2.17　六旋翼无人机

(2)机体采用碳纤维材料和航空铝材加工而成,拥有更轻的重量和更高的强度。

(3)可以通过遥控器人工操控飞行,也可以借助 GPS 和北斗导航系统进行自动驾驶飞行,具备人工遥控、定点悬停、航线飞行、指哪飞哪,兴趣点绕圈等多种飞行模式。

(4)采用了快速拆装的结构设计,在 10 min 内即可完成飞行器的拆卸和组装工作。

(5)基于模块化的设计理念,可以灵活地搭载高分辨率数码相机、摄像机、红外热成像摄像机等机载任务设备,在不同的光线环境下执行各种影像记录与传送任务,适应不同的任务要求。

(6)飞控与导航系统集成了三轴加速度计、三轴陀螺仪、磁力计、气压高度计等多种高精度传感器和先进的控制算法设计,操控非常简单易学。

(7)具有多种保护模式,开机后自动检测系统状态,如有异常不执行起飞指令;可设定最大飞行半径和最大飞行高度,超出边界自动进入预设模式;数据链中断后自动返航或继续航线任务(可设定);低于报警电压时地面站语音报警;低于极限电压自动执行降落指令以保证飞行器的飞行安全。

(8)数传电台和数字图像电台,可实现半径 5 km 的超视距飞行和图像实时传输。

(9)云台增稳功能(俯仰轴、滚转轴)能有效去除视频抖动,使图像更加清晰稳定。

具体规格参数见表 2.8。

表 2.8　X061 六旋翼无人机规格参数

技术指标	数值	技术指标	数值
巡航速度	3~50 km/h	空中起飞重量	3.5 kg
续航时间	40 min	最大任务载荷	4 kg
飞行高度	<1 000 m	最大升限	5 000 m
最大控制半径	5 km	导航方式	卫星导航
抗风能力	6 级	工作湿度	5%~95%

3. MD4-1000 四旋翼无人机

MD4-1000 四旋翼无人机系统是一种垂直起降小型自动驾驶无人飞行器系统,可用于执行侦察、拍摄、测绘、检测、指挥、搜索、通信、空投等多种空中任务。

该系统特点:

(1)机体和云台完全采用碳纤维材料制造,拥有更轻的重量和更高的强度,飞行器自重仅 2 650 g,支臂可折叠,更方便运输。

(2)基于模块化的设计理念,可以灵活地更换机载任务设备,以适应不同的任务要求。从微单数码相机、全画幅单反数码相机、高清视频摄像机、微光夜视系统、红外热成像夜视系统到高端的测温型红外热成像检测系统均可搭载,从而可以在不同的光线环境下执行各种的影像记录与传送任务,还可以搭载各种定制的专业设备,如三维激光扫描系统、多光谱摄像系统、空气采样监测系统、空中通信中继系统。

(3)具有系留电源系统,依靠地面线缆供电,可以 24 h 不中断地停留在空中执行监视和通信任务。

(4)可以通过遥控器人工操控飞行,也可以借助配置 Waypoint 系统进行自动驾驶飞行,Waypoint 系统自带多种航拍任务模板,可以轻松地进行航线任务设计,并且与 Google Earth 无缝连接,可以直接调用 Google Earth 中的地理信息数据,也可以在 Google Earth 中设计。

(5)采用低转速无刷直驱电机和优化旋翼设计,电机高效率运转的同时产生的噪声却很小,在 3 m 的距离悬停时噪声小于 73 dB。

(6)具有较强的野外环境适应性,通过了火场高温环境测试,可以在最高 6 级风和暴雨下正常工作,在高压电磁环境下具有良好的抗干扰性和安全性。

(7)安全设计完善,任何时候只要停止遥控器操作,飞行器就会自动悬停在空中,若超过 30 s 接受不到遥控器信号,飞行器将会自动返航到起点。在无人机飞行系统中安置了专业飞行数据记录仪"黑匣子",可以完整记录飞行器整个飞行过程的各个细节。

具体规格参数和图分别见表 2.9 和图 2.18。

表 2.9　MD4-1000 四旋翼无人机规格参数

技术指标	数值	技术指标	数值
最大巡航速度	12 m/s	最大起飞重量	6.5 kg
续航时间	42 min	最大任务载荷	2 kg
相对飞行高度	1 000 m	最高升限	5 000 m
飞行半径	≥5 km	抗雨能力	IP3
抗风能力	12 m/s	最大工作湿度	95%

图 2.18　MD4-1000 四旋翼无人机

2.3.4　无人飞艇

无人飞艇航测系统,将航测技术和无人飞艇技术紧密结合,是一种新型的低空高分辨率遥感影像数据快速获取系统。系统具有高机动性、低成本、小型化、专用化、快速、实时对地观测等特点,可作为卫星遥感和常规航空遥感的重要补充手段,有效地改善高分辨率数据既缺乏又昂贵的现状。

飞艇是一种配置有推进装置、利用气囊中封闭的轻质气体产生的浮力原理升空、可控制飞行轨迹的一种轻于空气的飞行器,其与气球的主要区别在于具有推进装置并能控制航行方向。其中,飞行时不需要有人驾驶的飞艇即为无人飞艇。

无人飞艇主要由主气囊、副气囊、吊舱、推进器和燃料箱、调压系统以及控制系统组成。其气囊内充漂浮气体(出于安全考虑,通常为安全的惰性气体氦气)。由于气囊是飞艇的主体结构,因此根据其结构不同,飞艇可分为软式、半硬式和硬式 3 种类型。软式飞艇由韧性纤维物制成,其囊体形状主要由充入气囊内的漂浮气体与外界空气的压差获得;硬式飞艇由刚性骨架外罩织物蒙皮构成,其气囊形状主要靠刚性骨架支撑;而半硬式飞艇介于这二者之间,艇体下部增设刚性骨架,织物囊体形状是靠充入气囊的漂浮气体与外界空气的压差获得。由于飞艇主气囊采用的气体为氦气,因氦气比空气轻而产生浮力,飞艇停留在空中时,只需很少的动力就可以使其在空中飞行(蒋谱成 等,2008)。

无人飞艇遥感监测系统作为一项新兴的遥感监测技术,其应用范围广,不仅在土地利用动态监测、矿产资源勘探、地质环境与灾害勘查、海洋资源与环境监测、地形图更新、林业草场监测领域得以应用,而且在农业、水利、电力、交通等领域中也能得到广泛运用。它具有快速、机动灵活、现势强、真实直观和视觉效果好的优势。这一新技术能够避免传统监测手段效率低、速度慢、精度低、效果差等弊端,是对其他遥感方式的有效补充。材料科学与技术的发展为飞艇提供了强度高、氦气渗透率低的新型蒙皮和气囊材料,使得飞艇具有质量轻、强度大、气密性好、尺寸稳定等特点。同时,计算机和自动控制技术的进步,使得飞艇的结构设计更为合理,进一步提高了其可靠性,飞行控制也更加准确灵活,使得无人飞艇开创了更广阔的应用领域,应用于低空航测正是其中之一。

无人飞艇与其他飞行器相比有很多优势:容积大,有效载荷大;续航能力强;可靠性和安全性佳;起飞和着陆方便,对场地没有特殊要求;机性好,使用成本低。从航空摄影测量观点来看,无人飞艇的应用主要有以下几点优势:

(1)可飞得低,飞得慢。低速可减小像移,低空接近目标减弱了辐射强度损失,因此可容易地获取高分辨率、高清晰的目标影像,这是其他航天航空传感器所没有的优势,同时飞得低则受空中管制的影响小,并且能在阴天云下飞行,减小了对天气依赖性。

(2)可靠性和安全性好。无机组人员随艇上天,可避免意外发生时威胁生命安全;气囊内氦气等轻于空气的气体,自重小;飞行速度慢,对地面目标构成的威胁小。

(3)可对建筑物盘旋,进行多侧面摄影,有利于三维城市建模纹理信息的获取。

(4)机动性好,无需专门的机场起降,使用成本低。

但另一方面,无人飞艇用于航测时也具有明显的局限性:

(1)体积大,抗风能力较弱。除平流层飞艇与系留飞艇外,目前无人飞艇抗风能力在六级以下,在风力超过三级进行飞行时,飞艇姿态不能稳定,出现比较大的旋转角。

(2)无人飞艇应用尚未普及,民用航测类飞艇无论是从任务载荷、设备接口,暂时都无法搭载专业的遥感传感器,如 DMC、UCD/UCX、SWDC 以及机载 LiDAR 与 SAR 等(彭晓东 等,2009)。

无人飞艇由于体积大,在空中飞行时易受风和气流的影响,稳定性较差,使姿态角产生偏差。无人飞艇有效解决了飞行过程中飞机自身震动、气流抖动造成的影像模糊以及飞机对地移动造成的像移等误差(陈天恩 等,2013),能满足小范围大比例尺测图需要。将遥感设备安装在稳定平台上,保证摄影时数码相机姿态的稳定并保持垂直摄影姿态,实现对遥感设备的姿态控制,以获取清晰、稳定以及所需拍摄角度的遥感影像(王冬 等,2011)。无人飞艇遥感监测系统能够获取优于 5 cm 的高分辨率遥感影像,经过精确的数据处理,可以制作 1∶500～1∶2000 地形图。

用无人飞艇作为航测飞行平台,对测图精度的提高的最主要贡献是:

(1)可在低空航摄,获取高分辨率的影像;可进行云下航摄,减少云雾的影响;而且由于相机距离地面较近,可获得更多的光通量,阴云天气也可获得高清晰度影像。

(2)能以较低速度飞行,可控制像移大小,使得在曝光时间内产生的影像像移小于 0.3 个像素,避免了安装笨重的像移补偿装置来消除影像模糊(刘明军 等,2013)。

下边以中国测绘科学研究院的 CK-FT 系列无人飞艇和 FKC-1 无人飞艇为例进行介绍。

1. CK-FT 系列无人飞艇

CK-FT 系列无人飞艇由中国测绘科学研究院研制,无人飞艇可以在离地面 50～600 m,以 30～70 km/h 速度安全飞行,可以获取到比其他飞行器更清晰的航空影像,以高清晰度、高分辨率的影像实现高精度摄影测量,因而更适合大比例尺测图等工程需求。

以 CK-FT180(图 2.19)为例,利用无人飞艇搭载宽角相机,低空获取高分辨率、高清晰度、大幅面影像,提高立体影像的基高比,大大提高了立体测图的内在精度。可以全内业采集平面和高程点,精度完全满足 1∶500 地形图航测精度要求,解决了大比例尺航测成图需要靠全野外实测高程点的技术难题,大大提高了航测生产效率,节约了生产成本。作业成果说明,无人飞艇低空航测技术和方法,是一种实用可靠的航测新技术和方法,完全能够胜任普通大比例尺航测作业生产。

图 2.19　CK-FT180 无人飞艇

CK-FT070 成本低、体积小、抗风能力稍弱,只能搭载小相机作业,作业效率较低;CK-FT120 和 CK-FT160 体积大、成本高、抗风能力强,可以搭载组合相机等大相机进行作业,作业效率高。具体规格参数见表 2.10。

表 2.10　CK-FT 系列无人飞艇

规　格		产品型号			
		CK-FT070	CK-FT100	CK-FT120	CK-FT160
总体尺寸	总长/m	12.4	15.3	15.3	18.32
	总高/m	4.05	4.6	4.9	6.2
主气囊	容积/m³	70	105	117	180
	全长/m	15.3	15.3	15.3	18
	最大直径/m	3.15	3.6	3.8	4.5
	副气囊体积/m³	无	无	20	40
	任务载重/kg	6	10	15	18
	起飞重量/kg	82	130	145	156
性能	最大抗风能力/(m/s)	8~10.7	8~10.7	10.8~13.8	10.8~13.8
	最大飞行速度/(km/s)	60	70	70	70
	最大海拔高度/m	—	1 500	2 000	2 200
	留空时间/h	—	3	2	2

2. FKC-1 无人飞艇

FKC-1 飞艇是六〇五所为中国测绘科学院研制生产的具有完全自主知识产权的新型浮空器,主要用于大地三维测绘时进行空中拍摄影像等。该飞艇飞行控制系统为遥控与自主双系统控制,可以按设定的航线实行完全自主飞行,具有控制距离远、安全可靠、起降简便等特点。

FKC-1 飞艇平台(图 2.20)主要由飞艇主体、飞行控制器、动力及电源系统、囊体气压传感器、地面监控站与遥控系统组成。

图 2.20　FKC-1 无人飞艇

飞艇主体主要由头锥、主气囊、副气囊、尾翼组成。头锥位于艇身前端,是轻质铝合金骨架结构,在气动压力对艇首产生冲击时,头锥仍能使飞艇保持良好气动外形。此外,头锥还可用于飞艇的地面系留及牵引。主气囊层压复合薄膜材料通过热合粘接而成,为软式结构,依靠内外气压差维持外形,内充氦气提供飞艇向上的升力。副气囊内充空气,作为调节囊体气压差。尾翼四片,用于飞行时控制飞艇上、下、左、右的转向。

飞行控制器由控制计算机、GPS 接收机、三轴陀螺仪、姿态控制器、电压监测器、遥感传感器控制器、舵机伺服器、气压高度计和通信单元组成。飞行控制器主要用于监测和控制飞艇各部分协调工作,使飞艇按指定的高度、速度、稳定的姿态和正确的信号自动控制遥感传感器正常工作。同时,飞行控制器负责向地面监控站传输飞艇工作时气压高度、GPS 高度、速度、姿态、各类电压、囊体气压、油量及传感器工作状态等参数,并接收地面监控站信号与指令,实时修改飞行参数、更改飞行任务。

动力及电源系统主要由发动机、汽油燃料、蓄电池、涵道旋转装置和相关附件构成,为飞艇飞行、方向控制和各电子元件工作提供动力和能量来源。

囊体气压传感器与副气囊调压系统主要用于监控和调节主副气囊气压变化,可在一定有效范围内防止因飞艇升降和气温变化造成气囊内部气压过小或过大带来的严重后果。

地面监控站是飞艇操纵的核心部分,它担负地面遥控中心的综合管理任务,包括地面遥控指令的生成与发送、飞艇状态信息的监测与显示、各种参数信息的储存与管理以及飞艇状态参数的检测与调整等。艇载自主控制系统安装于飞艇上,包括飞控盒、通信设备、RC 接收机、电池组、GPS 天线、通信天线等。它具有如下四种控制模式:

(1)RC 模式——遥控器直接控制模式。

(2)RPV 模式——遥控器控制命令值,飞控自动稳定控制。

(3)CPV 模式——地面站设定飞行速度、高度、航向,飞控自动稳定控制。

(4)UAV 模式——预设导航点,自动导航飞行。

遥控系统主要由遥控器和遥控接收机组成。此部分的信号为单向传输。遥控器发出控制信号,由安装在飞艇上的遥控接收机接收,接收信号通过飞行控制器对飞艇进行控制。遥控系统主要用于飞艇的安全起降;在地面监控站指令输入时,临时由遥控器对飞艇进行控制,以保证飞行安全;同时作为自主飞行时飞行前方有异常或地面监控站异常时,进行人工遥控,保障安全。

FKC-1 飞艇可遥控、可自主飞行,气候适应能力强,可以飞得很慢,甚至可以空中悬停;也可以飞得很低,自主沿航线安全飞行高度可达 50 m。飞艇全长 18.32 m,高 6.2 m,容积 180 m³,最大抗风 10 m/s,任务载荷为 15 kg,最大相对航高为 600 m,最大海拔航高为 2 000 m,续航时间大于 2 h。具体规格参数见表 2.11。

表 2.11　FKC-1 无人飞艇规格参数

技术指标	数值	技术指标	数值
长度	18.32 m	高度	6.2 m
最大起飞海拔高度	2 000 m	最长续航时间	2 h
作业离地高度	100～600 m	最大载荷	10 kg
巡航速度	40 km/h	控制方式	遥控/自主飞行
最大时速	67 km/h	作业抗风能力	5 级
最大上升速度	3 m/s	返航抗风能力	6 级
最大下降速度	2 m/s	控制半径	1 km
最大起飞净重	15 kg	实时图像传输距离	30 km

§2.4　无人机移动测量飞行控制

飞行控制是指舵机根据飞控系统从各种机载任务载荷上获取的高度、风速、经纬度等飞行参数,对无人机的俯仰角、翻滚角、速度、高度做出相应的调整,来保持和控制无人机按照一定的姿态和轨迹进行飞行。随着控制技术的发展,无人机在使用范围上取得了较大的突破,高新技术的飞速发展及其在无人机上的不断应用,使无人机向多功能、快速反应及高可靠性方向发展。本节阐述了飞行控制的基本原理、系统构成、系统功能、控制方式以及涉及的技术问题及解决方案等。

2.4.1　飞行控制系统组成

飞行控制系统其目的是实现无人机飞行控制和任务载荷管理，包括机载飞行控制系统和地面飞行控制系统两部分（Jamshidi et al,2011）。

1. 机载飞行控制系统

机载飞行控制系统由姿态陀螺、磁航向传感器、飞控计算机、导航定位装置、电源管理系统、伺服舵机等组成，可以实现对飞机姿态、高度、速度、航向、航线的精确控制，具有自主飞行（王英勋 等,2009）和自动飞行两种模式（Insaurralde et al,2014）。典型无人机飞控系统的结构模块如图 2.21 所示（喻玉华 等，2009）。

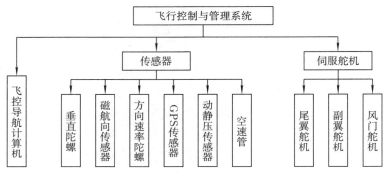

图 2.21　典型无人机飞行控制与管理系统组成

飞控导航计算机由模-数、数-模、标准串行口、离散化功率通道及数字输入输出通道等组成。姿态传感器可选用高精度、体积小、可靠性好、性价比高的垂直陀螺。动、静压模块选用智能 PPT 压力传感式模块，具有性能稳定可靠、体积小、重量轻、功耗低等诸多优点。具有模拟接口和数字通信接口，便于模-数采集和与计算机的数字通信。伺服舵机具有体积小、重量轻、输出扭矩大的特点。系统必须是实现智能化控制的任务管理系统。设计时应当降低系统的复杂度，缩减系统的体积和重量，同时要确保系统的可靠性。

无人机飞行控制与管理系统具备完整的惯性系统和定位系统，具有高精度的导航功能和增强的飞行控制功能，采用多种控制模式，保证飞行指令可在不同的情况下实现人机交互式通信，实时控制无人机的飞行。对于长航时无人机由于飞行距离远、航行时间长，对导航定位精度提出了很高的要求。可装备的机载导航系统有惯性导航系统、卫星导航系统、多普勒导航系统、地形匹配导航系统等，常用的主要是惯性导航系统，具有短时精度高、可以连续地输出位置、速度、姿态信息以及完全自主等突出优点，但其导航误差随着时间积累，这也是它不可克服的缺点。通常采用组合导航技术，在载体上装备两种或两种以上的导航系统，通过相互取长补短，来提高系统的总体性能（吴海仙 等,2006）。

飞行控制系统主要用于保持无人机飞行姿态角，控制发动机转速和飞行航迹，其性能与可靠性对无人系统性能有着直接的影响。所有飞行管理系统任务功能的实现是由机载硬件和软件以及其他地面支持软件共同完成的。典型系统主要软件结构及其关系如图 2.22 所示（喻玉华 等，2009）。

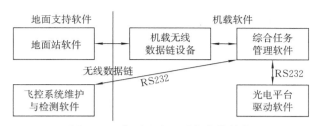

图 2.22　典型无人机系统软件结构

综合任务管理软件作为主要机载软件,其功能包括:

(1)与地面站配合完成的遥控遥测功能。

(2)传感器数据采集和数据预处理功能。

(3)控制律实时解算功能。

(4)控制量输出功能。

(5)导航计算功能。

(6)任务、设备管理与控制功能。

(7)故障检测与处理功能。

系统功能软件模块组成及功能如下:

(1)控制律解算模块,完成控制律的解算任务。

(2)导航模块,根据存好的导航点信息和 GPS 坐标计算飞机导航指令。

(3)航程推算模块,在无线电通信中断、GPS 数据中断时能根据飞机当前的空速、航向等信息推算出飞机的大致方位。

(4)采样模块,通过模-数采样获取飞机当前姿态和状态信息。

(5)输出模块,通过数-模输出来控制舵机。

(6)串口接收模块,接收 GPS、数字罗盘、任务设备数据和遥控指令并解包。

(7)串口发送模块,发送遥测数据和任务设备指令。

(8)自检测(built-in test,BIT)模块,检测各传感器,判断各传感器是否工作正常,必要时切换到备用通道。

(9)任务管理模块,管理各个任务设备,并根据任务设备的需要计算导航指令。

(10)应急处理模块,在发生故障时按照预案应急处理,以尽量减小损失。

典型飞控系统功能软件的组成如图 2.23 所示。

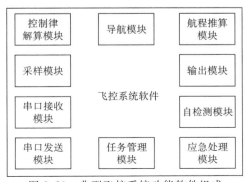

图 2.23　典型飞控系统功能软件组成

无人机与地面控制站通过无线电传输 GPS 定位数据、飞行状态参数、飞控指令等数据,通过通信从地面控制站获取由 GPS 定位得到的飞机位置信息和各种状态参数,并在电子地图上进行实时航迹显示和飞行状态显示(熊自明 等,2007)。

2. 地面飞行控制系统

地面飞行控制系统实时传送无人机和遥感设备的状态参数,可实现对无人机测量系统的实时控制,供地面人员掌握无人机和遥感设备信息,并存储所有指令信息,以便随时调用复查。主要由指令解码器、调制器、接收机、发射机、天线、微型计算机、显示器等组成。在对无人机的控制过程中,要求地面信息处理系统能够连续不断地实时确定飞机的位置、姿态、速度、加速度、气动力和力矩以及飞行环境参数,并复现控制的偏角和飞机的响应(赵琦 等,2002)。图 2.24 为无人机地面控制系统界面。

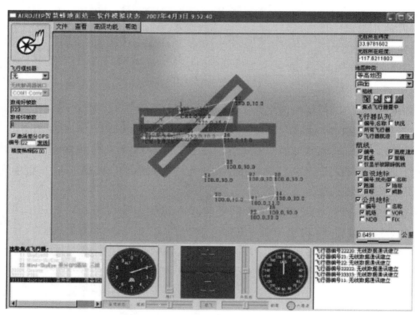

图 2.24　无人机地面控制系统界面

地面监控系统主要实现无人机飞行状态实时显示、航线规划和航线回放等功能。无人机在实际飞行过程中,地面测控系统实时输出大量飞行数据,要求操纵人员快速判断并做出反应,灵活及时地参与无人机的控制,这对无人机飞行操纵安全至关重要。无人机的飞行数据集按照数据类型可分为定性数据与定量数据。定性数据主要包括开关遥控指令、飞行状态及任务设备状态、故障类别名称及飞行时间等。定量数据主要包括飞机运动参数、发动机参数、机载设备参数、导航参数等。其中飞机运动参数包括三个姿态角(俯仰角、偏航角、滚转角)、三个角速度(俯仰角速度、偏航角速度、滚转角速度)、两个气流角(迎角和侧滑角)、两个线性位移(纵向角方向的位移和侧向角方向的位移)及一个线速度(速度向量);导航基本参数包括无人机的实时位置、速度和航向。

地面控制系统功能:

(1)飞行状态显示。当无人机执行飞行任务时,知道飞机的实际航线是否与事先规划的航线重合或者偏离设定航线的距离有多少等信息是非常重要的。系统通过网络通信从地面控制站实时获取 GPS 经纬度信息,根据获取的经纬度位置信息在该视图中以直观的小飞机图符显示无人机的实时位置,并实现当前位置点与前一时刻位置点进行连线完成航迹显示,使操纵人员实时得到位置信息。实时显示飞行参数,对无人机进行监测,实现飞机姿态指示、飞控指令指示、飞行状态指示、故障报警及其他参数键控切换直接指示等。显示参数主要包括无人机遥测参数、遥控指令显示、系统时间、无人机轨迹、距离、发动机转速、旋翼转速仪表、无人机航向角仪表、滑油压力仪表、升降速度仪表、高度、空速、纵向地速、横向地速、缸头温度、缸壁温度、滑油温度、链路状态、油门等。

(2)任务航线规划。测绘作业时,无人机是按照预先设计的航线进行飞行作业,并可根据作业需要实时调整,修正航线。输入作业区域范围信息,重叠度等作业参数,航线规划系统能自动生成航线。任务规划时,在数字地图上随着鼠标的移动,可以自由增加航程点。任务规划完成后,通过网络通信将规划任务数据打包发送到地面控制站,然后由地面控制站通过无线电链路将数据传送至无人机自动驾驶仪。

(3)航线回放功能。获得无人机实际飞行中的数据并保存,通过航线回放可以得到与航迹显示功能完全相同的视觉效果,再现无人机作业全过程,以便于对无人机的飞行状况及任务执行情况进行分析,为以后的任务规划及后续的数据处理工作提供参考。

(4)其他功能。数字地图显示和操作,实现地图的快速显示及放大、缩小、漫游等功能。打印输出功能:实现屏幕电子航迹地图到传统纸质地图的转换。

无人机自主飞行控制系统较为复杂,一般需要设计 3 类控制器:位置控制器、速度控制器及姿态控制器。同时,还有姿态角推算、导航数据融合等算法(Nathan et al,2011)。为了满足以上控制和算法要求,机载部分的硬件布局就显得尤为重要。实现无人机的自主飞行不可避免地要涉及飞行器姿态、速度、位置这几个大方面的控制运算,因此对于控制器的运算能力有很高的要求。若要得到很好的实时控制效果,控制频率是一个重要的考虑因素。对于单芯片飞控系统,一个控制周期内要完成数据采集、数据处理、控制运算及指令输出,同时还需将数据输出到监控系统,过重的负荷影响了系统的可靠性。针对这一问题,可以设计双芯片飞行控制系统,采用 2 个处理器分工协作的机制,完成对飞行控制的任务要求(袁安富 等,2013)。

无人机在完成高度、长航时飞行任务时,随着飞行时间的增加,飞行控制系统出现故障的概率也在不断增加,具体表现如飞行控制计算机故障、舵机故障、舵面损伤以及机载传感器故障等。为了使无人机在受到非致命性损伤和故障情况时,仍能够完成侦察任务或安全返回,需要研制一种高可靠性、高生存力的飞行控制系统(吴佳楠 等,2009)。为了保证飞行安全,长航时无人机采用了硬件余度和软件余度相结合的方式。其中,硬件余度包括操纵面的余度配置、多余度飞控计算机和多余度传感器等,软件余度包括相似余度计算机软件和解析余度传感器。典型的余度结构(吴佳楠 等,2009)如下:

(1)电源。对于三余度飞控系统,要求电源也必须采用不低于三余度的结构以保障飞控系统安全。电源系统采用电源 1、电源 2 和备份电池的余度结构。当电源 1 出现故障后,飞控系统内的电源自动选择电源 2 作为系统供电电源;当电源 2 又出现故障时,系统自动启用备份电池。由于备份电池的容量可以满足飞控系统安全模式的需求,因而供电系统的余度等级达到了一次故障工作,二次故障安全。

(2)传感器。飞控系统针对所用信号重要性的不同而对传感器采用信号冗余的配置,可实现关键信号三余度,非关键信号二余度。传感器应具有自诊断能力,飞控计算机可根据各传感器的反馈信号判断是否出现故障。同时对于没有故障的传感器,飞控计算机采集到信号后再进行监控和表决,最后还要根据飞机的自身特性确定表决结果是否处于合理的范围,经过上述判断后得到的信号才能交给控制律部分进行计算。

（3）舵机舵面。对于高可靠性飞控系统,要求气动结构提供丰富的冗余舵面,以全球鹰为例,至少配有 4 片副翼、4 片等效升降舵、4 片等效方向舵。每个舵面均配置 1 个独立舵机,同一机翼上的舵面不同段由不同的飞行控制计算机控制,不同机翼但位置对称（同为内侧或外侧）的操纵面由同一飞行控制计算机控制。舵机的余度可以灵活考虑,在一定的可靠性指标下,当存在气动冗余且具备故障舵面回中的能力时可以采用单余度舵机。若气动冗余较低,只实现单余度或部分舵面二余度,则要通过采用余度舵机技术来提高舵机的可靠性,使得飞控总体的可靠性保持在允许的水平。由于目前发动机的油门伺服系统多为机械伺服系统,可靠性比电器系统高一个数量级,因而不配置余度;自动油门的执行机构——舵机,配置二余度。

（4）飞控计算机。飞控计算机是整个飞控系统中的核心部件,它的可靠性及功能直接关系到系统的技术指标能否实现。飞行控制系统采用了主/主/备的配置方案,由 3 台飞控计算机同时工作。如果一台计算机出现故障,则通过逻辑开关自动切换到备份计算机。计算机采用非相似余度,这样可以防止硬件的共性故障,减少发生故障的概率。

（5）通信。对于大中型无人机,多采用 4 通道方式,即 2 个视距内链路和 2 个视距外链路,具有较高的可靠性。另外即使通信系统中断,无人机飞行管理系统也可以控制飞机自动返航。

除了采用硬件余度技术外,还设计了软件余度,如针对可能出现的应急情况设计应急控制方案,针对舵面和执行机构等可能出现的故障设计重构的控制律,针对能源不足的问题设计节能控制方案等。软件的非相似余度结构,可保证因软件故障的系统二次故障安全要求。

2.4.2　飞行控制方式

无人机的控制已从遥控、程序控制,发展到可以针对自身的状态变化、具有故障诊断和重构的自适应控制。随着各种新技术的不断应用,无人机系统的复杂性及功能的自动化程度等日益增加。由于作业环境的高度动态化、不确定性以及飞行任务的复杂性,使得规划与决策成为无人机面临的新的技术挑战,各种基于程序化的自动控制策略已经不能满足未来先进多功能无人机对复杂环境下的多任务的需求,自主飞行控制能力的提高将是未来无人机飞行控制系统发展的主要目标（王英勋 等,2009）。

无人机早期的自动飞行控制系统集稳定、轨迹控制、任务管理等功能于一身,随着无人机飞行功能的不断增加,飞控系统也越来越复杂。在目前的无人机控制中,多以地面控制站遥控或程序控制完成任务目标。目前的无人机地面站已发展成为任务规划控制站（mission planning control station,MPCS）,对飞机进行任务规划和控制,无人机也开始具备一定的自主飞行的能力。

美国航空航天局（NASA）飞行器系统计划（vehicle systems program,VSP）高空长航时部（department of high altitude long endurance,DHALE）对高空长航时无人机自主性进行了量化,量化后自主等级划分的层次和意义更加明确。具体划分见表 2.12（王英勋 等,2009）。

表 2.12　NASA 飞行器系统计划高空长航时部定义自主等级

等级	名称	描　述	特征
0	遥控	人在回路的遥控飞行(100%掌控时间)	遥控飞机
1	简单的自动操作	依靠自控设备辅助,在操作人员的监视下执行任务(80%掌控时间)	自动驾驶仪
2	远程操作	执行操作员预编程序任务(50%掌控时间)	无人机综合管理预设航路点飞行
3	高度自动化(半自主)	可自动执行复杂任务,具有部分态势感知能力,能做出常规决策(20%掌控时间)	自动起飞/着陆链路中断后可继续任务
4	完全自主	具有广泛的态势感知能力(本体及环境),有能力和权限做出全面决策(<5%掌控时间)	自动任务重规划
5	协同操作	多架无人机可团队协作	合作和协同飞行

无人机技术的关键问题就是如何设计合理的控制方式代替飞机驾驶员在有人机系统中的位置。根据无人机不同的控制方式,可将无人机系统分成以下 3 类(Defense, 2011):

(1)基站控制。基站控制式无人机也称为遥控无人机(remotely piloted vehicle, RPV)。在无人机飞行的过程中,需要地面基站的操作员持续不断地向被控无人机发出操作指令。从本质上来看,基站控制式无人机就是结构复杂的无线电控制飞行器。地面站人员将控制指令,通过无线电发给飞机,叠加在多级的指令输入端,驱动舵机。该方式为操纵人员提供更大的操纵权限,在执行任务过程中灵活性大、可实现机动飞行控制,一般适用于较为复杂的任务环境,但人员操纵负荷较大,由于无线电链路可能会有延时,对操控人员要求很高,且对数据链性能要求较高,技术实现上较为复杂,适合在视距内使用。

(2)半自主控制。半自主的无人机控制中,基站可随时获得无人机的控制权,并且在飞行过程中某些关键动作需由基站发出指令,如起飞、着陆等,除了这些关键动作,无人机可以按照事先的程序设定进行飞行和执行相关动作(张涛 等,2013)。基站人员通过控制台发出综合的控制指令,飞控计算机收到指令后根据记载传感器提供的数据和预先编制好的控制律计算出对应的舵控指令,驱动舵机。该方式相对于全手动方式对操作人员的要求大大降低,若控制律设计合理,基本不会出现操作不当导致飞机坠毁的现象,在飞行时灵活度显著提升,整个飞行过程,需要地面操控人员全程监控。等级较高的自主控制中,起飞前对面站操作人员将飞行轨迹、飞行计划通过无线电发送给飞控计算机,飞控计算机自动接收执行相关指令,可以在不受到其他指令的情况下独立自主地控制飞机完成飞行任务。自动化程度大大提高,在长时间的飞行过程中地面站人员只需注意是否出现异常状况即可,但对飞行轨迹规划和飞行计划的制定要求很高,在飞行中对时间敏感性目标处理不方便。人员操纵负荷小,系统具有较高的自主性,对数据链性能要求较低,但控制系统设计较为复杂,对机载设备精度要求高,执行任务的灵活性、机动性相对较差。

(3)自主控制。自主控制可以在不需要人工指令的帮助下完全自主地完成一个特定任务。一个完整的智能无人机系统具备的能力包括自身状态的监控、环境信息的收集、数据的分析及做出相应的响应。无人机自主控制就是要使无人机或无人机机群能够在不确定的环境中,依赖自身和机群的观察、定位、分析和决策能力完成特定任务,且完成任务的过程中不需要人的实时控制。这个任务越高级、越复杂,无人机的自主控制等级就越高。

目前的研究中对"自主"的概念有不同的定义:自主控制是不需要人的干预以最优的方

式执行给定的控制策略,并且具有快速而有效地自主适应的能力,以及在线对环境态势的感知、信息的处理和控制的重构。自主控制与自适应控制的区别可以认为是这两种方法所能处理不确定性的量值,自适应控制可以少量地补偿中等程度的不确定性,自主控制则可以对在不确定动态变化环境中出现的大量不确定性实现控制。

可以看出,自主控制应该具有"自治能力",必须能够在不确定性的对象和环境条件下、在无人参与的情况下,持续完成必要的控制功能。因此,无人机的"自动"与"自主"的主要区别就在于:"自动"是指一个系统将精确地按照程序执行任务,它没有选择与决策的能力;"自主"是指在需要做出决定的时候,这个决定由无人机做出(王英勋 等,2009)。

目前,无人机自主控制结构主要有递阶开放的控制结构和包容式控制结构两类。

(1)递阶开放的无人机控制结构。先进的无人机控制必须具有开放的平台结构,并面向任务、面向效能包含最大的可拓展性。针对这样的要求,当前广泛接受的解决方案是选择层阶分解的控制结构和控制技术。

递阶式系统的每一层都有相对独立的功能划分,各层间通过往复的传输实现信息的共享。越往下就越接近具体的执行层,控制算法的具体和局部化程度以及执行的速度就越高;越往上则信息的内容和决策就越具全局意义,并且决策的时间尺度也将变得更长。由于信息的共享,实际上每一层都有相当的全局观,这有利于在必要时相对各层开发适当的推理和决策算法,从而提高整个系统的智能化水平和自主程度。

其中决策管理层为自主控制的最高层,它依据对系统状态的感知,决策和规划系统的任务目标、任务序列和机动轨迹。适应层根据任务规划结果以及飞机的状态产生相应的导引方案和具体的制导指令,控制执行层生成飞机各操纵效率机构(包括气动效率机构及推力效率机构)的控制指令。单架无人机的分层递阶结构的示意如图2.25所示(王英勋 等,2009)。

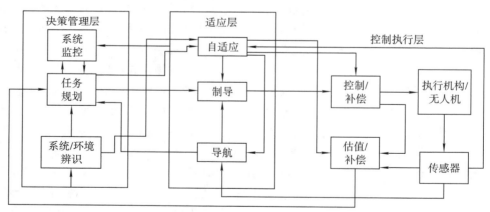

图2.25　单架无人机的分层递阶系统结构

(2)包容式结构。包容式结构是由麻省理工学院的R. Brooks提出的一种体系结构思想。一般的分层递阶体系结构把系统分解为功能模块,属于垂直分片的结构。该结构中,仅有最底层的模块能与外界进行交互,即一个输入的信号经过若干道处理之后,只有负责驱动控制的模块才能产生动作。对于环境变化的反应不够灵敏,而且系统功能的增加将引起整体的重构。

包容式体系结构的子系统独立产生动作行为,直接接收传感器信号产生行为动作,各子系统平行工作,由一个协调机制负责集成,进而产生总体行为。包容式体系结构的设计目标包括多任务、判断性强、鲁棒性和可扩充性。由于阶层间的控制机制仅仅协调每个层次的输出行动，并不干扰各个层次的内部工作，因此各层次平行并发工作，同时完成多种任务。所有的传感信号不必集中在某中心用统一方式表达，而是可分布在各个层次中，分别起到不同方面的行为感知作用。多传感器输入的独自处理增加了系统鲁棒性。包容式结构增加了系统的可扩充性。

　　分层递阶结构与包容式结构对构建适应性自主控制系统均有各自的贡献。可利用递阶控制系统的设计方法对自主控制系统进行分析，划分形成具有不同时间尺度和功能的模块；同时，将包容式结构中各模块可独立产生行为的特性借鉴到递阶智能控制中。然后借鉴人类神经系统"知识型控制—经验型控制—反射式控制"的结构，分别处理和应对不同的任务。

　　无人机故障诊断与自修复重构是其实现自主控制的保障，能够提高无人机自主控制关键技术，无人机的生存能力以及飞行安全性。具有故障诊断和自修复重构功能的控制系统如图 2.26 所示。

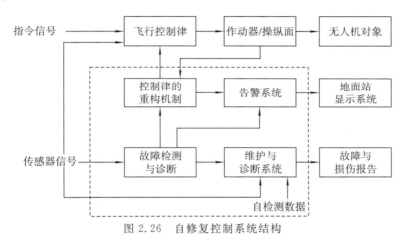

图 2.26　自修复控制系统结构

　　自主控制意味着不需要人的干预，必须建立以在线态势感知为中心的实时自主决策能力。无人机在线态势感知的重点问题之一在于如何实现不确定条件下信息的快速获取与处理，从而实现飞行中的再规划，也就是在当接收到新的信息以及发生非预见的事件时，如何实现最优地更新预先制定的计划和导引策略，以应对数据链缺失、实时威胁以及复杂的故障和损伤等控制站无法实时干预的紧急情况。

　　自主控制包括自动完成预先确定的航路和规划的任务，或者在线感知形势，并按确定的使命、原则在飞行中进行决策并自主执行任务。自主控制的挑战就是在不确定性的条件下，实时或近乎实时地解决一系列最优化的求解问题，并且不需要人为的干预。面对不确定性的自动决策是自动控制从内回路控制、自动驾驶仪到飞行管理、多飞行器管理、再到任务管理的一种逻辑层次的进步，也是自动控制从连续反应的控制层面到离散事件驱动的决策层面的一种延伸。

　　当面对复杂任务的时候，多无人机系统具备单一无人机所不具备的优势：一是对任务的执行效率高；二是系统的鲁棒性强，即使其中一架无人机损坏，还能够通过其他队员在功能上的弥补继续完成任务；三是多无人机系统可以将任务模块化分散到不同的无人机上进行处理，避免单个无人机运算复杂度过高。所以，多无人机协同工作也是智能无人机的发展趋势之一。

在 2009 年之前,无人机领域的研究成果还是以半自主的控制方式(Quigley et al,2005)为主,并且在侦查、目标监测、目标跟踪(Girard et al,2004)、民用生产等方面,均取得了很有价值的研究成果。此后,研究人员逐渐将研究的重点转移到对自主控制的研究上来。自主控制系统是一个复杂的系统,需要飞行器设计、空间定位、路径规划、飞行控制、图像识别等各方面技术的支持。为了充分利用这些技术,研究者们通常会将各个功能模块化,通过合理的架构设计将其整合,达到自主控制的最终目的。

有地面站参与数据处理的自主控制在研究的初始阶段,由于机载处理器性能的限制,研究人员选择将数据发送到地面基站进行运算处理,然后传回给无人机,指导无人机运动。但地面处理器和无人机之间的通信性能对这种控制方式的鲁棒性和自主性影响较大。随着处理器设计工艺的提升,以及研究人员们对算法的不断优化,上述这种方式逐渐被所有数据处理均在机载处理器上进行的方式所取代,即一旦无人机起飞,其机载处理器将全权扮演大脑的角色,通过对环境信息的处理分析来自主地做出响应。

从无人机领域的发展趋势来看,自主控制是今后的主流方向,但是遥控驾驶模式仍然是不可或缺的,在某些状态下要完成预定任务或紧急返回时遥控驾驶模式会更加有利,且遥控驾驶对于无人机部分关键技术的发展有着极大的促进作用(丁团结 等,2011)。自主控制技术作为无人机的发展重点之一,越来越受到重视。如何最大程度给无人机赋予智能,实现其自主飞行控制、决策、管理及健康诊断和自修复,从而在某些领域取代有人驾驶飞机,是今后需要研究的主要方向(雷仲魁 等,2009)。

2.4.3　飞行控制关键技术

飞行控制系统是无人机的核心,无人机要完成飞行任务,需要控制系统具有良好的控制特性(李一波 等,2011)。飞行控制系统是一个复杂的系统,要实现高效的控制,需要数据链通信技术、时间延迟补偿技术、多比例尺调用技术、显示缓存技术、故障诊断与自修复技术、多机协同技术等各方面技术的支持。

1. 数据链通信技术

数据链承担着空地上下行数据的传输工作,对整个无人机系统的工作性能、可靠性和安全性都有着至关重要的作用,数据链的性能好坏、管理策略是否得当将直接影响无人机系统的工作。数据链性能的主要指标包括传输延迟、丢帧率及误码率。由于数据链传输延迟在整个系统的总时间延迟中所占比例较大,大的时间延迟会造成系统实时性下降,同时对于无人机的飞行品质会产生较大的影响。丢帧率对系统延迟有一定影响,一般情况下不会占据主导地位,但是如果丢帧持续时间较长对于系统的时间延迟会产生比较明显的影响。

误码率指的是数据链在传输过程中非期望数据占数据传输总量的比例。在上行控制指令中误码产生的错误指令可能对系统的安全产生直接影响,必须加以保护,以保证在正常情况下不会产生对飞机不利的错误操纵指令。数据链的工作性能在实际使用过程中会受到多种因素的干扰,包括遮挡、电磁干扰等,这样就会增加数据传输的丢帧率与误码率,甚至产生断路的情况,而这些对于实时性、连续性要求较高的遥控驾驶飞行将产生明显的影响,甚至威胁到飞机的安全。

数据链的部分特性对于飞行品质甚至于飞行安全都有着至关重要的影响,为了提高无人机的飞行品质特性、消除由于数据链本身特性所引起的安全隐患,需要有效、可靠的数据链管理策略,对其性能进行优化,保证系统安全,提高飞行品质。

实际应用过程中,由于受数据链上下行传输机理所限,数据链的时间延迟与丢帧率会产生一定的相互影响,实时性的提高会导致数据链路丢帧率增加,相反减小丢帧率同样会导致数据链传输时间延迟增加,最大可能会达到 1 s 以上的时间延迟。由于上下行数据传输时机载飞控或地面数据采集计算机与测控链路之间会存在时间上的不同步,因此机载飞控与地面数据采集计算机从测控链路接收到的数据未必每次都是一个完整的数据帧。要减少丢帧率,则需要机载飞控、地面数据采集计算机对接收到的数据进行帧的二次组合,这可能会导致数据的堆积,从而导致系统时间延迟的增加。由于遥控模式上下行传输的信息量较大,会频繁发生数据堆积,这将严重影响数据传输的实时性。如果要提高实时性,则必须"抛弃"上下行传输数据中不完整的帧,而这样将导致丢帧率的大幅提高,这就需要根据不同的操纵模式来选择不同的处理方式。程控模式下要求较低的数据传输丢帧率,提高数据传输的连续性;遥控驾驶模式下对实时性有很高的要求,此时可在允许的条件下适当提高丢帧率,以满足对实时性的要求。一般使用条件下丢帧持续时间为 30～45 ms,不会对飞机平台产生明显的影响。如果存在电磁干扰或遮挡,可能会出现超过 1 s 以上的连续丢帧,这时对于遥控驾驶来说就是不可忍受的。为保证系统安全,需根据持续丢帧的时间采取不同的应急处置措施,如平滑过渡与模式切换等。

对于误码率的处理,要求在接收到遥控驾驶指令时进行速率与幅值的限制,保证操纵指令的连续与正确。为避免由于误码的产生而导致飞机平台产生较大瞬态响应,影响飞机的安全,需设置相应的安全应急处置措施。

2. 时间延迟补偿技术

在无人机系统中,时间延迟的含义就是指从地面操纵人员的输入开始到他感受到无人机响应信息所经历的时间。根据无人机系统的组成来看,无人机系统时间延迟主要包括了信号采集与处理、数据传输与显示、平台响应所产生的时间延迟。相对来说,数据链上下行传输与平台响应时间较长,在无人机系统的时间延迟总量中占据主要地位。时间延迟补偿技术的基本原理就是利用飞机响应的预测与修正技术实现对系统时间延迟的补偿,以达到减小时间延迟的假象,提高驾驶员操纵时的飞行品质(Thurling et al,2000)。实现上是通过在地面任务站中建立飞机本体的动力学模型,当飞行员进行操纵时,首先通过动力学模型对飞机响应进行预测,将预测响应先呈现给操作员,然后再与链路下行的真实飞行参数进行叠加、修正以保证预测响应与实际响应的一致性,由此改善操作员的操作感受。

3. 多比例尺地图调用技术

多比例尺地图符合人们由远及近、由整体到局部逐次清晰的空间认知习惯。由于地图数据量很大,需要解决多比例尺地图的管理与快速显示。如采用地图控制文件为基础,实现多比例尺数据的平滑切换显示。地图控制文件中记录了每幅地图的路径、比例尺、坐标范围和显示层次,在地图开窗放大、缩小时计算窗口的坐标范围,从而根据该坐标范围选择相应比例尺的地图。为了实现地图的快速显示,在装载相应比例尺地图前,首先读取对应的空间索引文件,然后根据索引的范围装入相应大小的地图数据。通过地图控制文件和空间索引的结合,系统能够较好地解决多比例尺地图的快速显示和比例尺的自动平滑过渡。

在进行系列比例尺地图显示时,可以采用以下方法以提高空间数据显示速度:

(1)利用图幅建立分层索引。

（2）根据系列比例尺地图具有统一的目标分类分级、统一的要素编码标准和统一的符号体系，建立统一的符号库和符号的对应体系；在程序运行时一次性加载，程序结束运行时从内存删除；并建立独立于绘图函数的绘图设备定义、创建和销毁函数，提高图形数据的显示效率，减少内存的碎片浪费。

（3）将图形显示中最频繁使用的空间数据的索引数据装入内存，以利于提高空间数据的读取效率。在受比例尺和内存容量的限制时，将空间索引数据分块装入内存，方法比较复杂，但适应面很广，它适合任何系列比例尺地图的快速显示，而且无论图幅多少，其显示速度不会受到明显的影响。

4. 显示缓存技术

在解决飞行参数刷新时图符字符闪烁问题时，实时显示大量动态的飞行参数情况，需要根据显示要求频繁刷新，所以处理好数据变化与显示的关系，是飞行参数实时显示要解决的主要问题。采用显示缓存（display cache）技术解决实时刷新问题。显示缓存就是系统为提高显示效率而设置的脱屏位图（off-screen bitmap），为不同类型的显示建立多级显示缓存。通常情况下，系统建立三级显示缓存：一级显示地理要素，一级显示文字字符，一级显示被选中的图符。这样在文字字符改变或部分图符被选中时，只需要重绘改变的缓存，从而减轻了系统负担。实时显示的信息必须建立实时目标显示缓存，当大量不同来源的实时信息共同显示时最好为每种来源的信息建立独立的显示缓存。

5. 故障诊断与自修复技术

无人机在复杂未知飞行环境下的故障诊断与容错控制为提高无人机飞行的安全性、可靠性及早期故障的适应与防护能力提供了一条新的技术途径，同时自诊断与自修复能力也是构成完全自主（智能化）飞行控制系统的基础。

不断庞大的无人机规模和其昂贵的任务设备对飞行器的可靠性和容错能力提出了更高的要求。无人机的飞行控制系统作为飞行器的控制中心，对其飞行安全起到至关重要的作用，这就要求无人机飞行控制系统除了优良的设计和严格的地面试验之外，还要具备在飞行过程中系统出现故障时能实时快速诊断，依据故障特性和损伤特性，迅速进行故障隔离和控制重构，实现无人机的最低安全性要求，保证无人机飞行任务的继续执行或者保证无人机安全返航回收。

无人机的飞行控制系统通过采集各机载传感器信息，结合飞行任务需求，控制无人机舵面和发动机等执行机构，实现对无人机不同层次的控制。传感器信息的冗余、信息之间的内在关系以及执行机构的操纵余量设计等，为飞行过程中无人机故障自诊断与容错控制提供了理论上的可行性。设计精良的自检测功能，为飞控计算机进行快速故障检测和定位提供直接的帮助。传感器信息的内在关系、冗余信息出现矛盾时的仲裁算法的深入研究，多层次机载部件BIT设计与验证，容错控制律设计与仿真验证，安全性故障控制软件模块以及高可靠性机载软件的开发与测试等，是提高无人机飞行安全所必须开展的工作。

6. 多机协同技术

单架无人机独立飞行逐步提高到多架无人机编队，实现多架无人机协同飞行，是无人机自动控制的新高度。为了做到协同，无人机群应该具有高度的自主程度，并能在不同阶段进行可变自主程度飞行。编队中的单个无人机应能以不同的路径飞行，能为其他编队成员提供完成协同任务所需要的支持，能感知和评估变化的境况、形势和环境，能自动进行航路重规划，达到对目标区域实施从空间、时间或频率上的有效覆盖。

相对于单架无人机的控制来说,多机协同的无人机控制系统优势在于:各架无人机从完成任务的层面上,能达到互为余度的效果;能高效地完成目标区域面积大、范围广的任务。

§2.5　无人机移动测量任务载荷

任务载荷主要是指搭载在无人机平台的各种传感器设备,移动测量中常用的传感器有光学传感器(非量测型相机、量测型相机等)、红外传感器、多镜头集成倾斜摄影相机、机载激光雷达、视频摄像机等。实际作业中,根据测量任务的不同,配置相应的任务载荷。与星载光学测绘系统相比,航空测绘系统在成像分辨率、测绘精度、信噪比、辐射特性测量、成图比例、测绘成本、操作灵活性等方面具有较大优势。随着经济和社会的发展,航测任务需求大幅增加,所涉及的行业领域也越来越多,开始由地形测绘向林业、农业、电力、矿业、环境保护、城市规划等领域拓展,为测绘装备提供了良好的发展机遇。同时,用户对装备的细节获取能力、信息内容、可操作性、时效性等方面的要求也越来越高,也对装备的性能提出了更为苛刻的要求(李海星等,2014)。

经过将近百年的发展,航空测绘装备技术水平发生了质的飞跃,最初的胶片式航拍相机已逐渐退出市场,正在被装有线阵或面阵探测器的数字式、多光谱相机所代替,系统的信息获取能力和数据丰富程度大幅提升(Schiewe,2005)。航空测绘的内涵也发生了根本的转变,由传统的航空摄影测量发展为航空遥感测绘(Paparoditis et al,2006)。就其目前的航空测绘相机而言,主要是线阵和面阵 CCD 多光谱数字相机。随着探测器、GPS/IMU、激光器技术的发展和成熟,基于测时机制的机载 LiDAR(激光雷达)已经发展成为另外一种重要的航空测绘手段。它的出现大大拓展了航空光学测绘的适用范围,使得浅滩测量、森林测绘、输电线路规划等一些测绘相机难以有效解决的应用成为可能。此外,LiDAR 具有测量精度高、方便快捷、数据处理方便等优点,已成为重要发展方向。

近年来,用于航空摄影的两种半导体(CCD、CMOS)技术经历了长足的发展,并取得了重大突破。尤其是大幅面面阵传感器的产生,对数字航摄仪产生了重要的影响。数字相机可以根据所需数字影像的大小选择相应幅面的面阵传感器,或者进行多传感器的拼接。在高分辨率遥感载荷发展的牵引下,高精度 POS(位置与姿态系统)技术也得到了快速发展,并广泛应用于高性能航空遥感领域。目前,国际上的 POS 产品已经达到了很高的技术指标,加拿大 Applanix 公司研制的 POS/AV610 采用高精度激光陀螺 IMU 与 GPS 组合,处理后水平姿态精度与航向精度分别高达 0.002 5°和 0.005°(李军杰 等,2013)。

随着航测任务的多样化发展和不断深入,用户所需的测绘信息类型更加丰富,对测绘装备的发展起到了重要的推动作用。从目前航测装备技术水平和系统配置来看,测绘相机和机载 LiDAR 已经具有较好的工作精度,相机和机载 LiDAR 相融合已成为发展的必然趋势。以测绘相机为主,机载 LiDAR 等其他光学测绘装备相结合的多传感器航空光学测绘平台,在未来将会具有更大的竞争优势(Forzieri et al,2013)。大面阵、数字化是航空测绘相机的重要发展方向。20 k 的大面阵数字测绘相机虽然已经实现,通过增大探测器规模来提升装备信息获取效率仍有一定的开发空间。随着探测器件制造工艺水平的发展,30～50 k 规模的 CCD 或 CMOS 面阵探测器在不远的未来有可能会在航空测绘相机领域得到推广应用。机载 LiDAR

在航测装备中的作用日趋显现,它将成为未来航空立体测绘的重要支柱,如何提升其数据获取效率是关键所在。总而言之,精度已不是目前已有航测装备的根本问题所在。

在无人机移动测量中,现有高精度航测设备存在的最大问题是体积大、质量重,只有少数载荷大的大型无人机才能使用,造成了测绘装备使用的局限性。由于控制技术和成像技术的发展,一些非专业的测量设备(如民用相机)也能满足专业的测量任务需求,并在移动测量中得到广泛应用。适用范围、效率、方法以及数据处理的自动化是测绘装备未来发展亟待解决的主要问题。

2.5.1　光学相机

航空测绘相机的研究和应用最早可追溯至 20 世纪 20—30 年代,Leica 早在 1925 年已经开始了相关研究,并且为美国地质调查局进行了初步尝试。20 世纪 50 年代开始,胶片型航空测绘相机得到了广泛的应用。随后的数十年中,随着计算机和数据采集技术的发展,尤其是 CCD(电荷耦合器件)技术的成熟,航空光学测绘相机技术发生了质的飞跃。20 世纪 70 年代,德国的戴姆勒—奔驰航空公司成功研制了第 1 台以 CCD 作为成像介质的电光成像系统——EOS。随后,以 CCD 作为成像介质的测绘相机得到了快速发展,并且在星载遥感测绘相机领域得到了广泛应用。20 世纪 80 年代中期,以线阵 CCD 为主的数字式航空测绘相机得到了快速的发展。1995 年问世的数字航空摄影相机(digital photogrammetry assembly,DPA),采用了线阵推扫成像模式,立体测绘采用三线阵机制,探测器由 6 条 10 μm 线阵 CCD 构成,每 2 条 CCD 拼接形成一线列,具有多光谱和立体测绘功能,可满足 1∶2.5 万的大比例地形测绘需求。线阵数字式航空测绘相机的出现和成功应用使航测装备技术发生了质的飞跃,对系统的数据获取、后处理和存储等环节产生了革命性的影响,同时对传统的胶片型测绘相机发出了巨大冲击。21 世纪初,商用航测系统不断涌入市场,传统的胶片型相机逐步被数字相机所取代,在民用测绘领域涌现出大量装备(Walker,2007)。21 世纪以来,随着探测器、计算机、稳定平台、GPS/IMU、图像处理等技术的发展,线阵数字航空测绘相机的系统性能稳步提升,适用范围不断扩大。与此同时,面阵 CCD 探测器的出现使航测相机在数据获取效率方面有了进一步提升,为航测装备市场增添了新的活力。

经过数十年的发展,数字航测相机技术成熟,已基本取代胶片相机,以面阵数字相机为主,且大多具备多光谱成像功能,可满足不同的测绘任务需求。为了减少飞行次数、增加飞行覆盖宽度,面阵数字相机焦面一般为矩形;同时为了兼顾测绘对光学系统的性能要求,相机大多采用多镜头拼接方案。由于探测器件等相关技术的进步,航空测绘相机的像元比早期系统的像元尺寸都有所减小,不仅增大了面阵规模,而且在同样工作高度下可利用小焦距光学系统获得更高分辨率。

大面阵数字式多光谱测绘相机时代已经到来,相关装备技术已经发展成熟,随着成像技术、控制技术、无人机技术的发展,非量测型相机开始在航测领域崭露头角,它对航测的工作效率、适用范围、数据传输、存储以及后期数据产品的生产生成势必产生深远的影响。

1. 非量测型相机

非量测型相机是相比于专业摄影测量设备——量测型相机而言的,是普通民用相机,主要包括单反相机、微单相机以及在单个普通民用数码相机基础上组合而成的组合宽角相机等。其空间分辨率高、价格低、操作简单,在数字摄影测量领域得到广泛应用。

1）单反相机

单反相机，全称为单镜头反光照相机（single lens reflex camera，SLR Camera），是用单镜头并通过此镜头反光取景的相机。随着计算机技术和 CCD、CMOS 等感光元件技术的发展，单反相机性能不断提高，在无人机移动测量中得到广泛应用。

单反相机有以下特点：

（1）成像质量优秀，在宽容度、解像力和感光度方面表现良好。

（2）快门是纯机械快门或电子控制的机械快门，时滞极短，按下快门后能立即成像，连拍速度也很快。

（3）单反相机的取景是通过镜头取景，采光好，场景真实，颜色自然。

（4）可以根据航拍任务的不同来确定使用何种镜头，镜头更换方便。

无人机移动测量中常用的单反相机有佳能 5D Mark Ⅱ（图 2.27）、尼康 D800（图 2.28）等，具体参数见表 2.13。

图 2.27　佳能 5D Mark Ⅱ

图 2.28　尼康 D800

表 2.13　常用单反相机参数

相机类型	佳能 5D Mark Ⅱ	尼康 D800
传感器类型	CMOS	CMOS
传感器尺寸	全画幅（36 mm×24 mm）	全画幅（35.9 mm×24 mm）
有效像素	2 110 万	3 630 万
最高分辨率	5 616×3 774	7 360×4 912
对焦方式	自动对焦	自动对焦
对焦点数	9 个自动对焦点和 6 个辅助自动对焦点	51 点
快门类型	电子控制纵走式焦平面快门	电子控制纵走式焦平面快门
防抖性能	不支持	不支持
GPS 功能	—	支持（可选）
遥控功能	无线遥控：使用遥控器 RC-1/RC-5	支持（可选）
无线功能	扩充系统端子：用于连接无线文件传输器 WFT-E4/E4A	—

2）微单相机

“微单”涵盖微型和单反两层含义：①相机微型、小巧、便携；②可以像单反相机一样更换镜头，并提供与单反相机同样的画质。与单反相机的区别是，微单相机取消了反光板、独立的对焦组件和取景器。虽然对焦性能和电池续航能力远弱于单反，但成像质量基本与单反相机一样，均可以更换镜头，而且体积和重量远小于单反相机，非常适合小型无人机进行小范围测量作业。

无人机移动测量中常用的微单相机有索尼 ILCE-7R（图 2.29）、索尼 A7（图 2.30）等，具体参数见表 2.14。

图 2.29　索尼 ILEC-7R

图 2.30　索尼 A7

表 2.14　常用微单相机参数

相机类型	索尼 ILCE-7R	索尼 A7
传感器类型	ExmorCMOS	ExmorCMOS
传感器尺寸	全画幅(35.9 mm×24 mm)	全画幅(35.8 mm×23.9 mm)
有效像素	3 640 万	2 430 万
最高分辨率	7 360×4 912	6 000×4 000
对焦方式	自动对焦	自动对焦
对焦点数	25 点	117 点(相位检测自动对焦)/ 25 点(对比检测自动对焦)
快门类型	电子控制、纵向式焦平快门	电子控制、纵向式焦平快门
防抖性能	防抖效果因拍摄条件和使用的镜头而异	光学防抖(镜头)

3)组合宽角相机

组合宽角相机是在单个数码相机基础上组合拼接而成,常见的有双拼组合和四拼组合宽角相机两类。轻小型低空无人机为了保证安全,必须轻载荷。现在市场提供的无人机有效载荷一般不超过 5 kg。因此,这类无人机不能装载一般有人驾驶飞机所使用的重达百公斤量级的高档航空相机。目前大多采用稍为高档的普通数码相机,像幅在 3 000×4 000 以上,存在像幅小、基高比低,成图精度低、效率低等缺点。组合宽角相机有以下特点:

(1)组合宽角相机可以扩大面阵传感器容量,形成等效大面阵相机。

(2)可以形成组合宽角视场。视场角是航空相机的重要技术指标。宽视场角有两个作用:航向的宽视场角可以提高基高比,从而提高高程量测精度;旁向宽视场角可以增加航带影像的地面覆盖宽度,从而提高飞行作业效率以及减少野外控制点的布设数量。

(3)与单机系统相比,通过双拼组合扩大成像系统的旁向视场角,使得在等同航高条件下,航带影像地面覆盖宽度增加一倍,从而达到提高效率的目的(林宗坚 等,2010)。

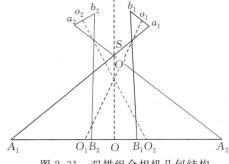

图 2.31　双拼组合相机几何结构

a. 双拼组合宽角相机

双拼组合宽角结构(图 2.31)设计中,两相机相向倾斜相同翻滚角 ω,从而构成扩展的视场角 A_1SA_2,并且具有重叠区 B_1SB_2(S 为虚拟等效投影中心)。借助重叠区 B_1B_2 的双影像可以进行自检校,确定两相机相对方位元素的初始设置误差。

两个相机沿航线前进方向先后拍摄,事先通过示波器精确测量两相机的各自曝光延迟,在同步曝光控制器中考虑两相机本来的曝光延迟时差,并考虑按通常巡航速度和两相机在航线方向间距反求的补偿延时差,综合设计两相机同步曝光控制器的延时差。通过此硬件设置大体做到双相机同步曝光,其残余时差的影响依靠后面的自检校方法消除。

首先要对每台相机单独进行检校,然后测定各相机间的相对外方位元素。对于组装好的双拼组合宽角相机,两相机的相对位置就确定下来,每个相机相对于虚平面坐标系的外方位元素也就确定下来(陈天恩 等,2013)。通过对检校场摄影的方法,将固定好的相机对检校场进行拍照,利用空间后方交会的原理求取两相机的相对方位元素,并转换到以双相机对称中心线为虚拟等效中心投影轴的坐标系统中。按照空间后交解算出的双相机相对方位元素值,将双相机影像分别投影到虚拟等效中心投影的坐标系中,转换成虚拟中心投影的等效影像。如果双相机间相对定向方位元素的解算没有误差,而且双相机严格同步曝光,则重叠部分的双影像应当完全重合。但是,由于这两项误差的存在,造成重叠区双影像不完全重合。通过影像匹配,可以探测出重叠区范围内全部特征点位上双影像不重叠形成的视差,然后根据有关算法求解相对方位元素的残差,使得双像投影在重叠区内完全重合,即可实现双相机影像拼接,得到似同一个相机的等效中心投影影像(图 2.32)。

此外,当相机间存在一定间距,而地面存在地形起伏时,会造成双拼影像不可校正的残余误差。因此,在设计中通过精确计算限制双相机间距,保证在地形起伏不超过 1/3 航高情况下,引起的拼接误差小于 0.3 像元。

b. 四拼组合宽角相机

把双拼组合宽角相机的原理扩展到航向和旁向两个方向,则既可扩展航带宽度,又可提高航向重叠度内的基高比,提高高程量测精度。在双拼相机的基础上,增加了以下两项技术措施:

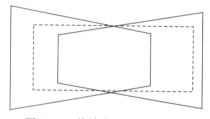

图 2.32　等效中心投影影像

(1)利用 4 个相机特殊重叠关系,增强了自检校功能,从而保证了四拼相机系统的轻小型化和高精度特性。

(2)利用“机械阻尼＋电子测姿＋软件”处理的方法,实现了从大倾角影像向小倾角影像的转换,放弃了云台稳定装置,进一步减轻了成像系统的重量(林宗坚,2011)。

CK 系列组合宽角相机由中国测绘科学研究院在民用相机基础上研制而成,典型的有 CK-LAC01、CK-LAC02、CK-LAC04 三种机型。

轻小型低空组合宽角相机 CK-LAC02(图 2.33)由数字相机、组合相机时差控制系统、相机稳定平台组成,采用独特的机械设计,成倍提高无人机航摄效率和测图精度。

图 2.33　轻小型低空组合宽角相机 CK-LAC02

轻小型低空组合特宽角数字相机 CK-LAC04(图 2.34),通过自检校功能实现组合机械轻小型化,适应无人飞行器对于载重的限制,替代传统的大稳定平台,依靠软式的稳定平台,获得真正高清晰度影像,适应后续的高精度影像处理和测图。

图 2.34　轻小型低空组合特宽角数字相机 CK-LAC04

CK 系列组合宽角相机具体规格参数见表 2.15。

表 2.15　CK 系列组合宽角相机规格参数

规格	型　号		
	CK-LAC01	CK-LAC02	CK-LAC04
最大分辨率	5 616×3 738	9 856×3 600	8 000×8 000
像元大小/μm	6.4	6.4	8
像场角/(°)	52×72	105×52	134×90
镜头焦距/mm	24	24	24
带稳定平台总重量/kg	1.5	4	15
优缺点对比	质量轻、体积小、使用范围广,但效率和精度较低	质量、体积适中,性能介于 CK-LAC01 和 CK-LAC04 之间	效率高,精度高,图像拼接精度可达 2.4 μm,但体积和重量大,使用范围有限

2. 量测型相机

大幅面的数字航空摄影传感器主要以两种方式发展:一种是基于三线阵的 CCD 推扫式传感器,即在成像面安置前视、下视、后视 3 个 CCD 线阵,在摄影时构成三条航带实现摄影测量,ADS40/80 就是典型的三线阵航空数码相机;另一种是基于多镜头系统的面阵式传感器(例如DMC、UCX、SWDC),利用影像拼接镶嵌技术获取大幅面影像数据。与线阵式传感器相比,面阵式航空摄影传感器继承了传统胶片式航摄仪的成像方式和作业习惯,具体作业流程与传统航摄仪相比基本没有改变。因此,在目前的数字航空摄影传感器中,仍以面阵式成像方式为主流(王鑫 等,2012)。数字航空摄影传感器的核心元件以光敏成像元件 CCD 为主。面阵式传感器中的 CCD 元件是以平面阵列的方式排列的,成像方式与传统的胶片方式类似。由于受制造工艺和成本方面的限制,现有的大面阵数字航空摄影传感器一般是利用多个小面阵 CCD,采取影像拼接镶嵌的技术获取大幅面影像数据,因此,它的几何关系要比常规的基于胶片的航空相机复杂。在相同航高的情况下其影像分辨率都比传统航摄要高,由此引起的航摄精度的变化、航摄影像尺寸的变化均为影像控制测量的设计方案及测绘产品的生产带来了新的问题(喻鸣 等,2010)。

此外,航测相机也存在一些缺点:①其像幅覆盖范围小于常规航空相机的覆盖范围,由此产生航空数码相机像对数增加、工作量增加;②由于航片的交会角小,接近于常规长焦摄像机,因此航空数码摄影测量还存在高程精度低的问题。

1）SWDC 数字航空摄影仪

SWDC 数字航空摄影仪是基于高档民用相机发展而来的工业级测量相机，经过加固、精密单机检校、平台拼接、精密平台检校而成，并配备测量型双频 GPS 接收机、GPS 航空天线、航空摄影管理计算机；系统还集成了航线设计、飞行控制、数据后处理等一系列自主研发软件。其中的关键技术是多影像高精度拼接，即虚拟影像生成技术，并可实现空中无摄影员的精确 GPS 定点曝光。SWDC 数字航空摄影仪既适用于城市大比例尺地形图、正射影像图，也适用于国家中小比例尺地形图测绘，性价比高，在国内占有很大的市场占有率。

SWDC-4（图 2.35）由中国测绘科学研究院与有关单位合作研制，是我国自主知识产权产品，其核心产品主要有：高精度大负载惯性稳定平台，高精度激光陀螺 POS（TX-R20），高精度组合宽角数字航测相机 SWDC-4A。SWDC-4A 相机将 4 个子相机按照一定的间距与倾斜度固定于盘架上，通过时间同步技术和精确控制技术，精确控制 4 个子相机触发和曝光的时间，使各子相机在拍摄过程中始终保持同步状态，拼装前后经严格的单机检校和整机检校得到相应的参数。基本原理是：利用水平影像上重叠部分的同名点，根据旋转平移关系，求解 4 幅影像的相对方位元素，然后将水平影像同时投影到虚拟影像上。

其功能特点有：具有焦距短、可更换镜头、内置稳定平台等优点，在与进口航摄仪相比，短焦距镜头特点可以保证在同样航高情况下进行中小比例尺作业时获取到更大数值的 GSD，提高航摄效率的同时更有利于获取到可飞的航摄天气；可更换拍摄方式的特点可保证在大比例尺作业时达到合格的高程精度；内置稳定平台也为用户节约了设备成本的支出。

SWDC 是我国自主研发的大面阵框幅式相机，影像形状为矩形，按 20 μm 扫描时相当于胶片相机 23 cm×32 cm，比传统照片 23 cm×23 cm 大，可更换镜头（50 mm、80 mm），适于多种分辨率影像的获取，高程精度优于国外同类产品，镜头视场角大、基高比大（0.59、0.8）、幅面大等特点，并且能够在较少云下摄

图 2.35　SWDC-4 数字航空摄影仪

影。系统集成了 GPS、数字罗盘、自动控制和精密单点定位等关键技术（黄贤忠 等，2009）。SWDC 相关技术指标见表 2.16 所示。

表 2.16　SWDC 投影仪相关技术指标

焦　距	50 mm/80 mm
畸变差	<2 μm
像元物理尺寸	6 μm
拼接后虚拟影像像元素	16 k×11.5 k
旁向视场角	91°/59°
航向视场角	74°/49°
最短曝光间隔	3 s
曝光时间	1/320、1/500、1/800
光圈	最大 3.5
感光度	50/100/200/400

由于 SWDC 数字航摄仪具有基高比大的特点,在相同地面采样距离条件下,取得的高程精度比其他数码相机要高,且它可获取地面采样距离为 4～100 cm 的影像数据,适应于不同地区不同成图比例尺。SWDC 采用外视场拼接技术,即通过将同时拍摄的多幅影像拼接生成一张虚拟影像;SWDC 传感器由多个全色波段镜头,经过加固、精密单机检校、平台检校和平台拼接组成,镜头相互之间有一定夹角,实现拼接影像内部重叠率 10%。SWDC 数字航摄仪采用定点曝光的方式获取影像,随着飞行系统进入测区航线,航摄仪依据设计经纬度进行定点曝光。SWDC 在实际航摄飞行时,内置 GPS 接收机可实时计算出当前飞机坐标,通过与设计坐标对比,当满足点位坐标要求时,控制计算机给相机发送曝光脉冲信号,实现飞控系统与 GPS 联合作用下的定点曝光(丁兆连 等,2013)。航摄仪在获取测区影像之前需要在同等光照条件下确定曝光时刻相机光圈和快门数值,并保持各相机参数一致。但是 SWDC 没有像移补偿装置,在设置快门速度时应充分考虑像移。

SWDC 航摄仪在获取航空影像的同时,采用 PPP 精密单点定位方式解算数码相机通过曝光点时刻的空中位置,以取代地面控制点进行摄影测量加密来获取模型定向点,再利用加密点实施影像定向。因此,获取小比例尺影像时,基于精密单点定位的技术可以实现无地面控制点的航空摄影测量;同理,通过布设较少外业控制点可获取大比例尺影像,事后应用精密单点定位软件(Trip)解算所得到的坐标精度完全可以满足航测后期工序。

SWDC 航空数码相机在相机检校、多面阵 CCD 虚拟影像拼接、精确空中定点曝光等技术方面具有创新性;在国内首次将 GPS 辅助空三测量从传统方法应用到数字航空领域,可以成功实现地面无控制或稀少控制的 GPS 辅助空中三角测量,且产品生产周期短,这对于我国困难无图区测绘以及遥感救灾快速响应等方面具有重大的现实意义,适合我国国情。

2)DMC 数字航摄仪

卡尔蔡司公司(Carl Zeiss)与德国鹰图交互计算机图形系统的子公司 Z/I Imaging 合作,在 2000 年推出了数字航空摄影传感器 DMC。2010 年在 INTERGEO 年会上推出了 DMCⅡ数字航空摄影传感器,包括 DMCⅡ140、DMCⅡ230 和 DMCⅡ250 三种产品,提供了数字传感器从低成本入门到高端的全部类型。DMCⅡ是第一台进入大批量工业生产并利用单 CCD 获取大幅面全色影像的传感器。每个颜色通道拥有独立的光学传感器 CCD 芯片,在后续的作业工序中无需进行系统误差的解算和消除,可以进行更快、更易、更精确的图像处理。

DMC(图 2.36)是面阵模块化数字航摄仪,传感器单元由 8 个高分辨率镜头组成,每个镜头配有面阵 CCD 传感器,中央 4 个全色镜头,成碗状排列,以倾斜的固定角度进行安置,4 个多光谱镜头分别对称排列在全色镜头两侧。全色影像利用 4 个不同投影中心小影像的同名点采用外扩法拼合成虚拟焦距为 120 mm 的中心投影影像。DMC 相机通过将高分辨率的全色影像与同步获取的低分辨率 RGB 和红外影像进行融合、配准处理,最终形成高分辨率的真彩色和红外影像。

DMCⅡ的镜头由德国蔡司公司为其定制设计,其独立的全色(PAN)镜头实现了多年来胶片相机在基本光学设计原理上的单镜头大范围地面覆盖的最大设计视角,并通过

图 2.36　DMC 数字航摄仪

消除影响几何精度和辐射量的可能误差源,使影像达到了所有测图和遥感应用的需求。设计中包括垂直投影和单镜头中心投影。因而,DMCⅡ影像数据的后处理不需要 CCD 缝合和影像拼接。DMCⅡ有 5 个正摄镜头,其中 4 个获取红、绿、蓝及近红外的多光谱影像,1 个高分辨率镜头获取全色影像。每个镜头都定制了一个特别的机载压力驱动快门执行自动自检校,确保 5 个镜头在曝光周期里的动作达到最大的同步。DMCⅡ的影像与 DMC 相比具有更高的信噪比和辐射分辨率。1∶3.2 的高融合比保证了高品质的彩色和彩红外影像,1.7 s 超短曝光时间间隔满足多基线摄影,甚至是低空和高速情况下的大比例尺摄影测量要求。采用 5 cm 的地面分辨率、311 km/h 的飞行速度可获得 80% 的航向重叠度,14 bit 的影像具有出色的辐射分辨率,即使在光照条件不好、存在阴影或曝光过度的情况下,仍然具有充足的影像信息。DMCⅡ配备了一款新的接装板,能够安置更多不同型号的惯性测量装置。此传感器的兼容性也非常高,可以根据用户的需要进行升级。RMK D 只需安装一个全色 CCD 模块及镜头就可以升级为 DMCⅡ250。

使用多面阵 CCD 传感器进行摄影时,由于 CCD 的尺寸问题,其获取影像的地面覆盖范围要小于传统航摄仪的地面覆盖。因此,会使像对数增加,模型接边的工作量增加,从而增加内业工作量。DMCⅡ250 的大幅面影像在一定程度上解决了这一问题。其中 DMCⅡ250 影像的影像分辨率已超过目前像幅最大的面阵传感器 UCXP,与 ADS40/80 相比,能够有效减少航线数目约 30%,可以充分利用航摄天气、有效提高航摄效率。传感器单个像元的尺寸达到了 5.6 μm,飞行高度为 500 m 时地面采样距离(GSD)仅为 2.5 cm,且具有像移补偿功能(TDI),能够满足 1∶500 比例尺的成图要求,便于测绘大比例尺地形图。由于不使用拼接影像,DMCⅡ获取的影像不再因为成像系统的不统一而存在系统误差,影像的几何精度得到了明显提高;其内外方位元素的解算精度也随之提高,地面点的量测精度也因此得到改善。

DMCⅡ可以获得高达 80% 的影像重叠率,利于进行多基线处理的航空数字影像测图,按多目视觉的理论,利用多重叠影像,增大交会角,从而提高高程精度,满足对地面点精度(尤其是高程精度)的需求(王鑫 等,2012)。表 2.17 为 DMCⅡ250 主要技术参数。

表 2.17　DMCⅡ250 主要技术参数

项　目	参　数
镜头系统和焦距	4 个全色,112 mm;1 个多光谱,45 mm
全色影像分辨率	17 216×14 656
多光谱影像分辨率	6 846×6 096
全色像元物理尺寸	5.6 μm
多光谱像元物理尺寸	7.2 μm
视场角	旁向 46.6°,航向 40.2°
多光谱波段数	RGB 和 NIR4 个波段
相机存储容量	1.5 TB
辐射分辨率	14 bit

3)ADS 系列数码航摄仪

ADS40 由 Leica 公司 2000 年推出,能够同时获取立体影像和彩色多光谱影像。它采用三线阵列推扫成像原理,前视 27°、底视 0°、后视 14°,三组排列,能同时提供 3 个全色与 4 个多光

图 2.37　ADS80 航测系统

谱波段数码影像。该相机全色波段的前视、底视和后视影像可以构成 3 个立体像对。彩色成像部分由 R、G、B 和近红外 4 个波段,经融合处理获得真彩色影像和彩红外多光谱影像,生成条带式影像,同一条航线不需要拼接影像,ADS40 还集成了 POS 系统。

2008 年 Leica 公司推出 ADS80 机载数码航空摄影测量系统(图 2.37),集成了高精度的惯性导航定向系统(IMU)和全球卫星定位系统(GPS),采用 12 000 像元的三线阵 CCD 扫描和专业的单一大孔径远心镜头,一次飞行即可以同时获取前视、底视和后视的具有 100% 三度重叠、连续无缝的、具有相同影像分辨率和良好光谱特性的全色立体影像以及彩色影像和彩红外影像。ADS80 技术参数见表 2.18。

表 2.18　ADS80 技术参数

项　　目	参　　数
CCD 数字化	12 bit
模-数转换分辨率	16 bit
数据压缩比率	2.5×～3.6×
每条线记录频率(周期时间)	≥1 ms
光谱范围	全色、RGB、近红外
焦平面参数	一个四波段分光仪在 SH81 中:共包括 8 条 CCD,每条 12 000 像素,像素大小 6.5 μm,其中 2 条单独全色 CCD,一对相错半个像素全色 CCD,四条多光谱 CCD 包括红、绿、蓝、近红外;两个四波段分光仪在 SH81 中:共包括 12 条 CCD,每条 12 000 像素,像素大小 6.5 μm,其中 2 条单独全色 CCD,一对相错半个像素全色 CCD,8 条多光谱 CCD 包括 2 红、2 绿、2 蓝、2 近红外
录像监视仪	底视向后 10°,向前 40°

自 ADS40 数字测绘相机以来,ADS 系列产品(ADS80、ADSl00)一直沿用三线阵的设计理念,整机系统性能不断提升,线阵规模不断扩大,采用了分光方法。透过光学镜头的光线经两组分光元件后被分为 3 路,进而投射在 3 个探测器线列上,同时还通过 CCD 叠加和半像元错位的方式来提升系统的细节分辨能力。LH 的强大技术实力使得 ADS 三线阵测绘相机发展成为航空光学测绘装备领域颇具竞争优势的一员,并且具有很大的市场保有量和行业影响力。

2.5.2　红外传感器

红外传感系统是用红外线为介质的测量系统,按照功能可分成 5 类,按探测机理可分成为光子探测器和热探测器。红外传感技术已经在现代科技、国防和工农业等领域获得了广泛的应用。红外传感系统是用红外线为介质的测量系统,按照功能能够分成 5 类:①辐射计,用于辐射和光谱测量;②搜索和跟踪系统,用于搜索和跟踪红外目标,确定其空间位置并对它的运动进行跟踪;③热成像系统,可产生整个目标红外辐射的分布图像;④红外测距和通信系统;

⑤混合系统,是指以上各类系统中的两个或者多个的组合。

红外传感器是红外波段的光电成像设备,可将目标入射的红外辐射转换成对应像元的电子输出,最终形成目标的热辐射图像。红外传感器提高了无人机在夜间和恶劣环境条件下执行任务的能力。

1. STAMP 系列传感器

CONTROP 公司为 SUAV(小型无人飞行器)开发了首套小型稳定有效载荷,以解决传输到用户的图像质量较差的问题。D-STAMP 有效载荷是一种白昼稳定微型有效载荷,重量650 g,具有大型光电有效载荷能力,包括稳定的 LOS(瞄准线)、无振动全图形放缩的高质量图像、标明坐标和 INS(惯性导航系统)目标跟踪能力。另外,D-STAMP 还具有独特的扫描能力,还可为操纵者和所有收到视频信号的用户的视频图像提供有关的补充数据(如补充目标坐标)。

Controp 公司的 STAMP 系列传感器是陀螺仪稳定的小型传感器,专用于小型无人机。STAMP 系列小型传感器已经在包括"云雀"、"蓝鸟"和 Skylite 在内的多种无人机上使用了多年。STAMP 系列传感器包括:具有非致冷红外探测器的 U-STAMP、U-STAMP-Z 和U-STAMP-DF 传感器,具有彩色 CCD 的 D-STAMP 和 D-STAMP-HD 传感器,T-STAMP-C和 T-STAMP-U 双传感器,以及结构加固的 A-VIEW 传感器。这些传感器装备作为有效载荷用于小型无人机进行侦察,提供的图像质量与大型无人机有效载荷相当。Controp 公司瞄准需求迅速增长的小型无人机有效载荷市场,解决传感器价格和图像质量之间的矛盾,提供具有高性能重量比和高性能体积比的传感器。传感器采用机械陀螺和 3 个万向架系统实现自动变焦,具有高的图像质量,既减小了操作人员的工作量,也使操作人员在进行大小视场变换时能够看到目标。

2. CoMPASS 系列传感器

以色列埃尔比特光电系统公司是一家世界领先的集成无人机传感器装备提供商,该公司的光电传感器装备能够提供最佳的观察、监视、跟踪和目标定位能力,他们的传感器产品设计具有的机械接口和电气接口容易与其搭载平台整合。

DCoMPASS 传感器系统具有在各种气候条件下进行昼夜情报、监视、目标搜索和侦察的能力。系统采用了微型数字电路和轻质材料,因此重量轻、体积小,适合于高级无人机应用。

MicroCoMPASS 传感器系统是 CoMPASS 家族的最新成员,采用了重量超轻,极度紧凑和高度稳定的设计,具有连续变焦以及昼夜观察和监视能力。系统提供稳定的实时视频,远程连续变焦热成像和彩色变焦 CCD 摄像机,并且能够自动跟踪观察到的目标。

"云雀"系列无人机上搭载超轻型热成像装置,利用万向架实现稳定工作,其上集成了高分辨率的前视红外非制冷测辐射热计摄像机,其工作波段为 $8\sim12\ \mu m$,在固定焦距下的固定视场为 $23°$,载荷重量为 $700\sim800\ g$,在同等级别中重量最轻。但是,其最重要的特色是图像质量非常高,还包括超广域覆盖以及移动目标连续跟踪等功能。

2.5.3　倾斜摄影相机

倾斜摄影技术是国际测绘领域近些年发展起来的一项高新技术,它颠覆了以往正射影像只能从垂直角度拍摄的局限,通过在同一飞行平台上搭载多台传感器,同时从不同的角度采集影像,将用户引入了符合人眼视觉的真实直观世界。图 2.38 为倾斜影像获取示意图。

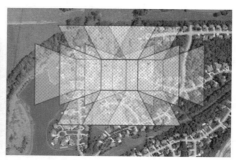

图 2.38　倾斜影像获取示意图

倾斜摄影技术特点：

(1)反映地物周边真实情况。相对于正射影像,倾斜影像能让用户从多个角度观察地物,更加真实地反映地物的实际情况,极大地弥补了基于正射影像应用的不足。

(2)倾斜影像可实现单张影像量测。通过配套软件的应用,可直接基于成果影像进行包括高度、长度、面积、角度、坡度等的量测,扩展了倾斜摄影技术在行业中的应用范围。

(3)建筑物侧面纹理可采集。针对各种三维数字城市应用,利用航空摄影大规模成图的特点,加上从倾斜影像批量提取及贴纹理的方式,能够有效降低城市三维建模成本。

(4)数据量小易于网络发布。相较于三维 GIS 技术应用庞大的三维数据,应用倾斜摄影技术获取的影像的数据量要小得多,其影像的数据格式可采用成熟的技术快速进行网络发布,实现共享应用。图 2.39 为正射影像与倾斜影像对比图。

图 2.39　正射影像与倾斜影像对比

倾斜摄影技术突出优势：

(1)结合 LiDAR 技术提供三维影像(每个像素具有三维坐标)。

(2)可以直接定位、量测距离、面积及分析。

(3)提供真实、实时、可量测、大范围的三维浏览。

航空倾斜影像不仅能够真实地反映地物情况,而且还通过采用先进的定位技术,嵌入精确的地理信息、更丰富的影像信息、更高级的用户体验,极大地扩展了遥感影像的应用领域,并使遥感影像的行业应用更加深入。由于倾斜影像为用户提供了更丰富地理信息,更友好的用户体验,该技术目前在欧美等发达国家已经广泛应用于应急指挥、国土安全、城市管理、房产税收等行业。

1. A3 数字航摄仪

A3 数字航摄仪(图 2.40)由全球领先的数字测绘系统供应商以色列 VisionMap 公司生产。A3 采用步进式分幅成像可获取超大幅宽影像(SLF),结合其一体化后处理系统 Lightspeed,可得到一系列产品:正射影像图(DOM)、数字高程模型(DEM)、数字表面模型(DOM)、倾斜测图产品。

图 2.40　A3 数字航摄仪

A3 是以色列 VisionMap 公司生产的新一代步进式倾斜数码航摄仪,由存储器、小型计算机、GPS、电源、控制终端接口及旋转双镜头组成。采用步进式分幅成像原理,在飞行的同时,镜头围绕一个中心轴做最大可达 109°摆角的高速旋转和采集,最大可获取约 62 000×8 000(4.96 亿)像素的超宽幅影像图,每个 CCD 每秒可捕捉 7.5 张数字影像。采用 300 mm 的镜头,拥有超高的数据获取能力和影像分辨率,同样的分辨率要求下,A3 能够飞行更高的高度,获取更大面积的数据,节约飞行成本。设计的旋转相机,可获取同一地物在不同角度的影像,一次飞行可获取多种高分辨率垂直和斜拍测图产品。自动匹配原始垂直及斜拍影像连接点,无需地面控制点就可生成满足所有工业标准的高质量产品。

A3 相机的设计具备传统线阵和面阵成像方式特点,是结合两者优势、扬长避短的新一代步进分幅成像方式产品。步进式分幅成像是利用摆扫机构,在垂直于航向的方向多个不同位置成多幅图像,各位置之间保证一定的重叠率,以便于后期处理时恢复为完整的大分辨率图像。A3 航摄仪的镜头采用特别的旋转设计,镜头围绕中心轴可做一个 109°旋转采集,每次摆扫可以获取 64 个像幅(单个 CCD 获取 32 个像幅),一次摆扫时间是 3~4 s。为满足航测成图的需求,考虑到航线网、区域网的构成和模型之间的连接等,A3 沿航线两个单像幅重叠度是 2%(大约 100 个像素),垂直航线两个像幅重叠度是 15%。A3 航摄仪的优势:

(1)超高的数据获取能力。A3 航摄仪以其超强数据获取能力著称,相机使用 300 mm 长焦距镜,使得相机拥有超高的数据获取能力和影像分辨率。

(2)超大的像幅。A3 采用步进式成像方式,最大可获取约 62 000×8 000(4.96 亿)像素的超宽幅影像图。

(3)一次飞行可获取多种产品。A3 系统一次飞行后,再无需额外飞行和数据处理,即可同时获得多种数据产品:正射影像图、高程模型、数字表面模型、倾斜测图产品。

图 2.41　SWDC-5 数字航空摄影仪

(4)高精度的产品。由于 A3 系统特殊的成像方式(框幅+扫描式),可获得高度重叠度的影像,同一个点在多达数十幅有影像响应。由于同一空间点可通过数十个多余观测(共线方程)获得解算,精确反演出获得该点的空间位置,即完成高精度产品生产。

2. SWDC-5 数字航空摄影仪

SWDC-5 数字航空摄影仪(图 2.41)通过在同一飞行平台上同时从 5 个不同的视角采集影像,将人引入了符合人眼视觉的真实直观世界。该技术可作为数字城市建设中三维建模数据获取和更新的主要技术手段,建立城市高分辨率航空影像数据库。SWDC-5 数字倾斜相机,通过子相机加固,精密检校,安装固定架(倾角范围:$35°\sim45°$),集成 5 个高档大幅面民用数码相机,并且研制专用于倾斜摄影的飞控系统,形成一套可拍摄多方向倾斜影像的航空摄影系统,有不同的组合方案备选。

通过在同一飞行平台上搭载多个相机,分别从竖直和 4 个倾斜角度对地面进行拍摄,得到被拍摄物体的多视角影像,建筑物外立面的真实纹理,并且有效集成 POS 系统,获取到每张像片的外方位元素,数据可广泛应用于数字城市、数字地球(智慧地球)的基础地理空间框架建设。

目前 SWDC-5 系统已经实现了正常的数据获取、数据后处理、具体工程解决方案应用试验。具体的解决方案有如下几种模式:①建立带有姿态数据的倾斜照片影像库,当光标在物方运动时系统自动调出相关的倾斜照片,并在其上进行量测和观察。为用户提供可量测影像数据。②与 POS、LiDAR 配合,用 LiDAR 的 DSM 配合有姿态数据的影像进行城市三维建模。③只与 POS 配合,不用 LiDAR,配合高可靠相关匹配,用有姿态的影像的多光线(大于等于 5 条光线)前方交会生成 DSM 后进行建模。④不用 POS 和 LiDAR,只用五头相机的数据和 GPS 记录的曝光点坐标数据,配合高可靠性相关匹配,做倾斜照片自动空中三角测量,得到各照片姿态后进行前方交会生产 DSM 并且建模。系统特点:

(1)系统由加固并量测化改造后的 5 台大面阵数码相机组成,单相机像素数达 5 000 万,每台单相机的综合畸变差均小于 2 μm。

(2)相机具有多视角同步采集影像功能,提供精确的子相机相对方位。

(3)系统为不同品牌的 POS 系统预留安装接口,并且标配国产高精度 POS 系统。

(4)系统配置两种镜头组合方案,兼顾高质量影像纹理采集以及高重叠数据采集两种特点,给用户以更多的选择便利。

(5)系统兼具建模与测量相机双重功能,经过简单的结构改造,系统即可进行倾斜航摄数据采集,也可进行常规的航测数据采集。

(6)倾斜相机单机幅面超过进口相机,斜片分辨率高、畸变小、焦距可任意组合,并与国产 POS 成功对接,建模逼真、造价低、速度快、交互少。

2.5.4　机载激光雷达

LiDAR 是一种以激光为测量介质,基于计时测距机制的立体成像手段,属主动成像范畴,是一种新型快速测量系统,可以直接联测地面物体的三维坐标,系统作业不依赖自然光,不受航高、阴影遮挡等限制,在地形测绘、气象测量、武器制导、飞行器着陆避障、林下伪装识别、森林资源测绘、浅滩测绘等领域有着广泛应用(Hopkinson et al,2013)。

LiDAR 诞生于 20 世纪 60—70 年代,当时称之为激光测高计。20 世纪 80—90 年代,该项技术取得了重大进展,一系列航天和机载 LiDAR 系统研制成功,并得以应用。自 21 世纪以来,计算机、半导体、通信等行业进入了蓬勃发展的时期,从而使得激光器、APD(avalanche photodiode,雪崩光电二极管)探测器、数据传输处理等 LiDAR 相关的器件和关键技术取得了迅猛发展,一系列商用机载 LiDAR 系统不断涌入市场。它的出现为航空光学装备领域注入了新的活力,大大拓展了航空光学测绘的适用范围和信息获取能力,目前已成为面阵数字测绘相机的有力补充,在航空光学多传感器测绘系统中扮演重要角色。

　　LiDAR 是可搭载在多种航空飞行平台上获取地表激光反射数据的机载激光扫描集成系统。该系统在飞行过程中同时记录激光的距离、强度、GPS 定位和惯性定向信息。用户在测量性双频 GPS 基站和后处理计算机工作站的辅助下,可以将雷达用于实际的生产项目中。后处理软件可以对经度、维度、高程、强度数据进行快速处理。工作原理:通过测量飞行器的位置数据(经度、维度和高程)和姿态数据(滚动、俯仰和偏流),以及激光扫描仪到地面的距离和扫描角度,变可精确结算激光脉冲点的地面三维坐标。

　　作为一种主动成像技术,机载 LiDAR 在航空测绘领域具有如下特点:

　　(1)采用光学直接测距和姿态测量工作方式,被测对象的空间坐标解算方法相对简单、易于实现、单位数据量小、处理效率高,具有在线实时处理的开发潜力。

　　(2)由于采用了主动照明,成像过程受雾、霾等不利气象因素的影响小,作业时段不受白昼和黑夜的限制。因此,与传统的被动成像系统相比,环境适应能力比较强。

　　(3)通过激光波段选择,可对海洋、湖泊、河流沿线浅水区域的水底地形结构进行立体测绘,这一能力是传统被动航空光学测绘装备所不具备的。

　　(4)测距分辨率高,结合距离门技术,可对一定距离范围内的目标进行高精度测量。在森林生态结构分类、林下地表形态、林木资源储量、电力线路测绘等领域具有独特优势。

　　鉴于上述特点,机载 LiDAR 在浅滩测量、森林资源调查、厂矿资产评估、电力设施测绘、3D 城市建模等测绘领域具有一定特色,与测绘相机形成了很好的优势互补的效果。可同时实现陆地和相对较清水域的水深、水底形貌的高精度测绘(高程精度 ±15 cm),获取高精度数字高程模型,这一功能是航空测绘相机难以达到的,在浅水区开发建设中具有重要应用。机载 LiDAR 在森林资源测绘领域具有很大的技术优势和较好的应用价值,北欧、加拿大等森林资源丰富的地区很早已经将 LiDAR 应用于森林资源测绘。LiDAR 数据可用于森林覆盖率、林木储蓄量评估,以及森林垂直生态结构分布、树种分类、树冠高度和分布密度等方面的研究,可以获得更加详细的树木垂直结构形态,LiDAR 在该领域的优势进一步得以凸显,已发展成为森林资源测绘的主力装备之一。除了上述两个特色应用之外,LiDAR 在输电线路、河谷地形等狭长带状区域测绘,以及大型固定资产评估、三维数字城市建设等相关领域也具有一定应用优势。

　　LiDAR 系统基本都是基于点阵扫描工作模式,工作高度高达数千米,测量精度可达厘米级别,系统显著特点如下:

　　(1)激光重复频率高。现有商用系统的激光重复频率可高达 500 kHz,比早期的提高 2～3个数量级。高的激光重复频率是提高系统数据获取速率的重要解决途径之一,与之相关的扫描系统、数据传输和处理速度要求也随之提高。对于同一照射点,高的激光重复频率可增加反射回波数量,有利于提高系统的细节分辨能力。

　　(2)横向扫描角度大。现有商用机载 LiDAR 大都与大面阵航空测绘相机一起使用,为满足横向覆盖宽度的要求,横向扫描角度与测绘相机的横向视场角匹配,其横向扫描角度可达60°～70°的水平。

　　典型 LiDAR ALS50 Ⅱ设备(图 2.42),激光点采集间距可以达到 0.15 m,根据不同工程需要,可以灵活调节不同地表激光点采集间隔,有利于真实地面高程模型的模拟。且高程精度不受航飞高度影响,即使在没有地面控制点的情况下,也能达到较高的定位精度,利用其获取的高密度、高精度点云及影像数据(赖志恒 等,2014)。但 LiDAR 系统质量重、体积大,目前只能在大型无人直升机上搭载,应用受到了极大限制,体积小、质量轻、集成化,是其以后的发展方向。表 2.19 为 RSC-H2 无人直升机搭载的激光雷达扫描仪技术参数。

图 2.42　机载激光雷达

表 2.19　RSC-H2 机载的激光雷达扫描仪技术参数

项　目	技术指标
目标探测模式	首次回波、末次回波或交替
波长	905 nm
脉冲频率	30 kHz(有效频率 10 kHz)
飞行高度	200 m
地面光斑直径	0.6 m(200 m 航高)
表面点的精度	0.02 m/0.02 m(1 sigma)(200 m 航高)
安全级别	1 级(对眼睛无害)
扫描频率	6～80 Hz(视场角为 60°时)、5～60 Hz(视场角为 80°时)
扫描模式	平行线
重量	20 kg
IMU 侧滚角与俯仰角	0.003°
IMU 航偏角	0.007°

2.5.5　视频摄像机

　　无人机搭载的视频摄像机一般为 CCD 和 CMOS 摄像机。CCD 是 Charge Coupled Device(电荷耦合器件)的缩写,它是一种半导体成像器件,具有灵敏度高、抗强光、畸变小、体积小、寿命长、抗震动等优点。CMOS(complementary metal oxide semiconductor),互补金属氧化物半导体,电压控制的一种放大器件,是组成 CMOS 数字集成电路的基本单元。

　　被摄物体的图像经过镜头聚焦至 CCD 芯片上,CCD 根据光的强弱积累相应比例的电荷,各个像素积累的电荷在视频时序的控制下,逐点外移,经滤波、放大处理后,形成视频信号输出。视频信号连接到监视器或电视机的视频输入端便可以看到与原始图像相同的视频图像。CCD 与 CMOS 图像传感器光电转换的原理相同,他们最主要的差别在于信号的读出过程不同;由于 CCD 仅有一个(或少数几个)输出节点统一读出,其信号输出的一致性非常好;而 CMOS 芯片中,每个像素都有各自的信号放大器,各自进行电荷-电压的转换,其信号输出的一致性较差。但是 CCD 为了读出整幅图像信号,要求输出放大器的信号带宽较宽,而在 CMOS 芯片中,每个像元中的放大器的带宽要求较低,大大降低了芯片的功耗,这就是 CMOS 芯片功耗比 CCD 要低的主要原因。尽管降低了功耗,但是数以百万的放大器的不一致性却带来了更高的固定噪声,这又是 CMOS 相对 CCD 的固有劣势。

　　MV-VE GigE 千兆网工业数字摄像(图 2.43)采用帧
曝光 CCD 作为传感器,图像质量高,颜色还原性好,以网络
作为输出,传输距离长,信号稳定,CPU 资源占用少,可以
一台计算机同时连接多台摄像机。与国外同档次产品相
比,有明显的价格优势,对于要求高清、高分辨率图像质量
的客户 MV-VE GigE 千兆网数字相机是一种很好的选择。

　　MV-VE GigE 千兆网工业数字相机可通过外部信号触
发采集或连续采集,广泛应用于工业在线检测、机器视觉、

图 2.43　机载数字摄像机

科研、军事科学、航天航空等众多领域,特别是在智能交通行业、重大事件应急测绘安保、空间
地理信息直播方面得到应用(张永生,2013)。

　　产品特点有:

　　(1)数字面阵帧曝光逐行扫描 CCD,软件控制图像窗口无级缩放。

　　(2)采用 GigE 输出,直接传输距离可达 100 m。

　　(3)可控电子快门,全局曝光,闪光灯控制输出,外触发输入,软件触发;在连续模式和触发
模式下都支持自动增益和自动曝光,晚间自动开启闪光软件,调整增益、对比度、外触发。

　　(4)延迟图像传输,传输数据包长度和间隔时间可调。

　　具体技术参数见表 2.20。

表 2.20　MV-VE 系列摄像机技术参数

型号	MV-VE141SM/SC	MV-VE142SM/SC	MV-VE200SM/SC
最高分辨率	1 392×1 040	1 392×1 040	1 628×1 236
像素尺寸	4.65 μm×4.65 μm	6.45 μm×6.45 μm	4.40 μm×4.40 μm
传感器类型	逐行 CCD		
光学尺寸	1/2″	2/3″	1/2″
输出颜色	SM 为黑白,SC 为拜耳(Bayer)彩色		
数据位数	模-数转换:12 位,输出:8/12 位		
帧率	15 帧/秒	15 帧/秒	14 帧/秒
信噪比	>52 dB	>56 dB	>56 dB
敏感度	1.4 V@550 nm/lux/s	1.8 V@550 nm/lux/s	1.2 V@550 nm/lux/s
曝光方式	帧曝光		
电子快门	自动/手动 60 ms～1/50 000 s(可调)		
I/O	3 路可编程光隔离输入,3 路光隔离输出		
同步方式	外触发或连续采集		
输出方式	GigE 千兆以太网输出		
数据传输距离	可达 100 m		
可编程控制	亮度、增益、帧率、曝光时间、异步复位		
镜头接口	CS 口或 C 口		
供电要求	12 V(外部供电)		
功耗	额定功率:4.0 W,最大功率:5.0 W		
外形尺寸	66.5 mm×65 mm×65 mm		

§2.6 无人机移动测量飞行平台系统适应性设计

无人机移动测量飞行平台系统适应性设计的目的是针对不同测量作业的需要,在原有设备资源的条件下,进行合理规划设计,高效、快速完成飞行任务,主要包括弹射系统改造、动力系统改造、供电系统改造、续航能力提升等。

2.6.1 飞行平台系统改造需求分析及改造设计

1. 弹射系统改造分析

以 DB2 型无人机为例,它作为一款滑跑滑降式无人机,结构简单,重量轻,在场地良好时可快速起飞。但是在起降条件较差甚至没有的地方,如山区或高海拔地区,弹射起飞方式就成了必然的选择。根据已有的 TF-7 和长航时无人机的弹射系统,设计一套连接 DB2 和弹射器的托架结构,实现 DB2 型无人机的弹射起飞是一种可靠且简便的方法。该套装置包含了弹射器托架和无人机起落架两套主要系统,托架也需包括发射前的锁紧机构和发射时的解锁机构,保证无人机在发射前后的安全性。

2. 动力系统适应性改造分析

无人机平台从硬件结构上可分为无人机动力系统、自驾系统、无人机结构系统、无人机控制系统、无人机通信系统、摄影系统。其中无人机动力系统(图 2.44)包括燃油、点火、发动机、螺旋桨等部分。

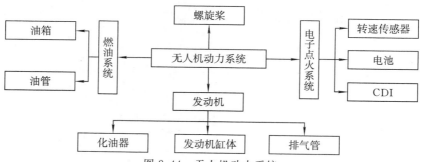

图 2.44 无人机动力系统

无人机的可靠性在很大程度上是取决于动力系统的稳定性。同时,无人机航飞速度、航程等关键参数也依赖于动力系统,故无人机飞行平台系统的改造重点也是动力系统。

海拔每升高 100 m,空气压强下降 1 kPa,高度在 4 000 m 时,空气密度约为海拔 500 m 时的 65% 左右,对于同样的发动机转速,发动机动力输出减少 35%,此时就应考虑改变螺旋桨螺距以增加发动机动力。海拔每升高 100 m,同样带来温度降低约 0.6°,当飞行高度到达 4 000 m、500 m 海拔地面温度为 10° 时,无人机周围的温度则在零下 11° 左右,此时低温对发动机的影响非常大,低温加上高湿度的情况下(靠近云层时),发动机进气口风门会出现冷空气凝结,产生白色泡沫,降低发动机功率和转速,严重时可至熄火。故改造设计需要从保证进气温度和阻止空气冷凝着手。发动机排气作为高温废气,可利用于进气口的加热,同时配合设计一款空滤装置则可有效阻止空气冷凝,从而有效解决低温带来的影响。

3. 无人机续航能力改进分析

对于燃油型无人机,增加航程的主要途径为适当增加燃油量和降低发动机油耗。通过增加燃油量增大航程的方式最为直接,但需要考虑无人机机舱是否有足够的空间;其次由于燃油的消耗,导致重心变化对无人机飞行平衡的影响。降低油耗主要由发动机类型、功率大小决定。发动机类型一般分为两冲和四冲发动机,四冲虽然相对较为省油,但维护和调试非常困难,一般只用于长航时无人机;在保障无人机飞行性能的前提下,选择较小功率的发动机,在燃油和发动机油耗不变的情况减小无人机重量。由于 DB2 型无人机为玻璃钢复合材料、壳状结构,结构重量已非常轻,而所搭配的设备也并无冗余,故此方向并无明显效果。

综上,选择在增加燃油量和降低油耗方向研究,同时增大油箱需考虑机舱内部空间和对重心影响。该部分需要做出理论论证和实际验证。

无人机油箱在机舱内分布结构一般为并列式,但油箱连接方式却是串列式,即第一个油箱燃油用完后再使用第二个油箱,此种方式会导致无人机左右不平衡。当一个油箱用完,另一个开始用时,这种不平衡达到最大,会在一定程度上影响无人机横向平衡,产生一个滚转角度。使油箱在分布和连接方式上都使用并列式,则可以有效解决该问题,同时并列式连接需要保证两边油压平衡,避免无法吸油。

4. 供电系统改进分析

目前航摄无人机系统需要持续供电的部分主要为自驾仪、电台、舵机和发动机。主要使用的电池为镍氢电池或者锂聚合物电池,自驾仪和电台一般直接使用 3S 锂聚合供电,舵机和发动机使用 6 V 镍氢电池供电,整个系统包含至少 2 块电池,一般使用 3 块电池,重量通常超过700 g。如果使用一整块高性能的锂聚合电池可大大降低整体重量,但由于飞控、数传电台电压与舵机和发动机电压不一致,所以需要一个 UBEC 降压模块使两个不同电压的电子设备使用同一电源。通过测量各个部件的实际耗电功率和耗电量,最终选择一个既能保证使用电量又体积轻小的电池。

由于高度越高温度越低,需要实际测试低温对于锂电池的影响,论证是否可选锂电池作为电源,或者是否需要做出相应措施来解决低温对电池的影响。

2.6.2　无人机移动测量飞行平台系统改造

1. 弹射系统改造

无人机起降方式改造的目的是使得现有的无人机满足多种起降方式,以 DB2 为例,厂家设计为单一滑跑起飞,可以改造为弹射起飞及车载起飞。

DB2 的起落架(图 2.45)为可拆卸,通过横穿机身前部的两根铝管与起落架绑定,绑定与拆卸皆非常方便。

根据尽量不改动机身结构的原则,选择完全通过起落架(图 2.46)弹射,不对机体本身进行任何改装,选用5 mm、4 mm 钨钢丝和 3 mm 铝合金片弯折绑合。

加装 DB2 型无人机上效果如图 2.47 所示。

TF-7 气动弹射架总冲量约为 400 Ns,DB2 总重约为 15 kg,弹射速度约为 25 m/s。弹射架长度 6 m,加速

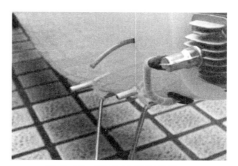

图 2.45　DB2 起落架结构

度 17 m/s²。横梁最大受力约 240 kg,以此作用力的两倍作为小受力参照方型铝参数选用 6063 建筑型铝 25 mm×50 mm×3 mm 作为主结构横梁。使用 5 mm 厚角型铝作为起落架钢丝支撑结构材料。

图 2.46　弹射用起落架

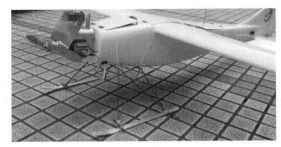

图 2.47　加装弹射用起落架效果

使用 CATIA 进行三维建模做运动仿真。根据设计设计图纸(图 2.48)进行加工,第一批试验托架使用全手工制作,待测试通过批量加工,成品如图 2.49 所示。

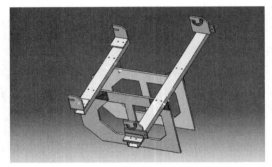

图 2.48　弹射器托架 CATIA 设计

图 2.49　弹射器托架成品

锁紧机构(图 2.50)为通过沟槽中滑块限制起落架钢丝在发射方向的移动。当弹射架发射移动一定距离后滑块自动脱落,钩片回拉解锁,无人机和起落架沿发射方向脱离弹射架。弹射架锁紧机构解锁后,如图 2.51 所示。

图 2.50　弹射架锁紧机构

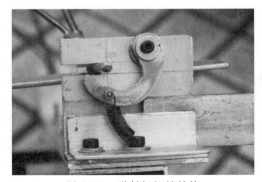

图 2.51　弹射架解锁结构

弹射器托架、弹射起落架以及整体系统如图 2.52、图 2.53 所示。

图 2.52　弹射器托架与弹射起落架

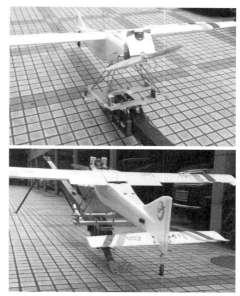

图 2.53　弹射系统与无人机整体系统

图 2.54 至图 2.57 为 DB2 外场弹射伞降测试过程。

图 2.54　无人机准备弹射

图 2.55　无人机弹射升空

图 2.56　无人机开伞

图 2.57　无人机着陆

2. 动力系统适应性改造

无人机动力由发动机带动螺旋桨转动提供,螺旋桨拉力公式为:

直径(m)×螺距(m)×桨宽度(m)×转速(r/s)的平方×大气压力(一般取 1 标准大气压)×
经验系数(0.25)=拉力(kg)

由该公式可得出发动机拉力与大气压力呈线性正相关,当飞行高度达到海拔4 000 m左右时,相同转速下无人机输出拉力只有海拔500 m时的60%,同时由于空气密度很低,螺旋桨扭矩变小,需要加大螺旋桨扭矩从而提高发动机输出功率。从标配的22×10的桨换成21×12或者22×12。

市场上无人机所使用的发动机主要为大型航模开发,存在一定局限性,如对温度、湿度、气压等条件的适应能力较差。根据笔者单位的应急任务环境,存在大量山区高海拔的恶劣作业条件。对于高海拔地区,空气稀薄、气温低,普通发动机并不能在此高度稳定运转。此环境下发动机化油器进气口易结冰,轻则降低发动机转速,重则导致熄火。为了在此类恶劣条件下保障发动机安全稳定工作,以高海拔空气稀薄和低气温的特点分别对发动机的进气量和进气温度进行改造。根据发动机原厂设计最佳工作温度105°,进气气温为室温20°。

最简单的办法是通过发动机排的废气给进气口进行加温。使用8 mm软态紫铜管从排气管中导出,对进气进行加热。由于化油器进气口较小,不方便对大量空气进行加热,故设计了一款全金属空气滤清装置(图2.58)。

将铜管螺旋形缠绕在空气滤清周围,对进入发动机的空气形成一个加热区。同时使用铝合金薄板阻挡气流直接吹向化油器,并对化油器包合形成一个封闭区域以保持化油器温度,如图2.59所示。

图2.58　空气滤清CATIA设计

图2.59　加装导热管的空气滤清CATIA设计

发动机改造前后对比,如图2.60所示。

（a）改造前

（b）改造后

图2.60　发动机改造前后细节

同一款发动机在同一油门位置时改造前后工作状态对比,如表2.21所示。

表 2.21　同一款发动机在同一油门位置时改造前后工作状态

类型	油门位	进气温度/℃	缸温/℃	排气温度/℃	转速/(r/min)
改造前	45	5	96	81	6 000
改造后	45	11	102	86	6 500

注:室外温度 5℃,空气湿度 70%。

通过对比,改造后的发动机在低温低压下相对于改造前更加稳定,功率更高。

3. 无人机续航能力提升

无人机前舱(图 2.61)为电池和点火设备,空间较大。中舱(图 2.62)为主油箱、飞控、相机,无可用空间。

图 2.61　无人机前舱

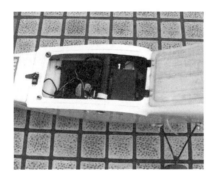

图 2.62　无人机中舱

根据无人机内部布局和空间大小,选择在前舱加入一个 800 毫升的油箱(图 2.63),同时固定油箱在内部的位置以保证油箱不影响其中的电子点火器和油门舵机。

图 2.63　前舱加入 800 毫升油箱后

在前舱加入油箱的前后,分别测试无人机重心变化(图 2.64)。

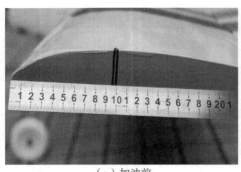　　　

（a）加油前　　　　　　　　　　　　　　（b）加油后

图 2.64　加入油箱前后重心位置对比

　　无人机机翼翼尖弦长为 340 mm，机翼近似矩形机翼。机翼升力中心位于 DB2 默认配置下的重心位置，即 99 mm 处。

　　增加油箱后，重心位置位于 96 mm 处，变化 3 mm。

　　无人机满载时总重为 15 kg，平飞时升力为 150 N，尾翼到重心位置长度约为 1.4 m。增加油箱后，低头力矩为

$$15 \text{ kgf} \times 0.003 \text{ m} \times 10 = 0.45 \text{ N} \cdot \text{m}$$

低头力矩即为配平力矩，故尾翼配平力为

$$0.45 \text{ N} \cdot \text{m} / 1.4 \text{ m} = 0.32 \text{ N}$$

0.32 N≪150 N，故增加油箱导致的配平力可忽略。

　　在无人机动力能保障飞行安全的前提下，通过跟原有 DLE 单缸 55 发动机的对比，测试几款发动机的功率和油耗。为得出最优化结果，以飞行速度（空速）、发动机转速为变量，通过试验找到作业最佳作业效率、最大航程、最低油耗等。在作业过程中，以同一无人机、相同天气、相同飞行高度在不同转速的情况下，实测了 3 组数据，如表 2.22 所示。

表 2.22　同一无人机不同转速飞行测试对比

组	飞行高度/m	飞行时间/min	发动机转速/（r/min）	空速/（km/h）	航程/km	耗油量/L
1	1 000	85	7 200	128	180	3.0
2	1 000	87	7 000	125	180	2.8
3	1 000	89	6 800	120	175	2.5

注：飞行时间不含爬升和降高航线，航程同。

　　同款机型，不同发动机的油耗实测结果如表 2.23 所示。

表 2.23　同款机型不同发动机油耗实测结果对比

发动机类型	飞行高度/m	发动机转速/（r/min）	飞行速度/（km/h）	航程/km	耗油量/L
小松 620PU	1 000	7 000	125	160	2.2
DLE60 双缸	1 000	7 000	125	160	2.5
小松 620PU	1 000	6 800	120	160	2.0
DLE55 单缸	1 000	6 800	120	120	2.6

注：两款发动机都配以 22×10 的螺旋桨；小松不需要点火电池。

　　经过机组数据对比，DB2 在平飞空速为 120 km/h 时，作业效率最优，此时小松 620PU 发动机油耗为百公里 1.25 L；DLE60 双缸发动机油耗为百公里 1.43 L。DB2 设计油箱容量为

3 L,增加一个 0.8 L 的油箱后。此时 DB2 邮箱容积可达 3.8 L,根据实测得出的油耗,使用小松 620PU 发动机和 DLE60 双缸发动机的理论最大航程分别为 304 km 和 266 km。由于实际作业中,可能遇到湿度过大、风力过大等增加油耗的意外情况,故留 0.4 L 作为保底防止出现意外。现目前实际作业航程已突破 230 km。

实际有效航程需要减去从起飞点到作业航线切入点和返回降落点的航程,还需要减去每条航带 2 km 的引导线。由此得出的最大航程和航摄面积作为参考进行对比。无人机改造前后的航程和航摄面积对比,如表 2.24 所示。

表 2.24　无人机改造前后航程和航摄面积对比

类型	最大航程/km	有效作业航程/km	航摄面积/km²
改造前	150	115	51.7
改造后	230	180	81

注:使用 5DMarkⅡ相机,焦距 35 mm、相对高度 875 m,矩形航摄区域,航向重叠度 70%,
旁向重叠度 60%,起飞与降落均在作业区域内。

此外,传统油箱为串列式连接方式(图 2.65),当左边油箱用完后才开始使用右边油箱。当左油箱刚用完而又油箱满油时,此时最不平衡,两油箱重量相差 1 kg 以上,由于重心在两油箱之间,平衡力矩达 10 cm,这种不平衡体现在无人机驾驶过程中就会出现大于半小时的左右横滚角度,这也是飞机在飞行过程中会有 1°~2° 的倾斜,尽管小于航摄规范里面的要求,但可以尽量减少这种误差。

将油箱的串列方式改为并列连接的方式(图 2.66),可以使两个油箱同时出油,两个油箱之间再加上一根平衡管用于平衡两个油箱的油压,使其保持同一油平面。由于使用了副油箱,所以在两个主油箱油量较低时发生的暂时无法吸到燃油并不会影响到发动机正常工作。

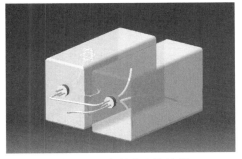

图 2.65　串列式连接油箱

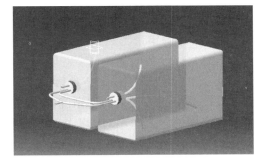

图 2.66　并列式连接油箱

4. 供电系统改造

航摄无人机需要供电的部分主要为飞控、舵机、电台、发动机,相应电压如表 2.25 所示。

表 2.25　无人机供电部件电压

供电部件	飞控	电台	舵机	发动机
电压/V	12	12	4.8~6.0	4.8~8.4

原来使用一个 3SLi-Po 2200 mAh 电池给飞控和电台供电,两个额定 4.8 V Ni-MH 电池分别给舵机和发动机供电,总重量约 700 g,质量相对较重,同时三组线路,系统可靠性较低。

根据各部件实测电流和电压,可得到系统功率,如表 2.26 所示。

表 2.26　无人机各供电部件功率

供电部件	飞控	电台	舵机	发动机
电压/V	12	12	6	6
电流/A	0.2	0.1	1.0	0.8
功率/W	2.4	1.2	6	4.8

系统总功率约为 14.4 W,无人机准备起飞阶段约半小时,飞行时间约两小时,一个架次总功耗为 14.4 W×2.5 h=36 W·h。

UBEC 是一种将直流电变为交流电降压后再变为某种电压的直流电输出的模块,目前技术成熟,降压过程转换效率一般为 90% 左右。通过该模块,系统只需要一个电源单元,简化了整个系统的复杂性,提高了稳定性。研究决定采用 UBEC 模块,选用市场上质量最好的凤凰 UBEC 配合高容量 Li-Po 电池。电池与系统连接方式,如图 2.67 所示。

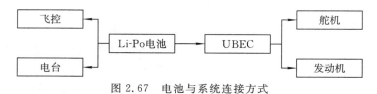

图 2.67　电池与系统连接方式

一般锂电池实际容量要比标称容量低 10%,该部分的电量无法在标称电压下释放,UBEC 工作效率为 90%,电量应保持至少半小时的冗余度,考虑到飞控和电台电压为 12 V 左右,故选择标称电压 11.1 V,满电压为 12.6 V 的 3S(三节串联)锂电池,此时电池应具有的电容量为

$$[(2.4+1.2)\times3/11.1+(6+4.8)\times3/(11.1\times90\%)]/(1-10\%)\approx4.68(Ah)=4\,680(mAh)$$

故选择 5 000 mAh 的锂电池作为电源。此时锂电池重量约为 410 g,相对原有的供电电池减轻了近 400 g 的重量。

低温对电子设备的电池也会造成显著影响。锂电池作为这些无人机电子设备的电源具有高容量低质量的优点,但高海拔地区的低温对于锂电池的影响也是不容忽视的。一般情况下,空气温度随着海拔的增大而逐渐降低,海拔每升高 1 000 m,空气温度降低 5℃。在甘孜等地最高航飞高度达海拔 6 000 m 以上,无人机飞行过程中会遭遇到低压冷空气,机身周围温度可低至 −20℃。锂电池使用的正常温度为 −20～60℃。

锂电池在低温条件下,由于电池的阻抗增大,极化增强,充电过程中在负极将出现锂金属析出与沉积,沉积出的金属锂易与电解液发生不可逆反应,从而导致电池容量降低。5℃ 和 20℃ 时锂电池和镍氢电池放电量对比,如表 2.27 所示。

表 2.27　不同温度下锂电池和镍氢电池放电量对比

环境温度/℃	Li-Po 3S 11.1 V	Ni-MH 5S 6 V
20	1 920 mAh	1 940 mAh
−5	1 550 mAh	1 900 mAh

注:锂电池和镍氢电池在相同室温下充电 2 000 mAh。

一旦无人机长时间在高海拔低温环境中飞行,锂电池的放电量相对于低海拔地区将有明显的降低。众所周知,电池在放电过程中都会产生阻抗,从而产生一部分热量,通过使用隔热海绵(图 2.68)对电池进行密封包裹可使电池产生的热量持续对电池保温,能经受外界的低温而不受影响。

图 2.68　经过保温处理的锂电池

第3章 无人机移动测量数据快速获取、传输与管理

§3.1 无人机移动测量数据

随着控制技术、计算机技术、通信技术的发展,质量轻、体积小、存储量大、稳定性好的传感器开始出现,飞行器性能显著提高,无人机移动测量成为可能。数据信息丰富、获取方便,受到测量行业用户青睐。利用低空无人机平台获取高分辨率影像数据,成为测量数据获取的重要途径。本节介绍了无人机移动测量数据的特点及种类。

3.1.1 数据特点

无人机移动测量是卫星数据获取、载人航测和常规人工测量的有效补充手段,与卫星和载人航测相比,其飞行的高度低、成像范围小、分辨率高,有其自身特点。测量数据特点如下:

(1)分辨率高,信息丰富。分辨率高是无人机移动测量数据的最大特点。无人机移动测量数据系统获取的影像数据分辨率可以高达厘米级,细节清晰,含有丰富的地物信息。同时由于影像的像幅小、数量多,增加了后期拼接处理工作量。

(2)数据变形大,后续处理难度高。无人机移动测量系统通常搭载的为非量测型相机,影像变形大,镜头畸变大,地形起伏对影像的影响很大,不同影像之间的辐射差异大,为后期的影像处理提出了新的要求,传统的影像处理系统已经不能满足其要求,需要专业的处理系统进行后期处理。

(3)数据种类多样。无人机移动测量系统根据不同的任务,搭载不同的任务载荷。除了广泛使用的光学相机、倾斜摄影相机外,还有视频摄像机、红外传感器、机载激光雷达等。不仅包括光学影像数据,还包括视频数据、激光雷达数据、红外影像数据等。

(4)数据应用广泛。由于其数据种类多样、空间分辨率高和信息丰富等特点,无人机移动测量数据广泛用于基础地理信息测绘、应急测绘保障、动态变化检测、数字城市建设和文化遗产保护等领域,大大拓宽了传统测绘的应用范围。

3.1.2 数据种类

无人机移动测量系统根据不同的任务需求,搭载不同的任务载荷,获取的数据包括影像数据、视频数据、激光雷达数据等。

1. 影像数据

影像数据主要是指利用量测型相机和非量测型相机(单反相机、微单相机等)等光学传感器获取的成像数据。影像分辨率高,获取简单灵活,按照获取的光学波段不同,可以分为可见光数据和红外数据。

1)可见光数据

可见光数据是最常见的无人机移动测量数据。影像细节清晰、信息丰富,可以直接判读,

尤其在突发应急事件中,可以直接为决策提供依据。图 3.1 为无人机光学拼接影像。

无人机搭载的倾斜摄影相机可以从不同的角度获取地物信息,不但能竖直拍摄平面影像,还可以多角度拍摄建筑物的倾斜影像(图 3.2),获取的影像分辨率可以达到厘米级,能让用户从多个角度观察地物,更加真实地反映地物的实际情况,极大地弥补了基于正射影像应用的不足。针对各种三维数字城市应用,利用航空摄影大规模成图的特点,可以从倾斜影像批量提取并在建筑物模型上粘贴纹理,能够有效降低城市三维建模成本。

图 3.1　无人机光学拼接影像

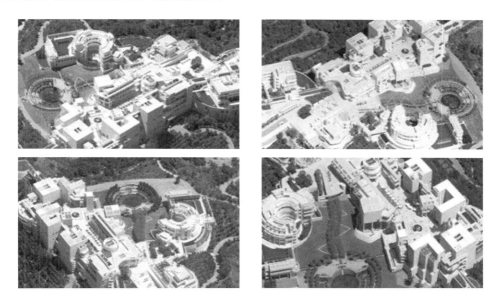

图 3.2　同一地物四侧面倾斜影像

2)红外数据

无人机移动测量获取的红外数据主要包括红外相机获取的数据和热成像仪获取的红外数据。红外相机可以在恶劣环境和夜间进行作业,提高了无人机移动测量系统的工作能力。热成像仪利用热红外遥感技术,能快速检测地表温度,能在短时间内获取大面积地表温度场信息,具有信息量大、检测精度高、速度快、成本低等特点,在森林火灾火源探测、火场蔓延分析、救援预警等方面应用广泛。

2. 视频数据

无人机移动测量视频数据是测量数据的重要组成部分,是无人机移动测量系统提供重大活动应急保障的关键。虽然视频数据空间分辨率不高,但可以实现实时下传,提供地理信息现场直播服务,实现作业区内实时监控。

3. 激光雷达数据

激光雷达是一种以激光为测量介质,基于计时测距机制的立体成像手段,属主动成像范畴;是一种新型快速测量系统,可以直接联测地面物体的三维坐标,系统作业不依赖自然光,不受航高、阴影遮挡等限制,在地形测绘、气象测量、武器制导、飞行器着陆避障、林下伪装识别、森林资源测绘、浅滩测绘等领域有着广泛应用。它的出现为航空光学装备领域注入了新的活力,大大拓展了航空光学测绘的适用范围和信息获取能力,目前已成为测绘相机的有力补充,在航空光学多传感器测绘系统中扮演重要角色。

此外,无人机移动测量系统中获取的数据还包括定位定向数据,即 POS 数据。其目的是进行数据地理定位。

§3.2　数据快速获取

数据获取包含技术准备与航线设计、设备检查与安装调试、飞行作业与飞行器回收等环节,是移动测量的重要步骤,其实施情况直接关系到作业效率和作业质量。无人机移动测量系统为复杂的专业系统,受环境影响较大,飞行过程中会遇到一些紧急故障,本节列出了常见的故障,并提出了相应的解决方法。此外,作业人员要做好飞行记录、飞行资料的整理以及作业小结等飞行任务总结工作,以备后续工作使用。要掌控作业区环境条件、有序管理现场,编制详细的飞行检查记录、制定应急预案、做好设备使用时间统计等保障工作,确保作业安全。设备使用过程中轻拿轻放,严格遵循操作规范,并做好设备维护保养,以备随时作业使用。以固定翼无人机为例,具体飞行作业流程见图 3.3。

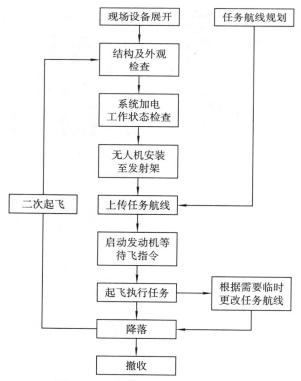

图 3.3　固定翼无人机飞行作业流程

3.2.1　技术准备与航线设计

1. 技术准备

收到移动测量作业任务后,应充分收集与社区有关的地形图、影像等资料或数据,了解作业区地形、地貌、气候条件以及机场、重要设施等情况,并进行分析研究,确定飞行区域的空域条件、设备对任务的适应性,制定详细的项目实施方案。根据测量作业任务性质和工作内容,选择所需的设备器材,其规格型号、数量和性能指标应满足作业任务的要求,并对选用的设备进行检查调试,使其处于正常状态。

进入飞行场地前,完成对飞行场地的目视观察工作,保证飞行场地有适宜无人机起降的开阔视野、良好的净空条件。工作人员需对作业区及作业区周围进行实地踏勘,采集地形地貌、地表植被以及周边的机场、重要设施、城镇布局、道路交通、人口密度等信息,为起降场地的选取、航线规划、应急预案制定等提供资料。

实地踏勘时,应携带手持或车载 GPS 设备,记录起降场地和重要目标的坐标位置;结合已有的地图或影像资料,计算起降场地的高程,确定相对于起降场地的航摄飞行高度。在飞行区边缘和飞行区内踏勘必须在两遍以上,在反复寻找和比较后,确定最佳的起降场地、备降场地、遥控点和飞行器存放地点,预先制定应急迫降方案;通视条件较差地区,工作人员要徒步行走观察和确定遥控点,并确定遥控点之间快速移动的路线;踏勘现场时,打开测频仪监测有无干扰信号;注意观察飞行区内大多数房屋的朝向、主要街道和河流的走向;对于固定翼无人机执行作业时,有必要时架设好拦截网。

根据无人机的起降方式,寻找并选取适合的起降场地。非应急性质的航摄作业,起降场地应满足以下要求:

(1)距离军用、商用机场须在 10 km 以上。

(2)起降场地相对平坦、通视良好。

(3)远离人口密集区,半径 200 m 范围内不能有高压线、高大建筑物、重要设施等。

(4)起降场地地面应无明显凸起的岩石块、土坎、树桩,也无水塘、大沟渠等。

(5)附近应无正在使用的雷达站、微波中继、无限通信等干扰源,在不能确定的情况下,应测试信号的频率和强度,如对系统设备有干扰,须改变起降场地。

(6)无人机采用滑跑起飞、滑行降落的,滑跑路面条件应满足其性能指标要求。

对于灾害调查与监测等应急性质的航摄作业,在保证飞行安全的前提下,起降场地要求可适当放宽。起降场地选好、作业范围确定后,就要进行任务航线设计工作。

2. 航线设计

航线设计就是根据航摄相机参数、航高、航摄比例尺、航摄区域等信息,按照航向重叠 $53\%\sim75\%$,旁向重叠 $15\%\sim60\%$ 的原则设计的飞机飞行线路(高云飞 等,2014)。航线设计需要确定有重叠度、航摄比例尺、测区基准面等基本参数,以及由基本参数推算出的航高、像移量控制、曝光时间间隔等参数(郭忠磊 等,2013)。

1)重叠度

重叠度包括航向重叠度和旁向重叠度。航线设计是参照平均基准面进行的,地面起伏、影像倾斜角、飞行偏离航线、航高和地速变化等对重叠度均有影响。在航线规划时,可以预先考虑修正的是由地形起伏引起的变化,地形起伏对重叠度的影响不容忽视。地形起伏的高差对

重叠度的影响如式(3.1)给出:

$$
\left.
\begin{aligned}
P'_x &= P_x + (1-P_x) \cdot \frac{\Delta h}{H} \\
P'_y &= P_y + (1-P_y) \cdot \frac{\Delta h}{H}
\end{aligned}
\right\}
\tag{3.1}
$$

式中,P_x 为考虑地形起伏影响时,航向重叠度实际值;P'_x 为航向重叠度理论值;P_y 为考虑地形起伏影响时,旁向重叠度实际值;P'_y 为旁向重叠度理论值;H 为飞行的相对高度(相对基准面的高度);Δh 为测区地形相对基准面的变化值。

2)航摄比例尺

航摄比例尺就是影像上的线段与地面相应水平线段之比,即

$$
\frac{1}{m} = \frac{l}{L} = \frac{f}{H}
\tag{3.2}
$$

式中,m 为航摄比例尺;l 为影像上的线段长度;L 为地面上相应 l 的水平线段长度;f 为物镜中心至像面的垂距,航摄仪主距;H 为相对于测区平均水平面的高度,即相对航高。

航摄比例尺的大小应根据成图比例尺确定,表3.1为成图比例尺与航摄比例尺的对应关系。

表 3.1　成图比例尺与航摄比例尺的对应关系

成图比例尺	航摄比例尺
1:500	1:2000～1:3500
1:1000	1:3500～1:7000
1:200	1:7000～1:1.4 万
1:5000	1:1 万～1:2 万
1:1 万	1:1 万～1:2 万
1:2.5 万	1:2.5 万～1:6 万
1:5 万	1:3.5 万～1:8 万

3)测区基准面

航测作业的基准面并非平均海面,而是考虑测区地形特点选定的一个平面。无人机移动测量测区范围一般较小,通常使用带状线路设计。对于带状设计,基准面的确定采用以下公式:

$$
h_{基} = (h_{高} + h_{低})/2
\tag{3.3}
$$

式中,$h_{基}$ 为平均基准面的高度;$h_{高}$ 为区域内最高点的平均高程;$h_{低}$ 为区域内最低点的平均高程。

4)航高计算

航高就是航摄时飞机的飞行高度,根据起算基准不同有相对航高和绝对航高之分。相对航高就是航摄相机相对于某一基准面的高度,是相对于作业区域内地面平均高程基准面的设计航高;绝对航高是指航摄相机相对于平均海平面的高度。

由式(3.4)知,

$$
\left.
\begin{aligned}
H &= m \times f \\
H_0 &= H + h_{基}
\end{aligned}
\right\}
\tag{3.4}
$$

式中,H 为相对航高;H_0 为绝对航高。

航高差异一般不得大于 5%,同一航线内航高差不得大于 50 m。

5）像移量的控制

航空摄影时，由于飞机的飞行速度很快，即使曝光时间很短，在成像面的地物构象也将在航线方向上产生位移，这个移动称为像移。像移量的大小与飞行速度、摄影比例尺等因素有关，具体关系见式（3.5）。

$$\delta = \frac{V \cdot t \cdot f}{H} \tag{3.5}$$

式中，δ 为像移量大小；f 为航摄仪主距；V 为飞机对地速度；t 为曝光时间。

受平台载荷所限，无人机平台无法加装复杂的像移补偿装置，只能通过缩短曝光时间和限制飞行速度两项措施来达到限制像移的目的。为保证测量的精度、影像不产生明显模糊，在曝光时间内设定的像移量大小不超出像元尺寸的 $1/3 \sim 1/2$。对于快门速度的限制条件如式（3.6）所示。

$$t \leqslant \frac{GSD}{(2 \sim 3)V} \tag{3.6}$$

式中，V 为飞机对地速度；GSD 为地面采样距离。

6）曝光时间间隔

曝光间隔是指同一航线上两张相邻影像的摄影时间间隔，由航向间距和飞行速度确定，如式（3.7）所示。

$$T = \frac{S}{V} \tag{3.7}$$

式中，T 为曝光时间间隔；S 为航向间距；V 为飞机飞行速度。

航线规划应注意以下事项：

（1）航摄区域应略大于摄影区域，一般情况要多飞 $1 \sim 2$ 条航路。

（2）在航向方向要充分考虑飞机的转弯半径等因素，尽量避免锐角转弯。

（3）根据风向、风速等气象条件及时调整飞行计划，确保航向重叠 $53\% \sim 75\%$，旁向重叠 $15\% \sim 60\%$，且保证航线弯曲度小于 3%，影像旋转角小于 $6°$。

（4）制式时间要设置充足，以确保在无人机返航后地面操作人员未发现无人机时无人机保持无限制式盘旋，给操作人员足够的调整时间。

（5）各航点的高度设计上应充分考虑到无人机的爬升和降高能力，给无人机留足爬升和降高距离。

3．航线规划系统

航线设计由无人机配套的航线规划系统完成。航线规划系统采用 DEM 数据完成航摄区域的划分、航线的自动敷设与编辑，航线敷设结果可直接导入无人机飞控系统进行航空测量作业。

系统特点如下：

（1）通过应急地理信息数据库系统提供全国范围的 DOM 数据、DEM 数据和摄区范围拐点坐标文件，很好地解决了航摄设计所需数据源，大大加快了设计速度。

（2）航线自动敷设时引入了 DEM 数据，可以自动根据地形起伏调整曝光点之间的基线长，从而在航摄设计阶段杜绝了航摄漏洞的发生。

（3）开发了 DEM 分层设色图、DEM 晕渲图和区域高程统计等多种功能，使航摄分区的划分更加准确、合理。

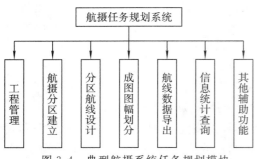

图 3.4　典型航摄系统任务规划模块

成(图 3.4)。

（4）提供了基于 DEM 计算航带地面真实覆盖范围和航带间重叠区域并对其进行半透明显示，方便航线设计结果的质量检查。

（5）结合航线设计作业流程开发了多种简便的编辑工具、直观的数据统计工具和实用的数据报表，使航线设计工作更加简单、易操作。

典型的航线任务规划系统由工程管理、航摄分区建立、分区航线设计、成图图幅划分、航线数据导出、信息统计查询和其他辅助功能等模块组成(图 3.4)。

1）工程管理

实现工程新建、打开、保存、另存为等功能。

2）航摄分区建立

航摄分区建立模块可以通过不同方式，如合并图幅构造、鼠标构造面状分区等方式。建立好航摄分区后进行属性编辑(编辑界面如图 3.5 所示)、航线参数设置(表 3.2)等操作。

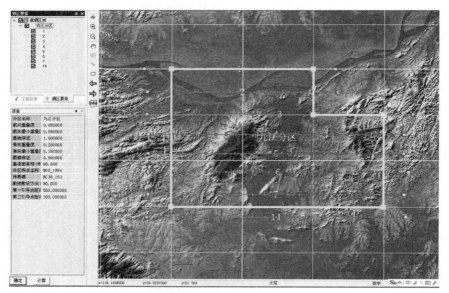

图 3.5　分区属性编辑

表 3.2　分区航线自动敷设参数设置

项　目	含　义
旁向重叠度	根据航摄任务的要求或是航摄技术设计标准的要求，航空摄影相邻两条航线之间的重叠度或者是带状航空摄影中与航带方向垂直的方向上相邻航带的重叠度
航向重叠度	在航向上相邻两张像片重叠部分占航向上像片长度的比例
旁向最小重叠度	航向上任意两张相邻像片之间重叠度的最小阈值
航向最小重叠度	相邻两条航线之间重叠度的最小阈值

项　目	含　义
安全因子	一条航线两端超出分区边界的基线数即像点数,目的是充分保证分区在航线方向的覆盖范围,一般情况下基线保证为 2 张影像
区域最低点高程	选择区域最低点高程作为基准面的高程
国家标准计算方法	摄影分区平均基准面的高程:$h_{平均} = (h_{最高} + h_{最低})/2$,式中 $h_{最高}$ 和 $h_{最低}$ 是选取摄区内 10 个最高地物点和 10 个最低地物点高程后,分别舍去其最大值和最小值后各自求得的平均值。在大比例尺城市航空摄影时,要特别注意建筑物、高压线和烟囱等的高度
区域高程算术平均值	把航摄区域内的所有点的高程值相加求平均
自定义高程基准面	用户输入高程基准面
传感器	主要包括设置本航摄分区的传感器参数
航线敷设方向	表示曝光点的敷设方向。南北向角度为 0°,东西向角度为 90°
第一引导点距离	飞机在进入航线以前要经过一段距离的引导,才能平稳过渡到预定的航线上
第二引导点距离	飞机进入航线时的切入点

3）成图图幅划分

系统根据调用的 DEM 范围划分该范围内的成图图幅,给出图幅名称。当采用国家基本比例尺时,图幅名称为标准比例尺图幅号;当为非标准比例尺时,图幅名为从上至下、从左至右的顺序编号,起始号码为“1”。同时,系统自动计算每个图幅范围内的最高点高程、最低点高程和平均高程。

4）分区航线自动敷设

以完成当前选中的航摄分区的航线自动批量敷设,系统可以自动判断当前的航摄分区是面状航摄分区或者是带状航摄分区。对于需要特殊敷设的,如沿图幅中心线敷设、沿图廓线敷设等,系统会根据已经设置的传感器参数和敷设参数提示用户。分区航线自动敷设效果如图 3.6 所示。

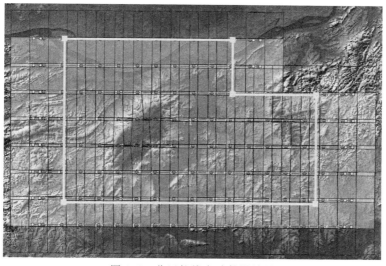

图 3.6　分区航线自动敷设效果

5）航线编辑

完成航线构造、航线反向、平行航线敷设、航线删除、局部重叠度设计、航线平移、航线延长等操作。

6）航线数据导出

根据飞控系统格式，导出航线数据。导出的内容包括工作空间参考、目标坐标系的坐标格式、整个工程的航线、导出数据的空间参考、整个工程中的曝光点等。图 3.7 为航线数据导出界面。

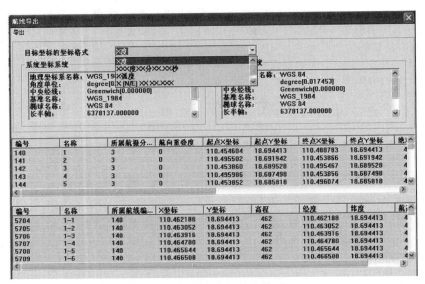

图 3.7　航线数据导出界面

7）信息统计查询

画多义线进行距离量算、测区面积量算、区域高程信息统计、分区航线和曝光点统计等。

8）其他辅助功能

包括传感器参数设置，选择传感器面板中已有的传感器或者新建传感器，进行相应参数如像素尺寸、影像的长度、宽度等参数设置。对要素符号设置、坐标编辑等。传感器参数设置界面如图 3.8 所示。

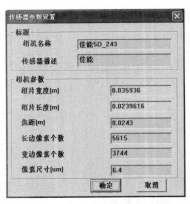

图 3.8　传感器参数设置界面

3.2.2　设备检查与安装调试

每次飞行前须仔细检查设备的状态是否正常。检查工作应按照检查内容逐项进行，对直接影响飞行安全的无人机的动力系统、电气系统、执行机构以及航路点数据等应重点检查。对于有摔碰的设备尤其要重点检测。检查各个设备有无损坏，并进行遥控拉距离、GPS 接收拉距离、系统间干扰测试，对地面站系统参数检测。

1. 任务设备检查

任务设备检查按顺序可以分为组装前检查和组装后检查两部分。按照检查内容，可以分为地面监控站设备检查、任务载荷装备检查、飞行平台检查、燃油和电池检查、弹射架项目检查、通电项目检查、发动机着车状态检查、附属设备检查、关联性检查等。

设备检查与设备安装调试密切相关,具体内容将结合安装调试进行详细阐述。

2.设备安装调试

1)飞行平台组装与检查

无人机机体采用快装快卸对接方式进行安装,主要包括机翼对接安装、尾翼对接安装、整机对接安装、螺旋桨安装、动力电池安装、回收伞安装等。安装时严格按照标贴一一对应连接;插头连接要求必须紧固,避免发生连接松动或连接未充分现象;在连接插头过程中,应将插头与插座按照安装卡孔凹凸位置正确对应连接,禁止使用蛮力;连接过程中导线严禁承受应力,禁止拉拽导线;保证尾撑杆的前后方向;装拆尾翼时注意两侧动作要同步等。回收伞安装后,可将飞机放正,手托住伞盖下方,测试开舱操作时伞能否自由落下(不用完全落下,经测试有下落趋势即可,以免引起再次叠伞的麻烦),同时应确保回收伞伞盖开关关好,避免飞行过程中自己打开。

表 3.3 给出了正常布局、机翼和尾翼可拆卸的固定翼无人机飞行平台检查项目,其他气动布局的无人机平台检查项目和检查内容参照执行。

表 3.3　无人机飞行平台

检查项目	检查内容
机体外观	应逐一检查机身、机翼、副翼、尾翼等有无损伤,修复过的地方应重点检查
连接机构	机翼、尾翼与机身连接件的强度、限位应正常,连接机构部分无损伤
执行机构	应逐一检查舵机、连杆、舵角、固定螺丝等有无损伤、松动和变形
螺旋桨	应无损伤,紧固螺栓须拧紧,整流罩安装牢固
发动机	零件应齐全,与机身连接应牢固,注明最近一次维护的时间
机内线路	线路应完好,无老化,各插接件连接牢固,线路布设整齐、无缠绕
机载天线	接收机、GPS、飞控等机载设备的天线安装应稳固,接插件连接牢固
空速管	安装应牢固,胶管无破损、无老化,连接处应密闭
飞控及飞控舱	各接插件连接牢固,线路布设整齐无缠绕,减震机构完好,飞控与机身无硬接触
相机及相机舱	快门接插件连接牢固,线路布设整齐无缠绕,减震机构完好,相机与机身无硬接触
降落伞	应无损伤,主伞、引导伞叠放正确,伞带结实,无老化
伞舱	舱盖能正常弹起,伞舱四周光滑,伞带与机身连接牢固
油箱	无漏油现象,油箱与机体连接应稳固,记录油量
油路	油管应无破损、无挤压、无折弯,油滤干净,注明最后一次油滤清洗时间
起落架	外形应完好,与机身连接牢固,机轮旋转正常
飞行器总体	重心位置应正确,向上提伞带使无人机离地,模拟伞降,无人机落地姿态应正确

2)任务载荷设备检查

装入飞机前,应对任务载荷设备进行检查,并记录检查结果,注明存在的问题。表 3.4 列出了单反数码相机的检查项目和检查内容,其他类别任务设备的检查项目和检查内容参照执行,表中未列项目应根据需要按照任务设备使用说明进行检查。

表 3.4   任务载荷设备检查项目

检查项目	检查内容
镜头	镜头焦距需与技术设计要求相同,镜头应洁净,记录镜头编号
对焦	设置为手动对焦,对焦点为无穷远
快门速度	根据天气条件和机体震动情况正确设置,宜采用快门优先或手动设置
光圈大小	根据天气正确设置,F 值不应小于 5.6
拍摄控制	选择单张拍摄模式
感光度	根据天气条件正确设置
影像品质	设置正确,宜选择优
影像风格	风格设置正确,包括锐度、反差、饱和度、白平衡等
日期和时间	相机设置的日期、时间应正确
试拍	连接电池和存储设备,对远处目标试拍数张,检查影像是否正确
电量	检查电量是否充足
清空存储设备	装入机舱前,应清空存储设备

3)燃油电池检查

对于燃油动力的无人机,在燃油注入发动机前,对燃油的型号、混合比进行检查,确保无杂质。对各种设备电池确认电池电量、连接正确。具体检查内容见表 3.5。

表 3.5   燃油、电池检查项目

检查项目	检查内容
燃油	确认汽油、机油的标号及混合比复合要求,应无杂质
机载电源	机载电池(包括点火电池、接收机电池、飞控电池、舵机电池等)装入无人机之前,应记录电池的编码、电量,确认电池已充满,电池与机身之间应固定连接,电源插接件连接应牢固
遥控器电源	记录电池的编号、电量,确认电池已充满

4)弹射架架设及检查

弹射装置采用快装快卸对接方式进行安装。架体对接安装完成后,再进行其他件的安装。让架体后轮着地,提住架体上的拉手,将架体沿折叠方向垂直展开,待前、中、后三段架体上平面处于同一平面后,用架体两侧的锁紧扳手将架体锁紧固定。将架体前端抬起,将前支撑脚安装到架体前部的安装座上,并用固定片固定。前支撑柱安装完成后,调整伸缩杆伸缩长度,保证发射角度正确。最后调整架体左右水平,锁紧伸缩杆,并用钢钎将后支撑柱固定在地面上。

检查各个连接件是否有松动,将主轨道滑车在轨道上试运行一次,检查是否有碰撞干涉。加电、加力(钢丝绳滑车的滑动距离约 0.2 m)空弹主轨道滑车,主要是检查电瓶电源是否满足发射需要、检查整个弹射架固定是否牢固、检查整个机构运行是否正常。检查弹射装置固定是否有松动情况,发现问题及时处理;检查弹射装置各个连接处的螺钉、螺母是否有松动或脱落,并适当更换;检查解锁保险是否有安全隐患,发现问题及时处理。

表 3.6 以使用轨道花车、橡皮筋的弹射机构为例,列出了弹射检查具体项目。

表 3.6   弹射检查项目

检查项目	检查内容
稳固性	支架在地面的稳定方式因地制宜,有稳固措施,用手晃动测试其稳固性
倾斜度	前后倾斜度应符合设计要求,左右应保持水平

续表

检查项目	检查内容
完好性	每节滑轨应紧固连接,托架和滑车应完好
润滑性	前后推动滑车进行测试,应顺滑;必要时应涂抹润滑油
牵引绳	与滑车连接应稳固、完好,无老化
橡皮筋	应完好、无老化,注明已使用时间
弹射力	根据海拔高度、发动机动力,确定弹射力是否满足要求,必要时测试拉力
锁定机构	用手晃动无人机机体,测试锁定状态是否正常
解锁机构	应完好,向前推动滑车,检查解锁机构工作是否正常

5)地面监控站检查调试

地面站硬件包括数传电台、地面站软件以及便携式计算机。使用前,将数传电台串口与计算机串口相连,电台天线接口与天线连接,确保无误。依次按下计算机和电台启动开关,设备可以正常工作。电台供电前必须连接天线,计算机使用前充满电。通电前,确保机上主电源开关和设备开关处于 OFF 位置,确保输入、输出时连接正确,确保主电池组电量已充满,确保设备开关连接正确。检查稳压电源是否固定完全。检查机载电台数据线、电源线、天线及馈线是否可靠连接,检查连接地面站计算机、数据线、电源线、天线是否可靠连接;打开机载和地面站电台电源开关,观察电台指示灯,确认电台工作状态。电台发送数据前确认天线、馈线及接头可靠连接,通电时禁止进行数据线、天线的插拔或更换操作,电台调试时无人机与地面站应保持一定距离。检查地面监控站设备并记录检查结果,注明存在的问题。具体检查项目如表 3.7 所示。

表 3.7　地面监控站设备检查

检查项目	检查内容
线缆与接口	检查线缆有无破损,接插件无水、霜、尘、锈,针、孔无变形,无短路
监控站主机	放置应稳固,接插件连接牢固
监控站天线	数据传输天线应完好,架设稳固,接插件连接牢固
监控站电源	正负极连接正确,记录电压数值

6)通电检查调试

地面监测站检查无误后,打开地面监控站、遥控器以及所有机载设备的电源,运行地面站监控软件;检查设计数据,向机翼飞控系统发送设计数据,并检查上传数据的正确性;检查地面监控站、机载设备的工作状态,检查飞控系统的设置参数。具体检查项目如表 3.8 所示。

表 3.8　通电项目检查

检查项目	检查内容
监控站设备	地面监控站设备运行应正常
设计数据	检查设计数据是否正确,包括调取的底图、航路点数据是否符合计划航摄区域,整个飞行航线是否闭合,各航路点相对起飞的飞行高度、单架次航线总长度、航路点(重点是起降点)的制式航线、曝光模式(定点、定时、等距)、曝光控制数据的设置
数据传输系统	地面控制站至机载飞行控制系统的数据传输、指令发送正常
信号干扰情况	舵机及其他机载设备工作状态是否正常,有无被干扰现象

续表

检查项目	检查内容
遥控器	记录遥控器的频率;所有发射通道设置正确;遥控通道控制正常,各舵面响应(方向、量)正确;遥控开伞响应正常;遥控器的控制距离正常;遥控和自主飞行控制切换正常
飞控系统	检查 PID 参数、GPS 定位、卫星失锁后的保护设置;检查机体静态情况下的陀螺零点;转动飞机(航向、横滚、俯仰),观察舵翼、加速度计数据的变化;检查高度、空速、转速传感器的工作状态;启用应急开伞功能,应急开伞高度应大于 100 m
数据发送与回传	将涉及数据从监控站上传到飞控系统,并回传,检查上传数据的完整性和正确性;上传目标航路点,回传显示正确;上传航路点的制式航线,回传显示正确
控制指令响应	发送开伞指令,开伞机构响应正常;发送相机拍摄指令,相机响应正常;发送高度置零指令,高度数据显示正确

7)动力系统安装调试

发动机运转前检查各部位的螺钉、螺母有无松弛现象,确认一下各部位有无脱落、损伤、切割裂纹、弯曲等现象;确认螺旋桨附近有无布条、小树枝、草等容易卷入的东西;燃料用过滤网过滤后使用,添加燃料时先停止发动机,冷却后再进行操作,把漏下的燃料擦拭干净,要多放一些但不要加满。在发动机的正面位置用手沿逆时针方向转动螺旋桨几圈,使燃料沿导管进入化油器并排净燃料箱和汽化器导管之间的空气。为防止受伤,请务必戴手套;准备启动时,将机上开关拨到 ON 位置;节流阀打开在比怠速稍高一些的位置,从正面把启动器对准在发动机上,启动启动器,逆时针方向旋转带动螺旋桨启动发动机。

启动发动机,检查无人机和机载设备着车后的工作状态。具体内容见表 3.9。

表 3.9　启动发动机后检查项目

检查项目	检查内容
飞控系统	在发动机整个转速范围内,飞控各项传感器数据跳动在正常范围内
发动机响应	大、小油门及风门响应线性度正常,发动机工作状态正常,无异常抖动
发动机风门	发动机风门最大值、最小值、停车位置设置正确
转速	转速显示正确,用测速表测最大转速并记录,最大转速英语标称值相符
舵面中立	各舵面中立位置正确,否则用遥控器调整
发动机动力	发动机动力随海拔高度、使用时间而变化,根据需要进行拉力测试
停车控制	监控站停车控制正常,遥控器停车控制正常

8)联机调试

打开地面站电源,连接好地面笔记本计算机,启动地面站软件进入接收状态;打开遥控器,即启动飞控计算机和电台,接收测控数据;检查各传感器状态,检查遥控器和各舵面:

(1)操作遥控器,看动作和"手控舵位"表格里显示是否一致,以及正反向与实际舵面是否一致;检查开伞是否有效。

(2)检查手动、自动切换是否有效,检查"接收"、"电台"模式切换是否有效,检查 F/S 设置是否有效。

(3)检查切到自动模式下,开伞通道、油门通道是否有效,以确定是否有效捕获了开关伞位、油门最大最小和停车位。

（4）检查并上传任务航线：检查航点数、各航点的设定高度、制式航线设置是否合适；上传航线，检查各航点是否上传成功，并检查"航点/像片"表格里显示的总航点数是否与上传的航点数一致，如果不一致则需要重新上传。

（5）设定高度为航线设定的高度，如果需要手动调整高度，确认后再检查"设定高度"是否设置成功。

（6）检查"参数调整"，尽量不要调整任何参数。

（7）检查手动拍照是否可控制相机拍照。

（8）发动机着车，检查姿态角的变化情况，应该不会有太大变化，表明减震效果良好；在开机后地面准备的整个过程中，当 GPS 定位超过 5 颗星后，地面站软件会自动启动姿态解算，直到姿态角显示出飞机的实际角度。

（9）调试无误，待飞。

3.2.3　飞行作业与飞行器回收

1. 飞行作业

以固定翼无人机为例，飞行作业包括无人机上架、上传任务规划航线、发射起飞、控制飞行等步骤。

1）无人机上架

固定翼无人机的起飞方式主要有弹射起飞和滑跑起飞两种方式。滑跑起飞要求有一定距离较为平整的滑跑场地；弹射起飞对场地要求较小，尤其是在野外以及应急救灾时，使用较多。

在完成各项检查后飞机上架，安装飞机上架时，不要磕碰飞机，并检查飞机左右机翼安装钩是否干涩，如干涩需添加润滑油，等待加力指令。接通飞机各系统电源，启动飞机发动机。启动时，在飞机前端扶住飞机，使飞机不向前滑出。检查飞机副翼、尾翼、发动机接收遥控信号是否正常工作。

2）上传任务航线

上传任务航线，并确认所上传航线为本次飞行任务航线，在完成上传任务航线后同时完成自驾参数的设定，具体设置如下：

（1）设定拍照方式、拍照间隔。

（2）对于当前气压对应高度，将数值设置为 GPS 测量高度，则航线各航点高度及气压高度显示为实际海拔高度；如将数值设置为零，则航点高度及气压高度显示为相对目前点的相对高度。

（3）如果发现仪表显示空速在无风影响下有较大的空速跳动，则遮挡空速管，在空速管无风影响的情况下进行空速计清零。

3）发射起飞

接到加力指令后，按下加力按钮，加力使钢丝绳滑车后端面至正确位置处。发射装置加力过程中，要保证钢丝绳滑车运动的平行性，一旦发现滑车运动不平行，应立即停止加力，关闭飞机发动机，卸下飞机，空弹主轨道滑车，卸去橡筋拉力。

等待发射指令，发射飞机。发射完毕后，将主轨道滑车拉回发射起点，检查各个系统的安全性，准备下次进行发射。

起飞阶段操控应注意事项：

（1）起飞前，根据地形、风向决定起飞航线，无人机需迎风起飞。

（2）飞行操作员须询问机务、监控、地勤等岗位操作员能否起飞，在得到肯定答复后，方能操控无人机起飞。

（3）机务、监控操作员应同时记录起飞时间。

（4）监控操作员应每隔5～10 s向飞行操作员通报飞行高度、速度等数据。

4）控制飞行

无人机飞行过程就是在自控状态下完成预设航路点的飞行，如有需要可以在飞行过程中更改航路点，改变设定飞行，直到完成任务返回。

a. 视距内飞行操控

（1）在自主飞行模式下，无人机应在视距范围内按照预先设置的检查航线（或制式航线）飞行2～5 min，以观察无人机及机载设备的工作状态。

（2）飞行操作员需手持遥控器，密切观察无人机的工作状态，做好应急干预的准备；操纵手应在每次起飞前检查所有遥控器的通道是否完全受发射机控制。

手动驾驶飞行检查的第一步是简单确定那些预计的数据是否与飞行情况相符合。此时，操作手应该用尽量小的舵量来平稳的操纵飞机完成直线、转弯、爬升、下降和矩形航线飞行，并核实以下传感器参数：

GPS：应该关注整个飞行过程中GPS锁定的卫星的个数，特别是在飞行器转弯的时候；一般情况下这个数值应该一直不小于6。

空速：此数据应该与由GPS得到的地速相近（考虑风速影响）。

气压高度：可能会有一些误差（最多会有10 m的误差）。

陀螺：自动驾驶仪在开机后陀螺会有初始化过程，并且会随时间不断漂移。在实际飞行中陀螺漂移造成的姿态误差却一直处于不停的校准中，其姿态误差会随时得到修正。用户应通过观察姿态数据来判断陀螺是否正常工作。

姿态数据：当操作手操纵飞行器在视距内时做各种姿态飞行时，用户应该注意评估地面控制软件显示的飞行器姿态是否与观察到的实际姿态相符合。

开关伞：伞的开关在飞机回收过程中具有举足轻重的地位，首先在手动飞行过程中，为防止信号干扰，导致伞位的错误动作，遥控器打到开伞位后，经过短暂时间间隔，舵机才开始工作，如果在此时间段内进行开关伞的操作，属无效操作。如果需要测试并捕获开伞位与关伞位，须在"进入设置"后进行操作。自动飞行状态下开伞操作点击"开伞"功能键即可。

在手动驾驶飞行中找出各个舵面的中立位置，即保证飞行器在无风状态下维持直线平飞的配平舵量。操纵人员应将这些舵量记录下来，为自动驾驶仪中舵面中位的设置提供参考。同时，操纵手应该通过操纵飞行器感知各个舵面在进行一般飞行操纵所需要的最大舵量，为自动驾驶仪中舵量的设置提供参考。

（3）监控操作员应密切监视无人机是否按照预设的航线和高度飞行，观察飞行姿态、传感器数据是否正常。

（4）监控操作员在判断无人机及机载设备工作正常情况下，还应用口语或手语询问飞行、机务、地勤等岗位操作员，在得到肯定答复后，方能引导无人机飞往航摄作业区。

b. 飞行模式切换

在开始自主飞行之前，应首先进行一次完整的遥控距离内的手动驾驶飞行，以检查自动驾驶仪是否在飞行的全过程中工作良好。遥控模式何时切换到自主飞行模式，由监控操作员向飞行操作员下达指令。

c. 视距外飞行操控

(1)视距外飞行阶段,监控操作员须密切监视无人机的飞行高度、发动机转速、机载电源电压、飞行姿态等,一旦出现异常,应及时发送指令进行干预。

(2)其他岗位操作员须密切监视地面设备的工作状态,如发现异常,应及时通报监控操作员并采取措施。

2. 飞行器回收

1)降落回收

在无人机完成任务返航后,根据地面监控数据在无人机到达起飞点上空后,在遥控人员能清楚看到无人机姿态的情况下,切换至遥控飞行状态,引导无人机安全着陆。

回收方式有伞降和滑跑降落、撞网回收等。滑降时由于飞机起落架没有刹车装置,导致降落滑跑距离长,在狭窄空间着陆的时候,由于尾轮转向效率较低,或是受到不利风向风力或低品质跑道的影响,滑跑过程中飞机容易跑偏,发生剐蹭事故,损伤机体甚至损伤机体内航点设备(刘潘 等,2013)。伞降的时候容易受到风速影响,场地要平坦、开阔,降落方向一定距离内,无突出障碍物、空中管线、高大树木以及无线电设施,以避免与无人机相撞(胡开全 等,2011)。撞网回收适合小型固定翼无人机,对控制系统要求较高,使用较少。实际使用中以伞降方式较为常见。

降落阶段操控应注意事项:

(1)无人机完成预定任务返航时,监控操作员须及时通知其他岗位操作人员,做好降落前的准备工作。

(2)机务、地勤操作员应协助判断风向、风速,并随时提醒遥控飞行操作员。

(3)自主飞行何时切换到遥控飞行,由监控操作员向飞行操作员下达指令。

(4)在遥控飞行模式下,监控操作员根据具体情况,每隔数秒向飞行操作员通报飞行高度。

(5)无人机落地后,机务、监控两名操作员应同时记录降落时间。

2)飞行后检查

无人机回收后应进行检查,包括飞行平台检查、油量电量检查、机载设备检查、测量数据检查等。

a. 飞行平台检查

无人机落地后,应对无人机飞行平台进行飞行后检查并记录,如果无人机以非正常姿态着陆并导致无人机损伤时,应优先检查受损部位。表 3.10 以固定翼无人机为例,列出了具体检查内容。

表 3.10　飞行平台检查

检查项目	检查内容
动力装置	检查发动机有无损伤,排气管、化油器中有无泥土等污物;检查螺旋桨有无损伤,与机体连接处有无松动
机体	检查机身、机翼、副翼、尾翼等有无损伤,重点检查起落架与机身连接部位
连接机构	检查机翼、副翼、尾翼与机身连接机构有无损伤
执行机构	检查舵机、连杆、舵角等执行机构有无损伤
降落伞	采用伞降时,检查降落伞有无损伤,伞带与机身连接处有无损伤
供油系统	检查油箱是否漏油,检查油路有无损伤和漏油

b. 油量、电量检查

检查所剩的油量、电量,评估当时天气条件和地形地貌情况下油量和电量的消耗情况,为后续飞行提供参考依据。具体检查内容见表 3.11。

表 3.11　油量电量检查

检查项目	检查内容
油量	检查剩余油量,计算每小时的油耗
电量	检查设备点火电池、飞控电池、舵机电池、任务设备电池的剩余电量,计算每小时的电量消耗

c. 机载设备检查

机载设备检查项目主要包括为机载天线、飞行控制设备、任务设备等,具体内容见表 3.12。

表 3.12　机载设备检查项目

检查项目	检查内容
机载天线	检查接收机、GPS、数传等机载设备的天线有无损伤,接插件有无松动
飞行控制设备	检查飞控有无损伤,接插件有无松动;检查减震机构设置有无变化、有无变形
任务设备	检查任务设备有无损伤,位置有无变化,插接件有无松动

d. 测量数据检查

从机载设备中导出测量数据及其位置和姿态数据,并进行检查,看数据是否符合设计要求,是否需要二次飞行。表 3.13 以影像数据为例,列出了检查项目及检查内容。

表 3.13　影像数据检查

检查项目	检查内容
影像数据	检查影像质量是否合格,数量与技术设计是否相符
位置和姿态数据	检查影像的位置和姿态数据域影像是否一一对应

3)二次飞行

根据任务需要,如果需要紧接着进行二次飞行,则在重新上传任务规划路线、加注燃油后,重复执行一次飞行内容即可。

4)撤收

在完成整个飞行任务后,将飞行设备及地面设备回收至任务执行前的状态。地面设备的撤收应保证在各设备断电后进行。飞机撤收应按以下顺序执行:

(1)清除飞机机体油污,将余油抽出。

(2)拆卸飞机。

(3)装箱。

(4)拆除弹射装置,弹射架拆除应按以下步骤进行:断开绞线机电源,保护电瓶的正负极,保证运输时不损伤电瓶;除去弹射装置末端的钢钎,保护架体不受损伤;将弹射装置平放,打开两侧的锁紧扳手,将弹射装置折叠固定;将弹射装置抬到运输车上。

(5)入库保管。

3.2.4　故障处理与任务总结

1. 紧急故障处理

无人机移动测量系统为专业系统,结构复杂,设备较多,受环境影响大,飞行过程中可能遇到发动机停车、高度急剧下降、电压不足、GPS 丢星、风速过高、接收电台无法接收数据等情况。表 3.14 列出了常见故障,并给出了相应的解决方案。

表 3.14　飞行中紧急情况处理

序号	故障现象	故障原因	故障处理
1	发动机停车	a. 误操作 b. 发动机故障	如果此时飞机高度较高,飞行控制正常,离起飞点距离较近,有滑翔回到起飞点的可能,可以立即改变目标飞行点为 1 点,让飞机自动滑回起飞点,然后再遥控操作降落。如果不能滑翔回到起飞点,可以采取先改变目标飞行点为 1 点,尽量往回滑行,等到高度不能再低时开伞降落
2	高度急剧下降	a. 舵机失效 b. 传感器失效 c. 下沉气流	使用紧急开伞;只要飞机还有足够的高度,可以先观察,如果感觉没有减缓趋势,立即使用紧急开伞命令。一定要保证飞机离地面还有足够的高度进行停车,延时几秒开伞
3	电压不足		如果电池出现电压不足报警,请立刻修改目标航点为 1 点尽量往回飞。一般从出现电压报警到电池完全耗尽还有 20～30 min 时间。如果不能坚持到飞回起飞点,请立即使用紧急开伞
4	GPS 丢星	a. 信号干扰 b. 机械故障	如果在地面测试 GPS 定位正常,但可能在作业区域受到干扰,可以让飞机继续直飞一段,飞出干扰区,等定位正常后,重新设置航点。若飞机离起飞点不远,地面操作人员可在有限的时间内赶到飞机丢星位置,可让飞机原地盘旋,等操作人员赶到之后处理。如果经过一段时间,飞机都还不能定位,有可能是 GPS 天线固定不好,导致不能定位,请立即使用紧急开伞,保护设备
5	风速过高	气象变化	如果起飞后在高空风速过大,试着修改目标点的高度,让飞机在风速较低的高度层飞行
6	接收电台无法接收到数据	a. 机载电台或地面站电台电源供电电压不足 b. 机载电台或地面站电台天线、馈线没有可靠连接 c. 数据线短路或没有可靠连接 d. 电台设置被改动	检查电台供电电压是否满足电台供电要求,保证直流供电达到 10～16 V;确认机载电台或地面站电台天线、馈线可靠连接;确认数据线没有短路或断路;确认正确参数并设置

2. 飞行任务总结

飞行任务总结主要包括飞行记录整理、飞行资料整理、航摄作业小结等。

1)飞行记录整理

对飞行检查记录与飞行监控记录进行整理,文字和数字应正确、清楚、格式统一,原始记录填写在规定的载体上,禁止转抄。整理内容包括飞行前检查记录、飞行监控记录、飞行后检查记录。

2)飞行资料整理

对航摄飞行资料进行整理,填写相关的航摄飞行报表,主要内容包括:

(1)云高、云量、能见度。

(2)风向、风速。

(3)航摄飞行设计底图。

(4)航路点数据。

(5)飞行航迹数据。

(6)曝光点数据。

(7)影像位置与姿态数据。

3)航摄作业小结

对当天航摄作业情况进行总结,主要内容包括:人员工作情况,设备工作情况,航摄任务完成情况,后续工作计划及注意事项。

3.2.5　作业保障与使用维护

1. 作业保障

飞行任务的圆满完成,离不开完善的保障措施,除了作业人员要操作娴熟、技能专业、职责分工明确以外,还要掌控作业区环境条件,现场管理有序,确保作业安全,要编制详细的飞行检查记录、制定应急预案、做好设备使用时间统计等。具体保障内容如下所述。

1)操作人员

参与无人机移动测量作业的系统操作人员需经过专业培训,并通过有关技术部门的岗位技能考核。作业人员分工合理,职责明确。设备的检查、使用、维护按照岗位分工负责,并相互配合,由具备相应资格、有实践经验、能力较强的操作人员承担。

2)环境条件

根据掌握的环境数据资料和设备的性能指标,判断环境条件是否适合无人机的飞行,如不合适,应暂停或取消飞行。环境条件主要包括:海拔高度,地形地貌条件,地面和空中的风向、风速,环境温度,环境湿度,空气含尘量,电磁环境和雷电,起降场地地面尘土情况,气象条件(云高、云量、光照)等。

3)飞行现场管理

飞行现场的管理关系到人员安全、设备安全以及工作效率,须认真组织,规范操作;现场工作人员应注意检查安全隐患。现场管理主要包括:

(1)规定一名负责人,负责飞行现场的统一协调和指挥。

(2)设备应集中、整齐摆放,设备周围 30 m×30 m 范围设置明显的警戒标志,飞行前的检查和调试工作在警戒范围内进行,非工作人员不允许进入。

(3)发动机在地面着车时,人员不能站立在发动机正侧方和正前方 5 m 以内。

(4)现场噪声过大或操作员之间相距较远时,应采用对讲机、手势方式联络,应答要及时,用语和手势要简练、规范。

（5）滑行起飞和降落时，与起降方向相交叉的路口须派专人把守，禁止车、人通过，应确保起降场地上没有非工作人员。

（6）弹射起飞时，发射架前方 200 m、90°夹角扇形区域内不能有人站立。

（7）无人机伞降时，应确保无人机预定着陆点半径 50 m 范围内没有非工作人员。

4）飞行检查记录编制

根据设备的配置、性能指标以及使用说明，结合本标准的飞行检查内容、航摄作业环境等，设备操作人员应逐条编制详细的飞行前检查记录、飞行后检查记录，并严格执行。

5）应急预案的制定

无人机移动测量作业前，应制定应急预案，应急预案的主要内容包括：

（1）无人机出现故障后的人工应急干预返航，安全迫降的地点和迫降方式。

（2）根据地形地貌，制定事故发生后无人机的搜寻方案，并配备相应的便携地面导航设备、快捷的交通工具以及通信设备。

（3）协调地方政府，调动行政区域内的社会力量参与应急救援。

（4）开展事故调查与处理工作，填写《事故调查表》。

6）设备使用时间统计

编制设备和主要部件使用时间统计表，做好统计工作，防止因累计使用时间超过使用寿命而造成飞行事故，使用时间统计表主要包括：

（1）飞行平台使用时间统计表。

（2）飞控使用时间统计表。

（3）发动机使用时间统计表。

（4）相机使用时间统计表。

（5）接收机使用时间统计表。

（6）舵机使用时间统计表。

（7）电池使用时间统计表。

2．设备使用与维护

无人机移动测量任务设备为专业设备，使用时要轻拿轻放，严格遵循使用规范。为了保证设备处于良好状态，要做到定期保养、维护，以满足随时作业需要。

1）设备使用

设备使用中应注意事项：

（1）设备应轻拿轻放，避免损坏无人机的舵面、舵机连杆、尾翼等易损部件。

（2）拆装时，应使用专用工具，避免过分用力造成设备和系统部件的损坏。

（3）通电前先将接插件、线路正确连接，禁止通电状态下拔接插件。

（4）接插件应防止进水、进尘土，小心插拔，勿将插针折弯。

（5）室内外温度、湿度相差较大时，电子、光学设备应在工作环境下放置 10 min 以上，待设备内外温度基本一致、无水雾、无霜情况下，再通电使用。

（6）在阴雨天气下使用时，设备须有防水、防雨淋措施。

（7）在太阳直射且温度较高的环境下使用，应采取遮阳措施。

（8）选用洁净、高质量的汽油和机油。

2）定期保养

设备定期保养应注意事项：

（1）按照设备生产厂商提供的《设备使用说明》或《用户手册》做定期保养。

（2）在设备生产厂商有关规定不全面时，可根据当地的地理、气候特点以及设备的使用情况，由设备操作人员制订定期保养计划并严格执行。

3）设备装箱

设备装箱是应注意事项：

（1）无人机装箱前，须将油箱内的汽油抽空。

（2）装有汽油的油桶、油箱不能放入密封的箱子内，并远离火源，避开高温环境。

（3）设备、部件应擦拭干净，设备如果受潮，应晾干后再装箱。

（4）运输包装箱内应有减震、隔离措施，设备和部件应使用扎带或填充物固定在箱内防止震动和相互碰撞。

4）设备运输

设备运输中应注意事项：

（1）易损设备或系统部件，应装入专用的运输包装箱内。

（2）运输中，设备应固定在车内，并采取减震、防冲击、防水、防尘措施。

（3）运输包装箱顶面应贴"小心轻放"、"防潮"、"防晒"等标签，箱体侧面应贴上箭头朝上的标志。

5）设备储放

设备储放应注意事项：

（1）设备储放中应注意防潮、防雨、防尘、防日晒。

（2）易受温度影响的设备，根据其性能指标，采取防高温和防低温措施。

（3）数码相机、电池、电脑等易受潮湿影响的设备，其包装箱内应放置防潮剂。

（4）设备长期不使用，应定期（最长不超过一个月）通电、驱潮、维护、保养，并检测设备工作是否正常。

§3.3　数据传输与接收

无人机移动测量数据应按照适当的协议，经过一条或多条链路，在数据源和数据宿之间进行传递。数据链的基本作用是通过通信手段保证无人机之间、无人机与地面之间迅速交换、共享信息，提高协同能力。无人机数据传输系统又称为无人机测控与信息传输系统，是无人机移动测量系统的重要组成部分，由数据链和地面控制站组成，用于完成对无人机的遥控、遥测、跟踪定位和信息传输，实现对无人机的远距离操纵和载荷测量信息的实时获取（周祥生，2008），其性能和规模在很大程度上决定了整个无人机系统的性能和规模（韩玉辉，2008）。

无人机的遥控是指地面控制站将飞行任务控制命令打包成指令形式，通过无线电上行信道发送至无人机自动驾驶仪，自动驾驶仪进行指令解码并把这些信号送到任务执行机构，由任务执行机构控制飞机飞行状态及任务设备工作状态。无人机的遥测是指利用无人机自动驾驶仪上的各种传感器或变换器，将采集到的多路信号包括无人机自身的运动和变化参数、任务设备的状态参数等，按某种多路复用方式集合起来去调制射频载波，最后经无线电下行信道传递到地面测控终端设备,用于显示、读取飞机的状态参数及测量信息数据,从而完成遥测的全过程(吴益明 等,2006)。

无人机搭载的任务载荷设备对地观测,将获取的地表信息以数字形式记录存储,机载测量平台控制主板通过输入输出设备读取数据,利用数字信号处理模块进行数据压缩处理,通过数据接口将压缩后的数据传至机载无线数据传输设备。在地面移动接收系统视距内,数据通过无线方式传给地面;若在视距外,采用中继方式,将数据转发给地面移动接收系统。接收系统将获取的数据实时解压,传送至计算机,就可以进行显示以及后续处理等(秦其明 等,2005)。

目前世界上研制生产无人机系统的国家至少有 20 多个,其中美国和以色列处于领先地位。以美国和以色列为代表的国外无人机测控技术的现状可以归纳成以下几方面:

(1)在数据链的工作频段方面,为了适应数据传输能力和系统兼容能力增高的需求,除少数低成本、近距离或备用系统仍采用较低的 VHF、UHF、L、S 波段外,已大都采用较高的 C、X、Ku 波段。

(2)在数据链信道综合程度方面,已普遍采用“四合一”综合信道体制,但少数低频段的简单系统及某些特殊系统仍采用“三合一”综合信道体制。

(3)在无人机任务传感器信息传输方面,从 20 世纪 90 年代起已开始应用图像数字传输技术,目前已在大部分无人机测控系统中使用。无人机动态图像经压缩编码后,图像和遥测复合数据速率已减到最小为 1~2 Mbit/s。

(4)在数据链抗干扰技术方面,已普遍采用卷积、RS 和交织等抗干扰编码,以及直接序列扩频技术。

(5)在无人机超视距中继技术方面,已实现了空中中继和卫星中继。

(6)在一站多机数据链技术方面,采用了先进的相控阵天线和扩频技术,能同时对多架无人机进行跟踪定位、遥测、遥控和信息传输。

(7)美国和以色列等国家已普遍重视无人机测控系统的标准化,逐步实现通用化、系列化和模块化。

我国的无人机测控与信息传输技术经过 20 多年的发展,已突破了综合信道、图像数字化压缩、宽带信号跟踪、上行扩频、低仰角抗多径传输、多信道电磁兼容、空中中继、卫星中继、组合定位、综合显示和机载设备小型化等一系列关键技术,已研制生产多种型号的数据链和地面控制站,采用视距数据链、空中中继数据链或卫星中继数据链,分别实现对近程、短程、中程和远程无人机的遥控、遥测、跟踪定位和视频信息传输,产品已与多种无人机型号配套,实现批量生产和装备使用。

近年来,随着无人机系统应用范围和应用深度的发展,无人机单机系统在任务实施中出现各种弊端,世界各国相继开展了对多无人机系统的研究。而针对单机系统中的系统兼容性、通用性、有效性等方面的缺点,现在多无人机系统的研究主要集中在通用地面控制站系统及技术标准、多无人机系统的互操作能力、抗干扰一站多机数据链、多链路中继数据链及技术标准、机载共形相控阵天线技术等方面(吴潜 等,2008)。

3.3.1　传输系统组成

无人机数据传输系统主要由地面车载终端和机载终端两部分构成(图 3.9),机载终端由飞控系统(包括飞控计算机、机载传感器和执行机构等部分)和任务载荷等组成。终端之间的通信通过无线通信链路实现,无线通信链路负责接收由地面终端发送的控制命令、数据、机载传感器有关的无人机运动参数及 GPS 等信号,送给机载飞控计算机处理;飞控计算机输出控制指令到各个执行机构及有关设备,以实现对无人机的各种飞行模态的控制和任务设备的管理(何苏勤 等,2012)。同时,飞控系统也把无人机的飞行状态数据及发动机、机载电源系统、任务设备等工作状态参数通过下行链路实时传回地面控制终端,为地面控制人员提供无人机及任务设备的有关状态信息,引导无人机完成飞行计划任务。

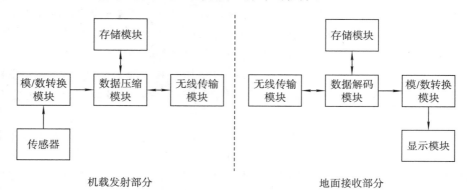

图 3.9 　无人机传输系统组成

无人机移动测量数据传输系统整体结构方案如图 3.10 所示,其基本原理是:

(1)任务传感器输出其捕捉到的目标图像信息。由于图像数据量巨大,需要进行图像压缩编码以实现图像信息的完整、实时传输。

(2)对压缩后的信息码流进行传输。为了避免在恶劣的电磁环境传输中产生误码和码间干扰,需对压缩后的码流进行纠错编码,对编码后的信息采用数字调制方式,以便信号发射。

(3)通过基于扩频技术的高频信号发射电路,将处理后的图像信息实时传回地面控制站,进行图像信息处理。

(4)将处理后的有用控制信息远程无线传回机载设备,实现机载设备、地面控制中心不间断地信息交流和通信。

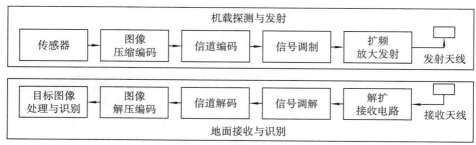

图 3.10 　无人机数字图像无线传输系统

1. 机载终端

机载系统主要由电台和机载数据控制板(包括上行数据控制部分和下行数据控制部分)组成,并通过串口和接口实现无人机飞控装置和传感器装置的连接,机载终端硬件构成如图 3.11 所示。

机载数据控制板与地面数据控制板在硬件结构上基本相同。上行数据控制部分用来接收电台送来的上行数据，并解析出遥控信息、任务信息和管理信息，并通过串口和输入输出口送至飞控装置和传感器装置；下行数据控制部分用来接收飞控装置和传感器装置返回的遥测信息和任务下行信息，合并编码后，与图像数据一起送至电台发送。电台将合码后的上行数据送至上行数据控制部分的上行串口，并接收下行数据控制部分的下行串口的数据，向地面发送图像及飞控遥测信息、传感器装置任务下行信息等。

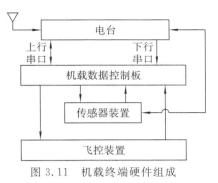

图 3.11　机载终端硬件组成

机载部分各功能模块通过与通用微处理器的接口实现信息的交换，在微处理器的协调和调度下统一工作。这样一方面使得系统具有良好的扩展性和可维护性，另一方面适应有限的机载空间。图像采集与处理子系统实时采集影像数据，并将采集生成的数据进行编码压缩处理，通过无线通信模块向地面监控站传送。

图像编码发射部分应包括控制芯片、存储模块、图像采集模块、编解码模块、传输模块，以上模块在机载部分可实现图像拍摄、编码和发射功能；图像接收解码部分应包括控制芯片、编解码模块、显示模块、存储模块、传输模块，以上模块在地面站部分可实现视频图像的接收、解码功能。

1）图像处理模块

由于数字图像数据量很大，将给存储器的存储容量、通信主干信道的带宽以及计算机的处理速度带来极大的压力，图像编码压缩技术是解决大量数据存储和传输的有效方法，既节省空间，又提高了传输速率，使计算机实时处理、传输图像成为可能。目前图像编码压缩可分为有损压缩和无损压缩两种。无损压缩的数据解压后得到的数据质量最好，但压缩比低；有损压缩解压后数据质量较差，但压缩比高。静态图像压缩技术主要是对空间信息进行压缩，而对动态图像来说，除对空间信息进行压缩外，还要对时间信息进行压缩（侯海周，2007）。

图像采集及处理系统是一种高速数据采集及处理系统，通常包括图像的采集、图像的分析处理、图像数据的存储、图像的显示输出、各种同步逻辑控制等部分。对于图像的采集和输出，根据不同的制式选用不同的采样频率和数据格式；对于逻辑控制，通常选用各种逻辑控制电路，保证采集的实时性；对于图像的分析和处理，可以运用运行于微处理器上的处理程序，也可以通过图像专用处理芯片来完成。

对于图像采集及处理模块，无人机移动测量系统要求提供实时、高质量的图像。对于分辨率较高的数字图像，其数据量巨大，且无人机与地面只能通过无线方式通信，信道带宽有限，难以保证图像的实时传输，因此需要对数字图像进行编码压缩，在保证一定画质的前提下尽可能减少数据量。压缩工作可以通过软件或专用硬件完成。从技术上看，电子器件的集成度越来越高；从应用角度看，综合处理多媒体功能的需求越来越普遍，"集成到芯片中，设计在主板上"将会是新一代图像采集及处理系统的发展趋势（侯海周，2007）。

图像采集及处理模块包含图像信号采集与编码子模块、图像模-数采样子模块和压缩编码子模块，完成现场图像采集、采样、编码的过程，具体模块如下：

（1）图像信号采集与编码子模块。该模块由云台和任务传感器组成。传感器采集模拟图像信号，为随后的模-数采样模块提供信号源，整个模块通过 RS-232 与中心控制模块相连，用户可以通过控制信号实现云台远程控制,并通过水平方向和垂直方向的位置的改变来满足用户不同的需求。

（2）图像模-数采样子模块。该模块把从传感器输入的模拟图像信号以一定的采样频率离散化转化为数字图像信号,然后进行编码预处理转化为编码器可以处理的格式,然后送至压缩编码模块进行压缩编码。

（3）压缩编码子模块。该模块把输入信号通过高效的编码和压缩算法转换为可以无线传输的数字图像编码流。压缩编码的工作效率在很大程度上决定了整个系统的性能。

2）无线传输模块

采用无线通信芯片构建,可实现数据收发功能。机载端接收地面无线发送的控制指令,向地面发送实时图像;地面端向无人机发送控制指令,并接收无人机发送的实时图像。

2. 地面终端

地面数据终端和地面控制站总称为地面测控站。地面数据终端可以与地面控制站部署在一起,也可以相隔一段距离,用电缆或光缆连接起来。将地面数据终端安装在地面控制站内时,可以认为地面控制站包含了地面数据终端,而且地面控制站就是地面测控站。地面终端主要由电台、数据控制板（包括上行数据控制部分和下行数据控制部分）组成,与控制主机（包括通信主机、飞控主机和任务主机）通过串行接口相接。地面终端硬件构成如图 3.12 所示。

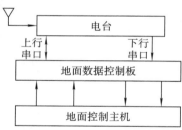

图 3.12　地面终端硬件组成

数据控制部分将从不同串口接收到的多路数据合并为一路上行数据送出;下行数据控制部分接收一路下行数据并解析出遥测信息和任务下行信息等送至各主机。地面控制主机中通信主机主要通过上行数据控制部分的串口来设置飞机的航路点、拍照点,检验通信链路,通过下行数据控制部分的串口接收遥测信息分析数据并监控飞机飞行状态等;数据控制的上行数据接收传感器航拍的视频图像,飞控主机通过上行数据控制部分的串口发送遥控指令以控制飞机飞行,通过下行控制部分的串口监测飞机飞行状态;任务主机通过上行数据控制部分的串口发送任务指令,传感器装置进行摄像或拍照等动作,并通过下行数据控制部分的串口接收任务下行信息;电台发送多路数据合码后的下行数据,并将图像实时显示在显示屏,将下行数据送至数据控制板的下行串口处理。

3. 中继站

中继站为地面终端和机载终端双向转发信息,以便延长无人机的作业距离。需要进行无线电视距外远距离作业时,采用中继装置。中继通信技术服务于远距离通信,通过采用中继方式对信号接收和放大,并以此实现信号间的相互传递。中继通信技术应用已较为广泛且成熟,常见的无人机数据传输系统中继方式有无线电中继、数传电台中继、卫星中继、移动通信中继、无人机中继等。

1）无线电中继

无线中继模式,即无线接入点在网络连接中起到中继的作用,能实现信号的中继和放大,从而延伸无线网络的覆盖范围。无线分布式系统（WDS）的无线中继模式,就是可以让无线接入点之间通过无线信号进行桥接中继,同时并不影响其无线接入点覆盖的功能,是一种全新的无线组网模式。无线分布式系统通过无线电接口在两个接入点设备之间创建一个链路,此链路可以将来自一个不具有以太网连接的接入点的通信量中继至另一具有以太网连接的接入点无线中继模式。虽然使无线覆盖变得更容易和灵活，但是却需要高档接入点支持。如果中心接入点出了问题，则整个网络将瘫痪，冗余性无法保障，所以在应用中最常见的是"无线漫游模式"，而这种中继模式则只用在没法进行网络布线的特殊情况下，如适用于那些场地开阔、不便于铺设以太网线的场所。

2）数传电台中继

数传电台，又称为"无线数传电台"、"无线数传模块"，是指借助数字信号处理技术和无线电技术实现的高性能专业数据传输电台。无线数传电台是采用数字信号处理、数字调制解调技术，具有前向纠错、均衡软判决等功能。与模拟调频电台加调制解调器的模拟式数传电台不同，数字电台提供透明 RS232 接口，传输速率高、收发转换时间小，具有场强、温度、电压等指示，具有误码统计、状态告警、网络管理等功能。数字电台可以提供某些特殊条件下专网中监控信号数据的实时、可靠传输，具有成本低、安装维护方便、绕射能力强、组网结构灵活、覆盖范围远的特点，适合点多而分散、地理环境复杂等场合。

3）卫星中继

按照卫星轨道不同，卫星中继可以分为低轨道卫星中继和同步通信卫星中继。

（1）低轨道卫星中继。建立基于低轨道卫星通信中继的无人机数据链有两个关键制约因素：一是目前卫星通信技术；二是通信传输体制的适用性。低轨道卫星中继的主要优点是轨道高度低，使得通信传输延时短、路径损耗小。执行任务的无人机与中继卫星在数字信号的编码上统一，并采用共同协议，建立标准通信链路实现无人机数字传输通信系统与中继卫星数字通信相接轨。

（2）同步通信卫星中继。国外近期研制的中远程无人机系统，普遍采用同步通信卫星作为空中中继平台，构成卫星中继数据链，转发无人机的遥控指令和图像或遥测信息，充分利用卫星波束的有效覆盖范围，实现无人机的超视距测控和信息传输。

要实现远程无人机的超视距测控和信息传输，以采用卫星中继链路为最佳方案。利用地球同步轨道的通信卫星进行中继传输，只要在卫星天线的波束覆盖范围内，通信不受距离和地理条件的限制。而通信卫星的天线波束覆盖范围很大，如国内波束可覆盖整个中国大陆、周边和东南沿海地区。因此，利用卫星中继实现地面测控站与无人机之间的双向信息传送最为方便，这也是目前国际上远程无人机系统信息传输的首选方案。

4）移动通信中继

在无人机上可以将编码压缩处理后的监控信息通过电信网络（主要是指 3G、4G）接入模块和无线网络汇集到监控管理中心，监控人员可通过监控中心局域网或互联网远程实时浏览视频图像、遥控无人机。该方案具有传输距离远、设备成本低的特点，可以提供高效和经济的视频传输解决方案，并且不受复杂地形限制，特别适合远程监控的通信需求。但是，由于网络还不成熟，信号还不能全部覆盖，并且信号质量也有待提高，应用受到一定的限制。

5）无人机中继

无人机作为一个空中通信节点能够提供有效的通信带宽，增大系统容量和通信覆盖范围，弥补卫星的覆盖盲区，增强接收信号功率，能满足通信需求。与卫星通信和陆地移动通信相比，利用无人机作为通信中继平台进行通信支持具有巨大的优势。卫星通信覆盖区域广，但传输延迟大、造价昂贵、易受干扰；陆地移动通信部署周期长、成本高；而无人机通信平台部署方便,控制灵活,且通信设备容易升级换代(王鹏 等,2011)。

无人机自组网属于无线局域网(wireless local network)的范畴,具有组网方便、扩容便利和多种网络标准兼容的特性,这使得无人机网络能利用简单的架构,就可以达到移动终端的自由移动而保持与网络联系的目的(李俊萍,2010)。无人机自组网的基本思想就是将无人机网络中的每一架无人机所获得的信息通过无线网络达到实时的共享,从而极大地提高无人机系统对信息的处理速度和响应能力。这样无人机就可以更加有效、更大限度地利用获得的信息资源,大大地提高无人机在实际应用中的工作效率,扩大了无人机的应用领域和作用深度。

多个无人机基于自身的传感器信息,可以在一定程度上实现相互间的协调与协作。作为一种特殊结构的无线通信网络,无线自组网的通信依靠节点之间的相互协作以无线多跳的方式完成,因此网络不依赖于任何固定的设施,具有自组织和自管理的特性。与传统通信网络相比,无线自组网具有无集中控制、自组织性、动态变化的拓扑结构、多跳路由、特殊的无线信道特征、移动终端的有限性和安全性不足等显著特点。

4. 天线

天线是用来将高频电能与电磁场能量进行转换的装置,是通信系统的重要组成部分,其性能的好坏直接影响通信系统的指标。所选天线要符合系统设计中电波覆盖的要求,要求天线的频率带宽、增益、额定功率等电气指标符合系统设计要求。无人机在空中飞行方向和位置都不固定,在机载系统的数据传输设备天线一般采用全向天线,而由于无人机对载荷质量的限制,天线的体积也不能过大。地面站对于远距离应用,采用定向天线对无人机的跟踪数据传输效果会更好。

5. 数据链

数据链实现地面控制站与无人机之间的数据收发和跟踪定位。数据链包括安装在无人机上的机载数据终端(ADT)和设置在地面的地面数据终端(GDT)。作用距离、数据传输速率和抗干扰能力是数据链最主要的技术指标。无人机数据链的上、下行信道数据传输能力不对称,传输任务传感器信息和测量数据的下行信道的数据速率远高于传输遥控指令的上行信道。作用距离决定了无人机的活动半径,是影响无人机移动测量系统规模的主要因素。数据链工作流程如图3.13所示。

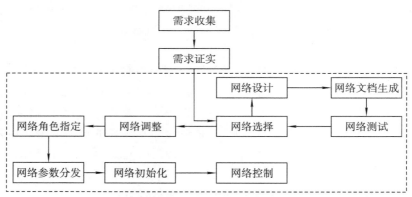

图 3.13　数据链工作流程

小型无人机机动灵活、操作简便,可完成针对目标的区域监测、小范围航拍等任务(何一等,2009),在移动测量中得到广泛应用。由于其载荷有限,作业环境复杂,对数据链系统的性能、体积和重量要求很高。

按照作用距离可以分为近程、短程、中程和远程无人机数据链。机载数据终端和地面数据终端之间必须满足无线电通视条件，不具备无线电通视条件时则要采用中继方式。因此，有视距数据链、地面中继数据链、空中中继数据链和卫星中继数据链等不同类型的数据链。数据链使用环境复杂多变，需要满足电磁兼容性好、截获概率低、安全性能高和抗干扰能力强的要求，保证在复杂环境下可靠工作。

整体的无人机通信硬件需要满足下面的需求：

(1)通信覆盖范围。飞控数据链在作业区域范围内稳定、安全传输。

(2)重量和体积。考虑到无人机本身的负载能力，设备重量、体积不能过大。

(3)通信载荷要求。满足飞控数据链和任务载荷数据传输速率要求。

(4)接口要求。通用方便扩展，一般串口和网口为较合适的选择，对其进行接口编程都较成熟。

(5)能够实现多点通信。小型无人机的覆盖范围相对来讲还是比较有限，如果需要执行远距离飞行任务，需要中继辅助来实现远距离飞行。在执行某些特殊任务时，单机无法满足作业需要，需要多机飞行，涉及多机通信，需要硬件层面上设备有能实现多机通信的能力。

3.3.2　系统功能特点

无人机测控与信息传输系统主要功能可以概括为以下几点(吉彩妮 等，2014)：

(1)完成对无人机载设备的遥控功能。

(2)完成对无人机载设备的遥测参数传输、记录、显示、回放等功能。

(3)完成对机载任务设备获取数据的传输、处理、显示和上报功能。

无人机移动测量测控与信息传输系统具有以下特点(刘荣科 等，2002)：

(1)待传图像数据量大，数据相关性低。

(2)图像压缩算法简单、延时小、易实现。

(3)不同作业任务对数据的使用要求不同，通常要求对机载图像进行无损或近无损压缩。

(4)无人机作业环境复杂多变，尤其在执行应急任务时，环境条件恶劣，要求对通信通道稳定。

(5)在起飞降落过程中，容易出现飞行问题，要有可靠的控制手段，确保飞机的安全。

(6)系统要设计简单、性能可靠、体积较小，尤其是机载部分。

无人机携带的传感器多种多样，采集来的数据大小和格式也多种多样。虽然在传输数据之前对数据进行了压缩、过滤和融合等预处理，但是采集的数据一般为图像、视频等大数据量多媒体信息，并且随着无人机采集性能的提高，数据量迅速增加(石祥滨 等，2012)。同时由于无人机速度较快，造成通信链路极不稳定。因此，如何提高无人机通信能力已经是无人机数据传输中急需解决的问题(Medina et al，2010)。

3.3.3　数据传输原理

1. 通信信道

无线信道按照频段的不同，可分为超长波、长波、中波、短波、超短波和微波(具体划分见表 3.15)。通信经常使用短波、超短波和微波。短波及超短波利用地球表面传播时，其传输距离近,适用于近距离通信,此外短波通信硬件的造价低、体积小、机动性好。

无人机通信波段的选择一般集中在超短波的波段,传播方式以直接波传播为主。直接波传播方式的优点是通信稳定,由于频率很高,受天电及工业干扰很小,且超短波波段范围较宽,可容纳大量电台工作;缺点是受地形、地物影响大,通信距离一般都限制在视距内,一般会通过采用中继通信的方式提高通信距离。

表 3.15　无线电波频段划分

波段名称		频率范围	波长范围	频段名称
超长波		$3\sim30$ kHz	$1\times10^{4}\sim1\times10^{5}$ m	甚低频 VLF
长波		$30\sim300$ kHz	$1\times10^{3}\sim1\times10^{4}$ m	低频 LF
中波		$300\sim1\,500$ kHz	$200\sim1\,000$ m	中频 MF
短波	中短波	$1\,500\sim6\,000$ kHz	$50\sim200$ m	中高频 IF
	短波	$6\sim30$ MHz	$1\sim10$ m	高频 HF
超短波	米波	$30\sim300$ MHz	$1\sim10$ m	甚高频 VHF
	分米波	$300\sim3\,000$ MHz	$10\sim100$ cm	超高频 UHF
微波	厘米波	$3\times10^{3}\sim3\times10^{4}$ MHz	$1\sim10$ cm	特高频 SHF
	毫米波	$3\times10^{3}\sim3\times10^{5}$ MHz	$1\sim10$ mm	极高频 EHF

在民用领域无人机通信系统,受相关法律法规限制,是不能够像军事领域那样占有专用的通信信道,占用相应信道要进行特殊申请。但是 ISM (industrial scientific medical)频段则为无人机系统提供了丰富的频段资源,主要是开放给工业($902\sim928$ MHz)、科学($2.42\sim2.483\,5$ GHz)、医学($5.725\sim5.850$ GHz)3 个主要机构使用。该频段是依据美国联邦通信委员会(FCC)所定义出来,属于 Free License,并没有所谓使用授权的限制,无需许可证,在中国只需要遵守一定的发射功率(一般低于 1 W),并且不要对其他频段造成干扰即可。

430 MHz、900 MHz、2.4 GHz、5.8 GHz 是各小型无人机系统数据链一般选用的频段。在 900 MHz ISM 操作频段,采用商用无线射频数字电台可实现远距离无线通信。2.4 GHz 频段的频率范围为 $2\,400\sim2\,483.5$ MHz,该频段下无线局域网现在已经得到普及应用,借助于 WiFi 设备,可实现低成本通用的无人机通信系统,同时也有着较大数据载荷的优势,但传输距离一般在 1 km 之内。

移动信道作为通信信道中最复杂的一种动态信道(金石 等,2004),主要有以下 3 个主要特点:

(1)传播的开放性。一切无线信道都是基于电磁波在空间的传播来实现开放式信息传输的。

(2)接收环境的复杂性。主要指接收地点地理环境的复杂性与多样性。

(3)通信用户状态随机。用户可以是准静态,也可能是慢速移动及高速移动。

无人机局域网是建立在无线信道上的网络,其通信系统是一个典型的数字通信系统,具有数字通信系统的基本结构。但是,由于无人机网络的工作环境特点,无人机网络通信的信道除了具典型的移动通信信道的 3 个特点外,还具有以下特点(李俊萍,2010):

(1)信号强度变化大。无人机网络工作时,在同一区域可能有许多的无人机在同时工作,且无人机通常是以运动的状态工作的,所以无人机工作的距离会变化很大,这就直接导致了信号在发送和接收时的强度变化大。

（2）信号衰落速度快。无人机工作速度快,作为一个无线终端来说具有很大的机动性,这必定会引起信号的衰落,甚至是深度信号衰落。

（3）噪声和多径干扰强。无人机的工作距离是变化的,工作环境更加复杂,再加上无线电波的开放传播特性,这都会使通信的过程中有更多的噪声干扰引入系统;同时由于不同路径信号的反射和吸收等因素,多径干扰也会很强。

（4）网络存在异质节点。无人机机群构成的局域网络一般是同质的,但随着无人机机群规模增大,有可能因为任务需要而构成异质网络,导致各个节点的通信能力和信息处理能力有较大的差异;在与外部的网络之间通信时,也会出现这样的情况。

（5）动态变化的网络拓扑。无人机网络中终端能以任意可能的速度和形式移动,受发射功率变化、无线信号干扰、气象条件不同等因素影响,移动终端间的无线信道形成的网络拓扑随时可能发生变化,而且变化的方式和速度都是难以预测的。

2．调制方式

对于无线数据传输系统,数字调制方式的选择很多,选择无人机通信系统的调制方式时,考虑的主要因素有频谱利用率、抗干扰能力、对传输失真的适应能力、抗衰落能力、信号的传输方式、设备的复杂程度等。

COFDM(coded orthogonal frequency division multiplexing),即编码正交频分复用,是目前世界最先进和最具发展潜力的调制技术,在大功率、远距离、高速率的无线设备中广泛使用。其基本原理就是将高速数据流通过串并转换,分配到传输速率较低的若干子信道中进行传输。

COFDM 的特点是各子载波相互正交,使扩频调制后的频谱可以相互重叠,从而减小了子载波间的相互干扰。COFDM 每个载波所使用的调制方法可以不同,各个载波能够根据信道状况的不同选择不同的调制方式,合成后的信道速率一般均大于 4 Mbit/s,可以胜任大数据量的传输任务。编解码以频谱利用率和误码率之间的最佳平衡为原则。COFDM 技术使用了自适应调制,根据信道条件的好坏来选择不同的调制方式。COFDM 还采用了功率控制和自适应调制相协调的工作方式,信道好的时候发射功率不变,可以增强调制方式,或者在低调制方式时降低发射功率,满足了当前民用数据链对于大数据量数据链的需求。

3．干扰分析

无人机无线通信系统有可能工作在干扰较强的环境,包括自然干扰噪声、工业电波干扰等。自然干扰来自于信道传输衰落、多径衰落、大气或雨雪带来的干扰噪声以及接收机内部的热噪声等。工业电波干扰则包括电网传输电缆的电磁影响、GSM 通信系统的干扰、同频段电台的相互影响等。

4．通信距离分析

通用无人机通信系统一般在超短波范围进行无线通信。在该频段,无线电波的传播特点是直线传播,不像长波和中波那样可绕过障碍物贴地传播,也不能像短波那样穿过电离层通过反射传播,所以无人机通信系统用超短波的传播首先遇到就是视距问题,即通信节点必须是中间无障碍的可视距离下进行传输,而通信所能达到的距离也就是超短波所能达到的距离。因为地球为椭圆形的,凸起的地表弧面会挡住视线,导致地表曲率对超短波的传播有较大距离传输的影响。

5．通信协议

通信协议定义了数据传输的载体及编码方式、传输接收与发送如何实现等具体细节。根据无人机系统的要求,除了满足一般协议的指标之外,还需要满足性能可靠、容易配置、可扩展、多机通信等指标。

GCS 协议,即 Ground Control Station Communications Protocol,是由麦克普特公司开发的一种空地通信协议,是按位编码的空地通信协议规范,针对固定翼飞机的应用,该通信方式主要是针对单机与地面站通信。Koller 等(2005)在无人机通信方面做了相应的研究,在原来单无人机与地面站的通信架构的基础上改进,实现了无人机多机通信,通过表来管理数据链信息实现多机系统通信。

1)飞控数据链协议

飞控数据链内容主要由上行的无人机控制器参数信息、轨迹规划信息及下行的飞机状态信息组成。飞控数据链是保证无人机安全、稳定、自主飞行的必备数据链,必须保证其安全性和可靠性。飞机控制器参数及轨迹规划信息,一般根据无人机飞行需要随机非周期性发送,数据量较小;下行的飞机状态信息,一般周期性发送,数据量相对较大(数据链属性如表 3.16 所示)。飞控数据链是一个典型的非对称数据链,上行信息是数据量较小且随机的,而下行数据则是周期性的大数据量数据(孙雨,2011)。

表 3.16　无人机数据链数据属性

功能	通信对象	方向	应用类型	速率	频段
飞控	地面站→自主系统	上行	飞控命令	低速<30 kbit/s	HF VHF/UHF
任务载荷控制	地面站→自主系统	上行	飞控命令	低速<30 kbit/s	HF VHF/UHF
无人机状态	自主系统→地面站	下行	遥测	高速<1 Mbit/s	VHF/UHF L S
任务载荷	任务系统→地面站	下行	测量数据	高速>1 Mbit/s	L S C X Ku
机间协调控制	无人机↔无人机	双向	遥测	低速<30 kbit/s	HF VHF/UHF

a. 下行协议结构与内容

现在民用无人机数据链系统实现下行数据传输有两种方式:一种是对于各种不同类型的数据予以分别传输,根据需要按照不同传输频率进行下传;另一种是将所用信息合成一个数据串下传。不同类型数据分别传输的优点是可以按需以不同的发送周期发送各种数据,节省带宽资源,在保证紧急信息的高频传输外,对某些不必要的信息以较慢的速度传输即可;缺点是在软件处理上会更加复杂。合成传输则是快慢信息的传递都是按照同样的频率传输,在快慢信息中实现折中权衡,但代价是某些慢信息对资源的浪费和对较快的信息不能即时反应。

通常情况下,将所有的周期性下行数据按照传输速率不同分成快慢两种信息,这样既能保证带宽相对充分利用,又可以实现对不同数据速度协调的需求。

b. 上行数据协议

上行数据方面,操作者输入控制参数数据,形成了参数数据报文,在轨迹规划方面同样在轨迹规划地图上设定的轨迹规划目标点形成了任务数据报文,并将控制器参数和轨迹规划数据上传至机载计算机。

c. 机间数据协议

机间数据为多机飞行条件下各飞机以恒定周期向机群广播自己的位置及速度信息,用来实现避障规划及中继位置规划。

d. 报文打包及解析

数据报文的编码可以采用三种数据编码形式：第一种是采用二进制编码方式，如 GCS，该种数据报文编码在数据传输率比较受限的条件下比较有效，但是数据编码和程序处理都更复杂，现在能买到的通信设备在数据传输速率方面都不存在较大限制；第二种采用字符串编码，这种方式会增加数据报文的长度，对通信硬件的数据传输速率和容量提出了更高的要求，现在一般的通信设备也可以满足这样的数据容量需求，但是会造成一定通信容量的浪费，其程序处理也较为复杂而且数据精度也受到限制；第三种是数据，根据其不同的数据类型长度直接以字节为单位进行逐位压包，形成字节流，在解析包时自行解析、提取各不同类型的数据段，给数据效率和数据通用处理都提供了方便，在信息报文打包及解析过程中使用广泛。

报文的正确性在无人机系统收发中尤其重要，解析函数根据数据协议定义来保证接收报文的准确性。报文的解析程序流程如图 3.14 所示（孙雨，2011）。

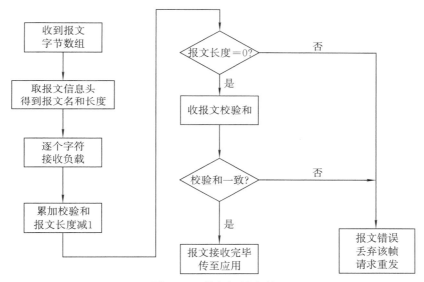

图 3.14　报文解析流程

2）任务数据链协议

任务数据链一般为下行的应用信息，如图像、视频或其他测量数据。数据量一般会非常大，需达到 Mbit/s 级别的数据传输率。硬件任务数据链有两种选择：一是采用以图传设备为主的数据传输链路，辅以简单的串口低速下行通道，可得到处理好的图像、视频资料；二是选择采用无线网桥，用通用的 TCP/IP 协议即可以实现各种类型遥感数据的组织传输。

3）机间协调协议

多机应用主要考虑到中继远距离任务执行、多机协调执行等应用，还有在多机条件下的相互避障交通管理。协议主要通过两个方面实现：一是在基于安全避障及轨迹规划应用下，无人机定期向所有其他编队飞机发布自己的位置、速度、航向等信息，飞机接收到相应的信息与自己的位置进行比较，实施避障规划，在中继任务时对中继机的位置规划；二是在多机地面站上可以根据任务需求管理无人机之间的通信，如要求某飞机传送特定信息给另一架指定飞机，实现部分飞机向地面站传送特定信息等。

4）无线通信协议

TCP/IP 协议能够适应不同的网络体系结构和不同的链路传输，在无线通信中的应用也日益增加。为了增强系统与外部通信网络和设备的兼容性，非对称链路的传输协议应广泛使用，并已成为互联网络标准的 TCP/IP 协议，并且这样可以使用许多现成的工业标准的网络产品和现有比较成熟的技术，大大缩短了研制周期，在获得较高效费比的同时，还具有更好的兼容性。无线信道的特点是延时大、链路误码率高、易受外界干扰、主机计算能力和带宽资源的不对称性等。信道通信特性会随时间和地理位置而变化，链路层差错控制对服务质量的影响也是随时间变化的，缺乏网络自适应性。因此，为固定网络开发的 TCP 无法很好地应用于移动通信和卫星等无线链路中。在无线网中，大多数的数据丢失是由于以下原因造成：

（1）数据包在高误码率的无线链路（存在突发性错误和信道的时变性）上传输发生的错误。

（2）链路层时延和带宽不对称。无线网络尤其是卫星网络链路层时延要比有线网络的时延大得多，标准 TCP 设定的定时器超时间隔有时候不够大，导致发送端超时并启动拥塞控制；同时蜂窝网络、卫星网络、军用数据链网络等，上行链路的带宽均小于下行链路的带宽，容易造成确认消息丢包，降低 TCP 性能。

（3）连接临时断开（由信号衰落、其他的链路错误或移动主机的移动和频繁切换引起）。

Balakrishnan 等（2001）总结了一些解决这些问题的方法：

（1）在每一个连接的上行流管理一个包队列，使得各响应有平等的机会被传输而不被多个大的数据包延迟。

（2）慢启动后延迟响应。即在慢启动后缩减确认符的数量，对几个包发送一个确认符。

（3）响应过滤。这也是一种延迟响应的方法，但它取决于发送方发送的速度。发送得快，返回的响应就少；发送得慢，返回的响应就多。而且响应是预先产生，在发送方发送速度快时就把原生成的响应修改为对现在的数据段的响应，因而称其为过滤。

（4）依赖于拥塞窗口响应，即接收方跟踪发送方的拥塞窗口，然后根据拥塞窗口决定响应的速度。

（5）头压缩。因为发送的多数包都有很多相同的字段值，因而可以对两边的协议进行修改，使得接收端发送的响应只有少量不相同的数据，然后在发送端自动恢复，这样就可以节省带宽。

6. 网络传输性能

研究无人机通信网络的传输性能首先需要分析各个节点之间直达链路的传输性能，然后根据"木桶的短板原则"，即链路的整体传输性能受限于性能最差的直达链路，同时考虑中继节点对链路性能的影响，得出通信链路的整体性能。链路的连通性是直达链路的性能分析的关键问题，对于满足连通性要求的链路，采用信息速率表征其有效性，用误码率表征其可靠性（梁永玲 等，2006）。

1）直达链路的性能

对于通信链路"连通性"的判别，首先是根据节点高度信息计算通信终端之间的最大通视距离，如果小于节点的实际距离，则说明两个节点之间的距离超出了视距通信范围，认为直达链路中断；然后，根据系统对所传输数据规定的基本误码率（BER）要求以及信息的调制编码方式，可以计算出链路的收信门限电平，如果节点实际的收信电平小于门限电平，链路不能提供要求的通信质量,认为链路中断,反之链路连通。

当收信电平满足条件时,根据香农定理可以估算信道容量,从而确定发射机的当前最大的信息发送速率。当所估算出的信息传输速率低于所要求的数据速率的下限值时,信道发生快衰落,导致不能通过提高载噪比来改善的恶化,认为链路中断。若当前通信链路连通,可由实际接收电平和接收机入口处的噪声功率得到当前实际的载噪比,进而估算归一化比特能量信噪比,根据系统所采用的调制编码方式,可以获得当前系统的误码性能。

2)多级链路的性能

在无人机数据传输网络中,为了实现远距离作业,许多节点并不是直接与地面站连通的,而是通过一级中继甚至多级中继实现的。中继节点在通信过程中所起的作用主要是对信息的转发,而中继节点两边链路的速率可能不一致。因此,链路整体的信息发送速率必定受到较低速链路的限制。而且,即使中继节点对数据的转发处理过程中无误码产生,多级链路的误码性能仍不可能优于最差的单级链路。另外,由于中继节点对数据进行转发的处理过程需要一定的时间,这必然增大链路的时延。指令处理的时延开销在中继节点也是一个不可忽视的方面,尤其在发送大量的短消息时,控制开销和真正用于发送信息的开销成正比例增长。

3.3.4　系统设计原则

针对不同种类的无人机系统,在设计中主要考虑影响测控与信息传输系统规模和复杂度的体制要素。飞机类型不同,传输体制可以不同。数据传输系统主要体制要素包括频段、测控与通信的复合方式、传输速率、信道编码、调制方式、抗干扰抗多径措施、中继方式和多址体制等。无人机测控系统的资源主要包括频率、带宽等要素,需要考虑以下原则:

(1)根据无人机系统特点,不同种类的无人机系统对信息量的需求不同,分别使用不同的频段。

(2)拓展可用频带宽度,减小频道步进间隔,增加频道数量,为频率管理和调配创造条件。

(3)大型无人机的传输系统用频尽量向高频靠拢,以便获得较宽的可用带宽和相对较好的电磁环境。

1. 多数据链的综合管理设计

随着中、远程无人机的发展,单一的数据链已不能够满足要求,需配备多条链路同时保证无人机的安全及作业能力。根据无人机性能需求,一般同时配置多条数据链,用于无人机与地面控制站视距范围内及超视距的测控与信息传输。多数据链的配置一方面增加了系统的冗余度,提高了系统的可靠性,扩展系统的作用距离,另一方面也带来了多数据链综合管理问题。

目前大多无人机系统都相应配备多套无线电数据链,当多数据链同时工作时,需要实现数据链之间的相互管理和监控。当前国内外无人机测控与信息传输系统,大多采用在基带配置数据管理单元或通信管理器的方法实现设备管理和监控。数据管理单元完成机载各数据链设备及其他设备的状态采集和控制信号分发、图像的压缩、各链路遥测信息与图像数据的复合等工作,数据管理单元输出的遥测与图像复合数据或遥测数据经过各链路的调制、放大等处理后发送至地面或卫星。由于数据管理单元或通信管理器的任务较多、实现复杂,必然带来设备可靠性的降低,成为整个无人机数据链的瓶颈。一旦出现故障,整个测控与信息传输系统处于瘫痪状态,致使无人机不能正常完成作业任务。

2.故障检测设计

由于无人机测控与信息传输系统比较复杂,外界存在许多不可控制的干扰因素,致使链路出现故障几率增加,而且在系统出现问题或故障时没有故障告警信息,也没有预留故障检测点,不管机载设备还是地面设备故障,都只有一个故障现象,那就是链路中断。此时,很难判断是地面故障还是机载故障,只有通过更换地面站或是更换机载设备初步判断。即使故障锁定在机载或地面站后,由于没有预留故障检测点,没法对设备进行检查,给排出故障带来了很大的困难,因此设计时必须做好故障检测设计。

3.人机界面友好设计

由于无人机工作的特殊性,大多通过长时间的作业获取有用信息,且各种信息都是通过地面控制软件来传递给飞行控制员。飞行控制员根据地面站软件显示的无人机工作状态信息实时去调整无人机飞行姿态,去控制任务载荷获取图像。友好的人机界面设计及无人机操作智能化水平,有助于飞行控制员减少误操作概率,提高无人机安全及任务完成效率。

地面控制软件在设计时应满足基本的人机工效要求,主要体现在以下几点:①重要、关键参数显示方法;②故障告警提示方法;③友好的操作界面显示方法;④信息标准化显示方法。

目前无人机地面站在软件界面设计中增加平显软件,飞行控制员不仅能有身临飞机座舱的感觉,又能通过平显软件观察各种飞行参数信息,通过实时前视视景图像观察,引导无人机安全着陆。

4.电磁兼容设计

无人机由于装载各种电子设备,本身就是一个复杂的电磁辐射体。无人机测控与信息传输系统要想在这样的一个复杂电磁环境中正常工作,就必须具有一定的电磁兼容措施和方法,与其他系统能够兼容工作。测控与信息传输系统在电磁兼容设计方面应充分考虑,完善设计,避免由于内部机载设备的干扰而引起链路工作的不稳定,影响无人机作业任务的完成。

无人机数据链有上、下行信道,还要考虑多机、多系统、多任务载荷同时工作时的电磁兼容,在频段选择和频道设计上进行周密考虑,并采取必要的滤波和隔离措施。

5.抗干扰设计

抗干扰能力是无人机测控系统性能的重要指标。抗干扰、抗多径方法要进行综合考虑,根据系统应用的信道特点,选择合适的抗干扰、抗多径方法。无人机测控系统常用的抗干扰方法有功率储备、高增益天线、抗干扰编码、直接序列扩频、调频和扩频调频相结合等。既要不断提高上行窄带遥控信道的抗干扰能力,也要逐步解决下行宽带图像和遥测信道的抗干扰问题。

6.地面控制站通用化设计

无人机系统必须具备网络化通信能力,从而达到通信容量、稳定性和可靠性及频繁的互操作的要求,提高多型无人机协同作业能力,实现信息共享。为提高无人机作业能力、实现信息共享,必须解决地面控制站通用化问题。要做到这一点,须在用户界面、操作系统、数据链路、传输协议等方面建立统一的无人机标准,这也是无人机测控与信息传输系统研究的新发展方向。

3.3.5　系统关键技术

要实现无人机通信组网及通信中继的应用方案,需要传感器网络及通信网络对大量的信息进行实时处理和传输。一方面要通过数据融合技术,增加信息的可信度并减少冗余信息的传数,充分发挥各信息系统自身的信息优势;另一方面要建立高效的数据链系统,提供信息处理、交换和分发的功能,实现信息高速可靠的传输和交换。无人机数据无线传输方案涉及以下关键技术。

1. 信息融合技术

信息融合是对多源信息进行综合处理的技术,它把来自多传感器和多信息源的数据及信息加以联合、相关和组合,以获得精确的信息估计。多传感器信息融合的基本原理就是充分利用个传感器的资源,通过对这些传感器及其观测信息的合理支配和使用,把多个传感器在空间和时间上的冗余或互补信息依据某种准则进行结合,使得所集成的系统由此获得比其他各组成部分的子集所构成的系统更优越的性能。信息融合可以在数据层、特征层和决策层等不同的信息层次上实现,融合过程的基本模型如图 3.15 所示。

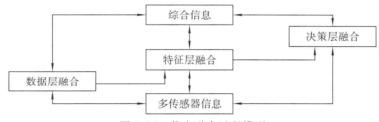

图 3.15　信息融合过程模型

信息融合技术提高了系统的性能,准确、迅速、可靠及全面地获取并反映系统状况,具有许多优势:

(1)基于传感器的冗余配置和多个传感器采集信息的冗余性,可以提供稳定的工作性能并增强系统的容错性。

(2)由于信息的冗余性和互补性,经过信息融合后,可以更全面更准确地描述环境特征,提高信息的可信度。

(3)使用了多种传感器,增加测量空间的维数,显著提高系统性能。

2. 数据压缩编码技术

图像信号是任务传感器视频信息的主要形式,传感器输出的数据量很大,而无线信道的带宽较窄、误码率高,故必须对其进行数据压缩。将图像信号进行数字压缩编码有利于减小传输带宽,也有利于采用加密和抗干扰措施。针对不同类型数据,采用适合机载条件、实时性强、失真小的数字压缩技术,可减少运算量,降低硬件资源,节省大量存储空间,提高运算速度。

3. 无线信道纠错编码技术

无人机系统中,无人机网络的传输信道属于时变信道,信道传输中环境噪声、自然干扰和人为干扰以及频率选择性衰落等都可能造成误码传输,压缩算法产生的码流在该信道下对差错也特别敏感,故很有必要对图像压缩信息进行纠错编码,降低其误码率,减小系统传输时延,以实现可靠传输。

错误包括随机错误和突发错误。因此,在纠错编码方法的选择中,应根据错码的特点来设计编码方案。实际上,两种差错类型在信道中往往是并存中,这时就应该用能同时克服这两种错误类型的纠错编码,或者同时使用两种纠错编码方法。为了在已知信噪比情况下达到一定的比特误码率指标,首先应该合理设计基带信号,选择调制解调方式,采用时域、频域均衡,使比特误码率尽可能降低。但实际上,许多通信系统的比特误码率并不能满足实际的需求,如果引入差错控制技术,增加系统的冗余度,则会在很大程度上增强系统的抗干扰能力。目前常用的差错控制技术有3类,即前向纠错(FEC)、检错加自动重发(ARQ)和混合纠错(HEC)。

　　Turbo码适合宽带图像信息的远距离无线传输,满足纠错编码的要求,且具有删余特性,适合对压缩后的信息进行非平等纠错保护(unequal error protection,UEP)(Thomos et al,2005)。因此,在微型无人机的数字图像无线传输中,利用删余Turbo码对图像压缩信息进行纠错编码,不仅能实现较高的峰值信噪比,且能在变化的噪声干扰信道环境中更稳健、更可靠地传输。

4. 信号扩频调制技术

　　欲提高图像传输距离,需提高发射信号功率、提高接收灵敏度及采用高增益天线,因此图像数字信号调制与高频信号发射电路设计非常关键。采用扩频技术降低信号功率谱密度,可以增强抗干扰能力,提高信息传输可靠性。扩频技术实现数字图像信号调制和收/发原理如图3.16所示。

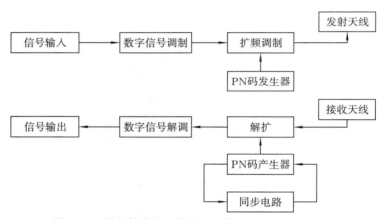

图3.16　扩频技术实现数字图像信号调制和收发原理

　　扩频通信系统(李俊萍,2010)是指将待传输信息的频谱用某个特定的伪随机序列调制,实现频谱扩展,然后再送入信道中进行传输,在接收端再采用相同的伪随机序列进行相关解调,恢复出原来待传输信号的数据。按照通信系统扩展频谱的方式不同,现有的扩频通信系统大体可以分为直接序列扩频、频谱跳变扩频、时间跳变扩频、线性脉冲调频、混合扩频5种。

　　近年来,在传统扩频方式的基础上出现了一种混合扩频通信方式——二维扩频。Samad等(2007)提出了时间域扩频与频域扩频串联方式的二维扩频概念,它既有时域扩频的优点,又有频域扩频的优点,充分利用了时域、频域的特性,使系统具有更高的处理增益,从而大大提高了系统的抗干扰性能和抗衰落性能,使其具有信号发射功率小、抗干扰能力强、抗多径多址能力强和抗跟踪干扰及抑制远近效应等一系列优点。直扩或跳频混合扩频是一种较为流行的时间域扩频和频率域扩频串联的二维扩频方式(Jin et al,2001)。它将直接序列扩频与跳频技术相结合,集中了两者的优点,具有极强的抗干扰能力。但这是以增加设备复杂性为代价取得的,不利于硬件实现;而且为了获得足够大的处理增益,系统占用带宽太大,这就减少了可供跳频的信道数。

随着扩频技术的发展,产生了一种新的在时域的混合扩频技术——二次扩频(陈惠珍 等,2004)。所谓二次扩频,就是在时域用一组扩频码的基础上,用另一组扩频码再扩频一次。两组扩频的码字在长度上可以相同,也可以不同。它是在传统时域直接序列扩频的基础上使用了两组扩频码,基本工作方式仍然是直接序列扩频,是对传统时域直接序列扩频的推广,是移动通信领域中一种新兴的扩频技术。

由于二次扩频系统采用了两组扩频码,其处理增益为两组扩频处理增益的乘积,这样就增强了系统的抗干扰能力。另一方面,二次扩频相当于增加了一次分组码式纠错编码,提高了信道的纠错能力。

无人机自组网对信道编码技术的要求相比单机高很多,它不仅仅是简单地增加了系统的无线终端,更增加了对系统控制、抗干扰能力、隐蔽信号等要求,而扩频通信本身的优点正好可以满足无人机网络对信号高速和安全传输的要求,它在无人机组网中的突出作用主要体现在以下几个方面:

(1)提高了频谱利用率,保证了无人机网络的信道容量。

(2)加强了无人机网络的抗干扰能力。

(3)提高了无人机系统的扩容能力和兼容性。

扩频通信利用扩频码序列进行调制,可以充分利用不同码型的扩频码序列之间优良的自相关特性和互相关特性,以不同的扩频码来区分不同用户的信号。无人机系统可以在同一频带上让更多的终端同时通信而互不干扰,还可以与其他通信系统进行连接,提升了无人机网络和其他系统的兼容性。

5. 抗干扰传输技术

抗干扰能力是无人机传输系统性能的重要指标,既要不断提高上行窄带遥控信道的抗干扰能力,也要解决好下行宽带图像与遥测信道的抗干扰,以及山区等恶劣环境条件下的抗多径干扰问题。

由于无人机通信链路的各个环节都由大量的电子设备组成,这些设备将产生大量的电磁辐射。对无人机来说,要求它必须实时的传输图像、遥测数据及定位信息,故无人机向地面站或中继机的电磁辐射也是不可避免的。鉴于此,无人机不可避免地面临着各种强电磁干扰,而这些干扰主要包括遥测遥控信号干扰和导航定位系统干扰两个方面(徐靖涛 等,2007)。

6. 超视距中继传输技术

当无人机超出地面测控站的无线电视距范围时,数据链必须要采用中继方式。根据中继设备所处的空间位置不同,可以分为地面中继、空中中继和卫星中继等。地面中继方式的中继转发设备置于地面上,一般架设在地面测控站与无人机之间的制高点上,主要用于克服地形阻挡,适用于近程无人机系统。

空中中继方式的中继转发设备置于合适的空中中继平台上。空中中继平台和任务无人机间采用定向天线,并通过数字引导或自跟踪方式确保天线波束彼此对准。作用距离受中继航空器高度的限制,适用于中程无人机系统。

卫星中继方式的中继转发设备是通信卫星上的转发器。无人机上要安装一定尺寸的跟踪天线,机载天线采用数字引导指向卫星,采用自跟踪方式实现对卫星的跟踪。这种中继方式可以实现远距离的中继测控,适用于大型的中程和远程无人机系统,其作用距离受卫星天线波束范围限制。

7. 一站多机数据链技术

一站多机数据链是指一个测控站与多架无人机之间的数据链。测控站一般采用时分多址方式向各无人机发送控制指令,采用频分、时分或码分多址方式区分来自不同无人机的遥测参数和任务传感器信息。如果作用距离较远,测控站需要采用增益较高的定向跟踪天线,在天线波束不能同时覆盖多架无人机时,则要采用多个天线或多波束天线。在不需要任务传感器信息传输时,测控站一般采用全向天线或宽波束天线,当多架无人机超出视距范围以外时,需要采用中继方式。

8. 通信网络跨空域切换技术

如何满足无人机业务通信的灵活性、适应性、带宽可控性和信息/数据流服务实时性,对指挥与控制通信网络提出了更高的要求。为满足栅格化网络发展需求,需要建立以网络为中心的无人机通信网络,实现足够的稳定性、可靠性、强大的互联互通和互操作性。单基站地-空数据链通信覆盖距离有限,为了实现大区域任务调度,必然需要跨越多个地-空数据链子网,而不同的切换方式直接影响系统数据传输的延时和数据丢包性能,关系到无人机系统性能。构建适用于大区域任务调度的地-空数据链通信网络,给出多种跨空域切换的判决准测,并提出多种有效的跨空域网络切换方法,是重要的研究方向(范贤学 等, 2012)。

9. 数据包调度技术

无线网络介质的特殊局限性使网络提供的服务质量成为瓶颈。在诸多影响因素中,数据包调度是最细致、能直接影响数据流上行、下行的因素,也是无线网络系统兑现服务质量承诺的核心构件。数据包调度的目标是在保证信道带宽资源的公平性的同时,满足带宽资源最大限度的分配。目前,研究适合于信道出错、通道容量可变的无线网络理想流调度系统及其数据包调度算法是无线领域研究的一个热点问题。

10. 拥塞控制技术

拥塞控制是确保因特网稳定和通信流畅的关键因素,也是其他管理控制机制和应用的基础。拥塞问题存在的根本原因是网络带宽和缓存等资源不够。一方面要继续改进已有的端到端拥塞控制,将其作为网络中的主要拥塞控制机制;另一方面可以在路由节点中采用包调度算法和缓存管理技术,在网络层实现拥塞控制的策略,同时在效率和性能之间,注意处理好权衡问题。目前,网络层在处理拥塞方面采用的方法有先进先出法、反馈自适应调整法和随机早期检测法等(余昀, 2008)。

3.3.6　未来发展趋势

无人机系统已成为当今高新技术装备发展的热点之一,随着各种新型无人机的不断出现和广泛应用,对无人机数据传输技术提出了新的、更高的要求,无人机数据传输技术的主要发展趋势主要包括以下几个方面:

(1)随着无人机载荷能力的提高,机上任务传感器的数据量将越来越大,要求数据链下行数据传输速率进一步提高。因此,要研究更高性能的无人机图像数据压缩技术、更高数据速率的高速数据调制解调技术、更高频段的宽带收发信机技术。

(2)随着无人机技术的发展,无人机在恶劣环境下的使用也越来越广泛,要求数据链进一步提高抗干扰能力。因此,要研究更高性能的抗干扰数据链技术,特别是宽带数据的抗干扰技术及适应山区等恶劣环境条件的抗多径干扰技术。

（3）根据无人机多机编队执行任务的需要，对一站多机数据链和多链路中继数据链的需求日益迫切。因此，将加快一站多机数据链技术的研究，提高多无人机导航定位精度和数据传输能力，还要研究多机和多链路无人机测控与信息传输网络技术，特别是采用空中中继和卫星中继多链路方式的远程无人机测控与信息传输网络技术。

（4）随着无人机系统的大量应用，为了实现多机多系统兼容与协同工作，实现互通互联互操作和资源共享，提高无人机测控系统使用效率，对无人机测控系统通用化和标准化的要求越来越迫切。因此，要研究通用数据链技术和通用地面控制站技术，制定合理的无人机测控系统标准，进一步提高无人机测控系统通用化、系列化和模块化的程度。

§3.4　数据压缩编码

无人机移动测量数据分辨率高、重叠度大，在短时间内会大量获取，在数据实时传输过程中受到通信条件限制。在保证实时传输的前提下，需要采用高性能图像压缩编码技术，以减小或者消除图像压缩损耗，提高重构影像质量。本节主要介绍了无人机移动测量数据常用的压缩技术、压缩标准、压缩方案及压缩质量评价等。

无人机测量数据压缩与解压系统是无人机数据传输链路中的重要组成部分，与多模态传感器、任务载荷传感器平台控制系统以及飞行器平台的数据实时传输链路都有密切关系（秦其明 等，2006）。

无人机利用各种成像传感器获取影像，并通过数据链将影像数据实时传输给地面系统。随着无人机数量的增多以及任务数据量的增大，给通信带宽带来了很大的压力，有效的解决方法是利用压缩算法压缩数据信息的容量。同时，无人机一般在高空、高速飞行的情况下对地面景物进行摄像，所得到的图像与一般的图像有很大的区别：图像内目标像素小且目标数量大，帧内相关性差；图像是满屏运动，帧间相关性差。因此，图像的压缩编码必须采用高分辨率且具有运动补偿的算法，以满足较低比特率下高质量的图像压缩和传输（毛伟勇，2009）。

图像压缩编码的核心问题是如何对数字化的图像进行压缩，以获得最小的数据，同时尽可能保持图像的恢复质量（谢清鹏，2005）。

图像压缩可分为无损压缩编码和有损压缩编码两大类。无损压缩编码仅仅删除图像数据中的冗余信息，在解码时能精确地恢复原图像，是可逆过程；否则，就是有损压缩编码。

无损压缩编码可分为基于统计概率和基于字典的方法两大类。基于统计概率的方法是依据信息论的变长编码定理和信息熵有关知识，用较短代码代表出概率大的符号，用较长代码代表出概率小的符号，从而实现数据压缩。受信息源本身的熵的限制，它不能取得高压缩比，因而无损压缩编码又称为熵编码。

有损压缩编码是利用图像中像素之间的相关性，以及人的视觉对灰度灵敏度的差异进行编码，进一步提高图像编码的压缩比，是图像压缩编码的重要研究方向。常用的方法有变换编码、预测编码、矢量编码等。由于允许有一定的失真，因而有损压缩编码较无损压缩编码在压缩比倍数上高许多，具有更大的压缩潜力，因此当前图像压缩编码的研究主要集中在有损压缩编码。

1. 编码流程

在实际的图像压缩系统中，为了提高编码效率，都是将无损压缩编码和有损压缩编码结合在一起使用。

图像压缩解压缩系统由预处理功能模块、压缩编码功能模块、传输编码功能模块和解压缩功能模块四大功能模块组成,编码工作流程如图 3.17 所示。

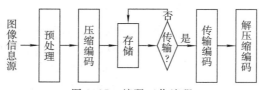

图 3.17　编码工作流程

其中,预处理模块一般采用软硬件结合的方法来实现,当输入图像信息为压缩系统规定的标准格式时,直接进入降噪等处理;否则,先进行格式变换,得到标准格式的图像,再进入降噪处理器进行降噪等处理,具有实用、灵活和快速等特点。预处理流程如图 3.18 所示。

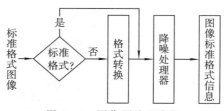

图 3.18　图像预处理流程

2．方法原则

无人机一般在高空、高速飞行的情况下对地面景物进行拍摄,所得到的图像与一般的图像有很大的区别,图像压缩编码必须采用高分辨率且具有运动补偿的算法,以满足较低比特率下高质量的图像压缩和传输的要求(崔麦会 等,2007)。为了满足无人机载图像信息实时传输的要求,图像压缩解压缩编码算法应考虑以下因素(郭丽艳,2005):

(1)压缩编码算法复杂度要适中,包括算法复杂性、运行时间,以及可否并行处理等。

(2)压缩编码算法应具有自适性,能根据感兴趣区域的不同,采用不同的压缩比。

(3)应具有一定的抗误码性,即抵抗误码在图像解码过程中的扩散影响。

(4)编码和解码应大致对称。

(5)方案应具有适应性,能按照使用用途的不同而灵活修改。

(6)具有较强的安全性,在编码和解码中应采取加密措施,增强传输的安全性。

3．实现方式

图像压缩系统的实现方式一般分为三种:纯软件压缩系统、纯硬件压缩系统以及软硬件结合的压缩系统。纯软件压缩系统的特点是灵活性强、软件资源丰富、开发周期短,但高实时性要求带来的高性能计算机和使用性价比都有一定的限制;纯硬件压缩系统是采用专用芯片或可编程器件实现高速实时压缩技术,其特点是实时性好、可靠性高,但灵活性差、开发周期长;软硬件结合压缩系统,则集成了软硬件两种压缩系统的优点。无人机系统图像压缩编码系统通常采用软硬件结合的压缩方式,既能保证压缩解压缩系统的高实时性,又提高了系统的灵活性和适用性。

3.4.1 数据压缩原理

图像数据包含大量数据,但这些数据往往是高度相关的,为进行数据压缩提供了充分的可能性。冗余包括空间冗余、时间冗余、统计冗余及视觉冗余等(侯海周,2007)。

1. 空间冗余

一幅图像相邻各点的取值往往相近或相同,在空间上存在着很大的相关性,这就是空间冗余度。从频域的观点看,意味着图像信号的能量主要集中在低频附近,高频信号的能量随频率的增加而迅速衰减。通过频域变换,可以将原图像信号用直流分量及少数低频直流分量的系数来表示,这就是变换编码能消除图像冗余信息达到数据压缩的依据。

2. 时间冗余

该冗余在图像流中表现为,相继各帧对应像素点的值往往相近或相同,连续图像间的内容变化不大,有很大的相关性。因此,不传送像素点本身的值而传送其与前一帧对应像素点的差值,也能有效地压缩码率。预测编码就能有效消除图像时间上冗余度以达到压缩的目的。

3. 统计冗余

对于一串由许多数值构成的数据来说,如果其中某些经常出现,而另外一些值很少出现,则这种由取值上的统计不均匀性就构成了统计冗余度,可以对其进行压缩。消除此类图像冗余的数据压缩方法有霍夫曼编码等。

4. 视觉冗余

视觉冗余是相对于人眼的视觉特性而言的,主要指人眼视觉系统对图像的对比度、色彩、空间、时间以及频率等特性的分辨能力有一定的限度。因此,包含在色度信号、图像高频信号和运动图像中的一些数据,并不能对增加图像相对于人眼的清晰度做出贡献,而被认为是多余的,这就是视觉冗余。视觉冗余主要包括对比度敏感性、色彩敏感性、纹理敏感性、空间频率敏感性等几个方面。视觉冗余压缩的核心思想是去掉那些相对人眼而言是看不到的或可有可无的图像数据。在帧间预测编码中,大码率压缩的预测帧及双向预测帧的采用也是利用了人眼对运动图像细节不敏感的特性。

除了上述提到的几种冗余外,图像冗余度还包括构造冗余、知识冗余等。

各种不同的压缩方法都是利用了上述各种信息冗余的部分或全部,从而实现图像的压缩。图像数据压缩的复杂性在于图像的相关性质较为复杂,不具备理想的平稳性质,单一的相关模型不可能刻画所有的情况。解决海量遥感数据存储和传输的关键在于研制使用高性能、适合网络传输的图像数据压缩算法(罗睿,2001)。在长期的探索中,图像压缩不仅在压缩理论、算法中不断进步,而且在算法的硬件化、标准化和商业化的道路上也取得了同样显著的成就。

传统的数字图像压缩技术主要有预测(PMC、DPMC)、向量量化(vector quantization)、层次化(hierarchical coding)、子波(subband coding)和变换编码(transform coding)等方法。近年来,神经网络法、基于模型基、分形与小波变换及适宜于噪声信道的编码技术是研究的热点。各种压缩标准一般都成功地采用了一种或多种以上的压缩技术。总的来说,压缩系统的基本构成可以用图 3.19 表示,其中虚框为可选部分。

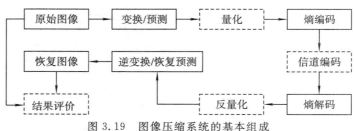

图 3.19　图像压缩系统的基本组成

3.4.2　压缩编码技术

根据编码理论,图像压缩又可分为概率统计编码、预测编码、变换编码等。常用的霍夫曼编码、算术编码、游程编码和 LZW 编码都属于概率统计编码,由于这些编码都是基于图像的统计特性,因此压缩比与图像冗余度成正相关。预测编码则首先预测目标值,然后根据预测值与实际值的差进行量化和编码,最后在接收端解码,根据预测值和解码值重建图像。DPCM(differential pulse code modulation)作为最重要的预测编码方法,易于硬件实现,在许多领域得到了广泛的应用,其最大的弱点是降低了抗误码能力,容易造成误码扩散现象(严俊雄 等,2008)。

随着近年来数学方法与工具的发展,变换编码获得了长足的发展,成为最有效的压缩方法之一。变换编码的基本思想是从频域(变换域)的角度减小数据相关性,通过正交变换将数据从相关性很强的空间域变换到相关性较弱的变换域,并通过保留方差较大的变换系数,舍弃方差较小的变换系数来实现压缩。常用的变换有 KI 变换、DCT 变换、DST 变换、DFT 变换及 DWT 变换等。离散余弦变换(discrete cosine transform,DCT)作为最成熟的技术,在很多领域得到了广泛应用,而离散小波变换(discrete wavelet transform,DWT)也因其显著的特点引起了越来越多学者的关注(严俊雄 等,2008)。

基于提升方案的 IWT(小波变换)(Shapiro,1993)和改进 SPIHT(set partitioning in hierarchical trees)的图像压缩算法,压缩率明显高于基于 DCT 的压缩算法,而且比第一代小波变换运算效率高、压缩率可调,对信道噪声具有很强的鲁棒性(Said et al,1996)。基于自相似性和尺度变化无限性的分形图像压缩方法能获得相当高的压缩比和很好的压缩效果,虽然目前还不够成熟,但是具有很大的潜力。

无人机处于高速运动状态,压缩中需采用运动补偿技术,其关键在于:首先需要检测前后帧之间局部哪个位置有运动和运动到哪里,也就是要对图像子块的运动向量进行计算和估值,简称运动估值。运动估值不仅是计算机视觉领域中的一项重要技术,而且也是视频图像通信和压缩编码的关键技术,它的精度对编码效率具有极其重要的影响。

1.　熵编码

对于一串许多数值构成的数据来说,如果其中某些值经常出现,而另外一些值很少出现,则这种由取值上的统计不均匀性就构成了统计冗余度,可以对其进行压缩。熵编码的思想是对那些经常出现的值用短的码组来表示,对不经常出现的值用长的码组来表示,因而最终用于表示这一串数据的总的码位,相对于用定长码组来表示的码位而言得到降低。

熵编码数据压缩的理论来源于香农的熵编码定理。一个离散无记忆信源可用一个概率空间来描述:

$$\begin{bmatrix} \dfrac{\boldsymbol{X}}{\boldsymbol{P}(\boldsymbol{X})} \end{bmatrix} = \begin{bmatrix} x_1 & x_2 & \cdots & x_n \\ p(x_1) & p(x_2) & \cdots & p(x_n) \end{bmatrix}, 且满足 \sum_{i=1}^{n} p(x_i) = 1$$

该离散信源的信息熵定义为

$$H(\boldsymbol{X}) = -\sum p(x_i) \log_2 p(x_i) \tag{3.8}$$

变长编码定理指出,对于离散无记忆信源进行 M 进制不等长编码,在满足条件

$$H(\boldsymbol{X})/\log_2 M \leqslant l < 1 + H(\boldsymbol{X})/\log_2 M \tag{3.9}$$

时,总可以找到一种无失真编码方法,构成单义码。式中 l 表示信源编码后的平均码长。

熵编码定理表明:对非均匀概率分布的信源使用等长编码时存在表示上的冗余。因此,熵编码的作用就是从数据描述意义上去消除数据的冗余,压缩系统一般都会最后利用熵编码技术来提高数据压缩的效率。

熵编码代表性的技术有赫夫曼编码、算术编码、LZW 编码、位平面编码、分层记数编码 HNC(Oktem et al, 1999)等。赫夫曼编码的原理是对出现频率高的符号分配较短的码字,对出现频率较低的符号分配较长的码字,从而达到数据压缩的目的,是一种最优码。在图像压缩领域,以赫夫曼编码和算术编码最为常用,JPEG 就推荐使用这两种方法,它们都是基于概率统计特性的变字长编码方法。

2. 预测编码

预测编码是指根据一定的规则先预测出下一个像素点或图像子块的值,然后把此预测值与实际值的差值传送给接收端。具体方法是:

(1)当前帧在过去帧的窗口中寻找匹配部分,从中找到运动矢量。

(2)根据运动矢量,将过去帧位移,求得对当前帧的估计。

(3)将这个估计与当前帧相减,求得估计的误差值。

(4)将运动矢量和估计的误差值送到接收端去。

(5)接收端根据收到的运动矢量将过去帧做位移,再加上接收的误差值,即为当前帧。

由于运动矢量及差值的数据低于原图像的数据量,因而也能达到图像数据压缩的目的。实际应用中根据参考帧选取的不同,具有运动补偿的帧间预测可以分为前向预测、后向预测和双向预测,双向预测的压缩效果最为明显。

预测编码是利用图像信号在局部空间和时间范围内的高度相关性,用已经传出的近邻像素值作为参考,预测当前像素值,然后量化、编码预测误差,最常用的是差分脉冲编码调制法(DPCM)。DPCM 所传输的是预测误差,即经过再次量化的实际像素值与其预测值之间的差值。预测值是借助待传像素值附近的已经传出的若干像素值估算(预测)出来的,由于图像信号临近像素间的强相关性,临近像素的取值一定很接近,因此预测具有较高的准确性。预测误差所需要的量化层数要比直接传送像素值本身减少很多,DPCM 就是通过去除临近像素间的相关性和减少对传送符号的量化层数来实现码率压缩的,图 3.20 为 DPCM

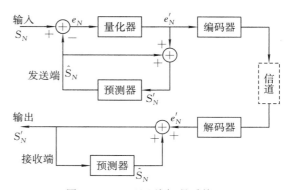

图 3.20　DPCM 编解码系统

编解码系统。"预测"这种映射本身并不引入误差,实际应用中为提高压缩比经常使用量化器,使得最终恢复的图像产生失真。

在视频信号中,图像在相邻帧间存在很强的相关特性。帧间预测是利用帧间的时间相关性来消除图像信号的冗余度,提高压缩比,是一个有利于运动序列图像压缩的重要方法。通常采用 DPCM,用已经编码传送的像素来预测实际要传送的像素,即从实际像素值中减去作为预测参考对象的像素值,而只传送它们的差值,从而降低图像编码的比特数。由于画面上运动部分在帧与帧之间有连续性,也就是说当前的图像的某些局部画面可看作前面某时刻图像的局部画面的位移。运动补偿法是跟踪画面内的运动情况,对其加以补偿之后再帧间预测,即利用反应运动的位移信息和前面某时刻的图像,来预测出当前的图像,运动补偿后所得的预测差值更小,从而提高了压缩效率。

由于线性预测较简单,易于硬件实现,因此在图像压缩编码中得到广泛运用,但预测编码也有其自身的缺点:

(1)依赖于图像相邻像素间的相关性,但很多航测图像的相关性较弱。

(2)对信道误码的敏感性,由于被传送的预测误差要在解码器中与预测值叠加重建原始信号,而预测值是由先前接收到并重建的像素值预测出来的,因此传输误码在解码器中有累积效应,一个传输误码会引起一系列错误的解码重建值,即形成差错扩散。

在经典的图像编码技术中,预测编码和变换编码是两类主要编码方法。但随着成像技术的发展,以及对于大压缩比下的图像质量要求,单独的预测编码已不能适应遥感图像数据压缩的需要。

3. 量化技术

量化处理的作用是在一定的主观保真度图像质量前提下,丢掉那些对视觉效果影响不大的信息,即把动态范围大的输入映射为一个动态范围小的输出集合,其根本目的是缩减数据量。量化是造成图像编解码信息损失的根源之一。由于对不同的频率分量的视觉感受不同,所以在量化器设计时,可以根据不同频率分量的视觉响应效果和动态量化要求选择亮度、色度的量化步长,可以分为标量量化(scalar quantize)和矢量量化(vector quantize)两种。

标量量化有均匀的标量量化和非均匀的标量量化两类,均匀的标量量化使用均匀的量化区间量化连续数据,而非均匀量化则相反。在基于小波的压缩研究中,对标量量化最有意义的发展是零树编码中的渐进量化思想。渐进量化使用不断改变的量化步长对小波系数进行量化,从而形成了嵌入式的编码数据流,极大地推动了小波压缩算法的研究。

矢量量化利用了系数之间的相关性,一般能够取得比标量量化更好的性能。矢量量化的一般过程是,先确定输入矢量的构成方式,然后根据样本的统计特性将矢量空间划分为不同的子区域,其区域中心形成码本。量化时,找到输入矢量的最临近子区,输出其编号,完成矢量量化;解码时直接以标号代表的码本作为输出矢量即可,码本的设计和搜索算法是矢量量化的关键。

矢量量化不仅可以作为图像编码系统中的量化环节使用,而且可以成为一种独立的图像编码方法,利用被量化图像数据之间的相关性进行压缩,具有较高的数据压缩性能。

矢量量化步骤如下:

(1)先把图像的每 K 个样值分为一组,每个样值可以看成是 K 维空间的一个矢量。

(2)对每个矢量进行量化。

由信息熵定理可知，当数据相关的时候，采用多维编码将比一维编码有更小的平均编码熵；在数据的相关阶数不小于编码维数的条件下，高维编码总会比低维编码有更高的编码效率。另外，当数据为 K 阶相关时，任何高于 K 维的高维编码也仅能以 K 维编码的平均编码熵为下限，即矢量编码的矢量维数 K 最高不应高于数据的相应阶数。

矢量量化编码的突出优点是解码器非常简单，主要是一个存有码矢量的码书，通过查找表很容易实现。矢量量化编码的主要缺点是编码过程计算复杂，码矢量搜索的计算负担大。

矢量量化编码所能达到的图像质量取决于很多因素，包括像素矢量块的大小、像素间的相关性、码书对编码图像的适应性等，主要适合于低码率图像编码。对于高码率、随地貌不同变化很大的图像而言，矢量量化方法的复杂度过高，并且很难建立有充分代表性的训练集，不利于压缩。

量化通常都还要涉及一个很重要的问题，即如何进行字节分配。字节分配的含义是在一定的比特率条件下，如何确定不同波段的量化步长以使信噪比最大。

4.　变换编码

变换编码是指将给定的图像变换到另一个数据域（如频域）上，使得大量的信息能用较少的数据来表示，从而达到压缩的目的。图像变换利用了图像的相关性，其目的是使图像在变换域有更好的统计分布特性，以有利于量化的实施和提升数据摘编码的效率。数据压缩的核心是量化和逼近，一旦选定了量化的具体方法，在有误差的情况下，数据逼近的性能就完全取决于所采用的图像变换的性质。

常用的图像变换有 KL、离散傅里叶变换（DFT）、离散余弦变换（DCT）、小波变换（DWT）、离散阿达马变换（DHT）、子波变换等。各种变换的根本区别在于选择不同的正交向量，得到不同的正交变换。正交变换在不同程度上减少随机向量的相关性，而且信号经过大多数正交变换后，能量会相对集中在少数变换系数上，删去对信号贡献小（方差小）的系数，利用保留下来的系数恢复信号时不会引起明显的失真。KL 在均方误差准则下，理论上是一种最佳的变换，但由于基向量的选取与信号的统计特性有关，不具有普遍适用性，同时缺少快速算法导致不能被普遍应用，只有理论价值。DCT 在信号的统计特性符合一阶平稳马尔可夫过程时，十分接近 KLT，变化后能量集中程度较高；即使信号的统计特性偏离这一模型，DCT 的性能下降也不显著。由于 DCT 的这一特性，再加上其基向量是固定的，并具有快速算法等原因，在图像数据压缩中得到广泛的应用。目前许多国际标准如 JPEG、MPEG、H26x 等都采用了 DCT，但是编码过程会使物体在景象中的位置略有移动即发生几何畸变。另外，在高压缩比场合，重建图像可能出现晕圈、幻影，产生"方块"效应。近年来，在高比率图像压缩应用，关于小波变换图像压缩算法的研究和应用十分活跃。小波变换由于其整体变换和时频局部化分析的特点，突破了傅里叶变换的局限。与 DFT、DCT 不同，它在时域和频域上同时具有良好的局部化性质，对高频成分采用逐步精细的时域（空间域）取样步长，可以聚焦到对象的任意细节，方便产生各种分辨率的图像，适应于不同分辨率的图像输入输出设备和不同传输速率的通信系统，新的视频和静止图像压缩国际标准都将以小波变换为基础。

1）离散余弦变换编码

离散余弦变换（discrete cosine transform，DCT）是一种时域到频域的正交变换，图像数据经其变换后可以得到频谱分布，广泛用于图像数据压缩，被认为是视频图像压缩中最有效的变换编码。目前静止图像处理方法绝大多数是基于离散余弦变换，虽然已经取得了相当广泛的应用,但是利用编码的核心是将图像分块后再量化编码,因而存在方块效应和蚊式噪声,即使在编码系统中采用后滤波处理和自适应量化等处理手段,效果仍然不佳(刘荣科 等,2002)。

离散余弦变换是将图像子块从空间域转换到频率域,然后按低频到高频的顺序重排。由于图像频谱从低到高逐渐衰减,可以在一定量化等级下进行舍弃,从而达到压缩的目的。DCT 变换在信息压缩能力和计算复杂性之间提供了一种很好的平衡,最主要的两个优点是低复杂度和能量集中性好,成为很多国际图像压缩标准的基础,如 JPEG 和 MPEG 等。DCT 压缩的前提是表征图像信息的能量集中在变换域内,它才能分离出图像的高频和低频信息,然后对图像的高频部分进行压缩达到压缩图像数据的目的。而高频信息恰恰表征的就是纹理等细节信息,因此 DCT 处理过程很容易造成图像纹理信息的丢失,易产生"方块"效应,压缩效果不是很理想。

由于 DCT 的低复杂度和能量集中性好,将其应用于影像数据压缩的研究仍在进行中,目前的研究主要有以下几个方面。

a. DCT 块效应的去除

DCT 的块效应导致块边界的隔绝,进一步造成重建图像边界处的配合不好。针对块效应问题,重叠技术被引入图像压缩技术中,其原理是实现信号的部分重叠处理。基于 DCT,以消除块效应为目的的重叠变换(lapped transform,LT)具有两类典型的变换流程:一类是在 DCT 变换后的频域进行重叠变换(Malvar,1998);一类是在 DCT 前直接在时域进行重叠变换(Tran et al,2003),常称为后处理和预处理,一般统称为双正交重叠变换(lapped biorthogonal transform,LBT),如图 3.21 所示。

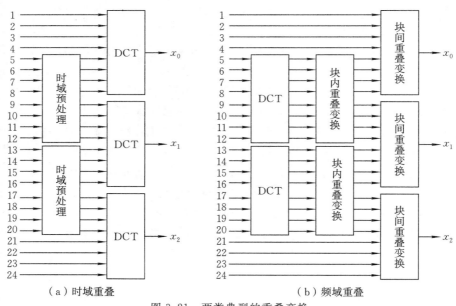

（a）时域重叠　　　　　　　　　　　　（b）频域重叠

图 3.21　两类典型的重叠变换

EDCT(enhanced discrete cosine transform)算法(Pen-Shu et al,2000)输入的原始图像数据要求是 8×8 的数据块,算法先对数据块进行去除相关性的变换,包括二维 DCT 变换、横向 DCT 加纵向 MLT(modulated lapped transform)的混合变换和二维 MLT 变换三种。一维 MLT 变换用到 16 个输入系数,其中 8 个系数是当前块内的,另外 8 个系数分属水平方向左右两端的两个块,因而在编码时同处于水平位置的子块是相互联系的,可利用水平位置相同的数据块间的混叠消除 DCT 所固有的方块效应。目前也有采用直接在 DCT 域中进行检测和消除块虚像技术的趋向,其特点是当一个 DCT 系数由拉普拉斯概率函数模型化时,减小块虚像可以对 DC 系数和 AC 系数进行修正或重新计算。Triantafyllidis 等(2002)提出,在由每个 DCT 块所形成的大小为原图像 1/64 DC 图像中,采用 Sobel 梯度算子把原图像所有边缘块划分成 3 类,然后用不同的类处理方法进行处理,能在尽可能多地保留原图像完整性的同时减小块虚像。

目前基于块 DCT 编码的方法还有改进变换手段和对变换信号的修正,如形状自适应 SA(shape adaptive)-DCT。除了上述改进变换手段外,还有一种修正信号适应于 DCT,如 DCT 块内的外像素用外插值(特殊时用块内平均值)的填充 RF(region filling)-DCT 等。最近提出的注重区域编码的区域支撑 RS-DCT(Min et al,2006)综合了自适应变换和外插法的优点,进一步拓展了新的研究与应用空间。同样,将小波变换和 DCT 相结合去除 DCT 的块效应(Liew et al,2004),综合了两者的优点,取得了良好效果。

b. 基于 DCT 方法的整数实现

对 DCT 研究的另一个方向是其整数实现。在图像压缩中,图像的像素值为整数,对其实施整数到整数的变换可以保证信息的无损表示;整数变换的另一个重要特点是计算复杂度低,适合硬件实现。借助于提升方法的数学思想,人们开始研究基于提升结构的整数 DCT,如 Tran(2000)提出了 8 点整数 DC,利用提升方法将 Malvar 的双正交重叠变换部分整数实现,并将之应用到图像压缩,得到与目前 JPEG2000 推荐使用的 CDF9-7 小波几乎相同的压缩效果;Fong(2002)等对各种重叠变换的整数实现进行了研究,提出了 ILT(integer lapped transform)。

2)小波变换编码

小波变换是 20 世纪 80 年代后期发展起来的一种新的信息处理方法,它是继傅里叶变换之后又一里程碑式的发展,解决了很多傅里叶变换不能解决的困难问题,是空间(时间)和频率的局域变换,能更加有效地提取信号和分析局部信号。用于图像编码时,多尺度分解提供了不同尺度下图像的信息,并且变换后能量大部分集中在低频部分,方便对不同尺度下的小波系数分别设计量化编码方案,在提高图像压缩比的情况下能保持好的视觉效果和较高的峰值信噪比。因此,在新的国际静态图像压缩标准 JPEG2000 中,9-7 与 5-3 双正交小波被分别推荐为有损压缩与无损压缩的标准变换编码方法。

目前由多尺度、时频分析、金字塔算法等发展起来的小波分析理论成为遥感图像压缩、处理和分析最有用的工具(Servetto et al,1999)。小波变换用于图像编码的基本思想就是对图像进行多分辨率分解,分解成不同空间、不同频率的子图像,然后再对子图像进行系数编码。系数编码是小波变换压缩的核心,实质是对系数的量化压缩。DWT 能够实现能量的集中,大大改善了压缩质量;选择适合人类视觉系统的小波基函数,能改善压缩图像的主观效果。

基于小波变换的图像压缩步骤是:

(1)把纹理复杂性作为区域重要性的衡量标准进行图像分解。

(2)为重要区域进行标码确保重建的图像质量。

(3)对非重要区域进行矢量编码,达到压缩的目的。

基于离散小波变换(DWT)的图像压缩编码与解码过程如图 3.22 所示(严俊雄 等,2008)。

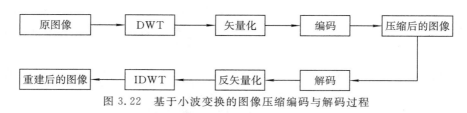

图 3.22　基于小波变换的图像压缩编码与解码过程

基于小波变换的图像压缩的主要优点如下：

（1）具有较高的压缩比。

（2）可以压缩数据量非常大的图像。

（3）可以多种分辨率显示影像数据。

（4）可以进行选择性解压，仅对影像部分区域进行解压，解压速度快。

（5）可实现即时、无缝、多分辨率的大量图像浏览，无须等待、无须分块处理。

（6）小波分解和重构算法是循环使用的，易于硬件实现。

目前，在遥感图像压缩应用领域，基于二维离散小波变换的算法比较常用，如 JPEG2000、ECW 和 MRSID 等。

对于遥感影像而言，基于小波变换的压缩算法是一种比较理想的压缩算法，目前对小波变换应用于遥感影像压缩的研究集中于以下几个方面：

a. 小波变换的整数实现及快速计算

小波变换用于影像压缩中一个主要问题是计算复杂度较高。基于提升方案的小波通过分裂、预测和更新三个步骤，将原始信号分解为低频信号与高频细节信号，克服了第一代小波局限于无限区域或周期信号的弱点，同时保留了多尺度的特性，并且整个变换仅仅依靠移位运算和加减运算完成，便于硬件实现，这通常被称为第二代小波。目前，最行之有效的整数变换是利用提升矩阵构造小波变换的整数变换方法，利用提升方案，可以构造新的小波滤波器以及可整数实现的小波。此外，在提升方案的基础上，研究人员还提出了一些降低小波变换复杂度的方法，如空间几何尺度、自适应方法、最佳提升系数、提升的统一框架、提升小波的有效结构、多阀值嵌入零树编码算法、实时数据压缩与重构、后拉伸方法、空间组合推举机制等。小波变换用于静止图像压缩，通常需要整幅图像来保证图像质量，需要的存储量较大，为此研究人员提出了一些低内存的小波变换算法，如 FLY 小波、基于行的小波变换方法等。

b. 小波变换的编码方法

Shaprio(1993)提出嵌入式零树小波算法（embedded zerotree wavelet，EZW）显示了小波变换具有高压缩比的优越性能，奠定了小波变换在图像压缩中的地位。后来，基于零树思想，有学者提出了一些更简单精细的编码算法，如 SPIHT(Said et al，1996)。SPIHT 可以不用算术编码就能达到 EZW 的压缩效果；以 SPIHT 为基础，SBHP、NL SPIHT（无链表的 SPIHT）等内存需求更小的算法相继被提出。SPECK 算法采用基于块的集合组成和分裂方法以充分利用子带内能量聚集特性，提高了编码效率。

Taubman(2000)提出的基于优化截断嵌入式块编码（embedded block coding with optimized truncation，EBCOT)算法，是一种具有对嵌入式码流进行优化截取机制的嵌入式分块编码方法，计算复杂度低，压缩效果好；与 SPIHT 相比具有多种渐进性的优势，而且对于大尺寸图像编码时也只需要较少的内存和计算资源，被指定为 JPEG2000 的编码方法。Kewu

等(2004)对 EBCOT 算法做了改进和推广,提出了称为 PCAS 的算法,更好地利用了子带间和子带内系数间的非线性相关性,提高了编码效率。Oliver 等(2006)提出了一种低树小波编码(lower tree wavelet,LTW)的算法,算法中系数树不仅用于集合划分,而且作为编码系数的快速实现路径,获得了与 SPIHT 和 JPEG2000 相近的压缩效果,但计算复杂度大大降低。

5. 分形编码

分形图像编码突破了以往熵压缩编码的界限,在编码过程中采用类似描述的方法,通过迭代完成解码,且具有分辨率无关的解码特性,是目前较有发展前途的图像编码方法之一。编码特点是:压缩比高,压缩后的文件容量与图像像素数无关,压缩时间长,解压缩速度快。分形图像编码的思想最早由 Barnsley 和 Sloan 引入,随着几十种新算法和改进方案的问世,目前分形图像编码已形成了三个主要发展方向:加快分形的编解码速度,提高分形编码质量,分形序列图像编码。

分形是通过图像处理技术将原始图像分成一些子图像,然后在分形集中查找这样的子图像。分形集存储许多迭代函数,通过迭代函数的反复迭代,可以恢复原来的子图像。

分形编码压缩步骤:

(1)把图像划分为互不重叠的、任意大小的 D 个分区。

(2)划定一些可以相互重叠的、比 D 分区大的 R 分区。

(3)为每个 D 分区选定仿射变换表。

分形编码解压步骤:

(1)从文件中读取 D 分区划分方式的信息和仿射变换系数等数据。

(2)给 D 图像和 R 图像划定两个同样大小的缓冲区,并把 R 初始化到任一初始阶段。

(3)根据仿射变换系数对其相应的 R 分区做仿射变换,并用变换后的数据取代该 D 分区的原有数据。

(4)对所有的 D 分区都进行上述操作,全部完成后就形成一个新的 D 图像。

(5)再把新 D 图像的内容拷贝到 R 中,把新 R 当作 D,D 当作 R,重复迭代。

6. 模型基编码

模型基编码把图像看作三维物体经摄像机在二维图像平面上的投影,利用图像的轮廓、区域等二维特征,或者物体本身的三维形状、运动参数等三维特征,甚至三维物体模型等,通过对输入图像和模型的分析得出模型的各种参数(几何、色彩、运动等),再对参数进行编码传输,由图像综合恢复图像,这是一种利用图像内容的先验知识来进行编码的方法。不同于传统的波形编码,它充分利用了图像中景物的内容和知识,可实现高达 104:1 和 105:1 的图像压缩比,恢复后的图像类似于动画,只有几何失真而无经典编码中出现的颗粒量化噪声,使图像质量大大提高。模型基编码的核心是对模型本身或模型参数进行编码传输,如果模型足够好,对模型的描述又足够成熟,那么模型基编码就有很强的利用性。根据信源模型和编码方法的不同,模型基图像编码分为区域基编码、分割基编码、物体基编码、知识基编码和语义基编码等。在经典编码中,DPCM/DCT 混合编码效率高、时延短、技术成熟,目前已被多种视频编码标准所采纳。

由于计算复杂度和技术成熟程度等原因,分形编码、神经网络编码、模型基编码等新的压缩编码方法短时间内很难应用于影像数据实时压缩领域。

3.4.3　压缩编码标准

随着图像压缩技术的发展,图像编码方法繁多,发展也相当迅速,根据不同应用目的而制定的图像压缩编码的国际标准相继被推出,再加上数学、工程技术以及计算机本身体系结构软硬件性能的深入发展和提高,使得图像编码的理论和技术得到了前所未有的发展和应用。目前制定静态图像编码标准的主要是 JPEG(Joint Photographic Experts Group)组织,先后提出了 JPEG 和 JPEG2000 两套静态图像压缩标准。JPEG 标准是基于离散余弦变换(DCT)的变换编码,JPEG2000 采用了以离散小波变换为核心的压缩技术。小波变换是一种同时具有时—频分辨能力的变换,优于传统余弦变换之处在于它具有时域和频域"变焦距"特性,十分有利于信号的精细分析。与 JPEG 相比,JPEG2000 在静态图像压缩和数据的访问上面提供了更高的效率和更大的灵活性(马社祥 等,2001)。

视频压缩的历史开始于 20 世纪 50 年代,经过 50 多年的深入研究与应用,已经形成了一套比较系统、成熟的视频编码技术(陈坤,2012)。运动图像专家组(Motion Picture Expert Group,MPEG)专门负责制定多媒体领域内的相关标准,主要应用于存储、广播电视、因特网或无线网上的流媒体等;国际电信联盟(ITU)则主要制定面向实时图像通信领域的图像编码标准,如图像电话、图像会议等应用。国际电信联盟视频编码专家组(ITU-T VCEG)和国际标准化组织运动图像专家组(ISO MPEG)于 2001 年合作形成了联合视频组(Joint Video Team,JVT),共同开发新一代的低比特率视频标准 H.264(胡伟军 等,2003)。

1. JPEG 系列标准

1)JPEG 标准

JPEG 是国际标准化组织(ISO)和 CCITT 联合图像专家组的英文缩写,代表静态图像压缩编码标准。与相同图像质量的 GIF、TIFF 等其他常用文件格式相比,JPEG 是静态图像压缩比最高的一种编码方法。正是由于其高压缩比,使得 JPEG 被广泛地应用于网络带宽非常宝贵的多媒体和网络程序中。JPEG 标准很好地利用了人眼对图像不同视觉信息敏感度不同的特性,其核心算法为离散余弦变换。离散余弦变换算法是将空间域的图像变换为频率域的图像,然后对不同频率域的图像采用不同的量化步长,从而达到保留视觉敏感信息、丢弃视觉不敏感信息的效果。在压缩过程中,图像被细分为 8×8 的像素块,对这些像素块进行从左到右、从上到下的 DCT 计算、量化和变长编码分配等处理。作为一种对称的压缩,JPEG 压缩与解压的时间基本相同。JPEG 压缩编码易于硬件实现,因此在图像压缩领域使用最为普遍;最大的问题是在大压缩比的情况下出现的严重"方块"效应和"边缘"效应。

JPEG 算法适用于灰度和颜色连续变化的静止图像,分为有损压缩和无损压缩两种,具有顺序编码、累进编码、无失真编码和分层编码 4 种操作方式。JPEG 有损压缩方法是以 DCT 为基础的压缩方法。JPEG 无损压缩方法又称预测压缩方法。但最常用的是基于 DCT 变换的顺序型模式有损压缩,又称为 JPEG 基本系统(Baseline),具有先进、有效、简单、易于交流的特点。

JPEG 标准采用的是一种高压缩比的有损压缩算法,其压缩过程主要包括 3 个基本步骤:

(1)通过离散余弦变换(DCT)去除数据冗余。DCT 是影像压缩的重要步骤,是压缩过程中量化和编码的基础,它通过正交变换将图像由空间域转换为频率域,对于 $N \times N$ 维的数据,经变换以后仍然得到 $N \times N$ 的数据。 虽然 DCT 变换本身并不对影像进行压缩,但变换消除了数据之间的冗余性。

（2）使用量化表对 DCT 系数进行量化。量化表是一个量化系数矩阵，通过量化可以降低整数的精度，减少整数存储所需的位数。量化过程除掉了一些高频分量，损失了高频分量上的细节。由于人类视觉系统对高空间频率远没有低频敏感，经过量化处理的图像从视觉效果来看损失很小。由于低空间频率中包含大量的影像信息，经过量化处理后，在高空间频率段出现大量连续的零，有利于通过编码减小数据量。

（3）对量化后的 DCT 系数进行编码使其熵达到最小。遥感图像数据经过 DCT 和量化之后，在高频率段会出现大量连续的零，采用赫夫曼可变字长编码，可使冗余量达到最小。

由于 JPEG 优良的品质，目前网站上 80％的图像都是采用 JPEG 标准。然而，随着信息技术的发展，传统 JPEG 压缩技术已经无法满足人们的要求。因此，1997 年国际标准化组织（ISO）和 JPEG 小组，联合开始了 JPEG2000 国际标准的制定工作。

2）JPEG2000 标准

JPEG2000 标准具有极低码率下的高压缩性能，对于有限带宽的遥感图像传输系统有很大意义，在无人机图像传输系统中具有很好的应用前景。

JPEG2000 标准提供无损和有损压缩两种模式，允许通过累进增加像素精度和空间分辨率来重建图像，不用牺牲图像质量和增加比特流就能从比特流中有效抽取低比特率的图像。当对有重要意义的遥感图像压缩码流解码时，可以通过累进方式逐步恢复图像精度；而对于那些不太重要的图像数据，可以通过解出前面的码流就能浏览全图，从而节省时间。JPEG2000 标准提供了固定码率、固定大小，而且允许在比特流中定义特殊区域（ROI），并对该区域进行任意的访问和处理。当遥感图像中某些目标区域有重要意义时，就可以使用比图像其他部分小得多的失真度对该区域解压缩，从而实现压缩率与高信息保真的较好结合。最重要的是 JPEG2000 标准提供了有效的抑制比特误码措施，能保证当错误发生时解码器依然能解码，而且具有良好的鲁棒性，能较好地恢复图像（张晓林 等，2008）。

相对于 JPEG 标准，JPEG2000 放弃了以离散余弦变换（DCT）为主的区块编码方式，改用以离散小波变换为主的多解析编码方式。此外，JPEG2000 还将彩色静态画面采用的 JPEG 编码方式与二值图像采用的 JBIG 编码方式统一起来，成为对应各种图像的通用编码方式。不仅在压缩性能方面明显优于 JPEG，它还具有很多 JPEG 无法提供或无法有效提供的新功能。它把 JPEG 的 4 种模式（顺序式、渐进模式、无损模式和分层模式）集成在一个标准之中，在编码端以最大的压缩质量（包括无失真压缩）和最大的图像分辨率压缩图像，在解码端可以从码流中以任意的图像质量和分辨率解压图像，最大可达到编码时的图像质量和分辨率，主要特征（马社祥 等，2001）如下：

（1）高压缩率。由于离散小波变换将图像转换成一系列可更加有效存储像素模块的“子波”，JPEG2000 格式的图片压缩比可在现在的 JPEG 基础上再提高 10％～30％，而且压缩后的图像显得更加细腻平滑。

（2）提供无损和有损两种压缩方式，同时 JPEG2000 提供的是嵌入式码流，允许从有损到无损的渐进解压。

（3）渐进传输。JPEG 图像下载是按“块”传输的，因此只能逐行显示，而采用 JPEG2000 格式的图像支持渐进传输，即先传输图像轮廓数据，再逐步传输图像细节数据，图像的显示就由模糊到清晰逐渐变化。

　　（4）感兴趣区域压缩。小波在空间和频率域上具有局域性，要完全恢复某个局部图像信息，只需要相对应的一部分编码系数精确，不要求整幅图像都保存。因此，可以指定图片上感兴趣区域，然后在压缩时对这些区域指定压缩质量，或在回复时指定某些区域的解压缩要求。

　　（5）码流的随机访问和处理。允许用户在图像中随机地定义感兴趣区域，使得这一区域的图像质量高于其他图像区域，也允许用户进行旋转、移动、滤波和特征提取等操作。

　　（6）容错性。在压缩后数据的传输过程中，很有可能会在码流中出现位级别错误，这常发生在无线传输过程中，码流的容错性就可以使得解码过程顺利进行。

　　（7）开放的框架结构。开放式架构中编码器只需要实现核心的工具算法和码流的解析，使得在不同的图像类型和应用领域可以优化编码系统。

　　（8）基于内容的描述。图像文档的索引和搜索是图像处理中的一个重要领域，基于内容的描述，针对此种应用提供了一个快捷的解决手段，是 JPEG2000 压缩系统的重要特性之一。

　　JPEG2000 的编码步骤如下：

　　（1）对源图像数据进行预处理。

　　（2）进行小波变换将空域图像信息转换为具有空域和频域双重特征的小波系数。

　　（3）对小波系数进行量化。

　　（4）采用 EBCOT 算法和 MQ 算数编码器进行熵编码，最终形成 JPEG2000 编码流。JPEG2000 的编码流程如图 3.23 所示。

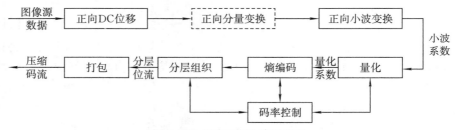

图 3.23　JPEG2000 编码流程

　　相比 JPEG，JPEG2000 使用了许多新的压缩技术，如用离散小波变换（DWT）代替了基于 DCT 编码算法。离散小波不仅提供了多分辨率特性，还使图像能量集中而能达到更好的压缩比，整型小波滤波器还可以在一个压缩码流中同时提供失真和不失真效果。传统的内嵌编码算法，如 EZW 和 SPIHT 只有 SNR 渐进性。JPEG2000 在 EBCOT 算法的基础上，将各小波子带划分为更小的码块，以编码块为单位独立作编码，并采用了内嵌块部分比特平面编码和率失真后压缩技术，对内嵌比特平面编码产生的码流按贡献分层，以获得同一编码流具有分辨率渐进特性和 SNR 渐进特性。在比特平面编码时，不同的码块产生的比特流长度是不相同的，它们对恢复图像质量的贡献也是不同的，利用率失真最优原则对每一码块产生的码流按照对恢复图像质量的贡献进行分层截取，最后按逐层、逐块的顺序输出码流（刘方敏 等，2002）。

2．MPEG 系列标准

1）MPEG-2 标准

　　MPEG-2 是 1991 年 5 月被提出并于 1993 年 7 月得到确认的国际标准，支持基于内容的操作和码流编辑，自然与合成数据混合编码，增强的时间域随即存取；具有多个并发流编码能力,实现对景物的多视角编码,具有通用存储性;提供一种抗误码的鲁棒性,可以实现基于内容的尺度可变性;对重要的对象用较高的时间或空间分辨率表示,具有自适应使用可用资源的能力。作为第一个面向对象的图像编码标准,MPEG-2 的出现具有很重要的历史意义。

MPEG-2 视频标准是活动图像信息的通用编码标准,基本算法同 MPEG-1,但增加了帧间预测,更适用于活动图像编码。MPEG-2 视频标准用于视频图像编码,码速率稍高,但具有较高的分辨率,而且图像质量很高。

编码步骤如下:

(1)压缩编码前对视频处理,进行杂波消除并根据应用需要降低分解力,减少色分量或进行隔行连续扫描变换等。

(2)进行运动估值以指导消除图像中的时间冗余等成分的运动补偿。

(3)消除图像中空间冗余成分。

(4)量化和变字长编码。

(5)通过缓冲器输出压缩编码后的比特流,以供信道编码传输,具体步骤如图 3.24 所示。

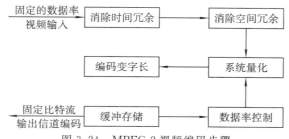

图 3.24　MPEG-2 视频编码步骤

MPEG-2 为了对不同的应用需要提供不同的编码方式,提出了型(profile)和级(level)的概念。型是 MPEG-2 的子集,共分 5 个,它们是 High、Main、Simple、SNR Scalable、Spatial Scalable,分别针对了不同的压缩比和可分级情况。在同一种型中,又可以根据图像的参数(如图像的格式大小)分成不同的级(level):High、High1440、Main 和 Low。对于同一型中的不同级遵守同一子集的语法,仅是参数不同,也就是说型规定了基本的语法元素以及怎么用,而级则规定了这些语法元素的取值范围,不同的型和级组合构成了多种编码方式。但是由于有些型和级的组合在应用中是不大可能出现的,所以没有定义。MPEG-2 视频编码的应用前景非常广阔,它在常规电视的数字化、高清晰电视 HDTV、视频点播 VOD、交互式电视等各个领域中都是核心的技术之一(毛伟勇,2009)。

MPEG-2 核心部分与 MPEG-1 基本相同,是在 MPEG-1 基础上的进一步扩展和改进,克服并解决了 MPEG-1 不能满足日益增长的多媒体技术、数字电视技术对分辨率和传输率等方面的技术要求的缺陷;是主要针对数字视频广播、高清晰度电视和数字视盘等制定的编码标准,可以支持固定比特率传送、可变比特率传送、随机访问、信道跨越、分级编码、比特流编辑等功能。

从本质上讲,MPEG-2 可视为一组 MPEG-1 的最高级编码标准,它保留了 MPEG-1 所提供的所有功能,并设计成与 MPEG-1 兼容,但又增加了基于帧和场的运动补偿、空间可伸缩编码、时间可伸缩编码、质量可伸缩编码以及容错编码等新的编码技术。

MPEG-2 有不可分级和可分级两种编码方式。它还定义了 5 个框架和 4 个级别,框架是标准中定义的语法子集,级别是一个特定框架中参数取值的集合。框架和级别限定以后,解码器的设计和校验就可以针对限定的框架在限定的级别中进行,同时也为不同的应用领域之间的数据交换提供了方便和可行性,其中主框架是应用最广、最为重要的一个。

用 MPEG-2 算法对数字视频信息进行的有损压缩编码可以大大减小存储信息所需的容量以及传输信息所需的带宽,压缩比可以达到 30∶1,而不会大幅降低视频质量。美军大部分无人机捕获的视频情报都以 GBS(全球广播系统)卫星单向广播方式传输给各战场作战中心。由于 MPEG-2 适用于广播级数字电视的编码和传送,压缩后再显示的图像可满足 CC IR601 的视频质量的要求,而现代无人机普遍装载高性能的光电和红外传感器,受发射功率和天线尺寸的限制,光电和红外传感器输出的电视图像必须数字压缩传输。MPEG-2 作为高性能数字化压缩算法,可以增大数据传输速率,并保证侦察信息在高压缩条件下失真较小,无疑具有良好的应用前景。

2)MPEG-4 标准

MPEG-4 主要是基于对象编码标准,其运动补偿算法仍是基于 DCT,其基本视频编码器还是属于与 H.263 相似的一类混合编码器。与 MPEG-1 和 MPEG-2 相比,MPEG-4 的不同主要体现在以下几点:

(1)基于内容的编码,不是像 MPEG-1、MPEG-2 基于像素的编码,而是基于对象和实体进行编码。

(2)编码效率的改进和并发数据流的编码。

(3)错误处理的鲁棒性,有助于低比特率视频信号在高误码率环境(如移动通信环境)下的存储和传输。

(4)基于内容的可伸缩性,用户可以有选择的只对感兴趣的对象进行传输、解码和显示。

3. H.26x 系列标准

1)H.26L 标准

H.26L 作为面向电视电话、电视会议的新一代编码方式,最初是由 ITU 组织的视频编码专家组(Video Coding Experts Group,VCEG)于 1997 年提出的,它的编码算法的基本构成延续了原有标准中的基本特性,同时具有很多新的特性,其主要性能如下:

(1)更高的编码效率,同 H.263v2(H.263+)或 MPEG-4 相比,在大多数的码率下,获得相同的最佳效果的情况下,能够平均节省大于 50% 的码率。

(2)高质量的视频画面,能够在所有的码率(包括低码率)条件下提供高质量的视频图像。

(3)自适应的延时特性,可以工作于低延时模式下,用于实时和没有延时限制的通信应用。

(4)错误恢复功能,提供了解决网络传输包丢失问题的工具,适用于在高误码率传输的无线网络中传输视频数据。

(5)有利的网络传输功能,语法在概念上分为视频编码层(video coding layer,VCL)和网络应用层(network adaptation layer,NAL),VCL 层包含了代表视频图像内容的核心压缩编码部分,而 NAL 包含了用于特定网络传输的信息包传输过程。因此,H.26L 能够更好地适应网络数据封装和信息优先权控制。

H.26L 标准同原有的标准相比,能够获得更高的压缩比和更好的图像质量,它的根本方法仍然采用了经典混合编码算法的基本结构。H.26L 的主要编解码框图如图 3.25 所示,图中虚线所示框图为 H.26L 相对于其他标准所特有的功能。

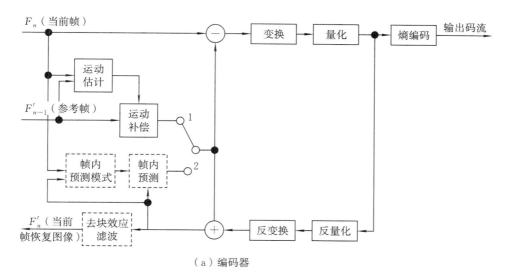

（a）编码器

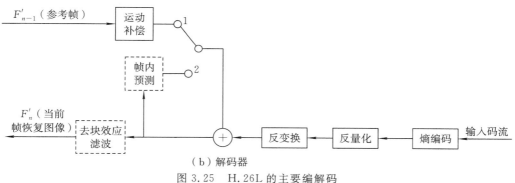

（b）解码器

图 3.25 H.26L 的主要编解码

从图 3.25 中可以看出，H.26L 的编码过程主要分为以下部分：

（1）将图像分成子图像块，以子图像块作为编码单元。

（2）当采用帧内模式编码时，对图像块进行变换、量化和熵编码（或变长编码），消除图像的空间冗余，帧内模式中还增加了帧内预测模式。

（3）当采用帧间模式编码时，对帧间图像采用运动估计和补偿方法，只对图像序列中的变化部分编码，从而去除时间冗余。解码过程为编码过程的逆过程。

2）H.264 标准

H.261 是第一个获得广泛应用的图像编码标准，它定义了完整的图像编码算法，采用了帧内图像编码、帧间误差预测、运动补偿、离散余弦变换、变长编码等技术，使用基于块的混合编码方案。

H.263 是 ITU-T 针对甚低码率（低于 64 kbit/s）的图像会议和可视电话推出的图像编码标准，它支持更多的图像格式，采用半像素精度运动估计、自适应的宏块（16×16）运动估计和块（8×8）运动估计，采用 3-D（LASTRUN-LEVCL）游程编码、可选的无限制运动矢量、可选的算术编码、可选的重叠运动补偿和四运动矢量高级预测模式、可选的双向预测。与 H.261 相比，性能上有了显著的提高，在相同的主观质量下，H.263 编码率仅为 H.261 的一半，其运动补偿精度提高到 1/2 像素（胡伟军 等，2003）。

与早期的 MPEG-1、MPEG-2 和 MPEG-4 标准类似，H.264 标准没有明确定义一个具体的编码标准，而是定义了一个视频码流的解码语法规则和为这个码流制定的解码算法，基本的功能模块以及熵编码均与之前的那些标准（如 MPEG-1、MPEG-2、MPEG-4、H.261 和 H.263 等）有所不同。H.264 编解码器的优势在于对每一个起作用元素的特别处理上，H.264 文档中只描述了码流结构与语法，以及实现这些技术的方法，并没有明确规定编解码器是如何实现的，这也给用户开发提供了较大的自由度（Shan et al，1997）。H.264 编解码器采用了与之前视频编码标准相似的编码方案，很容易分辨出 H.264 与之前编解码器功能相同的单元，如预测、变换、量化和熵编码等，而每一个功能单元都有一些重要的变化。

H.264/AVC 是 VCEG（图像编码专家组）和 MPEG（活动图像编码专家组）的联合图像组（joint video team，JVT）制定和发布的数字图像编码标准。H.264/AVC 标准采用统一的 VLC 符号编码、1/4 像素精度的运动估计、多模式运动估计、基于 4×4 块的整数 DCT 变换、分层编码语法等，其算法具有很高的编码效率。在相同的重建图像质量下，能够比 H.263 标准减少 50% 左右的码率，压缩效率比 MPEG-4 标准高出 40% 左右，同时码流结构网络自适应性强，能够很好地适应 IP 和无线网络的应用。

3.4.4　压缩传输方案

下边以无人机视频影像压缩传输方案为例，进行具体说明。

受微型无人机的载荷限制，系统首先选用重量较轻的高分辨率模拟摄像机采集视频信号，然后利用图像编码器将模拟图像生成分辨率较高的数字图像。编码后的数字图像数据量巨大，且无线通信信道的带宽有限，难以保证视频图像的实时传输，因此需要对数字视频图像进行编码压缩，压缩工作可以选用软件或专用硬件来完成。专用编码压缩软件代码规模较大，设备要求高，且机载微处理器功能有限，使其应用受到限制。为保证系统最优功能状态，选用 MPEG-4 专用编码芯片对采集后得到的数字图像进行硬件编码压缩，生成 MPEG-4 码流，实时性好，可靠性高。模块工作和码流流向由 ARM 微处理器调度管理。同时，微处理器通过 RS485 与摄像模块相连，传输摄像机镜头的控制信号，如变倍、变焦等。机载云台也通过 RS485 获得用户的远程控制信号，并通过水平和垂直方向的位置改变来满足用户的不同需求（黄家威 等，2011）。

无人机航空遥感数据传输与压缩可选方案有 3 种：

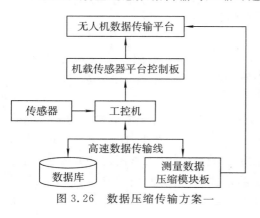

图 3.26　数据压缩传输方案一

（1）多模态遥感器系统通过工控机利用两条数据传输链路，同时将航拍数据一份存入硬盘，一份传输给航拍数据压缩模块板，进行数据压缩。压缩后的数据通过通信接口与无人机数据传输设备通信，实现数据对地传输。数据压缩传输方案一如图 3.26 所示。

方案一需要解决的问题：多模态遥感器系统需要提供两个数据传输接口，一个与机载遥感平台控制板通信，一个与数据压缩数字信号处理板卡通信，同时还要与机载遥感平台控制板共用无人机上高速 RS422 接口下传数据。

（2）多模态遥感器系统通过工控机利用两条数据传输链路，同时将航拍数据一份存入硬盘，一份传输给数据压缩模块板进行数据压缩。压缩后的数据经过机载传感器平台控制板数据传输线路，由无人机数据传输设备实现数据对地传输。数据压缩传输方案二如图 3.27 所示。

方案二与方案一的不同之处在于：压缩数据通过机载遥感平台控制板数据通道，统一经无人机上高速 RS422 接口下传数据。

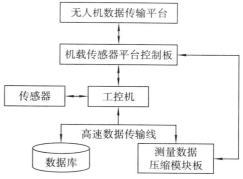

图 3.27　数据压缩传输方案二

（3）多模态遥感器系统通过工控机利用两条数据传输链路，同时将遥感数据一份存入硬盘备份，一份通过机载遥感平台控制板输入输出接口送入遥感数据压缩模块板进行数据压缩。压缩后的数据经过机载传感器平台控制板数据传输线路，由无人机数据传输设备实现数据对地传输。数据压缩传输方案三如图 3.28 所示。

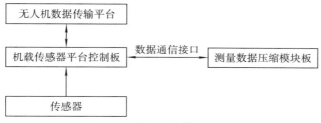

图 3.28　数据压缩传输方案三

方案三与方案一的不同之处在于：航拍数据直接送入机载遥感平台控制板数据通道，数字信号处理板卡通过接口与机载传感器平台控制板通信，获取数据、实现数据压缩并将压缩后的数据通过机载传感器平台控制板数据通道，经无人机上高速 RS422 接口下传数据。

通过比较并分析软硬件支持状况，以及实现数据传输与压缩的方便性，数据传输与压缩方案三为最佳方案。根据方案三的设计思路，研制组提出了具体的机上遥感数据传输与压缩方案：

（1）无人机搭载的多模态 CCD 相机对地成像，将获取的遥感图像以数字形式记录存储。

（2）机载遥感平台控制板通过输入输出设备读取遥感数据，数据通信程序将遥感平台控制板上获取的 BMP 式的遥感图像数据写到数字信号处理板卡的内存中。

（3）数据压缩模块板将获取的 BMP 图像数据压缩成 JPEG 图像数据，并将生成的 JPEG 图像数据写到指定的内存。

（4）由数据通信程序从板卡的指定内存中获取压缩后的 JPEG 图像数据，送到无人机数据传输链路。

遥感平台控制板与板卡数据传输通过 PC104＋接口进行通信。考虑到图像数据量大，系统采取了 DMA（直接存储器存取）数据通信方式。DMA 特点是它采用一个专门的控制器来控制内存与外设之间的数据通信。这种方式消耗系统资源比较多，但数据通信速度比普通的接口通信方式速度快，能够适应航空航拍大数据传输的要求。

3.4.5　压缩质量评价

对各类压缩方法的压缩质量的评定,可以按客观和主观两种评定方法来划分。所谓客观评定,是指通过计算重建图像的某个或某几个参数来表征重建图像的质量,常用的有基于均方误差准则的峰值信噪比等。所谓主观评定,是以人作为图像的最终视觉,通过观察者对图像质量的优劣和可判读程度做出主观的判定,一般分为绝对评价和相对评价(张浩 等,2007)。

主观评价受观测者背景知识、观测动机、心理状态和观测环境等诸多因素的影响与限制较大,并且需要做大量的统计工作,实施过程繁琐冗长,测试结果无法直接用于编码算法的设计。客观评价虽然能够得到理想的数据表示,但不能反映图像的主观感知程度,有时甚至与主观印象相悖。如 MSE 准则,将局部误差加和平均到图像的整体,只能表示平均灰度量化失真程度,不能反映几何失真和物理失真,更不能真实反映主观视觉效果。

1. 基本流程

遥感图像数据压缩质量评价流程(图 3.29):

(1)论证分析样本图像的指标。

(2)获取典型的目标图像(包括不同特征的目标、不同的分辨率、不同的噪声水平等),进行数据处理,生成系列样本图像。

(3)研究各种客观评价方法,研究设计主观评价试验。

(4)将样本图像经过压缩处理并还原,用研究的主观和客观评价方法进行评价,分别得出主观和客观评价的结论。

(5)对比主观和客观评价结论,研究客观评价和主观评价之间的内在联系和规律,找出真实反映图像压缩处理质量的量化指标,得出最终结论。

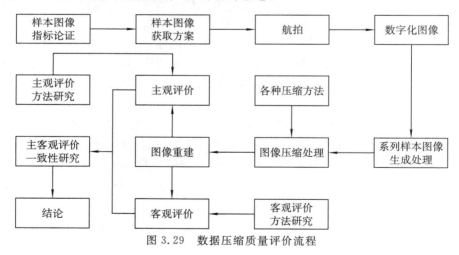

图 3.29　数据压缩质量评价流程

2. 客观评价

客观质量测度参数主要是从两个方面考虑:一方面是利用原始图像与重建图像对应像元的"差别";另一方面是利用原始图像与重建图像的"接近"。评价内容包括统计性能、辐射性能、空间性能等。

1）统计性能

对解压图像数据的压缩性能进行评价,采用的最主要方法是二维静止图像的统计失真衡量方法。其中,峰值信噪比(PSNR)建立在均方误差(MSE)的基础上,是最常用的指标,反映了两幅图像差值的比值,一般来说值越大表示压缩后图像失真越小(朱学伟 等,2013)。

PSNR 定义如下:

$$PSNR = 10 \lg \frac{L^2}{MSE} \tag{3.10}$$

式中,L 表示图像量化等级;$MSE = \frac{1}{N \times M} \sum_{i,j} (f_{i,j} - f'_{i,j})^2$ 表示压缩恢复图像与原始图像的均方误差,它反映了重建图像与原始图像之间的平均灰度偏差。一般说来,MSE 的值越小,重建图像的质量越好。

在细致的研究中通常要考虑压缩技术对图像造成的几何畸变,相当多的学者对 PSNR 的准则提出了质疑,认为它不符合人的视觉特性;同时,它对图像的相位变化敏感,实际上夸大了几何畸变的影响,因此也不适宜于对运动图像质量的评价。王晓晖等(1999)提出了图像细节能量以及细节信号噪声比的视频图像压缩质量评价方法,其细节能量的定义为

$$\sigma_f^2 = \frac{1}{M \times N} \sum_x \sum_y \sum_{i=-K}^{K} \sum_{j=-K}^{K} [f(x+i, y+j) - m_{f,k}(x,y)]^2 \tag{3.11}$$

式中,$m_{f,k}(x,y)$ 表示以 (x,y) 为中心在 $(2k+1) \times (2k+1)$ 窗口内的像素灰度均值。

其细节信号噪声比定义为

$$DSNR = 10 \times \lg \left[\frac{\sigma_g^2}{(\sigma_f^2 - \sigma_g^2)} \right] \tag{3.12}$$

式中,$\sigma_g^2 = \frac{\sum \sum e^2(x,y)}{k \times M \times N}$,$e(x,y)$ 为特定边缘算子作用于恢复图像而得到的边缘图像,k 为一常数。 与 PSNR 的相比,这种方法实现能够反映压缩图像质量的变化情况,其优点是评价不依赖于原始图像。

2）辐射性能

图像辐射性能刻画了光学遥感器成像过程中保持地物场景相对或绝对能量分布的程度,常用信噪比(SNR)作为评价指标。

信噪比为信号与噪声的功率谱指标,但功率谱难以计算,通常用信号与噪声的方差之比近似估计图像信噪比。信噪比是评价光学传感器辐射分辨率、探测灵敏度的重要指标(朱博 等,2010),也是计算光学遥感图像解译度 NIIRS 值的重要元素(朱博 等,2010),图像信噪比的高低直接影响了数据分类和目标识别等处理效果。

3）空间性能

遥感图像的空间性能反映了图像保持目标相对尺寸、细节的程度。调制传递函数(modulation transfer function,MTF)是评价高光谱成像空间性能的重要指标,描述了目标经过光学遥感载荷成像后在各个空间频率上的调制损失和信号扩散情况,是成像系统对所观察景物再现能力的度量。由于 MTF 既可以用来描述整个光学传感器的质量,又可以评价各个成像环节,同时 MTF 还可以以空间频率的函数形式存在,较之仅仅凭借某一个数字量(分辨率、清晰度等)来对成像系统进行质量评价更具有权威性。为了保证计算准确度,图 3.30 给出

了优化刃边方法计算 MTF 的流程(刘亮 等，2012)。

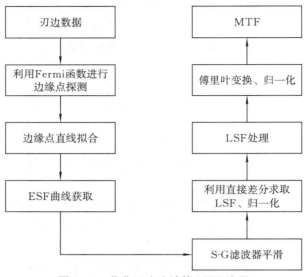

图 3.30　优化刃边法计算 MTF 流程

此外，典型的客观评价参数有下面几种(张正阳，1999)：

(1)相似度(XSD)：对原始图像与重建图像相似程度的一种表示。

(2)逼真度(BZD)：反映重建图像与原始图像间的接近程度，常用归一化相关函数来表示。

(3)拉普拉斯均方误差(LMSE)：是反映重建图像与原图像邻域灰度梯度间平均差别的参数。

(4)全图局域最大误差(LME)：在一个像素为边长的窗口内，原始图像与重建图像间的绝对误差和的全图最大值，它可以反映压缩算法有没有造成图像中目标的丢失。

3．主观评价

具有代表性的主观评价方法是主观质量评分(MOS)，它有两类质量尺度，即绝对性尺度和比较性尺度。为寻求主、客观评价的一致性，便于定量分析，通常采用绝对性尺度来进行评判打分。

具体的打分方法是：先用原始标准图像建立起质量等级标准，然后由观察者观看被评价的图像，并与标准图像质量等级作比较，得出被评价图像的等级，最后对试验者的打分进行归一化平均。

考虑的主要测评因素包括：①信息丢失，原图像中的某些信息在重建图像中的丢失现象；②边缘模糊，重建图像相对于原图像而言，边缘清晰度下降的现象；③块化效应，重建图像中出现马赛克现象；④平坦区噪声，重建图像中灰度平坦区域出现易察觉的噪声；⑤几何畸变，重建图像中目标的几何特征发生变形和扭曲。

主观评价具有相当的客观性，是遥感图像压缩质量评价中最基本、最有效的方法；客观评价是遥感图像压缩质量评价有益的参考方法。对同一类压缩方法而言，PSNR 与主观评价呈线性关系，在改善某一压缩方法时，PSNR 是个很好的衡量标准；对不同的压缩方法，因压缩机理不同，不能以其 PSNR 值的大小来衡量其质量的高低；主观评价和客观评价有较好的一致性，主要体现在 PSNR、XSD、LME 等客观评价参数上。

图像数据压缩质量评价研究,不仅可以用来检验和评价各种数据压缩方法,同时也可用于指导压缩算法的设计,具有很大的研究意义,进一步建立主客观一致的评价准则是以后的研究方向。

3.4.6　压缩技术发展趋势

基于以上描述,可以获悉基于小波变换、嵌入式编码的压缩方案逐渐成为主流的研究方向和标准,压缩编码技术也朝着以下方向发展:

(1)算法的时效性,即算法的实时性能。

(2)算法的高效性,压缩比要显著提高,并且要保证高压缩比下的图像性能。

(3)算法的低空间复杂性,以满足一些特殊场合的应用需要。

(4)兴趣区域编码,能够对特定的区域实现特定要求的编码,从而在满足应用要求的条件下追求压缩的综合效益。

(5)有损与无损编码的一体化,即在同一个编码数据流中实现无损和有损的压缩。

(6)压缩编码结构的灵活性,以满足不同的解码需要。

基于模型基的压缩方法是高比率的图像压缩算法研究的热点之一,但是常规的基于语义和物体基的压缩需要提供图像的先验知识。因此,并没有较为实用的方法研究和应用,基于边缘模型的图像压缩算法,是这方面值得注意的一个发展方向。分形编码一直是研究热点,但也没有很成熟和高效的系统出现,基于小波和分形结合的研究是值得注意的方向。

从编码技术的发展看,图像编码技术要达到更高的编码效率,就必须综合运用更多的新知识、新技术。随着各种单独编码技术的成熟,将多种编码算法融合在一个编码器中,构成分层的编码结构其各层次自适应于不同的图像特征,这是新一代图像编码的研究方向。

§3.5　数据存储与管理

数据获取后如何实现有效存储管理,使数据更好地服务于用户,是需要解决的重要问题。本节阐述了无人机影像数据存储管理中面临的问题和相应的解决途径,并介绍了数据存储系统的特点、数据库模型等。

随着对地观测技术的发展,观测数据逐步呈现多源、多尺度、多时相、全球覆盖和高分辨率特征,数据量呈爆炸式增长,如何有序高效地存储与管理海量数据,形成统一的存储组织标准(基准、尺度、时态、语义),实现信息的快速共享与分发,已经成为空间信息科学领域研究的重点之一(吕雪锋 等,2011)。

3.5.1　数据库信息特征

一般认为,影像数据库管理系统要管理的是影像数据本身和影像元数据。影像特征的组织与表示的问题是特征分析、描述与建模的主要任务,只有使用一种规范的特征描述机制,才可能实现应用的可重复性,才能针对纷繁复杂的影像数据得到相对稳定的分析结果。

1. 影像数据特点

1)影像数据内容特点

(1)数据量大。一个地区的影像数据可达到 GB 级甚至 TB 级,如果再考虑多数据源和多时相等特征,数据量更大。

(2)内容信息丰富。影像包含有丰富的内容信息,并且信息的内容不精确,难以准确描述,是对地表现象的整体描述,主题和主体特征不明显。

(3)数据解释的模糊性和多样性。由于人的认知能力的差异,对数据的解释存在模糊性和多样性,不像字符型数据那样有完全确切的客观解释,并造成查询时无法像字符型数据那样用指定的字段作为关键字精确地查询一个特定的记录。在影像数据库中,往往只能用相似性进行查询,即只能用近似匹配对影像数据库进行查询。

(4)存在大量的元数据信息。元数据是指对数据本身的描述。影像元数据是指描述与信息相关数据和信息资源的数据,主要是属性数据,包括文件名、尺寸、量化等级、行列数等。通过元数据,用户可以有效地定位、评价、比较、获取和使用影像数据;元数据发布可以极大提高影像数据共享和交换的效率,更好地满足影像数据的应用需求。

2)影像数据结构特点

(1)数据的空间属性。空间属性是影像一般都配有相应的地理参考,使得影像具有空间特征和几何量测特性,每一幅影像都对应地球表面的一定的区域范围。

(2)数据的时间属性。时间属性是指同一地区的不同时间的影像数据。影像数据同时具有时空属性,使得影像数据的表达和模型的建立变得困难。

(3)数据单元之间运算关系不明确。在文本数据中,各个数据单元之间的关系运算是十分明确的,可以方便比较,但对于影像这种关系却是十分复杂的,难以给出确切的定义,给影像的存储特别是存储数据库的建立和操作带来许多新的问题。影像数据是非结构化的数据,很难给出数据之间的相似性度量,直接检索是比较困难的。即使人为构造影像的结构,由于其主观性,使得数据之间的"相等"或"不相等"的关系十分复杂而且难以定义,只能用其"相似度"这个概念来衡量,给影像数据的索引、查询等带来许多问题,很难建立不同影像之间的相似性运算标准。

2. 影像元数据

随社会信息化程度的提高,海量数据的收集、组织、管理和访问的复杂性正成为数据生产者和用户最突出的问题(陈爱军 等,1999)。如何从海量的信息资源中快速、准确地发现、访问、获取和使用所需要的数据就显得特别重要。元数据作为描述数据集内容、质量、表示方式、空间参考系、管理方式以及其他特征的数据,无疑是解决这一问题的关键,并被认为是实现数据共享和分布式信息计算的核心技术之一(沈体雁 等,1999)。影像信息的元数据对实现影像的共享、分布式计算以及建立开放式的影像信息服务体系也同样至关重要(罗睿,2001)。元数据为空间数据的存储管理与共享提供了一个有效的手段,通过元数据信息,用户可以在没有真实数据的情况下,得到有关数据的相关信息,从而为数据的共享与利用提供了可能(毕建涛 等,2004)。

元数据的简单定义是关于数据的数据,它是一个应用领域广泛的重要概念。对元数据的理解存在很多从不同专业领域出发的不同观点,这些不同的理解都同时强调了元数据两个重要的特质:一是关于数据集的描述与说明,二是应用系统的辅助信息。

地理元数据是关于空间相关数据和信息资源的描述性信息,是关于空间数据内容、质量、条件、表示方式、空间参考系、管理方式和其他特征的信息,其基本作用主要是帮助和促进用户有效地定位、评价、比较、获取和使用地理相关数据。元数据在广义的信息管理中的作用如下:

（1）元数据是实现数据共享的前提条件和基本保障,元数据提供的标准化的数据描述信息是实现在网络中快速发现、访问分布式数据源的基础。

（2）元数据是数据共享中数据交流的核心内容。数据共享的基本形式首先表现为元数据的共享,在用户获取不同元数据的时候,就可以了解到自己所需数据的存储地址、方式和如何实现访问,最终达成信息共享的终极目的。

（3）元数据是整理各种信息源的重要指导原则。元数据引用的数据标准、规范和格式,为综合整理各种信息源提供了依据。

（4）元数据提供组织和管理数据的重要手段。元数据的本质特性之一是它的目录索引特性,通过元数据的目录作用,可以有效、清晰地实现海量数据信息的管理和组织。

（5）元数据是重要的维护工具和说明文档。元数据实际上包含系统数据性质、组织方式、原则等重要的说明,因此它可以帮助实现系统的维护和帮助用户快速了解数据,以便就数据是否能满足其需求做出正确的判断。

影像的特征信息是基于影像内容检索的基础,研究主要集中在两方面:一是影像的特征信息提取和描述本身;二是如何有效地将影像特征表达在数据模型之中。对影像数据库信息特征的分析,其目的无非都是为了更好地反映由影像所表现的实际信息内容。而影像作为一种高于应用语义的对应用语义的描述,通过影像的低级视觉特征数据,在一定的智能机制(如分类)的作用下,可以间接地与影像所表现的现实语义对象产生联系。因此,几乎所有的影像数据库模型研究,都将影像的视觉特征作为影像数据库数据模型研究和表达的主要内容之一。

影像数据库建模所需要解决的主要矛盾是如何有效地反映影像对象自身与影像所描述的客观世界中的对象语义之间的有效联系问题,同时由于有多种信息与影像数据存在复杂的联系,合理地组织这些信息从而使系统能够独立地支持不同层次的应用,如简单的关系查询或具有智能特点的基于内容查询,就显得特别重要。

3.5.2　面临的问题

在数据规模上,影像数据涵盖了不同分辨率、不同时间周期的数据,具有多源性和多尺度性。海量数据的存储与管理,经历了 3 个困难阶段(Esfandiari et al,2006):

（1）初期面临的最大问题是如何能够有效地存储与管理所有数据,即如何先解决把所有数据都存储下来的问题。

（2）随着数据量的巨大增长,面临的最大问题是如何在浩瀚的数据中帮助用户快速找到他们所需要的任何数据,并且快速地将数据分发给用户。

（3）随着数据存储与管理规模的发展,目前面临的问题是如何更高效地存储、管理与维护数据。

影像数据一般是非结构化的数据,它与传统的文本型数据、结构性数据不同,其特点给影像数据的管理带来了很大的问题,主要表现在以下几个方面(方志中，2010):

1. 影像特征提取困难

在传统的文本数据库中,只要对每一个记录指定用某一个关键字来标示,就可以精确地用于数据库的管理和检索中;但是对于影像数据而言,要从中提取可以描述自身的特征,是一项十分困难的工作。一方面,与个人的经验、知识以及对影像信息的理解程度密切相关,而且并不是所有特征都能用字符描述出来的;另一方面,需要对影像内容的描述建立一个标准化的术语集,以保证不同的操作者能选择统一的特征描述符。

2. 数据检索缺乏规范

基于内容的检索是影像检索的实现方式,是指根据影像的内部特征进行检索,以提取出与特征相符或相似的影像数据。对于每一种查询,都需要结合影像处理、影像理解、数据库技术,建立合适的影像数据模型,提取可靠的特征,采用有效的查询算法,使用户能够在智能化查询接口辅助下完成影像检索工作。尽管许多研究者致力于此,但众多的研究工作难以互相兼容,目前还没有形成统一的规范。

3. 用户接口支持弱

传统数据库的接口比较简单,因为对字符型数值查询时,查询输入和输出结构都是明确的;但对于影像数据而言,无论是查询输入还是输出结果,都需要描述影像的内容、时间、空间。更深层的问题是,影像数据的查询是要协同用户描述查询的思路和内容,并在接口上以直观的影像描述将查询结果表现出来。因此,影像数据的管理要求智能化用户接口的支持,而这又是一个跨学科的研究领域。

4. 不同来源影像及相关信息的整合问题

由于设计目的和应用领域的不同,影像在信息存储位数以及分发文件格式等方面并不相同,因此需要解决不同来源影像数据之间的格式差异。不同来源影像具有不同的参数,如空间覆盖范围、获取时间、空间分辨率等;对于经过加工处理的数据产品来说,还需要记录数据在获取、处理、分发、质量控制等不同环节的处理情况。因此,如何尽可能地整合和保留不同的参数信息以便于用户使用,是影像共享平台整合的主要问题(冯敏 等,2008)。

5. 超大规模存储系统的维护与能耗问题

存储量达数十 PB 的超大规模存储系统,其存储节点高达上千,存储规模扩大时,能耗问题随之诞生。现有的"三线"(在线、近线、离线)存储架构在提供数据服务时需要在线和近线的存储节点或盘阵全在线运行,耗能巨大,需要建立合理的存储组织模型与存储架构。根据用户区域访问的特性,将数据与存储资源关联起来,形成需要哪个区域的数据,哪个区域的存储资源就在线,否则就关机或待机离线地按需全在线调度机制,以支持系统维护和有效地节约能源。

3.5.3　基本解决法案

1. 存储系统解决方案

存储系统的基本存储器是硬盘或磁盘阵列、磁带库和光盘。硬盘和磁盘阵列的带宽相对较高,访问时间快,存储费用偏高。磁带库一般包含多个磁带驱动器和用于将磁带盒负载到磁带驱动器的机械手,其特点是可提供最佳的兆字节费用,但带宽较低、支持并行访问的数量小,访问时间长,磁带盒的交换效率低。因此,如何有机地选择、配置和分布存储设备对存储系统设计就显得特别重要。目前比较典型的海量存储系统解决方案主要有以下 3 种:

(1)大容量并行实时存储(massively parallel and real-time storage,MARS)系统。MARS的体系结构包含一组独立的存储节点,这些节点通过高速网络互连并由中心管理器来管理,其原型结构如图 3.31 所示。

中心管理器是该系统的核心,主要负责系统数据分布管理、检索、访问控制等,高速网络使用 APCI(AMT 端口互连控制器)分组交换方式互连;存储节点利用大型高性能磁盘或磁盘阵列和光盘存储器,提供均匀或层次的存储系统。中心管理器对于分布式存储节点的管理和对网络带宽的控制方法值得影像海量存储系统借鉴。

(2)基于共享内存的 IMDM 多处理器存储服务器。把共享内存的 IMDM 多处理器机器当作专用的存储服务器是设计海量存储系统的又一途径,它可以将连接在系统上的单独存储设备如磁盘阵列等当作单独的逻辑设备或卷,从而按一般的文件系统管理办法,实现

图 3.31　MARS 原理结构

对存储设备的管理。由于处理器和操作系统优异的并行性能以及应用程序可以自主地决定数据在不同的逻辑设备上的分布,因此可以大大提高存储系统的并行访问能力。

(3)大规模并行 SIMD 多处理存储服务器。它与基于 MIMD 多处理器的体系基本类似,只是专用的独立设备更为特殊一些,从而成本也更高。MARS 体系结构的优势在于可以使用流行的通用配件构筑运行系统从而使系统成本较低,同时利用网络技术共享分布存储资源,具备良好的可伸缩性和极大的存储潜力,但其应用软件开发的难度较大。基于 MIMD 或 SIMD 服务器解决方案的主要缺点是服务器提供的独立存储设备接口有限,在做更大的扩展时需要专用的接口部件,因而可伸缩性较差,另外系统成本也相对昂贵(冯敏 等,2008)。

2. 影像数据管理方式

1)采用商业数据库管理的方式

对于轻量级的影像存储,目前商业软件主要采用成熟的数据库管理系统技术来管理数据,如 ArcGIS、TerraServer 等软件都是将影像数据上传到数据库中进行统一管理。该方式的缺点也是显而易见的:在有的情况下,数据库本身并不适合存储非结构化的影像数据,尤其是大范围高分辨率数据,如果将这些影像存储在数据库中,数据库将变得异常庞大,并且一旦影像更新频繁,数据库管理就会变得非常被动;此外,采用 DBMS 技术还会给系统开发带来一定的影响,使系统开发规模受制于 DBMS 系统所提供的管理能力。

2)采用文件系统与数据库相结合的方式

采用分布式文件存储和大型关系型数据库相结合的方式是目前比较常用的一种解决方案(Wua et al,2009),欧空局(ESA)数据中心、中国资源应用中心、国家气象中心等部门的数据管理方式都属于这个范畴(Nakano et al,2010)。该方法主要通过文件系统来组织存储影像文件,利用关系型数据库管理影像的元数据信息。但是在面向海量影像数据时,大量的时空检索和实时变化的数据变更需求往往会使关系型数据库成为整个系统的瓶颈,数据库服务器一旦出现故障,将会导致存储设备中的数据无法读取。整个系统性能在很大程度上取决于数据库服务器的性能。随着数据规模的增大,检索效率将降低,也在一定程度上制约了系统的扩展,同时该存储方式由于受制于架构本身,无法很好地实现扩展,难以满足数据增长需求。

3)采用影像数据的直接寻址方式

影像数据直接寻址是指通过已知的数据信息,如文件名、元数据信息等,直接构建出数据存放路径,从而跳过海量数据检索等高耗时的步骤,达到数据快速定位与获取的目的(Pendleton,2010),具有快速定位、脱离关系型数据库等特点。该方式常见于商业影像地

图服务平台,对于组织和管理海量影像数据具有一定的优势,但同时也存在几点不足:

(1)数据以地图服务为主导致其在数据共享方面存在欠缺,不具备数据模糊检索功能;影像数据直接寻址主要是为缓存库设计的,在未知部分条件信息情况下,因无法构建出数据存储完整路径而无法直接定位数据。

(2)不适应分布式可扩展的存储体系架构。直接寻址方法因其基于实现约定的存储规则,一般适用于静态存储系统(单机或固定的多机存储系统),不能直接适用于存储站点动态变化的分布式可扩展的存储体系架构。

(3)无法支持多用户的并发访问。

3. 数据存储管理技术综述

EOSDIS 为了有效地存储地理定位数据,为各种类型的数据产品在分布式系统环境中提供一个统一的访问接口,并采用统一的分层数据存储格式——HDF-EOS(Wei et al,2007);通过建立交换站作为各个数据中心之间的一个互操作性的中间件,提供用于数据与信息交换的时间和空间元数据交换平台,建立统一的时空元数据目录框架(Mitchell et al,2009)。ESA在海量数据存储管理上,更趋向于寻求一种基于网格的资源共享方式,通过统筹规划与建立地面高速网络连接各个分布式资源,实现各类数据的充分共享和地面设施的资源共享(Fusco et al,2009);通过建立 SAFE 的信息模型,逻辑模型与物理模型统一了数据存档格式(Beruti et al,2010),实现多源影像数据的信息共享与互操作。Earth Simulator 在一定尺度下划分地球表面(Nakajima,2004),每个处理器或节点负责所属网格单元区域的数据计算,即按照影像数据的空间区域特征,每个计算处理器或节点负责存储与管理所属网格单元区域的影像数据;采用处理器内部并行、节点内部并行、分布式节点并行等分级高度并行调度机制,进行数据的计算处理以及存储与管理(Itakura,2006)。

中国资源应用中心在存储架构上,采用集中存储、系统管理和分布式处理的分布式体系结构,即由 PC 服务器集群与 SAN 存储系统构成的分布式体系结构;在网络环境方面,内部网络采用千兆交换网络,系统外部采用百兆带宽接入,内部与外部网络采用网闸隔离;在数据管理上,数据实体按景组织存储,元数据采用商业数据库系统(Oracle)管理,数据检索访问服务采用 Web 方式,数据产品采用统一的 GeoTIFF 格式(Wua et al,2009)。国家气象中心的气象数据存档和服务系统(SDAC)是目前国内数据规模最大的海量存储系统之一,气象中心努力推动数据中心存储管理的自动化,高可靠,存储资源的无缝扩展与低能耗的发展(赵立成 等,2002;钱建梅 等,2003)。在存储架构上,采用 SAN 与服务器集群存储;在网络部署上,通过在多套服务器之间部署 Infiniband 和捆绑的千兆网络光纤来实现内存之间直传的方式,提升大规模共享内存,提高大容量数据的传输与处理速度(贾树泽 等,2010);在数据存储管理上,系统采用 SQL Server 与 Sybase 企业级数据库管理,数据实体按照条带组织、分类与日期分类编目;存档数据产品采用国际通用的科学数据格式 HDF,客户端采用 Web 访问方式。

综合国内外海量数据存储管理技术状况,可以从物理存储架构、存储组织方式、存储管理方式几个方面进行划分。

1)物理存储架构

按照物理存储架构划分,可以分为分布式服务器集群存储架构、集中式服务器集群存储架构、计算集群系统架构、云存储等。

(1)分布式服务器集群存储架构属于在地域上逻辑上集中、物理上分散的架构,主要用于国家级超大规模数据存储综合中心的数据存储保障服务,主要解决在现有不同业务存储体制和统一集中存储之间的矛盾。

(2)集中式服务器集群存储架构为地域上集中架构,主要应用于部门级海量数据存储中心的数据存储保障服务。

(3)计算集群系统架构,是在数据存储池的存储架构上以网络存储、对象存储与服务器集群存储为基础的"三线"(在线、近线、离线)存储架构。该架构在一定程度上有效地解决了数据访问速度与存储容量之间的矛盾,但在实际业务应用中,也存在着数据调度问题:在线存储资源有限,随着数据量的快速增长,难以实现在线存储资源的动态扩展或按照空间区域特征的灵活配置;大量数据处于近线和离线状态,获取数据时,迁移数据耗时,无法实时在线直接访问和使用任意空间位置的数据。

(4)云存储是将网络中大量各种不同类型的存储设备作为存储资源池,提供统一的可动态扩展的存储服务,采用大文件分块、分布式存储和多份拷贝的技术架构;可以根据需要自动调度数据和所需的存储资源,通过冗余存储保证数据的可靠性和访问处理的高效性。云存储具有其他技术无可比拟的可扩展性和设备复用性,能满足数据量不断增长的按需扩展要求,同时可以降低设备成本,提高数据的可靠性和访问效率(赖积保 等,2013)。

云计算及基于云计算的云存储模式是海量数据存储和处理的一种最有潜力的解决途径,但对于超大规模海量数据的存储管理,特别是高分辨率的数据,其在线备份冗余数据量庞大,数据存储也没有考虑数据的空间分布特征,在一定程度上不太利于数据的区域性计算与处理。

因此,现有的存储体系不仅要考虑将数据存储起来,还需要建立数据存储模型,结合数据的空间区域特性和数据的生命周期管理特征,高效地管理与调度海量数据。

2)存储组织方式

按照数据存储组织方式划分,有基于球面格网的多分辨率金字塔瓦片、基于时空记录体系的存储管理方式、基于多尺度层级结构的网格瓦片等。

(1)属于基于球面格网的多分辨率金字塔瓦片,主要应用于数据的无缝组织和可视化视图,解决基于影像的现实世界的真实表达与呈现,但在横向上都欠缺同一区域的多源数据管理。

(2)基于时空记录体系条带或景存储管理方式,按照接收时间顺序采用条带存储。由于分割标准不统一,产品数据标识缺少地学含义,同一地区的多源、多尺度、多时相数据之间缺少空间尺度与位置关联,并且由于同一区域的多源数据也往往记录在不同的条带中,要想大跨度或者跨部门整合一个特定区域的多源、多时相数据非常耗时,从而带来数据管理和整合的不方便。

(3)具有多尺度层级结构的网格瓦片,按照地球空间区域存储组织数据,有利于结合数据的空间特性,将数据的实际应用服务与空间尺度和位置形成直接关联,从而有利于形成基于球面剖分的地球空间位置标识和空间对象标识,建立统一的空间存储基准和具有地学含义的数据标识,更好地存储与管理海量数据。

3)存储管理方式

按照数据存储管理方式划分,分为基于文件的文件系统管理、关系型数据库管理、面向对象数据库管理、对象-关系数据库管理等。

(1)基于文件的文件系统管理是通过标识码建立空间数据和属性数据之间的联系,具有结构简单、维护方便、技术成熟等优势，可以灵活设计所使用的文件存储结构来存储影像数据文件及相应的元数据；其缺点是安全性差、不支持多用户操作、元数据管理较弱、缺乏予以查询及内容查询的支持等，文件的数据结构、组织形式等通用性差，只能针对具体应用来具体设计，一旦应用范围发生变化，数据结构等都需要重新修改编译。

（2）关系型数据库管理方式是把影像数据和属性数据都用关系数据库来进行管理，具有集中控制、独立性强、冗余度小、数据的安全性高、完整性好、数据库恢复比较容易、数据并发控制容易实现、可以实现多用户访问等优点，是无人机影像数据的主要管理方式。

（3）面向对象数据库管理系统提供一致的访问接口和部分空间服务模型，不仅支持变长记录、对象嵌套、信息继承与聚集，而且具有数据模型更直观、性能更方便、可维护性更强等特点，实现了数据和空间服务模型共享；其缺点是没有通用的 SQL 查询语言，灵活性差，安全性、可扩展性、并发控制、服务器性能等方面有待进一步提高。

（4）对象-关系数据库管理系统建立在模型对象和关系数据库基础上，利用面向对象的建模能力，对复杂数据提供一系列方法来操作管理，是一种可扩展的模型。通过开放的 SQL 平台，避免复杂对象定义专有的数据结构，用户可以对各种类型的数据进行方便的存储、访问、恢复等操作，在安全管理和数据共享上有突出的优点。

针对海量数据存储问题，应该采用一种什么样的数据组织与存储方式，建立统一的空间存储基准，更高效地存储 PB 级海量数据，在数据存储管理上根本性地提高海量数据的整合、共享、快速访问与分发等综合管理能力，实现按需直接全在线服务与应用，同时高效地节约能耗，这些是值得思考与研究的问题。

4. 高性能地学计算

对存储系统的设计和评价构成了数据库研究的核心内容，存储系统的研究包括硬件体系结构和关于存储调度的软件算法两个重要的方面。在集群和分布式计算中，海量数据需要在"硬盘-网络-内存"之间进行传输和转换，这些都将耗费大量的资源和时间；同时硬盘读写、网络传输、内存访问和计算机的处理速度之间存在相互不匹配的问题，由此产生的计算资源短板成为限制整个系统计算效率的瓶颈（杨海平 等，2013）。

高性能地学计算包括以多核处理器（multi-processor）、GPU（graphics processing unit）、FPGA（field-programmable gate array）等为代表的新型硬件架构计算、集群计算以及以网格计算和云计算为代表的分布式计算等。其中，新型硬件架构和集群是独立的硬件架构，而分布式计算是为了充分利用分布式、闲置的计算资源，通过相关的软件进行抽象，并以统一的方式对外提供在线服务，后台的计算资源也是集群或以新型硬件架构为代表的计算资源。

1）新型硬件架构下的高性能地学计算

a. 多核计算

目前，多核处理器已经成为个人计算机的基本配置。同时，单颗 CPU 上核处理器的数目也在逐渐增多，利用多核性能成为提升传统桌面软件执行效率的一个重要方式。多核计算是将计算中耗费资源的任务进行划分，并分配到不同的内核进行处理；各个内核处理结束之后，按照预先制定的规则，对结果进行归并。研究证明，多核处理器在解决更大规模的计算问题，以及提高传统桌面软件的处理效率时具有很明显的优势。

b. GPU 计算

GPU 是为解决图形渲染中的复杂计算而设计的专用处理器，其高度并行的众核架构，以及强大的内存访问带宽,使得其在累积的峰值频率和内存吞吐上已经表现出超过 CPU 的计算能力,在数据密集的通用计算方面显示出强大的潜力。同时,GPU 架构采用流处理方法和单一指令多数据的编程模式,使得它具有适合像元级处理的能力。因而,以 GPU 的地学计算成为研究的一个热点领域,目前已有的研究主要集中在海量数据,以及真实地形的实时渲染、"数据-计算"密集算法的 GPU 实现等。

与 CPU 的计算相比,GPU 可以获得几倍甚至几十倍的加速比,具有耗能低、重量轻的特点,非常适合于机载的实时处理。

c. FPGA 计算

FPGA 是在专用集成电路领域内对可编程器件的进一步发展,具有高度集成的特点;基于 FPGA 的系统可被重复编程,其自带的多个硬件加法器和移位器使得编程者可以方便地设计多个并行计算通道。目前,FPGA 已经成为机载数据实时处理的核心实现组件。

2)集群高性能地学计算

集群的思想是利用多台计算机的协同工作,来完成一个大规模的计算问题,并以单一镜像提供给用户使用。早在 20 世纪 90 年代初,NASA 的 GSFC(goddard space flight center)建立了由 16 台同构个人计算机组成的集群,即 Beowulf 集群。GSFC 于 1997 年开始建设 HIVE(highly-parallel integrated environment)集群,随后扩展到由 256 个双核节点组成的 Thunderhead 集群,它的最快计算速度是 HIVE 的 200 多倍(Lee et al,2011)。

集群已经逐渐成为一种高性能计算的通用硬件架构,其发展主要呈现以下 3 种趋势:第一,超级计算机中有很多面向应用,这些超级计算机为处理超大数据集提供了可观的计算资源;第二,随着硬件技术的进步,集群的价格逐渐降低;第三,前述的新型硬件的发展同时促进了集群架构的发展。目前,在 GPU 集群已有影像处理实验,结合 GPU 和 CPU 等的异构集群环境下展开。

集群是一种分布式的内存结构,可以聚合各个节点的计算能力,扩展了单机的内存和计算能力,一般采用 MPI(message passing interface)在节点之间进行通信。研究表明,就计算效率而言,随着集群计算节点的增加,执行任务的总时间呈下降趋势,但是与计算节点增加的倍数不成正比关系,只有当每个计算节点的通信和计算比较均衡时,影像处理的性能提升最大。作为一种典型的硬件结构,专业人员已开发了集群的相关软件,如法国的 Pixel Factory、武汉大学开发的 DPGrid 等。

3)分布式计算

a. 网格计算

分布式计算是为了协同使用网络存储和处理能力进行大规模数据密集任务的应用,网格计算是其中一种主要的实现形式。网格计算需解决的关键技术包括广域计算资源分配、网格安全和用户认证、网格通信协议等。在网格计算中,连接地学算法实现和网格平台的层次是网格中间件,它运行在分布的异构环境上,主要通过提供一系列标准的服务接口来隐藏资源的异构性,为用户和应用提供一个同构和无缝的环境。目前,用于科学计算的网格项目有 GPOD、GEO Grid(global Earth observation grid)等。

b. 云计算

云计算是对网格计算的进一步发展,它将共享的软硬件资源和信息以服务的方式按需提供给各类终端用户,共包含 3 种形式的服务:基础设施即服务(infrastructure as a service,

IaaS)、平台即服务(platform as a service，PaaS)和软件即服务(software as a service，SaaS)。云计算提供的强大存储和计算资源服务为海量数据的存储和计算提供了一种可行的解决途径(任伏虎 等，2012)。

3.5.4　数据存储与管理系统

影像存储与管理系统是指以影像数据库为核心的提供影像信息管理、影像信息服务的复杂系统，建立在影像信息资源基础上，集成空间决策支持和影像处理技术，实现影像信息管理和影像信息服务功能(罗睿，2001)。

1. 系统特点

相对于应用领域中占绝大多数的事务型数据库应用系统，面向影像管理和查询的领域特色使影像存储与管理系统具有如下的特殊性：

(1)影像数据是连续的、具有很强的空间相关性的数据，一幅影像就是一个逻辑的整体，难以像一般数据那样可以较自由地分解和组合。

(2)影像对象的输入输出都需要数据库应用系统具有灵活的可视化手段实现。

(3)影像数据的检索具有特殊性，需要很多计算密集型的算法模型支持。影像内容的丰富性与查询时可引用属性的相对匮乏之间矛盾，要求影像数据库在尽可能的层次上支持基于内容的查询。

影像数据库系统往往都借助于计算机视觉和影像分析技术，通过自动识别和配合，以及人工的交互注解，建立影像视觉特征与符号化的语义信息之间的联系。影像数据及其检索的特殊性从根本上要求对影像的信息特征做深入分析，融合影像分析和知识处理模块，以支持像特征的抽取与表现、实现与内容语义的联系，丰富查询的手段(罗睿，2001)。

影像数据库数据模型和物理存储方案的设计是建立影像信息系统的基础与核心技术之一。数据模型是查询要求的具体体现，相应也影响查询手段的设计，在数据模型设计中，必须顾及影像信息系统其他关键技术(如影像查询、特征索引结构、影像数据压缩存储和传输等)的需要。此外，在网络环境中对数据库可互操作，要求在数据模型的设计中要依据一些实际的数据标准来建立影像的元数据描述，从而实现系统的开放性设计，为与其他系统实现数据的互操作建立必要的基础。

2. 影像数据存储模型

影像数据库设计和实现困难的根源在于影像数据的特殊性，人们很早就认识到影像基于内容查询对影像数据库应用的特殊意义，对影像数据库的研究通常都考虑影像的各种视觉特征的存储管理问题，从而增加了影像数据库数据模型的复杂性。

为了实现海量影像信息的实时显示和高速服务，需要对影像数据进行有效的存储管理，而运用多分辨率金字塔和影像分块技术是有效的解决途径。

1)影像多分辨率金字塔

为了提高海量影像数据的实时缩放显示速度，快速获取不同分辨率的影像信息，需要对原始的数据生成影像金字塔，并根据不同的显示要求调用不同分辨率的影像，以达到快速显示的目的。影像金字塔就是由原始影像开始，建立一系列影像级别，各级影像反映详尽程度不同。影像金字塔结构的不同层具有不同分辨率的特点，在对影像数据浏览时，需要根据当前显示的分辨率抽取相应金字塔层的数据，以实现影像数据的快速浏览。

2）影像数据的分块管理

影像分块是将一幅大的影像数据分割成许多小块来存放，在影像显示时仅根据显示区加载相应的分块数据，从而减少数据读盘时间。影像分块的目的在于把影像数据划分成若干较小的物理数据块，以便于存储与管理。影像分块大小通常采用 2 的幂次方，影像块太大或太小都会影响系统的有效性能。如果影像块太大，则可能导致读取过多的冗余数据；若影像块太小，增加了硬盘寻址和读写操作的次数，不利于节省总的数据输入输出访问时间。因此，根据影像数据情况，选择数据块大小是影像数据存储管理必须考虑的重要因素。

3）金字塔模型的线形四叉树索引

多分辨率影像金字塔生成后，为了提高检索显示区涉及的影像块的速度，必须对影像块创建高效索引。若分层数据以 2 倍率抽取，则采用线性四叉树的结构建立索引是一种合理的方案（王华斌 等，2008）。线性四叉树通过节点编码建立节点间的关联，从而摆脱了传统四叉树索引链式结构带来的冗余信息。同时，在金字塔模型中运用线性四叉树索引可实现影像块索引定位时间的恒定性。在金字塔模型中构建线性四叉树索引分为影像分层分块和影像块编码两个步骤：影像分层分块从原始影像数据开始，按照从左至右、自上而下依次按分块规则进行划分，然后进行上一级金字塔数据的分块，依次类推，直到所有影像分块完毕；影像块编码从底层开始，按从左至右、自下到上的顺序依次进行编码。

3. 影像元数据体系设计

影像元数据是用于描述数据集的内容、质量、表示方式、空间参考系、管理方式以及其他特征信息，是实现影像的共享与应用的关键。影像元数据物理存储上采用可扩展的标记语言（extensible markup language，XML）进行描述，利用扩展样式表转换语言（extensible stylesheet language transformations，ESLT）针对不同影像类型定义相应的样式单进行显示（王华斌 等，2008）。

影像数据库的元数据体系，是关于数据库数据类型、组织方式和格式的描述与说明，是数据库系统的辅助信息。它提供基于数据库级的数据共享和数据库服务功能的可互操作性，同时也是影像数据库系统数据结构的重要说明文档和系统维护的依据。

影像数据库的元数据主要应该考虑数据库数据宏观组织的描述，另外关系数据库本身可提供数据库记录字段的定义信息，但部分字段由于相互连接的引用可能导致歧义的理解。因此，也需要在元数据中加以说明。影像数据库元数据的设计目标（罗睿，2001）是：

（1）描述数据库中数据概貌，系统数据性质、组织方式、原则等重要的说明，使用户快速理解数据库中的数据内容。

（2）各类应用影像在数据库中的管理方式，如航空影像，它的相关信息在数据库中是如何分类，相互之间如何联系等的说明。

（3）数据库特殊字段意义的说明，如对缩略图的格式说明，以及影像视觉特征字段的说明等。

在元数据的管理系统中，元数据通常根据描述对象的不同，分为不同的层次，一般有两种不同的存储策略：①与数据实体分散存储的方式；②与数据集在一起的管理方式（沈体雁 等，1999）。

影像数据库的元数据体系可以从宏观上定义在 3 种层次上：

（1）数据库级描述性元数据：主要包括数据库的宏观说明，数据库管理的应用影像对象目录说明、元数据发行信息、部门描述信息等。

（2）应用影像对象描述元数据：主要包括存储结构说明、光谱特性说明等。

（3）字段级元数据：主要是对各种数据表中的特殊字段意义和来源的说明。

为了保证元数据结构的灵活性，还必须允许各个层次存在自己的子层次结构。就应用影像对象层次的元数据来说，应用影像从数据库数据的组织层次上，已经被抽象为物理影像、逻辑影像、应用层影像的不同层次管理，其元数据的描述也应该具有一定的层次性，同时还要顾及元数据与实际数据的相对存储关系，其整个体系如图 3.32 所示。

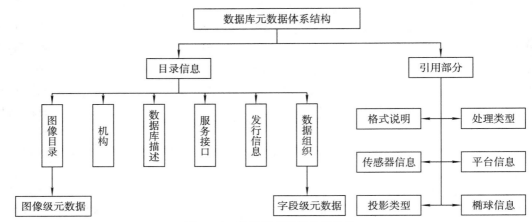

图 3.32　数据库元数据体系结构

从影像数据库系统的元数据组织形式上，它同样也区分为结构化的元数据和非结构化的元数据。本质上，关系数据库完全可以提供可结构化的元数据管理功能，而非结构化的元数据则用 XML 描述和编码，并使之成为 Web 信息发布的主要内容之一。数据库级元数据都是非结构化的数据；而应用对象级别的元数据，部分属于结构化部分属于非结构化的。对于字段级的元数据都设计为结构化的元数据，并以数据库数据字典的方式管理，但在数据库级的元数据中给出其数据库结构方面的基本说明。

3.5.5　数据共享

1. 共享内容与关键技术

1）元数据共享

元数据的建立是实现数据共享的前提和保障，是组织和管理数据的有效途径，可以帮助生产者和管理者有效组织管理及维护数据；也是海量影像数据的索引，通过元数据建立海量影像数据的数据目录和数据交换中心，为空间数据的共享提供了可能。

元数据为数据的存储管理与共享提供了有效的手段，通过元数据信息的共享，用户可以在没有真实数据的情况下获取有关数据的信息。图 3.33 为元

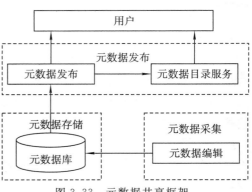

图 3.33　元数据共享框架

数据共享的框架图，主要包括元数据采集、元数据存储、元数据发布几大部分（戴芹 等，2008）。

用户可以通过网络发布的元数据共享信息,初步了解影像数据的相关信息,然后通过元数据的导航实现对数据的查询检索与浏览。

2)影像数据产品的共享

影像数据产品的共享是指用户首先对数据的获取方式、地点、时间、处理情况、数据质量等信息浏览后,如果符合用户的应用需求,用户则可以通过数据共享系统所提供的数据在线下载,获得所选择的数据。

a. 基于元数据的影像数据网络发布共享

构建影像元数据的主要目的是为了能够实现影像数据的网络发布与共享,元数据的网络发布是影像数据发布的前提与基础。目前元数据的网络发布大多采用 XML 技术。XML 是一种元语言,用于描述其他语言的语言,用户可以根据需要,利用 XML Schema 自行定义标记和属性,从而可以在 XML 文件中描述并封装数据。XML 是数据驱动的,使得数据内容与显示相分离;可以在浏览器中显示,并通过因特网在应用之间或业务之间交换,存储到数据库中或从数据库中取出。

XML 是元数据较好的描述方式,能很好地满足元数据在网上传输、交换的需要。用户通过网络发布的元数据信息可以初步了解影像数据的相关信息,然后通过元数据的导航,实现对于影像数据的查询、浏览与检索。影像数据的网络发布结构如图 3.34 所示。

b. 基于本体技术的影像数据网络服务

本体的含义是形成现象的根本实体,是概念化的明确说明。地理信息本

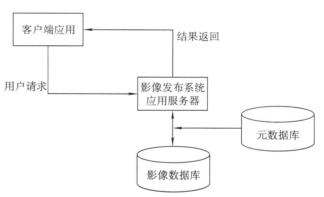

图 3.34　影像数据的网络发布结构

体提供了一组具有良好结构性的词汇,而且出现在本体中的词汇是经过严格筛选,确保所选的词汇是本领域中最基本概念的抽象与界定。概念与概念之间的关系采用相应技术(如谓词、逻辑等)进行了完整而全面地反映,而正是这些关系的反映使得基于本体的系统实现后能够完成语义层面上的一些功能。本体也不单纯是一个词汇的分类体系,即不是地理信息中的分类和编码表。总的来说,地理信息本体比分类编码表中所反映的词与词之间的关系要丰富。信息本体发展模式可参见图 3.35(毕建涛 等,2004)。

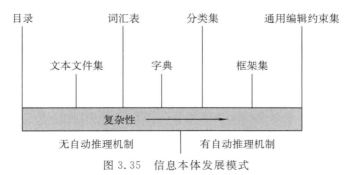

图 3.35　信息本体发展模式

　　通俗地说,最根本的区别是 Ontology 一开始就致力于实现计算机可理解,所以它在表现形式上要有更为特殊而技术的处理,如本体是要用精确的形式语言、句法和明确定义的语义来阐述的。通过建立影像的领域本体,可以很好地实现知识的共享与复用,实现基于本体技术的数据共享与服务(毕建涛 等,2004)。

　　3)信息共享

　　信息共享是从数据的综合应用服务和增值服务的角度所提出的信息共享理念。目前,对于在对数据标准产品之上的数据增值产品为目标信息服务系统的研究处于起步阶段。国际开放地理信息系统协会制定了一系列的地理空间数据互操作规范,为地理空间信息集成开发提供了统一的设计和开发的具体应用框架,为海量信息智能服务体模型的研究奠定了基础;乔治梅森大学的高信息技术和标准实验室与开放地理信息系统协会联合研究,制定了网络影像分类服务(web image classification service,WICS)的功能服务接口,对影像分类服务的监督分类与非监督分类的交互操作过程做了详细的描述与定义,这些研究成果为信息的共享服务提供了理论与技术支持。

　　信息共享服务提供对数据的浏览服务、模型计算服务、增值服务、综合应用与决策服务等共享服务内容。它从信息服务的理念出发,目标是为用户提供方便而快捷的信息服务,能够为不同领域的用户提供他们所需求与专业领域相关的信息共享服务。影像数据处理需要大量的专业知识,从数据转到信息整个过程是相当复杂的,往往需要很多处理步骤才能得到用户真正需求的信息,具有复杂性与层次性的特点。

　　a. 基于 Web Services 影像信息共享服务

　　应用 Web Services 建立数据共享服务的一个主要思想就是将数据的信息应用处理过程通过一组分布在网络上的服务来实现,而用户不需要了解整个数据处理的过程,就可以获取所需要的数据处理结果,为研究与应用提供信息支持。基于 Web Services 构造信息共享服务如图 3.36 所示,多种信息服务都在 UDDI 注册中心进行了注册,因此 UDDI 注册中心就作为数据信息服务发布的中介;不同的信息服务可以由多个服务提供者,增加了系统对海量数据处理与多任务并行提交处理的支持,实现了海量数据的共享服务。

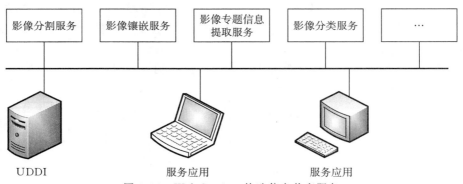

图 3.36　Web Services 构造信息共享服务

　　应用 Web Services 建立影像信息共享服务的工作原理如图 3.37 所示,当客户端提交对信息的服务请求时,通过网络服务器传达给数据共享服务器。数据共享服务器到服务注册中心搜索相应的服务,发现数据共享服务进行绑定,执行信息共享服务,将结果返回给 Web 服务器,Web 服务器将处理结果返回给客户端用户。

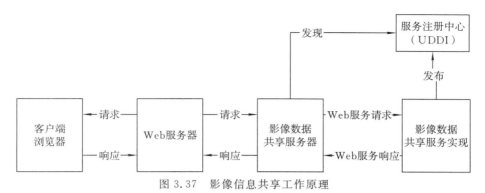

图 3.37 影像信息共享工作原理

b. 影像信息综合集成共享服务

影像信息综合集成共享服务是指将多个不同功能的信息共享服务有机地集成在一起，形成一个能够完成综合任务的共享服务。可以通过将不同的信息共享服务组合在一起，一次性完成用户特定需求的综合性强、复杂性高的任务；将多个服务按照一定的次序进行组合，即服务链技术。服务链是一系列服务为了完成特定的任务按照某种次序组合在一起的Web 服务序列，组合的次序是根据业务逻辑来确定的，具有服务发现、组合和执行的能力。利用服务链技术，可以将具备不同功能的数据共享方式组合在一起，为用户提供方便快捷的数据共享服务，同时可以将多个信息服务集成在一起，一次性完成复杂的信息共享服务，而且也可以将信息服务与其他的 GIS 服务等集成，完成功能强大的多信息综合决策共享服务。

服务链集成框架主要由数据共享服务、服务注册中心和客户端组成，如图 3.38 所示。多个数据共享服务是服务的提供者，它们提供特定功能的数据共享服务，注册中心对多个数据共享完成注册，客户端是应用集成服务的请求者。通过对 Web 客户端用户提交的服务请求进行分析，将任务分解，规划整个请求涉及的数据共享服务；接着依据任务涉及的服务进行服务链定义，按照任务处理逻辑对服务组合次序确定，完成整个请求的服务链的定义；然后按照定义好的服务链从注册中心寻找数据共享服务进行服务链构建与绑定，最后执行服务链，将服务链的处理结果返回给客户端，完成整个共享任务的执行过程（戴芹 等，2008）。

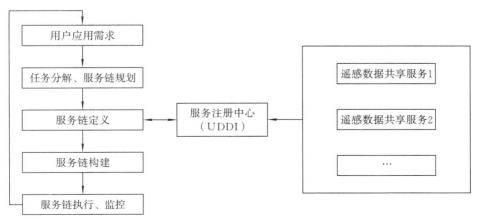

图 3.38 服务链集成框架

2. 共享平台系统设计

影像数据访问网格服务实现了分布异构影像数据的集成、共享和一致性访问的系统,可以并发访问各个网络节点的数据并对数据访问结果进行处理和综合显示,基于网格服务的标准性和抽象性,能够为数据提供一种灵活、动态和一致的共享机制。系统的概念模型如图 3.39 所示。

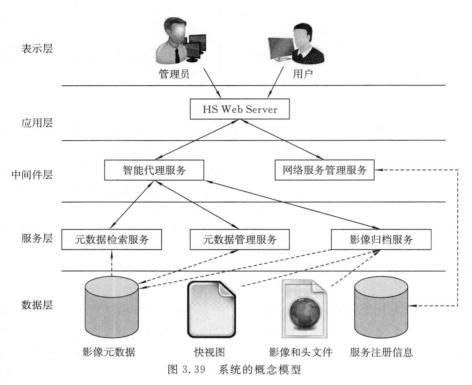

图 3.39　系统的概念模型

系统平台架构共分为五层,即数据层、服务层、中间件层、应用层和表示层,每个层次的组成和功能(王强,2010)如下:

(1)数据层:包括存储、管理和维护这些数据的工具和设备等,提供数据共享服务的影像元数据、快视图、影像和头文件等数据资源。

(2)服务层:利用网格服务封装影像元数据的提取、检索等算法,向用户提供统一的访问和操作接口,用户可以通过网格服务提供的统一的接口访问和操作数据层中海量的分布异构数据,屏蔽了服务的实现和物理数据资源,解决数据异构问题。

(3)中间件层:包括了智能代理服务和网格服务管理服务两个网格服务,通过它们可以根据服务层中网格服务的注册信息(包括服务的名称、描述、WSDL 的 URL 和服务状态等信息),整合、访问、操作、管理和维护服务层中众多无序的、网格服务封装的数据节点,让这些分布的数据节点整合成一个数据整体,向应用层提供数据服务。

(4)应用层:运行在 IISWeb Server 上,包括了多个业务流程,可以接收、分析和处理用户的各种请求,执行业务流程,与中间件层进行数据交互,并将返回的数据和操作结果提供给表示层。

(5)表示层:主要作用是将应用层的执行结果呈现给用户,是用户与系统交互的接口,包括各种输入输出设备、显示器、终端等。

结合下一代互联网以及云计算和云存储发展情况来看,分布式集群化存储是海量数据存储技术的发展趋势,同时信息的"一站式"服务模式将成为主流。但海量数据存储管理架构的关键在于数据的存储组织模型与现代存储技术架构的结合,建立基于空间位置为主导的存储管理架构,形成一个物理上分散存储、信息高效共享的分布式集群存储体系,并且随着计算机技术和地学科学的发展,实现地学专用化、业务区划特征的定制化与个性化、用户操作的简易化、存储资源配置的灵活化,以及系统易管理与低能耗化。

第4章 无人机移动测量数据处理

§4.1 数据处理总体技术流程

无人机移动测量数据处理的目标是针对应用需求,按照数据处理技术流程生产测量数据产品,为相关产业和用户提供数据支持和信息服务。无人机测量数据包括视频数据和影像数据。其中视频数据多用来对飞行区域进行简单显示,处理相对较少,在特殊应用中仅需要简单处理。影像处理是数据处理的主要工作,与传统影像相比,无人机影像相幅小、畸变大、数量多,需要实现影像质量快速检查和快速处理,总体技术流程与传统影像不同。本节主要介绍了无人机移动测量数据处理的特点,阐述了处理的总体技术流程。

4.1.1 数据处理特点

无人机移动测量具有生产设计成本低、作业方式快捷、操作灵活简单、环境适应性强、影像分辨率高等特点,在局部信息快速获取方面有着巨大的优势。与传统的影像获取方式相比,存在以下特点(朱万雄,2013):

(1)影像变形大。受飞机载荷限制,搭载的传感器主要为轻小的非量测型普通 CCD 数码相机,单幅影像与地物空间的透射映射关系比较复杂,镜头畸变很大,影像内部几何关系比不稳定,影像倾斜变形较大,影像间的明暗对比度也不尽相同,不能直接满足测绘生产精度要求。同时,为获取较高的成像分辨率,无人机进行超低空飞行,地面的起伏对分辨率影响较大(宫阿都 等,2010)。无人机体积较小、质量较轻,在飞行作业过程中受气流变化的影响较大,常常造成无人机的飞行姿态随之变化,尤其是在航带转弯处,飞行姿态抖动严重,造成图像成像的效果较差,甚至导致图像不可用(韩文超,2011)。

(2)影像像幅小、数量多。通常采用普通的非测量数码相机,影像相幅较小;同时为了获取较高的空间分辨率,降低无人机航摄高度,造成地表覆盖范围减小,导致影像数目增加。

(3)航迹不规则。受气流剧烈变化的影响,常常会导致无人机在部分区域偏离预设航线飞行,导致影像重叠度不足,尤其影响旁向重叠,有的甚至达不到应用要求,造成绝对漏洞,需要定点补飞。同时,由于影像间的重叠度相差较大,导致特征匹配难度大,匹配精度降低(王青山,2010)。

(4)POS 定位精度低。无人机移动测量过程中,携带的 POS 系统的精度比较低,只能起到导航和控制飞机的作用,还达不到专业摄影测量的要求,在后期处理的过程中这些数据只能起到辅助的作用(宫阿都 等,2010)。

由于无人机移动测量系统的特点,给影像匹配、影像定向等内业处理带来一系列的困难,导致其影像数据处理方式不同于传统遥感影像数据处理方式,具有以下特点(陈大平,2011):

(1)处理周期短,具有快速保障的能力。传统遥感影像处理的周期长,而无人机移动测量影像数据处理的时间则大大缩短,仅为几天甚至几小时。

（2）处理方式智能化、自动化。与传统遥感影像数据处理相比，无人机移动测量影像数据处理采用智能化、自动化的处理方式，人工干预少，作业效率高，作业过程简单。

（3）应急成果精度相对较低。应急测绘数据在处理过程中大量采用自动运算，人机交互式编辑较少；由于野外控制测量较少，或者完全没有野外控制测量，造成成果精度低于传统影像处理。

4.1.2　数据处理技术流程

无人机移动测量数据处理的对象主要包括视频数据和影像数据，处理内容主要包括数据预处理、影像拼接、影像分类解译、测绘产品生产等。

1.视频数据处理

在无人机移动测量数据处理中，视频数据多是用来对作业区域进行简单显示，处理相对较少。在应急快速反应场合，可以利用机载传感器完成现场空间位置信息、动态影像信息的实时采集、高效处理，实现地理空间信息直播，达到动态测绘和移动目标精确测绘的目的（张永生，2013）。通过快速确定有效影像并准实时进行外方位元素赋值，实现无人飞行器在空中悬停或绕飞状态下序列视频成像的地理空间标注（Taylor et al，2010）。以同步测量的动态 POS（定位定姿）参数为基础，采用高效率的参数内插与瞬时赋

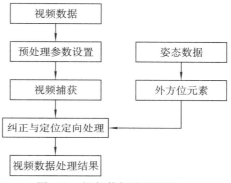

图 4.1　视频数据处理流程

值算法，依照规则的元数据体系对序列视频图像的地理空间实时注册，达到对目标区抵近观测、凝视观测的定量化表达（张永生，2013）。此外，也有学者利用视频影像制作正射影像，如李朝奎等（2006）利用微型低空无人飞机获取高精度的视频影像流，对影像流进行重采样，借助直接线性变换方法，以 GPS、INS 集成系统获取的摄像机外方位元素为初始值进行内方位元素解算，进行视频影像分割后单幅影像的几何纠正、拼接、制作了正射影像。视频数据处理总体流程见图 4.1。

2.影像数据处理

对于光学影像的处理是无人机移动测量数据处理中最主要的工作，包括影像数据常规处理和应急影像处理。

1）影像常规处理

影像常规处理主要用于生产 DOM（数字正射影像图）、DEM（数字高程模型）、DRG（数字栅格地图）、DLG（数字线划地图），也可以用于大比例尺制图、地籍数据更新、地理国情普查等。其处理流程（图 4.2）如下：

（1）准备无人机原始测量影像、航摄信息、测区资料等。

（2）输入传感器参数信息，进行影像畸变差校正。

（3）利用 POS 数据和测区控制资料，进行空三加密，生成空三加密成果。

（4）利用空三加密成果，制作 DEM，生成 DEM 成果。

（5）在 DEM 的基础上，进行正射影像 DOM 制作，生成 DOM 成果。

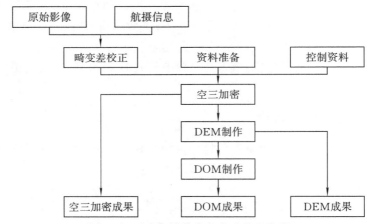

图 4.2   无人机影像常规内业处理流程

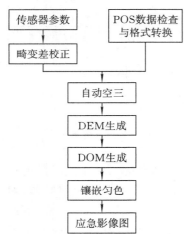

图 4.3   无人机影像应急处理流程

2）应急影像处理

应急影像处理主要用于生产应急影像图等应急测绘产品。无人机影像在应急中影像图的绝对定位精度往往并不是首要的,快速得到感兴趣区域的正射影像或准正射影像及不同地类相对的面积值,这通常是灾害预警、救灾及灾害评估的前提(宫阿都 等,2010)。影像处理速度是主要因素,精度是次要因素。其处理流程(图 4.3)如下:

（1）获得无人机数据以后,首先对影像做旋转、主点修正、畸变改正或格式转换等预处理。

（2）结合 POS 数据,进行自动相对定向、模型连接、航带间转点等,完成自动空中三角测量。

（3）利用特征提取技术从影像中提取数字表面模型(DSM),DSM 经滤波处理得到 DEM。

（4）再用生成的 DEM 对影像进行数字微分纠正,得到正射影像 DOM。

（5）对正射影像进行自动拼接和镶嵌匀色,得到应急影像图等应急测绘产品。

§4.2   数据预处理

数据预处理是数据处理的重要组成部分,其作用是对获取的姿态测量单元数据、影像数据等进行预处理,生成后期处理所需格式的文件,为数据后续处理做好准备工作(陈大平,2011)。主要内容包括:

（1）对飞行质量进行检查,在满足要求的条件下进入后续处理环节。

（2）创建测区文件,并定义测区的属性,包括投影坐标系统、摄影比例尺等(叶海全,2014)。

（3）准备相机的检校参数,对影像进行畸变差改正(买小争 等,2012)。

（4）利用 POS 数据建立航带影像缩略图,进行航带整理,人工判断航带建立是否正确,如不正确则需要重新进行航带整理,直至航带排列正确(买小争 等,2012)。

4.2.1　飞行质量检查

无人机移动测量所获取的数据,除了在现场检查影像色调、饱和度、云和雾之外,还要从影像重叠度、影像旋角、航带弯曲度、航高保持等方面进行检查(郑永明　等,2012)。

1. 影像重叠度

同一条航线内相邻的影像重叠称为航向重叠,相邻航线的重叠称为旁向重叠。按照低空数字航空摄影要求,航向重叠度一般为 60%～80%,最小不应小于 53%;旁向重叠度一般为 15%～60%,最小不应小于 8%。根据相机曝光时刻的记录信息,利用软件按重叠度排列,检查确保整个航摄区域内没有出现漏洞,且所选数据的影像重叠均满足低空数字航空摄影规范要求。

2. 航带弯曲度

航带弯曲度是指航线两端像片主点之间的直线距离与偏离该直线的最远像主点到该直线的垂直距离之比,通常采用"‰"表示。飞机在飞行过程中,受外界自然条件影响会出现偏离预设航线的情况,会影响影像重叠度,如果航带弯曲度过大,可能会产生航摄漏洞,影响摄影测量的作业。测量规范规定,航带弯曲度不应大于 3%。

3. 航高保持

无人机在飞行过程中,受风力、气压等因素影响,实际飞行高度会偏离预设高度(连蓉,2014)。航高变化直接影响影像重叠度及摄影比例尺。按照低空摄影规范要求,同一航线、相邻像片航高差不应大于 30 m,最大航高与最小航高差不应大于 50 m。利用飞机自带航迹文件,对测区内各航带最大航高差进行检查,确保所选数据航带内最大高差满足低空数字航空摄影规范要求。

4. 影像旋角

按照《低空数字航空摄影规范》要求,影像旋角一般不大于 15°,个别不大于 30°,在同一航线上旋角超过 20° 的像片不超过 3 片,超过 15° 的像片数不超过总数的 10%。

检查确保影像数据各项指标均满足相应规范要求后,进入后续的几何纠正、航带整理等处理工作。

4.2.2　几何校正

1. 框幅式影像几何校正

随着无人机飞行状态的变化,相同的地面目标在不同坐标系中的投影也不相同,所以需要把一系列相关的航摄影像先变换为同一坐标系下的影像,才能进行后续的影像配准、融合等处理工作。由于地面坐标系在整个航摄过程中是不变的,而航空摄像机坐标系的参数也可以通过 POS 数据获得,所以地面坐标系可以作为统一坐标系(程红　等,2009)。

影像几何校正的目的是改正原始影像的几何变形,产生一幅符合某种地图投影或图形表达要求的新影像。它的基本环节有两个:一是像素坐标变换,即地理定位;二是像素亮度值重采样。

1)几何畸变原因分析

无人机影像常常包含严重的几何畸变,引起几何畸变原因主要可以分为两大类(韩文超,2011):系统性因素和非系统性因素。系统性因素是有规律的、可预测的,可以应用数学公式统计进行纠正,主要是指 CCD 阵列可能存在排列误差和摄像镜头的非线性畸变;非系统性因素主要是无人机飞机位置的变化和姿态的不稳定以及地形起伏、地球曲率的影响,是无规律的、不可预测的因素。

2)镜头畸变改正

对于无人机搭载的数码相机,从理论上讲光线通过理想的镜头中心成像于焦平面的像面中心,但是在镜头加工制作过程中受到多种综合性因素影响,导致了光束在几何上发生变化,使实际像点与理想像点发生偏移与变形(邹晓亮 等,2012)。镜头内部的几何变形中最普遍和影响最大是像主点偏移、径向畸变和切向畸变。

对相机镜头畸变改正一般采用布朗像点改正公式进行像坐标改正。其表达式为

$$
\left.\begin{array}{l}
\Delta x = \overline{x}(k_1 r^2 + k_2 r^4 + k_3 r^6) + p_1(r^2 + 2\overline{x}^2) + 2p_2\overline{xy} \\
\Delta y = \overline{y}(k_1 r^2 + k_2 r^4 + k_3 r^6) + 2p_1\overline{xy} + p_2(r^2 + 2\overline{y}^2)
\end{array}\right\} \tag{4.1}
$$

式中,$\overline{x} = x - x_0$,$\overline{y} = y - y_0$,(x_0, y_0) 为像主点坐标;$r^2 = \overline{x}^2 + \overline{y}^2$;$(k_1, k_2, k_3)$ 为镜头径向畸变;(p_1, p_2) 为镜头切向畸变。

无人机在飞行摄影过程中,受多种因素影响,变形复杂。除了受到相机镜头内部几何变形的影响以外,还受到镜头内部其他残余的系统变形的影响,如:影像尺度的变形、投影畸变、倾斜变形、沿飞行方向的尺度误差、分段畸变、扫描线尺度误差等因素的影响。对无人机影像由像主点偏移、径向畸变和切向畸变带来的像点误差采用式(4.1)进行严格的改正;对于残余畸变和其他综合因素的影响,采用式(4.2)对其进行综合改正,以有效抵偿在像点坐标中所包含的系统误差。

$$
\left.\begin{array}{l}
x' = x_{2\text{col}} x + y_{2\text{col}} y + x_{\text{colc}} \\
y' = x_{2\text{row}} x + y_{2\text{row}} y + y_{\text{rowx}}
\end{array}\right\} \tag{4.2}
$$

式中,(x, y) 为影像的原始像点坐标;(x', y') 为改正畸变后的实际像点坐标;$x_{2\text{col}}$、$y_{2\text{col}}$、x_{colc}、$x_{2\text{row}}$、$y_{2\text{row}}$ 和 y_{rowx} 为畸变改正参数。其中,$x_{2\text{col}}$ 和 $y_{2\text{col}}$ 表示像点坐标(x, y) 在列方向的实际变化率,$x_{2\text{row}}$ 和 $y_{2\text{row}}$ 表示像点坐标(x, y) 在行方向的实际变化率,x_{colc} 和 y_{rowx} 表示像点在列和行方向上的实际中心点坐标。

3)外方位元素优化

无人机影像的外方位元素初值来自于 POS 数据或者卫星导航定位辅助数据,使用切比雪夫多项式可以优化无人机飞行航迹的系统偏差,精化卫星导航定位与相机投影中心之间的偏心矢量以及 IMU 与相机坐标轴系之间的视准轴偏心角。切比雪夫多项式一般采用四次多项式对外方位元素进行优化,其表达式分别为

$$
\begin{bmatrix} X \\ Y \\ Z \end{bmatrix} = \begin{bmatrix} X_{\text{GNSS}} \\ Y_{\text{GNSS}} \\ Z_{\text{GNSS}} \end{bmatrix} + \begin{bmatrix} X_0 \\ Y_0 \\ Z_0 \end{bmatrix} + \begin{bmatrix} X_1 \\ Y_1 \\ Z_1 \end{bmatrix} t^2 + \begin{bmatrix} X_2 \\ Y_2 \\ Z_2 \end{bmatrix} t^4 + \begin{bmatrix} X_3 \\ Y_3 \\ Z_3 \end{bmatrix} t^6 + \begin{bmatrix} X_4 \\ Y_4 \\ Z_4 \end{bmatrix} t^8 \tag{4.3}
$$

$$
\begin{bmatrix} R_X \\ R_Y \\ R_Z \end{bmatrix} = \begin{bmatrix} R_{X_{\text{GNSS}}} \\ R_{Y_{\text{GNSS}}} \\ R_{Z_{\text{GNSS}}} \end{bmatrix} + \begin{bmatrix} R_{X_0} \\ R_{Y_0} \\ R_{Z_0} \end{bmatrix} + \begin{bmatrix} R_{X_1} \\ R_{Y_1} \\ R_{Z_1} \end{bmatrix} t^2 + \begin{bmatrix} R_{X_2} \\ R_{Y_2} \\ R_{Z_2} \end{bmatrix} t^4 + \begin{bmatrix} R_{X_3} \\ R_{Y_3} \\ R_{Z_3} \end{bmatrix} t^6 + \begin{bmatrix} R_{X_4} \\ R_{Y_4} \\ R_{Z_4} \end{bmatrix} t^8 \tag{4.4}
$$

式中,t 为时间变量;(X, Y, Z, R_X, R_Y, R_Z) 为外方位元素;$(X_{\text{GNSS}}, Y_{\text{GNSS}}, Z_{\text{GNSS}})$ 为 GNSS 提供的初始外方位线元素;$(R_{X_{\text{GNSS}}}, R_{Y_{\text{GNSS}}}, R_{Z_{\text{GNSS}}})$ 为 IMU 提供的初始外方位角元素;$(X_i,$

$Y_i,Z_i,R_{X_i},R_{Y_i},R_{Z_i}$)为切比雪夫多项式系数,$i=0$、$\cdots$、4。

可以根据自动匹配的连接点和 GNSS/IMU 所解算出的外方位元素,按照最小二乘原理进行区域网平差,优化切比雪夫多项式参数,拟合航线间的系统性偏差。

4)几何畸变基础纠正

几何纠正的目的主要是使影像中的像元能够准确反映地面实际状况,将像元在影像坐标系中的坐标转换到地图坐标系下,纠正的基础是确定原始影像与纠正后影像间的几何关系,主要包括影像空间坐标变换和重采样两个步骤。

a. 空间坐标变换

常用的校正方法有直接法和间接法。设任意像元在原始影像和纠正后影像中的坐标分别为(x,y)和(X,Y),它们直接存在着映射关系,即

$$x=f_X(X,Y),\quad y=f_Y(X,Y) \tag{4.5}$$
$$X=\varphi_x(x,y),\quad Y=\varphi_y(x,y) \tag{4.6}$$

式(4.5)是由纠正后的像点 $P(X,Y)$ 出发,根据影像的内、外方位元素以及 P 点的高程反求其在原始影像上的相应像点 p 的坐标(x,y),再经过内插将值赋给 P,这种方法成为反解法或者间接法;式(4.6)则正好相反,直接由原始影像的像点 p 求解纠正后影像上相应像点 P,这种方法称为正解法或者直接法。因为纠正后的影像上所有的像点是非规则排列的,这就给直接法带来了一个困难,即:纠正后的影像上,有的区域出现空白,有点区域就会像点重复,很难实现纠正影像的灰度内插而获得规则排列的数字影像,所以一般数字微分纠正中都使用间接法。

几何纠正后的影像相对于原始影像而言,不仅有了地理坐标信息,统一了坐标系,同时也能够较为准确地反映实际地面的情况,有利于后续的影像拼接处理。

目前常用的影像像素坐标变换的算法基本分为多项式法、共线方程法、MQ 模型法等。

a)多项式校正法

多项式校正法回避了成像的空间几何过程,而直接对影像变形本身进行数学模拟,把几何畸变可以看作是平移、缩放、旋转、仿射、偏扭、弯曲等基本变形的综合作用结果,通过建立多项式模型,用一个适当的多项式来表达校正前后影像相应点之间的坐标变换关系。本方法原理直观,并且计算较为简单,是实践中经常使用的一种方法。

在建立多项式校正模型中,一般将原始影像变形看成是某种曲面,输出图看成规则平面(图 4.4)。从理论上讲,任何曲面都能以高次的多项式来拟合,则可以建立原始影像坐标(X,Y) 和参考坐标(U,V)之间的函数关系式如下:

$$\left.\begin{array}{l} U=\displaystyle\sum_{i=0}^{n}\sum_{j=0}^{n}a_{ij}X^iY^j \\[4mm] V=\displaystyle\sum_{i=0}^{n}\sum_{j=0}^{n}b_{ij}X^iY^j \end{array}\right\} \tag{4.7}$$

式中,a_{ij}、b_{ij} 为待求系数。利用一定数量的控制点数据运用最小二乘法进行曲面拟合,求出待定系数。

使用多项式变换时,需要确定多项式模型的次方数,次方数 n 与参与计算需要的最少控制点个数 N 是相关的,计算公式如式(4.8)所示。

$$N=\frac{1}{2}(n+1)(n+2) \tag{4.8}$$

由式(4.2)可知,1 次方最少需要 3 个控制点,2 次方最少需要 6 个控制点,3 次方需要 10 个控制点(李晓铃,2014)。

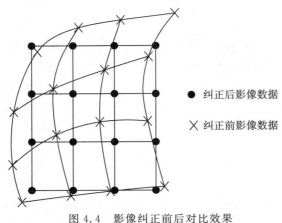

● 纠正后影像数据

✕ 纠正前影像数据

图 4.4　影像纠正前后对比效果

当多项式的次数选定后,通过利用选取的适量地面控制点的影像坐标和参考坐标系中的坐标,按最小二乘法原理求解出多项式中的未知系数。原始影像上的像元坐标一般是其行列号,也可以是地理坐标;参考系中的坐标可以是经纬度,也可以是统一的平面投影坐标。

在选取地面控制点时应注意以下几点:

(1)地面控制点在影像上有明显的、清晰的定位识别标志,如道路交叉点、河流岔口、建筑边界、农田界线。

(2)地面控制点上的地物不随时间而变化,以保证当两幅不同时段的影像或地图几何校正时可以同时被识别出来。

(3)在没有做过地形校正的影像上选控制点时,应尽量在同一高度上进行。

(4)地面控制点应当均匀分布在整幅影像内,且要有一定的数量保证。

用所选定的控制点坐标,按最小二乘法回归求出多项式系数后,用以下公式计算每个地面控制点的均方根误差(RMS$_{error}$)。

$$RMS_{error} = \sqrt{(U-X)^2 + (V-Y)^2} \tag{4.9}$$

式中,(X,Y) 是地面控制点在原影像中的坐标;(U,V) 是对应于相应的多项式计算的控制点坐标。

估算坐标与原坐标之间的差值大小可评估其每个控制点几何校正的精度,检查有较大误差的地面控制点。在实际工作中,可以根据需要指定一个可以接受的最大总均方根误差限值,如果控制点的实际总均方根误差超过了这个值,则删除具有最大均方根误差的地面控制点。在必要时,选取新的控制点或者调整旧的控制点;改选坐标变换函数式重新计算多项式系数;重新计算误差。重复以上过程,直到达到所要求的精度为止。

多项式校正法的精度与地面控制点的精度、分布和数量及校正范围有关。采用多项式校正的特点是能保证整幅影像变换后总误差最小,但不能保证各局部的精度完全一致。在控制点多的地方几何校正的精度较高,而控制点少的地区误差较大。在控制点的选取时耗费大量的人力,而且控制点精度受主、客观因素的限制(曾丽萍,2008)。影像的校正精度并不是随多项式次数的增加而增大的,当多项式次数比较高时校正精度反而会下降;但是多项式次数越高,待校正影像上的控制点与参考影像控制点之间的对应会越准确(马广彬等,2007)。

b)共线方程校正法

共线方程校正法是建立在对传感器成像时的位置和姿态进行模拟和解算的基础上,即构像瞬间的像点与其相应地面点应位于通过传感器投影中心的一条直线上。实际上每一种传感器均有自己的构像方程,并且一般传感器的构像方程均是属于三点共线,因此传感器的共线方程本身就是共线法的校正公式(袁文龙,2005)。

共线方程校正法比多项式校正法在理论上较为严密,因为它是建立在恢复实际成像条件的基础之上的,同时考虑了地面点高程的影响,因此校正精度较高。特别是对地形起伏较大的地区和静态器的影像校正,更能显示其优越性。但采用该法校正时,需要有地面点的高程信息,且计算量比多项式校正法要大。

共线方程校正法有一定的局限性。被动式传感器一般具有方向投影(中心投影和全景投影等)的几何形态,即位于同一条光线上的所有地物点在影像上属于同一点,因而被动式传感器的构像方程一般可以用共线方程来表达;主动式传感器一般具有距离投影的几何形态,即位于传感器所发出探测波的同一波球面上所有地物点将成像于同一点,这时共线方程法不适用于主动式传感器的构像原理(曾丽萍,2008)。

c)MQ 模型

MQ 模型(multiquadric fuctions),其基本的函数式如式(4.10)和式(4.11)所示,其中(X,Y)和(U,V)分别为参考影像和待校正影像中的控制点坐标。

$$F(U,V) = \sum_{i=1}^{N} f_i \sqrt{(X - X_i)^2 + (Y - Y_i)^2 + R^2} \tag{4.10}$$

$$G(U,V) = \sum_{i=1}^{N} g_i \sqrt{(X - X_i)^2 + (Y - Y_i)^2 + R^2} \tag{4.11}$$

MQ 模型矩阵方程式为

$$\begin{bmatrix} 0 & 1 & 1 & \cdots & 1 \\ 1 & \sqrt{r_{11}^2 + R^2} & \sqrt{r_{12}^2 + R^2} & \cdots & \sqrt{r_{1n}^2 + R^2} \\ 1 & \sqrt{r_{21}^2 + R^2} & \sqrt{r_{22}^2 + R^2} & \cdots & \sqrt{r_{2n}^2 + R^2} \\ \vdots & \vdots & \vdots & & \vdots \\ 1 & \sqrt{r_{n1}^2 + R^2} & \sqrt{r_{n2}^2 + R^2} & \cdots & \sqrt{r_{nn}^2 + R^2} \end{bmatrix} \begin{bmatrix} a_0 & b_0 \\ f_1 & g_1 \\ f_2 & g_2 \\ \vdots & \vdots \\ f_n & g_n \end{bmatrix} = \begin{bmatrix} 0 & 0 \\ x_1 & y_1 \\ x_2 & y_2 \\ \vdots & \vdots \\ x_n & y_n \end{bmatrix} \tag{4.12}$$

在式(4.12)中,a_0、b_0、f_i、g_i是所要求出的 MQ 模型的系数值;x_1、x_2、$\cdots$、x_n 以及 y_1、y_2、$\cdots$、y_n 是参考影像控制点与待校正影像控制点的偏差,即 $x_i = X_i - U_i$、$y_i = Y_i - V_i$。 因此,MQ 模型计算出的是待校正点与真实点之间的偏差值,经过 MQ 模型映射后,参考影像中的点在待校正影像中的位置应该改为:$U = X - x$,$V = Y - y$。

与多项式模型相比,通过 MQ 模型建立的待校正影像控制点与参考影像控制点之间的映射为完全映射,控制点之间的映射误差为零。MQ 模型在控制点数量较多的情况下的精度要高于多项式模型,特别是对于变形比较大的影像,MQ 模型的校正效果要比多项式模型好很多。另外,在 MQ 模型中误差大的点只对该点附近的像素产生影响,这种影响是局部的而不是全局的(马广彬 等,2007)。

参数 R 在模型中具有比较重要的作用,合适的 R 值能够提高模型的精度。R 值由控制点之间的距离和影像的变形程度决定,取值如式(4.13)所示(马广彬 等,2007):

$$R^2 = 0.6 \min \left[(X_i - X_j)^2 + (Y_i - Y_j)^2 \right] \tag{4.13}$$

式(4.13)是一个经验式子,取值为控制点之间最小距离的 0.6 倍。这种形式有一定的局限性,如果控制点中有两个点之间的距离非常小,R 值在模型中所起的作用也就非常小,与没有加 R 值的 MQ 模型相比,在精度上提高得比较小。马广彬等(2007)提出了一种新的 R 值的确定方法,如式(4.14)所示:

$$R^2 = \sqrt{\min\left[(X_i - X_j)^2 + (Y_i - Y_j)^2\right] + \max\left[(X_i - X_j)^2 + (Y_i - Y_j)^2\right]} \quad (4.14)$$

这种 R 值的确定综合考虑了控制点之间的最小距离与最大距离的关系，并取其和的算术平方根形式，避免了控制点之间最小距离过小带来的影响。

模型法在实践中会遇到几个难点问题（李朝奎 等，2006）：坐标系统的统一，控制点的分布与可靠性，改正模型选择与参数设置。

d）几何校正精度评估

影像纠正的精度一直是备受关注的问题。一般来说，有两种基本的评估方法：一是在影像采集之前在试验区域内布设一些地面控制点，用 GPS 采集控制点的大地坐标，然后比较地面与影像上同名点的坐标差，应用中误差公式进行统计；另一方法是直接比较纠正后影像和参考影像上的同名点坐标。

影像的几何校正是在控制点和参考点的定位确定和精准的假定基础上进行的，但是校正控制点定位和参考点位置选定存在随机误差，由于这些不确定因素的影响，使得影像的几何校正结果存在误差（Wang et al，2005）。分析参考点与控制点随机误差的影响，有助于确定参考点与控制点定位的选择原则，减少影像几何校正误差（陈拉 等，2008）。

影像几何校正的精度一般会随着控制点精度的提高而提高，但是精度的变化程度会因影像空间分辨率不同而明显不同，表现为影像分辨率越高，控制点定位精度对几何校正结果影响就越大。控制点的随机误差是不可能完全消除的，只能减小到某种程度。选择更高定位精度的控制点，可以减小随机误差的影响，提高几何校正的精度，减小几何校正的不确定性。

影像几何校正精度不仅与控制点定位精度有关，还受到影像的空间分辨率的影响。空间分辨率越高，参考点容易确定而且随机误差小，几何校正的准确率越高；空间分辨率越低，像元内参考点位置很难确定，参考点的确定会变成几何校正的难点，用传统的多项式纠正模型对低空间分辨率的影像进行几何校正难以获得较高的校正精度。研究发现参考点和控制点随机误差的影响大小是由定位精度和空间分辨率的相对大小决定的，当定位精度的随机误差大于空间分辨率时，校正结果的准确率主要受定位精度影响，而空间分辨率大于控制点定位精度时，校正的结果主要受参考点误差影响。因此，在确定控制点定位精度时，首先应该保证控制点精度误差不能大于校正影像的空间分辨率，一般要小于空间分辨率的一半才能保证控制点随机误差的影响最小化，获得最高的准确率（陈拉 等，2008）。

b. 重采样

因为重新定位后的像元在原影像中分布是不均匀的，即输出影像像元点在输入影像中的行列号不是或者不全是整数关系，因此不能直接从原始影像的像素阵列中求得坐标校正后像元的灰度值，而是需要根据输出影像上的各像元在输入影像中的位置，对原始影像进行灰度内插，求校正后像素亮度值，建立新的影像矩阵，这个过程就称作重采样。

重采样有直接法和间接法两种方案，如图 4.5 所示。直接法是从原始影像上的像点出发，按照变换公式求出校正后的影像上的像点坐标，然后将原始影像上该像点的灰度值赋予校正后影像上对应像点。间接法是从校正后影像上像点坐标出发，按照逆向变换公式求出其原始影像上的像点坐标，然后将原始影像上的像点灰度值赋予校正后的影像上的像点。

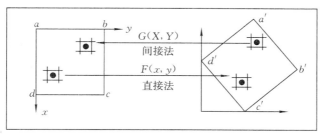

图 4.5　直接法和间接法重采样方案

　　无论是直接法还是间接法,都要通过灰度内插重新求得校正后像元的灰度值,利用像素周围多个像点的灰度值求解出该像素灰度值的过程称为灰度内插。常用的内插方法有最近邻法、双线性内插法、三次卷积法等。它涉及两个问题:一是内插精度;二是内插计算工作量。内插精度主要取决于采样间隔与内插的方法(张祖勋,1983)。

　　最近邻法、双线性内插法、三次卷积法算法分别具体如下(曾丽萍,2008):

　　a)最近邻法

　　最近邻法是将最邻近的像元值直接赋予新像元。即以距内插点 $Q(u,v)$ 距离最近的像元的灰度值 D_n 作为 $Q(u,v)$ 点的像元值,即

$$\left.\begin{array}{l} x_n = \mathrm{INT}(u + 0.5) \\ y_n = \mathrm{INT}(v + 0.5) \end{array}\right\} \tag{4.15}$$

　　优点是仅有一个像元参与计算,即以离被计算点最近的一个像元的灰度值作为输出像元的灰度值。比较它们与被计算点的距离,哪个点距离最近,就取哪个点的灰度值作为该点的灰度值。优点是计算效率高,多数保持了原来的灰度值不变;缺点是几何精度较差,产生锯齿,特别是在改变像素大小的时候(符名引 等,2007),灰度的连续性受到一定程度的破坏(鲍文东 等,2009)。

　　b)双线性内插法

　　双线性内插法是使用内插点 $Q(u,v)$ 周围 4 个观测点的像元值,对所求的像元值进行线性内插。内插点 $Q(u,v)$ 与周围 4 个邻近像元 P_{ij}、$P_{i+1,j}$、$P_{i+1,j+1}$、$P_{i,j+1}$ 关系如图 4.6 所示,则内插点 $Q(u,v)$ 的灰度值 D_Q 为

$$D_Q = (1-t)(1-s)D_{i,j} + t(1-s)D_{i,j+1} + (1-t)sD_{i+1,j} + stD_{i+1,j+1} \tag{4.16}$$

　　双线性插值法需要计算点周围 4 个已知像素的灰度值参加计算,在 X 方向和 Y 方向各内插一次,得到所求的灰度值。虽然比最近邻插值法计算量增加,但精度明显提高,几何上比较准确,保真度较高。缺点是改变了像素值,有将周围像素值平均的趋势,细节部分可能丢失(鲍文东 等,2009)。

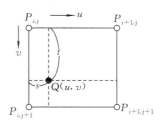

图 4.6　双线性内插法

　　c)三次卷积法

　　三次卷积法是使用内插点 $Q(u,v)$ 周围的 16 个观测点的像元值,用 3 次卷积函数对所求的像元值进行内插。 内插点 $Q(u,v)$ 的灰度值 D_Q 为

$$D_Q = \begin{bmatrix} f(1+t) & f(t) & f(1-t) & f(2-t) \end{bmatrix} \begin{vmatrix} D_{11} & D_{12} & D_{13} & D_{14} \\ D_{21} & D_{22} & D_{23} & D_{24} \\ D_{31} & D_{32} & D_{33} & D_{34} \\ D_{41} & D_{42} & D_{43} & D_{44} \end{vmatrix} \begin{vmatrix} f(1+s) \\ f(s) \\ f(1-s) \\ f(2-s) \end{vmatrix} \quad (4.17)$$

式中，D_{ij} 是像元点 (i,j) 的灰度值。

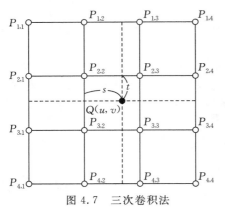

图 4.7　三次卷积法

想要进一步提高内插精度，就需要更多的像元，该方法使用计算点周围相邻的 16 个点的灰度值，用三次卷积函数对所求的像元值进行内插。该方法优点是输出影像比双线性内插法更为接近输入影像的平均值和标准差，可以得到较高质量的影像，可以同时锐化影像边缘和消除噪声，得到影像的均衡化和清晰化的效果（鲍文东 等，2009）。具体表现与输入影像有很大关系，当像素大小发生剧烈改变时，此为推荐使用的方法（李新 等，2000）。缺点是计算量很大，改变了像素值，计算复杂，速度慢。

以上三种方法各有优缺点：最近邻法的优点是输出影像仍然保持原来的像元值，简单，处理速度快；但这种方法最大可产生半个像元的位置偏移，可能造成输出影像中某些地物的不连贯。双线性内插法具有平均化的滤波效果，边缘受到平滑作用，产生一个比较连贯的输出影像；其缺点是破坏了原来的像元值，在波谱识别分类分析中会引起一些问题。三次卷积内插法对边缘有所增强，并具有均衡化和清晰化的效果；但是它仍然破坏了原来像元值，且计算量较大。

d）重采样精度评价

几何校正是影像预处理流程中一个非常重要的组成部分，包括坐标变换和灰度重采样两个关键步骤。然而重采样必然会导致影像的信息量变化，如何最大限度地保持原始影像的信息量一直是研究的热点问题。

影像质量评价其主要目的是用尽可能客观的、可定量的数学模型来表达重采样后影像信息量的损失程度。通常采用灰度均值、灰度方差和直方图统计来对重采样后影像进行分析和评价。重采样后影像方差随分辨率提高后影像质量稍微降低后保持不变，分辨率降低造成影像的方差减少，它表明重采样后的影像量分辨率降低后，其信息量也随之减少。其中，采用最近邻插值法对影像信息量的影响较小，三次卷积插值法次之，而双线性插值法对影像质量的影响较大（张周威 等，2013）。

重采样后影像方差随分辨率提高后影像质量略微降低后基本保持不变，影像的方差随着分辨率降低而减少，它表明影像信息量随着分辨率的降低而减少。其中，采用最近邻插值法对影像质量的影响较小，双线性插值法次之，三次卷积插值法对影像质量的影响比较大。

空间分辨率重采样后，如果将空间分辨率提高，那么整个影像的信息量变化较小；如果将空间分辨率降低，那么影像的信息量将会减小。重采样后空间分辨率的提高对影像的信息量影响非常小，相反，如果空间分辨率降低，影像信息量则有损失。双线性插值法的计算量和精度适中，如果忽略应用精度，也可以被采用；而当影像变形比较严重时，必须使用三次卷积插值来确保影像的质量（张周威 等，2013）。

2. 线阵推扫影像几何校正

线阵传感器在推扫成像过程中,由于传感器的姿态变化以及飞行速度的不均匀、飞行平台的振动,会导致影像变形(赵双明 等,2006)。航空线阵影像与航天线阵影像的最大区别在于飞行平台稳定性的差异。航空平台由于受气流等因素的影响,飞行轨迹是不平稳的。飞行速度、飞行姿态角以及飞行航高等参数的变化对获取的影像质量均能产生重要的影响,飞行姿态不平稳及飞行速度不均匀是引起变形的主要因素。

几何纠正的目的是消除因姿态的不平稳产生的影像变形,实质是要解决两个二维影像平面之间的点集的映射问题,可应用摄影测量学中经典的共线条件方程加以解决。几何纠正的基本思想是将原始影像的每个像素投影到测区的平均高程面上,根据影像的地面采样距离GSD 获得处理后的影像。线阵影像传感器是线中心投影,框幅式相机是面中心投影,影像成像的方式不同,导致了所采用的影像纠正的具体实现过程与面中心投影的影像纠正不同(赵双明 等,2006)。

直接法纠正的最大问题是纠正影像上的像元排列不规则,投影到纠正影像上的像元有重复及遗漏现象,难以进行灰度内插及获得规则排列的纠正影像。间接法纠正能解决线阵影像几何预处理的绝大部分问题,但是 POS 姿态数据突变的地方间接法的结果不理想。因此,对姿态变化剧烈的影像块采用直接法与间接法相结合的纠正方法进行预处理。

首先分析 POS 曲线,根据姿态变化的幅度不同对预处理的影像进行分块,姿态变化平缓的影像块采用间接纠正法处理;直接法与间接法相结合的纠正方案可避免反投影变换。具体方法如下(赵双明 等,2006):

1)影像分块

影像分块是提高影像纠正效率的行之有效的方法,同时适用于直接法纠正和间接法纠正,具体操作如下:

(1)根据原始影像的尺寸、地面采样距离计算纠正影像的范围。

(2)对纠正影像进行分块,对 POS 曲线进行统计分析,对姿态变化平稳、剧烈部分分别分段,并相应地对影像进行分块(宽度固定为纠正影像的宽度,长度可依据 POS 姿态数据分为固定长度或不固定长度)。

(3)用纠正影像上像素点反投影计算,得到原始影像上对应的像素点,确立对应的原始影像范围。

2)间接法纠正姿态变化平稳的影像块

POS 姿态变化较平稳时,直接采用间接纠正的方法对原始影像进行几何预处理,具体如下:

(1)在纠正后影像上建立规则格网,根据 POS 姿态的实际变化情况,格网大小可定为5×5、7×7 和 9×9,以确保坐标内插的精度。

(2)反投影计算纠正影像格网点的像方坐标,根据纠正影像的像点坐标可对应计算平均高程面上该点的物方坐标,给定纠正影像上一点及对应的物方坐标,由共线条件方程可确定原始影像的像点坐标。

(3)从纠正影像出发,以面作为纠正单元内插像点坐标,并进行灰度内插、赋值,完成间接法纠正。

3）直接法与间接法相结合纠正姿态变化剧烈的影像块

对 POS 姿态变化剧烈的原始影像块采用直接法与间接法相结合方法处理，步骤如下：

（1）建立原始影像的规则格网。

（2）首先将规则格网点坐标变换到焦平面，然后将焦平面坐标变换到平均高程面，最后平均高程面上的物方坐标变换到纠正影像，并计算纠正影像上对应的不规则格网点坐标。

（3）构建不规则格网，由不规则格网内插纠正影像上的规则格网点。

（4）根据纠正影像的规则格网内插原始影像上的像点坐标，经过灰度重采样并赋值，完成纠正。

3. 线阵摆扫影像几何校正

线阵 CCD 传感器采用摆扫方式扫描时也有独特的成像特点和应用价值，它可以根据任务要求大幅度调整摆扫角，对地面进行定向观测获得垂直航向较宽范围内的连续影像条带（张艳等，2006）。

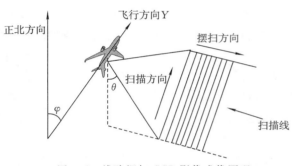

图 4.8　线阵摆扫 CCD 影像成像原理

1）线阵摆扫影像的严格成像模型

设无人机飞行方向为 Y 轴，航线与地理正北方向的夹角为航向角 φ，飞行接收地面指令摆扫 θ 角对地面指定目标进行扫描成像。地面目标对应的辐射信息经光学系统收集，聚集在 CCD 线阵列元件上，CCD 输出端以一路时序视频信号输出，在瞬间获得平行于航线的一条影像线。当光学透镜继续摆扫，摆扫角不断增大或减小时，传感器横向摆扫扫描得到垂直于航线的一条影像带。一个横向扫描周期结束，传感器关闭、回扫至起点。通过飞机的运动实现沿航向方向的纵向扫描，开始下一横向扫描，根据成像任务计划与上一横向扫描条带达到一定的重叠率，形成对地面的连续扫描。图 4.8 为线阵摆扫 CCD 影像成像原理示意图。

GPS/INS 组合导航系统提供传感器的位置和姿态参数，包括位置、速度、方位角和方位角变化率信息。线阵摆扫 CCD 影像是行中心投影影像，各条扫描线的位置、姿态参数是独立的。根据 GPS/INS 提供的导航参数，可建立传感器的位置和姿态变化模型，即外方位元素模型：

$$\left.\begin{array}{l} X_{si}=X_{s0}+\dot{X}_s \cdot x \\ Y_{si}=Y_{s0}+\dot{Y}_s \cdot x \\ Z_{si}=Z_{s0}+\dot{Z}_s \cdot x \\ \varphi_i=\varphi_0+\dot{\varphi} \cdot x \\ \omega_i=\omega_0+\dot{\omega} \cdot x \\ \kappa_i=\kappa_0+\dot{\kappa} \cdot x \end{array}\right\} \qquad (4.18)$$

式中，$(\varphi_i,\omega_i,\kappa_i,X_{si},Y_{si},Z_{si})$ 为第 i 扫描线的外方位元素，依次为俯仰角、翻滚角、偏航角 3 个方位角和大地横轴坐标、大地纵轴坐标、高度坐标三维位置坐标；x 为该扫描线横向摆扫方向的像平面坐标（扫描列编号）；$(\varphi_0,\omega_0,\kappa_0,X_{s0},Y_{s0},Z_{s0})$ 为 GPS/INS 提供的起始扫描线（第一列扫描线）的外方位元素，$(\dot{\varphi},\dot{\omega},\dot{\kappa},\dot{X}_s,\dot{Y}_s,\dot{Z}_s)$ 为 GPS/INS 提供的外方位元素的一阶变率，

即方位角变化率和 3 轴方向的速度。

线阵 CCD 传感器的摆扫角变化模型为

$$\theta = \theta_0 + \dot{\theta} \cdot x \qquad\qquad (4.19)$$

式中，θ_0 为线阵 CCD 传感器摆扫成像时的初始摆扫角；$\dot{\theta}$ 为摆扫角的变化率。根据共线方程条件，成像瞬间地面物点、投影中心、对应像点位于同一直线上，对线阵摆扫 CCD 建立严格的共线方程成像模型。

2）线阵摆扫影像的几何纠正

线阵摆扫 CCD 影像的几何变形主要表现为倾斜误差和投影误差及比例尺不一致，几何纠正具体流程主要包括：内定向、外方位元素平差和重采样 3 个步骤。

内定向采用仿射变换公式将以像素为单位的扫描坐标系坐标 (i,j) 转换到以毫米为单位的像平面坐标系坐标 (x,y) 以确定扫描坐标系与像平面坐标系之间的对应关系。GPS/INS 的精确外方位元素值可直接用于几何纠正，也可与地面观测数据进行联合平差，进一步提高其精度。进行联合平差时共线方程模型需要进行线性化处理，得误差方程后进行平差。GPS/INS 提供的外方位元素值可视为观测值，列出附加误差方程式。多条扫描带中的多景影像可按误差方程式，列出方程进行整体平差。内定向和外定向后进行重采样，完成几何纠正（张艳 等，2006）。

4．机载 SAR 影像几何校正

与光学影像不同，SAR 传感器接收的只是地面目标的后向散射回波信号，在经历脉冲压缩、徙动校正等复杂过程的成像处理之后，接收信号才能变为可视的影像。因此，在 SAR 影像中没有光学影像中那样明确的像点、物点对应关系。这种独特的成像机制造成了对 SAR 影像中空间关系理解的困难，使得多年来几何校正问题一直是制约 SAR 应用的瓶颈（张永红 等，2002）。

1）常用纠正方法

对机载 SAR 影像的几何校正处理主要有三种方法。一是采用基于 F. Leberl 模型的校正方法，该法的原理比较合理，但有以下不足：

（1）没有充分利用飞行器星历数据（主要是位置和速度数据），初值不准确。

（2）它建立在零多普勒条件上。在机载 SAR 的情况下，可认为雷达波束与飞机轨道完全垂直，则此时波束中心的多普勒频率为零。

另一种是采用的基于 G. Konecny 1988 年在国际摄影测量与大会上提出的共线方程模型的校正方法。该方法用处理光学影像的方式处理 SAR 影像，忽略 SAR 影像距离投影的特点，用共线方程描述 SAR 影像的构像关系。从本质上说，即使在最佳的情况下，该方法也只是一种近似处理（张永红 等，2002）。

第三种方法是多项式模拟法，此方法精度不高，适合进行粗校正。

SAR 影像几何纠正的数学模型，描述的是其像点位置与相应的地面点位置之间数学关系。在下面的各个数学模型中，像点位置是指像点的物理像平面坐标，即 x 指向近距边的飞行方向，y 指向距离方向，原点取 x 轴上的一点。地面点的空间位置，可以直接采用高斯平面加高程的空间直角坐标系来表示，其原点可根据实际需要进行平移。

a. 多项式模拟构像方程

多项式模拟构像方程式，需要大量的、高精度的、均匀分布的控制点。对于一定长度的影

像帧景,可选用二次多项式进行计算,结果较为稳定(朱彩英 等,2003)。二次多项式纠正公式为

$$
\left.\begin{array}{l}
X = a_0 + a_1 x + a_2 y + a_3 xy + a_4 x^2 + a_5 y^2 \\
Y = b_0 + b_1 x + b_2 y + b_3 xy + b_4 x^2 + b_5 y^2
\end{array}\right\} \tag{4.20}
$$

式中,(x,y) 为控制点像坐标;(X,Y) 为控制点地面空间坐标;a_i、$b_i(i=0,1,\cdots,5)$ 为二次多项式纠正系数。至少需要 6 个控制点建立误差方程,用最小二乘法解 a_i、b_i。

当影像帧景较长时,为了得到更高的精度,可以采用三次多项式拟合像平面和地面之间的变换关系。三次多项式纠正公式为

$$
\left.\begin{array}{l}
X = a_0 + a_1 x + a_2 y + a_3 xy + a_4 x^2 + a_5 y^2 + a_6 x^2 y + a_7 xy^2 + a_8 x^3 + a_9 y^3 \\
Y = b_0 + b_1 x + b_2 y + b_3 xy + b_4 x^2 + b_5 y^2 + b_6 x^2 y + b_7 xy^2 + b_8 x^3 + b_9 y^3
\end{array}\right\} \tag{4.21}
$$

与二次多项式符号意义相同,至少选取 10 个以上的控制点建立误差方程,用最小二乘法解 a_i、b_i。

多项式是基于两个平面间的变换,故适用于平坦地区的几何纠正,不适用于起伏较大地区的几何纠正。

b. F. Leberl 构像方程式

国际著名摄影测量学者 F. Leberl 从雷达传感器成像的几何特点出发,建立了 SAR 影像的构像方程式,称之为 F. Leberl 公式。SAR 传感器的成像在距离向和方位向两个方向上采用距离条件和零多普勒频率条件两个几何条件。

距离条件:

$$
\left.\begin{array}{l}
(X - X_S)^2 + (Y - Y_S)^2 + (Z - Z_S)^2 = (r_0 M_y + D_S)^2 \quad (斜距显示) \\
(X - X_S)^2 + (Y - Y_S)^2 + (Z - Z_S)^2 = (r_0 M_y + D_S)^2 + H^2 \quad (地距显示)
\end{array}\right\} \tag{4.22}
$$

零多普勒频率条件:

$$
\dot{X}_S(X - X_S) + \dot{Y}_S(Y - Y_S) + \dot{Z}_S(Z - Z_S) = 0 \tag{4.23}
$$

轨道时间多项式:

$$
\left.\begin{array}{l}
X_S = X_{S_0} + \dot{X}_{S_0} T + \ddot{X}_{S_0} T^2 + \cdots \\
Y_S = Y_{S_0} + \dot{Y}_{S_0} T + \ddot{Y}_{S_0} T^2 + \cdots \\
Z_S = Z_{S_0} + \dot{Z}_{S_0} T + \ddot{Z}_{S_0} T^2 + \cdots
\end{array}\right\} \tag{4.24}
$$

$$
T = M_x x
$$

以上各式中,D_S 为扫描延迟,r_0 为相应于 D_S 的平面距离(简称为地距延迟),H 为天线到数据归化平面的航高,(M_x,M_y) 分别为方位向和距离向影像比例尺分母,T 为相对于帧景远点的飞行时间,x 为方位向坐标,(X,Y,Z) 为地面店的地面空间直角坐标,(X_S,Y_S,Z_S) 为地面点对应的雷达天线瞬时位置的地面空间直角坐标,$(X_{S_0},Y_{S_0},Z_{S_0})$ 为帧景原点($T=0$)雷达天线的地面空间直角坐标,$(\dot{X}_{S_0},\dot{Y}_{S_0},\dot{Z}_{S_0})$ 为雷达载体在 $(X_{S_0},Y_{S_0},Z_{S_0})$ 处的速度矢量在地面空间直角坐标系三轴上的分量,$(\ddot{X}_{S_0},\ddot{Y}_{S_0},\ddot{Z}_{S_0})$ 为雷达站在 $(X_{S_0},Y_{S_0},Z_{S_0})$ 处加速度矢量在地面空间直角坐标系三轴方向上的分量。

从式(4.22、4.23、4.24)可知,当已知 SAR 影像的成像设计参数 H、M_x、M_y 时,或利用精确的摄站定位数据,或利用 4 个以上平高控制点,当在帧景内认为载体是匀速前进时,可建立 8 个以上条件方程,来求解帧景的 7 个纠正参数:$(X_{S_0},Y_{S_0},Z_{S_0},\dot{X}_{S_0},\dot{Y}_{S_0},\dot{Z}_{S_0},r_0(D_s))$。

F. Leberl 公式并不要求载体的姿态参数,它注重载体的位置、飞行速度和飞行方向,对于距离投影的 SAR 影像的正射纠正、目标定位是简洁、有效的。

a)定向参数的解算

由于机载雷达的飞行平台容易受到不稳定气流、导航等诸多因素的影响,航迹不规则不能用一条空间直线来描述,所以对于机载雷达摄站位置不使用一次参数方程描述,通常使用二次参数和三次参数方程描述。

(1)二次参数方程描述摄站轨迹。利用距离 T 与平台空间位置的二次空间参数方程描述摄站的运动轨迹。

$$\left.\begin{array}{l} X_S = a_{11} + a_{12}T + a_{13}T^2 \\ Y_S = a_{21} + a_{22}T + a_{23}T^2 \\ Z_S = a_{31} + a_{32}T + a_{23}T^2 \end{array}\right\} \tag{4.25}$$

根据泰勒级数公式,将成像模型公式线性化(只取一次项),可利用地面控制点,由最小二乘平差方法,迭代解算出 9 个参数($a_{11}, a_{12}, a_{13}, a_{21}, a_{22}, a_{23}, a_{31}, a_{32}, a_{33}$)。 根据所解的参数按照二次空间参数方程式,就可以计算出雷达影像上的每一成像行(方位向)成像时摄站的位置(高力 等,2004)。

(2)三次参数方程描述摄站轨迹。利用距离 T 和平台位置的三次空间参数方程描述摄站的运动轨迹。

$$\left.\begin{array}{l} X_S = a_{11} + a_{12}T + a_{13}T^2 + a_{14}T^3 \\ Y_S = a_{21} + a_{22}T + a_{23}T^2 + a_{24}T^3 \\ Z_S = a_{31} + a_{32}T + a_{23}T^2 + a_{34}T^3 \end{array}\right\} \tag{4.26}$$

根据泰勒级数公式,可将成像模型线性化(只取一次项),通过至少 6 个控制点组建法方程,迭代解算 12 个轨道参数($a_{11}, a_{12}, \cdots, a_{33}, a_{34}$),就可以实现使用三次空间参数方程描述平台运行轨迹(高力 等,2004)。机载雷达的轨迹方程适合用三次参数方程来描述,这是由于飞机作为平台容易受到气流、导航等的影响,航迹不是非常理想。选择三次参数方程也是符合实际的。

(3)初值选取。上述解算参数的过程都需要迭代计算,提供合适的起算初值是十分重要的。

如图 4.9 所示,在雷达影像坐标系中,x 是方位向坐标(沿 x 轴正向增加),y 是距离向坐标(沿 y 轴正向增加)。$S_1(x_1, y_1)$、$S_2(x_2, y_2)$ 分别是两个控制点,l 是概略的摄站运动轨迹在地面的投影。

$r_1 = D_s + y_1 m_y$、$r_2 = D_s + y_2 m_y$,分别是由 $S_1(x_1, x_2)$、$S_2(x_2, y_2)$ 对应的地面点坐标为 $S_1(X_1, Y_1, Z_1)$、$S_2(X_2, Y_2, Z_2)$ 的距离向坐标计算出的概略距离。由两个控制点估算初值步骤如下(高力 等,2004):

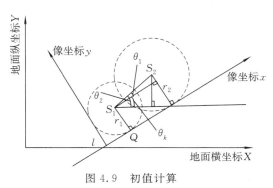

图 4.9　初值计算

(1)$S_1(x_1, x_2)$、$S_2(x_2, y_2)$ 的选择,在像坐标系下 S_2 必须在 S_1 的右下方。

（2）角度的计算。

$$\theta_1 = \arcsin \frac{r_2 - r_1}{|S_2 S_1|}$$

$$\theta_2 = \arctan \frac{Y_2 - Y_1}{X_2 - X_1}$$

（3）切线 l 的斜率 $\tan\theta_k = \tan(\theta_2 - \theta_1)$，过点 S_1 以 $1/\tan\left(\dfrac{\pi}{2} - \theta_k\right)$ 为斜率作直线交圆于切点 Q，则可以得到直线 L 的方程。

（4）Q 点的相应方位坐标是 x_1，从而可以计算出当方位向坐标为 0 时的起算初值 a_{11}、a_{21}。

上述计算初值的方法适用于左侧视扫描的情况，同理可以得到右侧视扫描的初值计算方法。

b）控制点的选择

选择准确的地面控制点是非常重要的，但是准确地选取控制点存在着很大困难：目前机载雷达影像一般质量不高，影像分辨率低，不能够识别特征地物。在选择控制点的时候，需要选择明显的地物和变化明显的地貌作为控制点，并结合计算结果和雷达影像的反复调整，以剔除错误的点并调整因人为错误而不精确的点。

c）纠正模型的线性化

利用 F. Leberl 构像方程式，进行数字纠正计算时，必须将原数学模型改换成帧景的纠正参数与 SAR 像点坐标、地面点坐标之间的线性化关系式，才能迭代计算。线性化的方法是在构像方程式中的纠正参数的近似值处，按泰勒级数展开，舍去二次以上的高次项，得到线性化的构像方程式。

d）纠正参数解算

在用 F. Leberl 构像方程式解算纠正参数时，(X_{S_0}, Y_{S_0}) 初值可由地面控制点 X、Y 坐标平均值给定，Z_{S_0} 初值取飞机载体的相对航高 H；$(\dot{X}_{S_0}, \dot{Y}_{S_0}, \dot{Z}_{S_0})$ 初值按理想状态给定，即 $\dot{X}_{S_0} = 1, \dot{Y}_{S_0} = \dot{Z}_{S_0} = 0$；$r_0 = \sqrt{D_S{}^2 - H^2}$；$M_x$、$M_y$ 由设计参数给定（朱彩英 等，2003）。

e）纠正计算

以间接纠正法为例进行 SAR 影像纠正（朱彩英 等，2003），由控制点的地面空间坐标确定对应的地面范围、由纠正像元的地面分辨率确定纠正影像的大小（行列像素数）及其像元位置与地面坐标的关系。间接纠正法是在 DEM 的支持下（对于起伏较大地区），由纠正影像的像元号 (I, J) 确定其地面的平面坐标 (X, Y)，再从 DEM 中找出其地面高程 Z，由 (X, Y, Z) 反求原始影像上相应的像点坐标 (x, y)，同时把 (x, y) 处的灰度值赋予相应的 (I, J) 处。

根据影像 (X, Y, Z)、$(X_{S_0}, Y_{S_0}, Z_{S_0})$ 和 $(\dot{X}_{S_0}, \dot{Y}_{S_0}, \dot{Z}_{S_0})$，用距离条件公式求得 SAR 影像的物理坐标：

$$\left. \begin{aligned} T &= \frac{\dot{X}_{S_0}(X - X_{S_0}) + \dot{Y}_{S_0}(Y - Y_S) + \dot{Z}_{S_0}(Z - Z_S)}{\dot{X}_{S_0}{}^2 + \dot{Y}_{S_0}{}^2 + \dot{Z}_{S_0}{}^2} \\ r &= \sqrt{(X - X_S)^2 + (Y - Y_S)^2 + (Z - Z_S)^2} \end{aligned} \right\} \tag{4.27}$$

进一步可求出纠正像元对应原始影像的像坐标：

$$x = \frac{T - T_0}{M_x}$$

$$y = (r - D_s)/M_y \quad \text{（斜距显示）} \tag{4.28}$$

$$y = (\sqrt{r^2 - H^2} - r_0)/M_y \quad \text{（平距显示）} \tag{4.29}$$

一般 $T_0 = 0$，其他符号含义同前。

c. G. Konency 构像方程式

在 1988 年的第 16 届国际摄影测量与学会上，国际摄影测量学者 G. Konency 在几何意义上利用类似的共线方程式构造 SAR 影像像点与地面点之间的关系，称之为 G. Konency 公式。

G. Konency 方程式并未考虑 SAR 的构像机理，而是套用传统的摄影测量方法，它不仅需要考虑载体的位置、飞行速度和方向，而且还需考虑天线的姿态角及其变率，需要解答的未知参数较 F. Leberl 方程式多；并且不能用精确的摄站定位数据来解算纠正参数，只能利用至少 8 个以上的平高控制点建立 16 个以上的条件方程，来解算纠正参数。虽然 G. Konency 方程式采用较多的纠正参数，但并未带来更好的纠正精度。

2）纠正精度分析

精度统计主要是用数值计算的方法，将控制点和检查点的地面坐标代入各个数学模型，用纠正参数重新计算其原始像点坐标，再与像点量测坐标做比较而得出误差指标。

多项式纠正方法是一种粗纠正方法，简单易行，在有大量、均匀分布的控制点时，也可以对 SAR 影像做初步纠正。在采用二次或三次多项式进行纠正时，在一定长度帧景内，平坦地区二次多项式纠正也具有比较好的稳定性，纠正精度并不低于三次多项式。在有起伏地区，多项式纠正精度明显下降（因它们不考虑高程的影响），三次项的精度略好。F. Leberl 公式考虑了地面高程对象点坐标的影响，在有起伏地区，纠正精度比多项式好，在距离向明显高于 G. Konency 构像方程式。G. Konency 公式的纠正参数在缺少较高精度的初值条件下，无法解答（不收敛）。

针对不同应用领域和条件可以采用不同的纠正模型：

（1）在精度要求一般和具备大量的地面控制点的情况下，可以采用计算量最少、计算方法最为简单的多项式纠正模型；在严格要求精度时，最好采用构像方程式模型。

（2）G. Konency 方程式在缺少较高精度的纠正参数初值的情况下，不具备适应性，它过多地考虑了与雷达距离成像机理无关的姿态角参数，并未带来更好的纠正精度。

（3）F. Leberl 构像方程式符合雷达成像的机理，需要解算的纠正参数较少，试验精度较高。基于我国目前的合成孔径雷达技术，尚不能获得与 SAR 影像匹配的时间参考和距离参考以及稳定的 SAR 设计参数。因此，在地面控制点稀缺、纠正参数初值精度不高的情况下，F. Leberl 模型的适应性最好。

如果 SAR 成像系统的载体装有 GPS 定位系统，能精确地确定载体一系列的飞行位置，则能容易地计算出系列时段内载体位置和飞行的平均速度。在设计参数精度有保障的情况下，采用 F. Leberl 公式不再需要用地面点来反求纠正参数，能直接进行快速的影像纠正，这对于 SAR 影像应用于突发性自然灾害的实时监测和评估具有明显的意义（朱彩英 等，2003）。

4.2.3　航带整理

无人机飞控数据记录每张影像拍摄时相机的经度（L）、纬度（B）、高度（H）、航向角（φ）、俯仰角(ω)、翻滚角(κ)。为方便计算,先将经纬度坐标(B,L,H)转为大地坐标(X_s,Y_s,Z_s),即得到每张影像粗略外方位位置元素,再结合相机参数,利用共线条件方程,将像方坐标转换为物方坐标(袁辉 等,2013)。

$$X = X_s + (Z - Z_s) \frac{a_1 x + a_2 y - a_3 f}{c_1 x + c_2 y - c_3 f} \left.\begin{matrix} \\ \\ \\ \end{matrix}\right\} \tag{4.30}$$
$$Y = Y_s + (Z - Z_s) \frac{b_1 x + b_2 y - b_3 f}{c_1 x + c_2 y - c_3 f}$$

式中,f 为相机焦距,单位为 mm;Z 为测区平均高程;(X_s,Y_s,Z_s)为相机投影中心的物方空间坐标;a_i、b_i、c_i($i=1,2,3$)为影像的3个外方位角元素(φ、ω、κ)组成的9个方向余弦;(x,y)为像点坐标,单位为 mm;(X,Y)为相应的地面坐标。

1. 航带预处理

将影像中心点坐标($0,0$)带入共线条件方程影像像主点地面坐标(X_0,Y_0),按照航飞路线依次计算每张影像中心点物方坐标。无人机在起飞、转弯和降落过程中拍摄影像会偏离航向,影像旋偏角很大。按照无人机航摄规范,根据影像倾角和旋角剔除不符合测图要求的数据。

2. 航带计算

剔除不符合要求的数据后,使用剩下的影像生成航带。通过计算影像中心点偏转角 β 判断一张影像是否属于某条航带,当 β 小于给定的阈值则将该影像加入到航带中,阈值的大小遵循无人机低空数字航摄技术规范。利用影像中心点偏转角生成航带,如图 4.10 所示(袁辉 等,2013)。

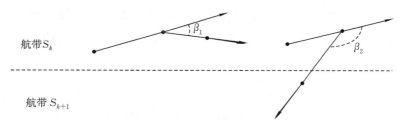

图 4.10　利用影像中心的偏转角生成航带

设航带预处理后的影像按照飞行顺序依次编号为($I_1,I_2,\cdots,I_n$),n 为预处理后的影像总数,利用影像中心点偏转角生成航带步骤如下:

初始取 $i=1$、$j=2$、$k=1$,将 I_i、I_j 添加到航带 S_k。

(1)计算像片 I_i 和 I_j 的中心点方向角 $A_{i,j}$,取下一张影像 I_{j+1},并计算影像 I_j 和 I_{j+1} 的中心点方向角 $A_{j,j+1}$,计算 $A_{i,j}$ 和 $A_{j,j+1}$ 的夹角 $\beta = |A_{i,j} - A_{j,j+1}|$。

(2)若 β 小于阈值,则将 I_{j+1} 添加到航带 S_k,然后令 $i=j$、$j=j+1$,重复步骤(1)。

(3)若 β 大于阈值(阈值由低空航摄规范规定),则令 $k=k+1$,新建航带 S_k,将 I_{j+1} 和 I_{j+2} 添加到新建的航带 S_k,取 $i=j+1$、$j=j+2$,重复步骤(1)。

(4)当 $j=n$ 时,即所有的影像都添加到相应的航带中后,则停止。

在生成每一条航带后,只是确定了航向内的像对连接关系,航带间的相邻关系并没有确定。受无人机转角限制,一般采用间隔加密航线对测区往返航摄,因此需要进一步根据航飞路线生成的航带排序,从而准确地生成每条航带,确定它们之间的位置关系。

3．视场范围 FOV 计算

为了计算影像的航向重叠度和旁向重叠度，并进一步构建区域网，需要先计算每张影像对应的地面视场范围 FOV。根据相机 CCD 的实际宽度和高度，利用共线条件方程计算相应的地面坐标，得到每张影像视场范围 FOV。

4．区域网构建

根据每张影像的 FOV 来计算像对的重叠度，依据重叠度来确定像对连接关系，进而构建最后的航测区域网，具体步骤如下（袁辉 等，2013）：

（1）从整理好的航带中依次获得每张影像的 FOV。

（2）在航向，计算该影像与其前后影像的航向重叠度，当航向重叠度达到给定的阈值（航向重叠度一般为 60%～80%，最小不应小于 53%）后，将其添加到该影像的航向连接关系中。

（3）在旁向，按照位置查找并计算其相邻两条航带内的影像以及该影像的旁向重叠度（旁向重叠度一般为 15%～60%，最小不应小于 8%），当旁向重叠达到给定的阈值后，将其添加到该影像的旁向连接关系中。

（4）重复步骤（1）至（3），直到所有影像都计算了航向和旁向的连接关系，从而构建航测区域网，以用于影像匹配和空三平差。航测区域网构建完成后，即可进行空中三角测量。

§4.3　空中三角测量

空中三角测量是利用连续摄取的具有一定重叠的航摄影像，依据少量野外控制点，以摄影测量方法建立同实地相应的航线模型或区域网模型，从而确定区域内所有影像的外方位元素。本节主要介绍了空中三角测量的原理、方法及技术流程，分析影响空中三角测量精度的因素，并阐述其精度评价指标和精度要求。

4.3.1　空中三角测量原理

空中三角测量是根据少量的野外控制点，在室内进行控制点加密，求得加密点的高程和平面位置，为缺少野外控制点的地区测图提供用于绝对定向的控制点（陈大平，2011）。在传统的摄影测量中，空中三角测量是通过对点位进行测定来实现的，即根据影像的像点测量坐标和少量控制点的大地坐标，来求解未知点大地坐标和影像的外方位元素，所以也称空中三角测量为摄影测量空三加密（秦其明 等，2006）。

空三加密的意义在于：

（1）不需要直接接触测定对象或地物，凡是影像中的对象，不受地面通视条件限制，均可测定其位置和几何形状。

（2）可以实现大范围内点位测定的时效性，从而可节省大量的实测调查工作。

（3）平差计算时，加密内部区域精度均匀，且很少受区域大小的影响。

空中三角测量的目的就是为影像纠正、数字高程采集和航测立体测图提供高精度的定向成果（Yuan，2008），最主要的成果就是影像定向点大地坐标和影像外方位元素。空中三角测量主要涉及资料准备、相对定向、绝对定向、区域网接边、质量检查、成果整理与提交等主要环节（姜丽丽 等，2013）。

4.3.2 空中三角测量方法

空中三角测量的方法主要有利用 POS 数据直接定向和利用已有控制点资料定向两种。

(1)利用 POS 数据直接定向。低空无人飞机飞行的不稳定性使其获取的外方位元素存在粗差及突变,在利用 POS 辅助平差前可对其进行一定优化。首先利用飞机获取的外方位元素中的线元素进行同名像点匹配,并进行平差,得到新的外方位元素,剔除部分粗差,实现对原始 POS 信息优化。在影像外方位元素已知的情况下,量测一对同名像点后,即可利用前方交会计算出对应地面点的地面摄影测量坐标(连蓉,2014)。

(2)利用已有资料转刺像控制点进行空中三角测量。控制点量测工作是区域网平差中最繁琐的工作之一,实现自动展点就成了提高摄影测量区域网平差效率的关键。利用 POS 数据实现自动展点,将会提高后续空中三角测量和影像快速拼接的效率(鲁恒 等,2010a)。鲁恒等(2011a)提出了一种适用于大重叠度影像的自动展点方法,通过纠正 POS 数据、判断控制点所在的影像,实现自动展绘控制点,大幅提升了展点的工作效率,有效减少了大重叠度影像漏展控制点数目。在没有野外控制点、IMU 数据又不能满足要求的情况下,通过在正射影像数据、DEM 数据、数字地形图、纸质地形图等已知地理信息数据中选取已知特征点作为控制点的方法进行控制点采集(陈大平,2011),满足了应急保障和突发事件处理的测绘需求。

4.3.3 空中三角测量流程

空三加密流程一般包括相对定向与模型连接、平差解算与绝对定向等步骤。影像相对定向和绝对定向主要原理是利用一个测区中多幅影像连接点(加密点)的影像坐标和少量的已知影像坐标及其物方空间坐标的地面控制点,通过平差计算,求解连接点的物方空间坐标与影像的外方位元素(熊登亮 等,2014)。

无人机航空影像空三加密流程(周友义,2013)如图 4.11 所示。

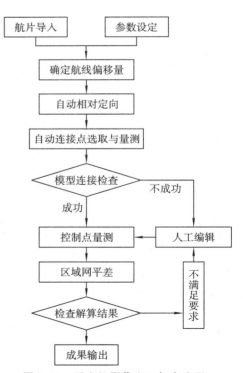

图 4.11 无人机影像空三加密流程

首先进行立体像对的相对定向,其目的是恢复摄影时相邻两张影像摄影光束的相互关系,从而使同名光线对对相交。相对定向完成以后就建立了影像间的相对关系,但此时各模型的坐标系还未统一,需通过模型间的同名点和空间相似变换进行模型连接,将各模型统一到同一坐标系下。利用立体像对的相对定向构建单航带自由网,确定每条航带内的影像在空间的相对关系(毕凯,2009)。构建单航带后,利用航带间的物方同名点和空间相似变换方法对各单航带自由网进行航带间的拼接,将所有单航带自由网统一到同一航带坐标系下形成摄区自由网。由于相对定向和模型连接过程中存在误差的传递和累积,易导致自由网的扭曲和变形,因此必须进行自由网平差来减少这种误差。自由网平差后导入控制点坐标,进行区域网平差,目的是对整个区域网进行绝对定向和误差配赋。

1. 相对定向

相对定向的目的是恢复构成立体像对的两张影像的相对位置,建立被摄物体的几何模型,解求每个模型的相对定向参数。相对定向的解法包括迭代解法和直接解法。其中,迭代解法解算需要良好的近似值,而直接解法解算则不需要。当不知道影像姿态的近似值时,利用相对定向的直接解法进行相对定向(崔红霞 等,2005)。

相对定向主要通过自动匹配技术提取相邻两张影像同名定向点的影像坐标,并输出各原始影像的像点坐标文件。

通过多视影像匹配技术自动提取航带内、航带间所有连接点,通过光束法进行区域自由网平差,输出整个区域同名像点三维坐标(熊登亮 等,2014)。

通常利用金字塔影像相关技术和最大相关系数法识别同名点对,获取相对定向点,在剔除粗差的同时求解未知参数,从而增加相对定向解的稳定性。由于无人机的姿态容易受气流的影响,重叠度小的相邻影像间的差异可能很大,匹配难度增加,大的重叠度则可以减少相邻影像间的差异,使得同名点的匹配相对容易(崔红霞 等,2005)。

2. 绝对定向

绝对定向是无人机航空影像定位的重要环节,实现了相对定向后立体模型坐标到大地坐标转换(段连飞 等,2008)。在实际定向解算中,需要求解两个坐标空间的 3 个平移参数、3 个旋转角参数、1 个比例参数。绝对定向后,即可依据无人机影像的图像坐标计算目标大地坐标。绝对定向参数求解的可靠性与精度直接影响定位的精度,乃至最终定位能否实现。绝对定向步骤如下:

(1)首先进行平差参数设置,调整外方位元素的权和欲剔除粗差点的点位限差,通过区域网光束法平差计算,分别生成控制点残差文件、内外方位元素结果文件、像点残差文件等平差结果文件。

(2)查看平差结果是否合格,如果不合格,继续调整外方位元素的权和粗差点的点位限差,直至平差结果合格为止。

(3)生成输出平差后的定向点三维坐标、外方位元素及残差成果等文件(熊登亮 等,2014)。

1)绝对定向解算

通常在影像定向解算时,经过相对定向后,建立了与地面相似的立体模型,计算得到各模型点的摄影测量坐标。但是摄影测量坐标系在大地坐标系中的方位仍是未知的,模型的比例尺也是近似的,需要对立体模型进行绝对定向,即:依据提供的准确控制点坐标,通过解算求出 7 个绝对定向元素,即模型的旋转、平移和缩放参数,该过程在数学上称为空间相似变换,如式(4.31)所示。

$$\begin{bmatrix} X_{tP} \\ Y_{tP} \\ Z_{tP} \end{bmatrix} = \lambda \begin{bmatrix} a_1 & a_2 & a_3 \\ b_1 & b_2 & b_3 \\ c_1 & c_2 & c_3 \end{bmatrix} \begin{bmatrix} X_p \\ Y_p \\ Z_p \end{bmatrix} + \begin{bmatrix} \Delta X \\ \Delta Y \\ \Delta Z \end{bmatrix} \tag{4.31}$$

式中,(X_{tP}, Y_{tP}, Z_{tP}) 为地面控制点的地面航测坐标;X_p、Y_p、Z_p 为模型点的航测坐标;λ 为比例因子;a_i、b_i、c_i 为 3 个角元素 φ、ω、κ 组成的旋转矩阵的定向参数;ΔX、ΔY、ΔZ 为模型坐标原点在地面航测坐标系中的 3 个平移量。

从式(4.31)可以看出,7 个未知量 λ、φ、ω、κ、ΔX、ΔY、ΔZ 构成的是非线性函数,为了适用于平差方法计算,传统的绝对定向通常是进行线性化,按多元函数泰勒级数展开,并取一次项:

$$F = F_0 + \frac{\partial F}{\partial \lambda} d\lambda + \frac{\partial F}{\partial \varphi} d\varphi + \frac{\partial F}{\partial \omega} d\omega + \frac{\partial F}{\partial \kappa} d\kappa + \frac{\partial F}{\partial \Delta x} d\Delta x + \frac{\partial F}{\partial \Delta y} d\Delta y + \frac{\partial F}{\partial \Delta z} d\Delta z$$

2）光束法区域网平差

光束法区域网平差的原理是：以投影中心点、像点和相应的地面点三点共线为条件，以单张影像为解算单元，借助影像之间的公共点和野外控制点，把各张影像的光束连成一个区域进行整体平差，解算出加密点坐标的方法。其基本理论公式为中心投影的共线条件方程式(4.32)。由每个像点的坐标观测值可以列出两个相应的误差方程，按最小二乘准则平差，求出每张影像外方位元素的 6 个待定参数，即摄影站点的 3 个空间坐标和光线束旋转矩阵中 3 个独立的定向参数，从而得出各加密点的坐标。

$$\left.\begin{array}{l} x = -f \dfrac{a_1(X - X_S) + b_1(Y - Y_S) + c_1(Z - Z_S)}{a_3(X - X_S) + b_3(Y - Y_S) + c_3(Z - Z_S)} \\[4mm] y = -f \dfrac{a_2(X - X_S) + b_2(Y - Y_S) + c_2(Z - Z_S)}{a_3(X - X_S) + b_3(Y - Y_S) + c_3(Z - Z_S)} \end{array}\right\} \qquad (4.32)$$

其中：

$$a_1 = \cos\varphi\cos\kappa - \sin\varphi\sin\omega\sin\kappa$$
$$a_2 = -\cos\varphi\sin\kappa - \sin\varphi\sin\omega\cos\kappa$$
$$a_3 = -\sin\varphi\cos\kappa$$
$$b_1 = \cos\omega\sin\kappa$$
$$b_2 = \cos\omega\cos\kappa$$
$$b_3 = -\sin\omega$$
$$c_1 = \sin\varphi\cos\kappa + \cos\varphi\sin\omega\sin\kappa$$
$$c_2 = -\sin\varphi\sin\kappa + \cos\varphi\sin\omega\cos\kappa$$
$$c_3 = \cos\varphi\cos\omega$$

式(4.32)中，(x, y) 为以像主点为原点的像平面坐标；f 为影像主距；(X, Y, Z) 为物点的地面坐标；(X_S, Y_S, Z_S) 为摄站在地面坐标系中的坐标；φ、ω、κ 为影像外方位角元素；a_i、b_i、c_i 为外方位角元素表示的方向余弦。

区域网平差的运算步骤如下：

（1）逐片建立旋转矩阵 $\boldsymbol{M}$。

$$\boldsymbol{M} = \begin{bmatrix} \sqrt{1 - a_2^2 - a_3^2} & a_2 & a_3 \\[2mm] \dfrac{-a_1 a_3 b_3 - a_2 c_3}{1 - a_3^2} & \sqrt{1 - b_1^2 - b_3^2} & b_3 \\[2mm] a_2 b_3 - a_3 b_2 & a_3 b_1 - a_1 b_3 & \sqrt{1 - a_3^2 - b_3^2} \end{bmatrix}$$

（2）计算各点的变换坐标。

$$\begin{bmatrix} \overline{X} \\ \overline{Y} \\ \overline{Z} \end{bmatrix} = \boldsymbol{M}^{\mathrm{T}} \begin{bmatrix} X' \\ Y' \\ Z' \end{bmatrix} = \boldsymbol{M}^{\mathrm{T}} \begin{bmatrix} X - X_S \\ Y - Y_S \\ Z - Z_S \end{bmatrix}$$

式中，(X, Y, Z) 为前次迭代算出的加密点地面坐标的近似值；$(X_S$、Y_S、$Z_S)$ 为前次迭代算出的摄站地面坐标的近似值。

（3）按共线条件方程反算像点的坐标。

$$x = -f \frac{\overline{X}}{\overline{Z}}$$

$$y = -f \frac{\overline{Y}}{\overline{Z}}$$

（4）逐点组成等效误差方程式，并建立法方程。

（5）解算简化法方程组，求出各片外方位元素的改正数，并改正前一次的近似值。

（6）逐点计算各加密点地面坐标的改正数，并改正前一次的近似值。

（7）重复步骤（1）～（6），直到各片外方位元素的改正数和各点地面坐标改正数小于规定的限差时为止。

空间相似变换迭代求解方法具有较高的解算精度，已经广泛应用在高精度测图、工业摄影测量等领域，但是迭代求解需要有较高精度的初始值，对控制点的分布、数量具有较为苛刻的要求，在控制点误差较大或者分布不均时往往会造成绝对定向参数解算的失败。而在无人机航空影像定位处理中，往往存在提供的控制点不均匀、精度不高等问题，这往往会形成传统的定位设备出现无法进行解算的问题。程超等（2008）提出了采用单位四元数构成旋转矩阵来代替 3 个旋转角构成的旋转矩阵，在解算过程中无须解算 3 个旋转角参数，而是将旋转矩阵作为整体进行求解，这种方法避免了非线性方程的线性化问题，是一种非迭代求解方法。试验证明了方法的可行性，能够满足无人机航空影像定位的需要。

区域网空中三角测量，需要布设地面控制点和检查点进行区域网平差，影响精度的最主要因素是地面控制点采集的精度，而且这个误差是很难纠正的。在选择的时候需要均匀分布整个拍摄区域，或者地形特征较明显的地物点，或者是在地物特征不明显区域人工制作控制点，将大大提高整个结果的精度（鲁恒 等，2011b）。若在无人机上安装高精度的 GNSS 接收机，并在飞行过程中实时差分，可以实现 GNSS 辅助空中三角测量，从而达到无控制或少控制点，进一步提高无人机低空遥感影像的获取和处理效率。控制点的布设选择上，由于大多数控制点采用的是地面自然特征点，因而空三的精度会因为屏幕控制点的量测产生误差，在进行屏幕量测控制点时，利用自动刺点的算法可以减小误差（鲁恒 等，2011b）。

4.3.4 空中三角测量精度评价

1. 精度评价指标

评价一个测区平差结果主要看检查点和控制点的精度（罗伟国，2012）。在精度统计分析过程中，分别统计分析了各测试模型中平差后控制点和检查点精度，采用的误差统计分析指标有：

（1）平均值：估算样本的平均值（算术平均值）。

$$\mu = \frac{\sum \Delta}{n}$$

（2）标准差值：估算总体的标准偏差，样本为总体的子集。标准偏差反映相对于平均值的离散程度。

$$\sigma = \sqrt{\frac{1}{N} \sum_{i=1}^{n} (X_i - \mu)^2}$$

(3)中误差值:在相同观测条件下的一组真误差平方中数的平方根。

$$m = \pm \sqrt{\sum_{i=1}^{n}(\Delta_i \Delta_i)/(n-1)}$$

式中,m 为检查点中误差,单位为 m;Δ 为检查点野外实测值与解算值的误差,单位为 m;n 为参与评定精度的检查点数。

(4)粗差剔除:按正态分布观测值的 95% 概率进行误差值粗差剔除。

(5)最大值:取粗差剔除后控制点和检查点值中的最大值。以剔除粗差后多余控制点不符值的中误差及最大误差进行空三精度评价(罗伟国,2012)。

2．精度评价要求

无人机影像进行空三优化时,对空三优化结果的评价主要依赖于像点坐标和控制点坐标的残差、标准差、偏差和最大残差等指标,同时还需考虑点位的分布、数量和光束的连接性等因素。残差反映了原始数据的坐标位置与优化后坐标位置的差;偏差源于输入原始数据的系统误差;最大残差是指大于精度限差点位的残差;标准差反映了优化后的坐标与验前精度的比较,反映了数学模型优化的好坏。对无人机影像空三优化结果进行评价,应从以下几个方面考虑(邹晓亮 等,2012)。

(1)对于连接点数量,一般要求每张影像上的连接点个数不能少于 12 个,且分布均匀。对于沙漠、林地和水体等特殊地区类型,可以降低要求,但也不能少于 9 个。每条航带间的连接点不能少于 3 个。

(2)对于空三结果精度报告的评价,一般要求连接点在 x 和 y 方向上的像坐标标准差值小于 3 像素;连接点在 x 和 y 方向的像坐标最大残差值小于 1.5 像素;每张影像的像坐标平面残差小于 0.7 像素。地面控制点与自由网联合平差计算时,控制点精度应符合成图要求,特殊地类、特殊影像可以适当放宽。

(3)对于应急响应的项目,空三优化可以放宽精度要求。连接点在 x 和 y 方向的像坐标标准差值可以放宽到 0.6 像素以内,x 和 y 方向的像坐标最大残差值在 5 像素以内,每张影像的像坐标平面残差值在 1 像素以内。每张影像上连接点个数不低于 10 个,对于特殊地图类型连接点个数不能少于 8 个,航带间的连接点个数不能少于 2 个,满足以上精度要求可以提交快速空三成果,生成应急正射影像图,但不能构建立体相对和生成数字表面模型(DSM)。

3．精度影响因素

影响空三精度的主要因素有控制点精度、影像分辨率、量测精度和平差计算精度。

1)控制点精度

控制点的可靠性与精度直接影响定位的精度,乃至最终定位能否实现。

2)影像分辨率

影像的精度依赖于影像分辨率。根据成像比例尺公式可知,影像的分辨率除与 CCD 本身像元大小有关外,还与航摄高度有关,在焦距一定的情况下航高越低,分辨率越高。

3)量测精度

光束法加密时,对量测像点坐标观测值精度要求很高,但测量作业中粗差往往难以避免。粗差发生最多的是地面控制点和人工加密点。它不仅影响误差的增大,而且会导致整个加密数学模型的形变,对加密的精度是极具破坏性的。另外,如果控制点或连接点存在较大的粗差,而没有剔除就进行自检校平差,会将粗差当作系统误差进行改正,导致错误的平差结果。

因此,有效剔除粗差是提高加密精度的必然选择。

4)平差计算精度

光束法平差要将外业控制点提供的坐标值作为观测值,列出误差方程,并赋予适当的权重,与待加密点的误差方程联立求解。在加密软件中,控制点权重的赋予是通过在精度选项中分别设定控制点的平面和高程精度来实现的。为防止控制点对自由网产生变形影响,不宜在一开始就赋予控制点较大的权重。一方面,可避免为附合控制点而产生的像点网变形,得到的平差像点精度是比较可靠的;另一方面,绝大多数控制点都不会被当作粗差挑出,避免了控制点分布的畸形(朱万雄,2013)。

§4.4　影像匹配

影像匹配即通过一定的匹配算法在两幅或多幅影像之间识别同名点的过程。影像匹配的方法有多种,其目的都是为了建立重叠影像间的空间坐标关系。本节主要介绍了影像匹配中常用的基于坐标信息的方法、基于灰度信息的方法、基于变换域的方法、基于特征的方法 4 类,其中基于特征的方法是无人机影像匹配中最常用的方法,对其进行了重点介绍。

4.4.1　影像匹配定义及难点

影像配准主要是利用重叠区域找出各影像之间的位置关系,并通过某个变换模型将所有影像变换到统一的坐标系下,并在该坐标系下来描述每一张影像。

由于无人机移动测量系统的特点,使得无人机影像的匹配存在以下难点(柯涛 等,2009):

(1)相邻影像的航带内重叠度和航带间重叠度变化大,加上低空影像摄影比例尺大,因而无法确定匹配的初始搜索范围。

(2)相邻影像的旋偏角大,难以进行灰度相关。

(3)飞行器的飞行高度、侧滚角和俯仰角变化大,从而导致影像间的比例尺差异大,降低了灰度相关的成功率和可靠性。

4.4.2　影像匹配方法

根据配准过程中利用的影像信息的不同可以将匹配方法归纳为 4 类:基于坐标信息的方法(马瑞升,2004)、基于灰度信息的方法、基于变换域的方法(姚喜 等,2008)、基于特征匹配的方法(韩文超,2011)。

1. 基于坐标信息的影像匹配

基于坐标信息的影像匹配比较简单,主要利用 POS 系统或者其他系统提供的地理坐标信息和无人机飞行姿态信息进行匹配。它是根据无人机携带的 POS 系统,获得影像的内方位元素、外方位元素以及摄影中心点的高程信息,满足影像数字微分纠正的条件。

基于坐标信息的影像拼接的基本思路是:首先根据间接法对原始影像进行微分纠正,接着根据 POS 提供的影像的经纬度信息将影像投影到统一的坐标系下,根据坐标信息对影像直接进行配准。

目前带有导航定位与姿态测量系统(position and orientation system,POS)的无人机应用越来越多,但因为无人机的载重有限,其携带的 POS 系统的精度比较低,主要用途是负责无人机的导航和无人机飞行姿态的控制。基于 POS 系统的影像拼接方法研究得较少,对大量的影像数据进行快速的拼接合成,该方法会造成每两幅相邻影像间存在较大的配准误差,拼接合成影像的效果很差,难以用于实际工作中(韩文超,2011)。但是与其他方法相比,匹配拼接合成的影像具有地理坐标信息,可以用于空间定位,全面、及时掌控灾情分布情况,服务于减灾、救灾等应急事件。

2. 基于灰度信息的影像匹配

基于灰度信息的影像匹配,是指从影像中选择一小块区域,在另外一幅图中搜索具有同一样大小的一块区域,使两者的相似度量最高。根据模板方式的不同,可将其细分为三种方法:块匹配法、比值匹配法和网格匹配法。不同的相似性度量,又可以形成各种不同的匹配方法,其中基于统计理论的方法在相似性度量中得到了较广泛的应用,主要包括相关函数、相关系数、协方差函数、差绝对值、差平方和等方法(韩文超,2011)。其中最常用的是灰度差的平方和,公式如下:

$$E = \sum (I_1(x_i, y_i) - I_2(x_i, y_i)) = \sum e^2 \qquad (4.33)$$

式中, $I_1(x_i, y_i)$ 和 $I_2(x_i, y_i)$ 分别表示相邻影像重叠区域中的像素值; e 表示像素值差。

基于灰度信息的匹配算法,比较简单直观,也比较容易实现,所以发展比较成熟。但是,因为过分依赖影像的灰度信息,对噪声和灰度差异方面缺乏鲁棒性,所以该方法常常不能对影像进行有效的匹配;而且该方法无论采用哪种相似性度量,其计算量都比较大,搜索速度也很慢,不适用于快速影像配准和大量的影像处理。

3. 基于变换域的影像匹配

基于变换域的影像匹配是将影像先变换到频域,然后利用影像的频域信息来进行配准。变换域方法中傅里叶变换是其中最为典型的算法。傅里叶变换方法通过对影像进行变换,并通过在频域中的相位差峰值间接找到影像间的重叠区域。影像在空域的平移、旋转等变换,在频域都有与之对应的量。

相位相关法是根据傅里叶变换的平移性质,用于影像间具有平移变换配准的方法。如果影像 I_1 和 I_2 存在相对位移 (d_x, d_y),其中

$$I_2(x, y) = I_1(x - d_x, y - d_y) \qquad (4.34)$$

那么对应的傅里叶变换关系为

$$F_2(\mu, v) = e^{-j2\pi(\mu d_x + v d_y)} F_1(\mu, v) \qquad (4.35)$$

式(4.34)说明,在频域中影像 I_1 和 I_2 具有相同的幅值,那么互功率谱的相位就可以等效地表示它们之间的相位差:

$$e^{-j2\pi(\mu d_x + v d_y)} = \frac{F_1(\mu, v) F_2^*(\mu, v)}{|F_1(\mu, v) F_2^*(\mu, v)|} \qquad (4.36)$$

式中, F^* 为 F 的共轭复函数。式(4.36)说明通过计算互功率谱可以得到影像间的位移差。

如果影像间不仅存在平移 (d_x, d_y),还有存在旋转,那么它们之间的傅里叶变换关系变为

$$F_2(\mu, v) = e^{-j2\pi(\mu d_x + v d_y)} F_1(\mu \cos\varphi + v \sin\varphi - \mu \sin\varphi + v \cos\varphi) \qquad (4.37)$$

两图的互功率谱函数用极坐标的形式可表示为

$$G(r, \theta, \varphi) = \frac{F_1(r, \theta) F_2^*(r, \theta - \varphi)}{|F_1(r, \theta) F_2^*(r, \theta - \varphi)|} \qquad (4.38)$$

式中，φ 为旋转角。

变换域方法对于频率出现的噪声具有良好的鲁棒性。该方法具有较高的匹配精度，但对影像间的重叠比例具有较高的要求，计算量一般都非常大，其不能满足无人机影像实时处理的要求。

4. 基于特征信息的影像匹配

基于特征信息的影像配准方法主要是先通过提取影像的特征信息，然后基于提取出来的这些特征（尤其是基于特征点）信息进行特征匹配（葛永新 等，2007），最后再基于这些匹配后的特征来实现整个影像的配准。其中，影像特征主要包括特征点（角点和高曲率点等）、线（直线和边缘曲线等）和面（闭合区域和特征结构等）。

基于特征的影像匹配方法一般包括 4 个步骤：特征提取、特征匹配、几何模型参数估计和影像变换与插值（韩文超，2011）。

（1）特征提取。特征提取是影像配准最关键的一步，特征提取的好坏直接决定了影像配准后续工作的速度和精度。其原则是特征要明显，方便提取，而且数量多分布广。

（2）特征匹配。首先结合特征自身的属性来进行特征描述，初步在相邻影像间建立特征集之间的对应关系，再通过合适的算法对存在匹配错误的特征进行剔除。

（3）模型参数估计。构造合适的几何变换模型，根据已经建立好的特征匹配关系来确定相邻影像的整体变换关系，最后得到几何变换模型参数。

（4）影像变换与插值。根据求解出的几何变换模型的参数，将影像变换到统一的坐标系下，并对影像进行插值处理。

基于特征匹配的影像匹配算法是目前研究的热点。与基于灰度的匹配方法相比，基于特征的匹配在畸变、噪声、灰度变化等方面具有一定的鲁棒性，并且具有计算量小、速度快等优点，该方法的匹配性能主要取决于影像特征提取的质量。

1）特征点检测

影像匹配是通过影像重叠部分的相关信息来实现的（雷小群 等，2010）。若是将所有重叠区域的像素信息全部来进行配准，这无疑会导致计算量巨大，尤其是在影像很大且数量很多的情况下，这种方法基本不可行。特征点的提取相对于其他特征（如线段、多边形、边缘等）的提取是相对简单，易于实现且计算量要少。同时，特征点对灰度变换、影像变形及遮挡都有较好的适应能力（周骥 等，2002），可以减小噪声对配准的影响。在进行影像配准时，对特征点进行精确匹配，然后再基于相应的变换模型就可以实现影像配准，且能够达到很高的配准精度（陈香 等，2013）。常用的特征点提取算法有 Moravec 算法、Harris 角点检测算法、SUSAN 角点检测算法、SIFT 算法等。

Moravec 算法原理相对简单，易于实现，但是该算法对噪声的影响十分敏感，计算量大且算法不够鲁棒。

SUSAN 算法是另一种常用的角点检测算法，被广泛应用于边缘检测，该算法对角点的检测效率要高于直线边缘的检测效率。由于不需要计算梯度信息，SUSAN 算法的效率较高，并且其采用圆形模板在影像上滑动，所以其具有旋转不变性，并且其对于噪声和光照变化影响都有一定的抵抗能力。但是，在某些弱边缘上不容易检测出正确的角点，阈值不好设定，稳定性不强，可靠性较差。

Harris 检测算法是在 Moravec 算法的基础上改进而来，影像的角度旋转对于角点的检测影响比较小,而且光照的影响对于 Harris 角点的检测也很有限,在计算上效率也比较高。采用 Harris 算法提取的兴趣点具有旋转不变性,并且光照和噪声对其影响也较小,但 Harris 算法对影像尺度变化则特别敏感。

尺度不变特征变换(scale invariant feature transform,SIFT)算法由 D. A. Lowe 于 1999 年提出并在 2004 年进行了总结,是一种基于尺度空间的、对影像缩放和旋转甚至仿射变换保持不变性的特征匹配算法,具有良好的鲁棒性、较强的匹配性,能够处理影像之间尺度变化、视角变化、旋转、平移等多种情况下的匹配问题(Lowe,2004)。SIFT 算法提取的特征是影像的局部特征,对旋转、尺度缩放、亮度变化保持不变性,对视角变化、仿射变换、噪声也能保持一定程度的稳定性;同时信息量丰富,适用于在海量特征数据库中进行快速、准确的匹配(宫阿都 等,2010)。研究显示,SIFT 算法对区域的描述是最好的(Mikolajczyk et al,2005),同时经过优化的 SIFT 特征匹配算法甚至可以达到实时的要求,因此非常适合数量多、变形大的无人机影像匹配。

SIFT 算子特征匹配步骤:

(1)建立不同的尺度空间。

$$
\left.\begin{aligned}
G(x,y,\sigma) &= \frac{1}{2\pi\sigma^2}\, \mathrm{e}^{-(x^2+y^2)/2\sigma^2} \\
L(x,y,\sigma) &= G(x,y,\sigma)W * I(x,y)
\end{aligned}\right\} \tag{4.39}
$$

式中,(x,y) 表示点的坐标;σ 表示尺度空间参数,取值不同,尺度不同;$G(x,y,\sigma)$ 为高斯函数;$L(x,y,\sigma)$ 为尺度空间;* 代表卷积操作(Lowe,2004)。利用高斯差分精确定位极值点,初步确定关键点位置和所在尺度(陈志雄,2008)。

(2)精确确定关键点的位置和尺度,同时去除对比度低的关键点和不稳定的边缘响应点,以增强匹配稳定性、提高抗噪声能力。

(3)确定为特征点后,利用其邻域像元的梯度方向分布特性为每个点指定方向参数,使特征具备旋转不变性。

(4)关键点描述算子生成,即生成 SIFT 特征向量:位置、尺度、方向。

SIFT 算法具有以下几个优点:

(1)稳定性强,具有局部特征,对尺度缩放、旋转、光照差异等多种变化保持不变性,对影像的多种尺度变化、多种几何变换都具有很强的匹配能力。

(2)信息量大,速度快,能够在海量的特征数据库中迅速获得准确的匹配。

(3)特征向量多,少许具有明显特征的地物就能够产生大量的 SIFT 特征向量。

(4)扩展性强,可方便地与其他特征向量进行联合。

SIFT 算子匹配缺点(王琳,2011):

(1)特征点定位精度不高,在计算过程中主要利用高斯差分算子,找到的特征大部分是圆状点(Mikolajczyk et al,2005),不是明显的角点等人眼明显识别的特征点,局部纹理不够丰富,定位精度不如角点特征高。

(2)匹配后的特征点分布不是很均匀,在建筑物区域正确匹配的数量较少。

(3)建立高斯差分金字塔和特征描述符维数过高,使计算过于复杂,运算时间长。

(4)不考虑特征点构成的几何形状之间的缩放和平移变换(陈裕等,2009),导致在粗匹配的结果中存在一定的误差。

2）特征点匹配

特征点被检测出来后，需要对影像间的特征点进行匹配。目前判定相似性程度的大小一般都采用各种距离函数，如欧氏距离、马氏距离（李玲玲 等，2008）、BBF 算法（温文雅 等，2009）。匹配的主要思路是，以某一影像中的关键点为基准，在另外相邻影像中进行搜索，找到与之距离最近的关键点和距离次近的关键点，并将最近距离的关键点除以次近距离的关键点的比值与某个阈值做比较，如果小于该阈值，则接受，否则舍弃。通过改变比例阈值，可以控制匹配点的数目：阈值越低，匹配点数目就会减少，但也更加稳定。

通过上面的方法进行特征点匹配后，已经实现了粗匹配，但其中还存在较多匹配误差，主要有以下两个方面的原因：一是从影像中提取的特征点的位置并不完全精确；二是特征点的初始匹配并不能完全保证所得到的点对是正确匹配的。为了达到较高的匹配精度，需要借助外部限制来消除这些错误的匹配点对，提高匹配点对的鲁棒性，常用的有 RANSAC 算法等（田文 等，2009）。

§4.5 影像融合

影像匹配后，若是只根据影像间的几何变换模型将所有影像经过简单的投影叠加起来，那么在影像拼接线附近就会出现明显的边界痕迹和颜色差异，严重影响了合成影像整体的视觉效果。造成这种情况的主要影响因素有两个：一是影像色彩亮度的差异，主要是由影像采集环境的不同和相机镜头曝光时间的不同造成的；二是影像配准的精度，特征点的匹配精度和几何模型的变换都影响了影像配准时的精度。无人机影像融合的目的就是消除影像间出现的拼接"鬼影"，消除影像间的曝光差异，实现无缝拼接。本节主要介绍无人机影像融合的特点及常用的最佳拼接线融合算法。

无人机影像的配准精度决定了影像的拼接精度，而无人机影像的融合则决定了影像的视觉效果。在影像融合时，如果影像配准精度不够准确，融合后的拼接常常会出现"鬼影"现象；当影像上存在运动物体时，也会因为同一物体叠加在一起而产生"鬼影"。由无人机影像的成像特点可知，在影像配准中距离影像中心越远，影像间配准误差就越大。若在拼接时，简单地将一幅影像直接覆盖在另一幅影像上，而不做任何的融合处理，则必然会使得拼接后的影像产生明显的拼接线，并且在拼接线两边会出现局部错位。并且，由于拼接线位于远离影像中心的边缘区域，而远离中心的边缘区域其畸变是最为明显的，这就导致在拼接线两边会出现明显的错位。无人机在获取影像时，飞行姿态极不稳定，使得无人机影像存在光强和色彩的差异。由于无人机影像的高重叠性，要实现无人机影像的无缝拼接，则必须在生成最终拼接影像之前对影像之间的重叠区域进行无缝融合。所谓无缝融合，就是要在生成的拼接结果当中看不到明显的拼接缝，去除光强和色彩的差异。

影像融合根据表征层可以分为三类，包括像素级、特征级和决策级（倪国强，2001）。无人机影像拼接中，一般不需要进行过高层面的数据融合，而主要集中在基础级层面上的像素级，是在影像重采样的过程中完成。目前常用的影像融合方法主要有：直接平均融合法、加权平均融合法、范数融合法、多频带融合法以及图切割法等。

4.5.1 直接平均融合法

直接平均融合法的基本原理是,在经过影像配准的重叠区域内,将像素点的灰度值直接进行叠加然后取平均值(杨艳伟,2009)。对于两幅影像的融合,直接平均融合法的具体实现公式为

$$f(x,y) = \begin{cases} f_1(x,y), & (x,y) \in f_1 \\ (f_1(x,y)+f_2(x,y))/2, & (x,y) \in (f_1 \bigcap f_2) \\ f_2(x,y), & (x,y) \in f_2 \end{cases} \quad (4.40)$$

式中,f_1 和 f_2 表示待拼接的两幅影像;f 表示经过融合算法处理后生成的融合影像。

对多幅影像进行融合时,基本思路是相同的,区别仅在于重叠区域的表示方法:

$$f(x,y) = \frac{1}{n} \sum_i f_2(x,y) \quad (4.41)$$

式中,$(x,y) \in (f_1, f_2, \cdots, f_n)$。

由于影像存在辐射差异,直接平均融合法处理后往往拼接痕迹较为明显,还会出现色调不均、影像模糊的现象。

4.5.2 线性加权融合法

线性加权融合法的原理与直接平均法相似,只是在计算重叠区域像素值的过程中,直接平均法是直接进行叠加,而加权平均法是先分别对像素值赋权然后再取平均值,计算公式为

$$f(x,y) = \begin{cases} f_1(x,y), & (x,y) \in f_1 \\ w_1(x,y)f_1(x,y)+w_2(x,y)f_2(x,y), & (x,y) \in (f_1 \bigcap f_2) \\ f_2(x,y), & (x,y) \in f_2 \end{cases} \quad (4.42)$$

式中,w_1 和 w_2 分别表示对两幅图像各自在重叠区域内的部分所施加的权值,并且这两个权值满足 $w_1 + w_2 = 1$,$0 < w_1$、$w_2 < 1$ 的条件。

线性加权融合法研究比较成熟,有以下两种不同权值确定方法的加权平均法。

1. 帽状函数加权平均法

帽状函数加权平均法(Szeliski,1996)的基本原理是:将较高的权值赋予影像中心的像素,而将较小的权值赋予影像边缘区域的像素,权重的分布呈三角形,因此称为帽状函数。一般可以通过式(4.43)中的函数来确定具体的权值:

$$w_i(x,y) = \left(1 - \left| \frac{x}{\text{width}_i} - \frac{1}{2} \right| \right) \left(1 - \left| \frac{y}{\text{height}_i} - \frac{1}{2} \right| \right) \quad (4.43)$$

式中,width_i 和 height_i 分别表示第 i 幅影像的宽和高,权值满足 $\sum_i w_i = 1$ 的条件。

2. 渐入渐出法

渐入渐出法是将待拼接的两幅影像 f_1 和 f_2 进行融合,得到融合后的影像 f,可以用下式来描述:

$$f(x,y) = \begin{cases} f_1(x,y), & (x,y) \in f_1 \\ d_1f_1(x,y)+d_2f_2(x,y), & (x,y) \in (f_1 \bigcap f_2) \\ f_2(x,y), & (x,y) \in f_2 \end{cases} \quad (4.44)$$

式中,d_1 和 d_2 表示权值,满足:$d_1 + d_2 = 1$,$0 \leqslant d_1$、$d_2 \leqslant 1$。权值 d_1 从 1 渐变至 0,d_2 从 0 渐变至 1,保证了拼接影像的重叠区域可以平滑地从影像 f_1 过渡到影像 f_2。权值 d_1 和 d_2 的计算公式为

$$d_1 = \frac{x_r - x_i}{x_r - x_l}, \ d_2 = 1 - d_1 = \frac{x_i - x_l}{x_r - x_l} \tag{4.45}$$

式中,x_i 是当前像素的横坐标;x_l 和 x_r 分别对应两幅影像重叠区域左右边界处的横坐标。

使用式(4.45)来进行融合处理,可以实现影像重叠区域在 x 方向上的平滑过渡。同理,可以实现影像重叠区域在 y 方向上的平滑过渡。

线性加权的融合方法(李波,2005),像素赋权的过程相对比较简单,并且所赋的权值是可以进行适当调整的。当待拼接影像数量较少,且影像之间的辐射信息差异不大时,此方法具有一定优势。然而采用加权融合法效果往往也不是很好,合成影像上仍有明显的拼接缝,辐射信息的差异并没有消除,不能很好地实现平滑过渡(于瑶瑶,2012)。导致这种结果出现的原因主要有以下两个(张欢,2012):第一,线性加权融合法假设重叠区域内的所有像素点都是完全正确匹配的,但是在实际的配准过程当中必然会存在一定的误差,这就使得对应的像素点并不是完全匹配,在进行重采样时所获取的灰度值并不一定准确,导致出现了“鬼影”现象,从而使得影像变得模糊,丧失了很多的细节信息;第二,拼接线远离影像的中心,处于影像的边缘,而成像设备本身存在一定的畸变,靠近影像中心的像素点畸变很小,远离影像中心的边缘像素则畸变非常大,必然会使得拼接线两边出现明显的局部错位。

4.5.3　范数融合法

为了克服线性融合法的模糊问题,一种较好的策略是增大像素之间的权值差距,即:计算出像素的权值后,使用该权值的指数作为当前权值,幂越大权值之间的差异也越大。这种方法类似 P 范数的作用,因此称之为 P 范数法(王勃,2011)。使用 P 范数法,则式变为

$$\widehat{I(s)} = \frac{\sum_{i=1}^{n} I_k(s) w_k^p(s)}{\sum_{i=1}^{n} w_k^p(s)} \tag{4.46}$$

当式中 p 的值趋于无穷大时,则

$$\widehat{I(s)} = I_{l(x)}(s) \tag{4.47}$$

式中,$l(x)$ 指的是权值最大的影像,也就是说,当 p 的值趋于无穷大时,权值最大的像素值就是当前合成面上的像素值。

当影像之间的重叠度比较大、影像数量比较多时,使用 P 范数法进行融合的合理性就在于:一方面它保留了那些离影像中心比较近的像素,而大大弱化了边缘像素的作用;另一方面由于它并非完全隔离影像之间的相互作用,因此在一定程度上可以平衡影像之间的曝光差异。P 范数法进行无人机影像融合时效果是比较好的,但是当影像之间的配准误差较大时,使用 P 范数法合成的影像上依然存在局部模糊的现象。

4.5.4　多频带融合法

当影像配准精度较高时,对于曝光差异较大的影像使用线性融合法来平滑影像重叠区域

效果非常好,但线性融合法存在以下缺点:第一,因为该方法成功的前提就是进行加权叠加的同名点配准正确,因此当存在一定配准误差和几何错位,或者重叠区域内有运动目标时,会导致融合影像模糊(Brown et al,2007);第二,即使配准精度满足要求,当重叠区域过宽时,影像的高频细节也会有所损失(赵辉 等,2007)。

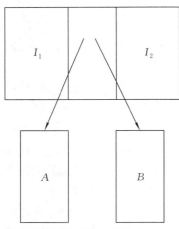

图 4.12 从重叠区域取出 A 和 B

1983 年,Burt 和 Adelson 提出了一种融合方法,称为多频带融合法(multi-band blending),该方法的基本原理是将要融合的影像的重叠部分分解成频带不同的一组影像,也就是构建出 Laplacian 金字塔,然后在不同频带的影像上,即金字塔的各层上选择合适的拼接策略分别对影像进行拼接,最后把所有频带的影像进行合成从而重构出影像,得到融合后的重叠区域影像。多频带融合法过程如下:

(1)将影像 I_1 和 I_2 之间重叠区域的影像部分取出来,分别记作 A 和 B,如图 4.12 所示。

(2)对 A 和 B 分别进行降采样处理,通过高斯滤波构建高斯金字塔。以构建两层金字塔为例,A 和 B 本身即为金字塔的第一层 GA_0 和 GB_0。对其进行 2 倍降采样,再进行高斯滤波,就得到了金字塔的第二层 GA_1 和 GB_1,可以用式(4.48)来表示。

$$GA_1 = w * (GA_0 \downarrow 2) \tag{4.48}$$

(3)利用高斯金字塔构建拉普拉斯金字塔。LA_0 和 LB_0 即为 GA_1 和 GB_1,对 GA_1 和 GB_1 进行 2 倍升采样,实际上这里是通过空隙插"0"的方法来实现对影像的升采样的,将影像扩大后再对其进行高斯滤波,这样 LA_0 和 LB_0 计算过程可以表示为式(4.49)。

$$LA_0 = GA_0 - 4w * (GA_1 \uparrow 2) \tag{4.49}$$

(4)利用 LA 和 LB 金字塔构建金字塔 LS。LS 中每一层的尺寸都与 LA 和 LB 中与之对应的层相等,如图 4.13 所示。

LA LS LB

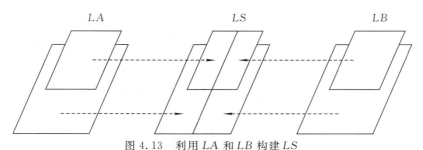

图 4.13 利用 LA 和 LB 构建 LS

(5)利用 LS 将重叠区域影像重建。对 LS_1 进行 2 倍升采样,并进行高斯滤波,最后将 LS_1 与 LS_0 叠加起来,生成融合影像。

使用多频带融合算法对具有亮度差异的影像进行融合处理,可以得到更好的平滑效果,既能消除拼接缝,也能很好地避免模糊的出现;对影像的辐射信息差异能够很好地过渡,合成影像清晰且色调均衡。但是,计算量比较大,在实际处理中可以根据具体情况来决定选取哪种融合方法更为合适。

4.5.5　最佳拼接线法

目前,解决拼接线问题的一种非常有效的方法是基于图切割思想的最佳拼接线法。最佳拼接线方法就是在重叠区域内找一条不规则的拼接线,来代替原来是直线的拼接线,它将重叠区分割成不规则的两部分,在无人机影像拼接时以最佳拼接线为界,在两边各只取一幅影像的内容,可以有效地解决"鬼影"问题;并且,它的配准精度在重叠区域内是最好的,可以实现影像的无缝拼接(韩文超 等,2013)。

要对重叠区域自动搜索最佳拼接线,首先需要对其定义一个检测准则,基于这个准则使得搜索出来的拼接线的代价最小。那么,最佳拼接线的搜索问题则变成求解代价函数的最小值问题。

基于图切割的思想来进行无人机影像的融合,其主要是通过搜索最佳拼接线将重叠区域分成不规则的两个区域,让分割的两个区域分别对应一副原始影像。搜索到的最佳拼接线的好坏完全决定了影像最终拼接效果的优劣,那么,选择一个稳定的、鲁棒的最佳拼接线搜索准则显得尤为重要。一般来说,最佳拼接线应该尽可能地满足如下条件:在几何结构上,拼接线上各像素点对应到原始影像上几何差异相对较小;在颜色差异上,拼接线上各像素点对应到原始影像上颜色差异应为最小。

拼接线搜寻准则为

$$E(x,y) = E_{\text{color}}(x,y)^2 + E_{\text{geomatric}}(x,y) \tag{4.50}$$

式中,$E_{\text{color}}(x,y)$ 为重叠区域内的每个像素点对应在两原始影像上对应像素的颜色差值;$E_{\text{geomatric}}(x,y)$ 为重叠区域每个像素点对应在两原始影像上对应像素的几何结构差值,该几何结构差值是通过两幅原始影像的重叠区域进行差值计算后,在用改进的 Sobel 算子进行卷积后而得来的。改进的 Sobel 梯度算子模板为

$$S_x = \begin{bmatrix} -2 & 0 & 2 \\ -1 & 0 & 1 \\ -2 & 0 & 2 \end{bmatrix}, \quad S_y = \begin{bmatrix} -2 & -1 & -2 \\ 0 & 0 & 0 \\ 2 & 1 & 2 \end{bmatrix} \tag{4.51}$$

改进后的 Sobel 梯度算子增强了对角线方向上的四个相邻像素点之间的相关性。上述拼接线准则(方贤勇 等,2007)是需要根据配准关系计算重叠区域像素点对应到两张原始影像的像素,那么其寻找到的拼接线的优劣则与配准精度相关。通过上述准则,对两幅影像的重叠区域逐像素进行计算后,重构一个扩展的准则矩阵,再基于此准则矩阵对重叠区域进行最佳拼接线的搜索,给定一个起点和一个终点,将准则矩阵各个元素看成是其所消耗的代价。此时,最佳拼接线的搜索问题即被转换为两点之间的最优路径搜索问题。

1. 无约束的最佳拼接线

对于重叠区域最佳拼接线的搜索,可以采用 A * 算法。A * 算法一般用来搜索最短路径,将重叠区域的两幅原始影像利用式(4.50)进行计算后,可以得到一个新的准则矩阵,将这个矩阵看成一个带权有向图(温红艳 等,2009),其每个元素则可认为是一个节点。那么,整个重叠区域所对应的矩阵即可看作是一个邻接矩阵,进而可以利用 A * 算法进行最佳拼接线的检测。A * 算法是采用一个估价函数来评估每个步骤的决策损耗,从起始点 S 到目的地 E 的最短距离 SE 通过估价函数 f^* 来表示,即在任意一个节点 n 上,估价函数值 $f^*(n)$ 由两个部分组成:一部分是从节点 $S \rightarrow n$ 的最佳路径的实际耗费;另一部分是从节点 $n \rightarrow E$ 估计的一条最佳路径的预计耗费。

$$f^*(n) = g^*(n) + h^*(n) \tag{4.52}$$

而当节点 S 到节点 n 之间没有约束时，$f^*(S) = h^*(S)$ 即为其最佳路径的代价，故将估价函数 f 看作 f^* 的一个估计，从而可得式(4.53)：

$$f(n) = g(n) + h(n) \tag{4.53}$$

式中，g 是 g^* 的估计；h 是 h^* 的估计；$g(n)$ 就是搜索树中从节点 S 到节点 n 这段路径所耗费的实际代价；$h(n)$ 则与启发信息相关，f 是根据需要找到一条最小代价路径的观点来估算节点的。所以，节点 n 的估价函数值是由从起始节点 S 到节点 n 的代价再加上从节点 n 到达目标节点 E 的代价。假设起点为 S 沿着某条路线经过节点 n 到达目标节点 E，那么可认为该方案的 SE 间的估计距离为 S 到 n 实际已经行走了的距离 H 加上用估价函数估计出的节点 n 到终点 E 的距离。

基于最佳拼接线的融合方法解决了"鬼影"问题，且也能够得到较好的融合效果。但是，无约束的最佳拼接线两边仍旧存在错位，并且无约束的最佳拼接线绝大部分是出现在靠近无人机影像的边缘区域，而影像的边缘区域又是畸变最大的区域。为了减小镜头畸变对无人机影像处理的不利影响，韩文超等(2013)提出了一种利用影像重叠区域中心来对最佳拼接线的搜索进行约束的方法，以使得搜索出来的最佳拼接线可以稳定地处于重叠区域中间，从而可以减小镜头畸变在对无人机影像进行处理时所带来的影响。

2. 重叠区域中心约束的最佳拼接线

利用影像重叠区域中心来对最佳拼接线的搜索进行约束的方法，首先要定位相邻两张影像重叠区域的每个顶点，再基于这些顶点选择最佳拼接线的起点和终点，并定位重叠区域的中心位置。越是靠近影像中心区域的地方，其镜头畸变越小。

利用重叠区域中心对最佳拼接线的搜索进行约束，可以使搜索到的最佳拼接线整体位于整个重叠区域的中间区域，保证整个拼接线以一个稳定的形状出现在重叠区域的中间，从而能有效地减小由于成像设备的畸变对拼接的影响。但是，由于整个拼接后的影像被最佳拼接线分割成两部分，每个部分分别对应一张原始影像，虽然解决了"鬼影"问题，也减小了拼接中镜头畸变的不利影响，但影像间仍存在曝光差异的问题，可以采用多分辨率样条法来对拼接线两边进行融合，消除这些拼接痕迹(韩文超，2011)。

§4.6 影像分类与信息提取

影像分类与信息提取是影像处理的关键环节，处理结果与决策密切相关。常用的分类与信息提取方式有两种：一种是目视解译，也称目视判读；一种是计算机自动分类解译。目视解译与信息提取是目前应急测绘中常用的方式，对精度要求不高，其结果与解译人员的知识水平和经验密切相关；计算机自动分类解译方面，是传统的提取方法，如监督分类、非监督分类，主要是依据影像上的多光谱灰度特征(宫鹏 等，2006)。除光谱特征外，人们越来越注重影像的空间特征(如纹理、形状和地学数据等)在信息提取中的作用。本节主要对面向对象、决策树、分形分类、支持向量机、人工神经网络等新型分类和信息提取方法的原理进行介绍，并阐述各种方法的特点。

4.6.1 面向对象分类

面向对象方法在影像分析中已经有很多应用。一般是在多个尺度下对影像进行分割，尺度参数的大小、分割尺度参数的选择对影像的分类精度有着很大影响。一般影像中的地物类型比较复杂,需要选择合适的分割参数以得到更高的分类精度,分割参数常根据经验和知识确定(薄树奎 等,2009)。

1. 分割尺度选择

为了克服传统技术的缺点,M. Baatz 和 A. Schape 根据高分辨率影像的特点,提出了面向对象的影像分类方法(何少林 等,2013)。影像数据是对依赖于尺度的地表空间格局与过程的特征反映,影像多尺度分割是通过设定不同的对象异质性最小的阈值(尺度)生产一系列分割分类层次体系,针对不同类别的对象单元进行统计分析,找出不同地表类型,提取相应的最优尺度影像对象层。对于某一种确定的地表类型,最优分割尺度使分割后的多边形能将这种地表类型的边界显示清楚,并且能用一个或几个对象将其表示出来;分割之后的影像对象的内部异质性尽可能小,而不同类别影像对象间的异质性尽可能大(Kim et al,2008)。多次试验表明,最优分割的参考值发生在亮度均值标准差的峰值(林先成 等,2010)。

面向对象单一尺度分割分类容易产生“过分割”和“欠分割”问题(何敏 等,2009)。利用多层分割尺度对地表类型进行分类,能够实现各地类在各自最优分割层上被提取,最终按照一系列的分类规则重新聚类,得到较好的分类结果(龚剑明 等,2009)。

2. 分割参数选择

影像分割对面向对象分类的影响是指,不同参数下的分割结果导致分类精度不同。常用的分割参数主要有分割尺度、形状权重和紧凑性权重等(Bins et al,1996)。

基于训练样区的分割参数选择思路如下:首先为每个地物类别选择训练样本,然后由训练样本计算各个类别的分割参数,根据所得分割参数对原影像进行分割,最后完成面向对象的影像分类和信息提取。可以采用试探性的方法,对每个训练样区以不同的参数进行多次分割,选择最优的分割结果所对应的参数,并根据分割影像内的区域同质性和区域间的异质性计算目标函数,以此作为评价分割质量的依据。

区域内的同质性度量可以由分割后所有影像区域的内部方差来表示:

$$v = \sum_{i=1}^{n} a_i v_i \Big/ \sum_{i=1}^{n} a_i \tag{4.54}$$

式中,v_i 和 a_i 分别是区域 i 的方差和面积;区域内方差 v 是一个加权平均值,各个权重为每个图像区域的面积,对象越大、权重越大,避免了小区域导致的不稳定性。

区域间的异质性可以由空间自相关指数 I(Espindola et al,2006)表示:

$$I = \frac{\sum_{i=1}^{n} \sum_{j=1}^{n} w_{ij} (y_i - \bar{y})(y_j - \bar{y})}{\left(\sum_{i=1}^{n} (y_i - \bar{y})^2 \right) \left(\sum_{i \neq j} \sum w_{ij} \right)} \tag{4.55}$$

式中,n 是影像内分割后的所有区域数目;y_i 是影像区域 R_i 的平均灰度值;$\bar{y}$ 是整个影像的平均灰度值;w_{ij} 是空间邻近性度量,如果两个影像区域 R_i 和 R_j 在空间上相邻接,那么 $w_{ij}=1$,否则 $w_{ij}=0$。

将式(4.54)与式(4.55)正规化后合并起来作为目标函数,即

$$F(v,I) = F(v) + F(I) \tag{4.56}$$

式中,$F(v)$ 和 $F(I)$ 是正规化的区域内方差和空间自相关指数函数值。目标函数值最大时,

分割最优。

在一定范围内将分割参数值进行特定间距的划分,得到一系列离散的参数值,按从小到大的顺序依次对训练样区影像块进行分割,并计算分割后的目标函数值。在同一训练样区的所有分割结果中,选择使得目标函数极大的分割参数值作为与该类别相对应的最佳分割参数,得到多个分割参数值。在各自的分割参数下对原影像分割,并基于分割结果进行面向对象分类,然后融合各个类别的分类结果,得到最终的影像分类。

影像分割是高分辨率影像面向对象处理的前提和基础,其质量直接影响后续处理精度。但是,针对影像尤其是高分辨率影像的分割方法较少(Li P et al,2004)。目前的研究主要集中于影像分割新方法探索、不确定性分割、基于分割的特征提取及面向对象分类应用等方面。存在对不同尺度、不同内部变化地物的分割精度显著不同,以及缺乏统一可靠的影像分割精度评价标准等问题(宫鹏 等,2006)。

适宜分割尺度的选择能使影像对象与实际地物斑块形状、大小基本一致。在各自地表类型最优的尺度分割层上,分析影像对象的特征信息,包括光谱、纹理、形状、空间分布等,依据影像对象的特征信息差异,建立地表特征提取规则,在各自的最优尺度分割层上提取地物,并进行分类。采用面向对象的多尺度分类思想,将影像多层次分割,获取不同地表类型相应最优层次上的影像对象,弥补在单一尺度下某些类型地物分割不佳的缺陷,提高分类精度,达到快速、准确提取地表信息的目的(何少林 等,2013)。虽然面向对象的多尺度、多层次分类方法能取得较高的精度,但在分类过程中最优分割尺度选取和提取规则设置都需要人工参与,对分类者的要求较高。

4.6.2 决策树分类

决策树分类(申文明 等,2007)作为一种基于空间数据挖掘和知识发现的监督分类方法,突破了以往分类树或分类规则的构建中,利用分类者的生态学和知识先验确定,因此其结果往往与其经验和专业知识水平密切相关的局限;而是通过决策树学习过程得到分类规则并进行分类,分类样本属于严格"非参",不需要满足正态分布,可以充分利用 GIS 数据库中的地学知识辅助分类(邸凯昌 等,2000)。分类精度高、速度快,完全能满足大规模影像数据分类和信息提取的需求,已经开始应用于各种影像信息提取和地表土地覆盖分类(McIver et al,2001)。

决策树是通过对训练样本进行归纳学习生成决策树或决策规则,然后使用决策树或决策规则对新数据进行分类的一种数学方法。决策树是一个树型结构,它由一个根结点、一系列内部结点及叶结点组成,每一结点只有一个父结点和两个或多个子结点,结点间通过分支相连。每个内部结点对应一个非类别属性或属性的集合(也称为测试属性),每条边对应该属性的每个可能值;叶结点对应一个类别属性值,不同的叶结点可以对应相同的类别属性值。

决策树除了以树的形式表示外,还可以表示为一组 IF-THEN 形式的产生式规则。决策树中每条由根到叶的路径对应一条规则,规则的条件是这条路径上所有结点属性值的舍取,规则的结论是这条路径上叶结点的类别属性。与决策树相比,规则更简洁,更便于人们理解、使用和修改,可以构成专家系统的基础,因此在实际应用中更多的是使用规则。

1. 决策树方法

决策树方法主要包括决策树学习和决策树分类两个过程。决策树学习过程是通过对训练样本进行归纳学习,生成以决策树形式表示的分类规则的机器学习(machine learning)过程

（李德仁 等，2002）。决策树学习的实质是从一组无次序、无规则的事例中推理出决策树表示形式的分类规则。决策树学习算法的输入是由属性和属性值表示的训练样本集，输出是一棵决策树（也可以是其他形式，如规则集等）。决策树的生成通常采用自顶向下的递归方式，通过某种方法选择最优的属性作为树的结点；在结点上进行属性值的比较，并根据各训练样本对应的不同属性值判断从该结点向下的分支；在每个分支子集中重复建立下层结点和分支，并在一定条件下停止树的生长；在决策树的叶结点得到结论，形成决策树。通过对训练样本进行决策树学习并生成决策树，决策树可以根据属性的取值对一个未知样本集进行分类，就是决策树分类。决策树学习和分类的基本过程与框架如图 4.14 所示。

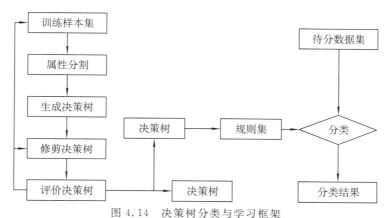

图 4.14 决策树分类与学习框架

目前最流行的决策树算法是基于 ID3 算法发展起来的 C4.5/C5.0 算法，它不仅可以将决策树转换为等价的产生式规则，解决了连续取值的数据的学习问题，而且可以分类多个类别，增加了 BOOST 技术，能更快地处理大数据库（申文明 等，2007），更能适用于大范围数据的处理。

2. 决策树分类特点

决策树分类技术有以下特点：

（1）具有非参数化的特点，不需要假设先验概率分布。当影像数据特征的空间分布很复杂或者多源数据各维具有不同的统计分布和尺度时，用决策树分类法能获得理想的分类结果（Friedl et al，1999）。

（2）不仅可以利用连续实数或离散数值的样本，也可以利用"语义数据"。

（3）生成的决策树或规则集，结构简单直观、容易理解、计算效率高（Matikainen et al，2007），可以进行分析、判断和修正，也可以输入到专家系统中，在大数据量的影像处理中更有优势。

（4）能够有效地抑制训练样本噪声和解决属性缺失问题。

4.6.3 基于分形理论分类

"分形"是由数学家芒德布罗（Mandelbrot）在 20 世纪 80 年代从非规整几何的量测问题出发创立的新型理论，它被定义为"一种由许多个与整体有某种相似性的局部所构成的形体"，可以用来描述自然界中传统欧几里德几何学所不能描述的一大类复杂无规则的几何对象。这些对象的一个共同特点是具有明显的不随观察尺度的减小而消失的不规则性，由于随机因素的影响，它们的形态具有某种意义的整体与局部、局部与局部之间的自相似性。这种自相似性是分形的基本原则,而分形维数则是定量表征自相似性的最佳工具,也是分形理论应用于各领域的基本出发点。自然界中大多数物体表面在空间上具有分形特性,这些表面的灰度影像也同样如此,为分形理论在影像分析方面的应用研究提供了理论基础。

　　分形理论是非线性科学领域的一大支柱,它为人们解决非线性世界的问题提供了新的思想和方法,广泛地应用于诸多领域(胡杏花 等,2011)。对于影像而言,不同地物的纹理粗糙程度往往不同,分形维数作为分形的一种度量,可以较好地表征纹理的粗糙度,可以利用分形理论提取影像纹理特征并以此区分不同的地物。目前,分形理论在影像纹理分析中的研究取得了一些成果,但对于影像而言,应用分形理论的研究尚不多见,已有的研究内容主要包括影像压缩编码、生成虚拟现实影像和影像纹理分析等。由于分形维数与影像不同地物纹理结构间存在着紧密联系,使分形理论在影像的纹理特征提取中具有强大的应用潜力。

1. 分形维数计算

　　分形维数作为描述分形自相似性的一种度量,最早由 Pentland 于 1984 年应用到影像处理中来。分形维数在影像分析中,常将影像从二维平面拓展至三维空间形成灰度曲面,最直接的意义在于它可以反映出这种灰度曲面的起伏程度,并具有多尺度、多分辨率的不变性。分形维数与人类对影像表面纹理粗糙度的感知是一致的,即影像表面越粗糙时分形维数越大,反之越小,因此分形维数可以很好地反映出影像纹理的粗糙程度,可用来描述影像的纹理特征。目前分形维数的计算方法众多,发展比较成熟,常用的有双毯覆盖模型等。

　　双毯覆盖模型把影像灰度看作相对于影像坐标的第三维形成的灰度曲面,在灰度曲面的上下 ε 处构成一个厚度为 2ε 的"毯子",毯子的表面积为毯子的体积除以 2ε。对于不同的距离 ε,可用如下方法计算出毯子的表面积。

　　令 $f(i,j)$ 代表灰度值函数,上表面和下表面分别以 u_{ε}、b_{ε} 表示,初始情况下令

$$u_0(i,j)=b_0(i,j)=f(i,j) \tag{4.57}$$

上下两张曲面分别按如下原则生长:

$$u_{\varepsilon}(i,j)=\max\left\{\begin{matrix} u_{\varepsilon-1}(i,j)+1,\max u_{\varepsilon-1}(m,n) \\ d(i,j,m,n)\leqslant 1 \end{matrix}\right\},\varepsilon=1、2、3、\cdots \tag{4.58}$$

$$b_{\varepsilon}(i,j)=\max\left\{\begin{matrix} b_{\varepsilon-1}(i,j)+1,\max b_{\varepsilon-1}(m,n) \\ d(i,j,m,n)\leqslant 1 \end{matrix}\right\},\varepsilon=1、2、3、\cdots \tag{4.59}$$

式中,$d(i,j,m,n)$ 为 (i,j) 与 (m,n) 两点之间的距离。

　　"毯子"的体积为

$$v_{\varepsilon}=\sum_{i,j}\left[u_{\varepsilon}(i,j)-b_{\varepsilon}(i,j)\right] \tag{4.60}$$

表面积为

$$A(\varepsilon)=\frac{v_{\varepsilon}}{2\varepsilon} \tag{4.61}$$

由于分形表面积符合关系式 $A(\varepsilon)=F\varepsilon^{2-D}$,则

$$\log A(\varepsilon)=c_1\log\varepsilon+c_0 \tag{4.62}$$

　　改变尺度 ε 的大小,就可以计算出一系列的 $\log A(\varepsilon)$,再以最小二乘法对 $\{\varepsilon,\log(\varepsilon)\}$ 点对进行线性回归,可求出回归直线的斜率 C_1,通过直线斜率与分维数的关系,$C_1=2-D$ 即可求出分形维数 D。

2. 纹理特征提取

影像的纹理特征不仅来自于单个像素,还与该像素周围的灰度分布状况有着非常密切的联系。它反映了影像的灰度在空间上的变化情况,这种空间变化特征不能直接获得,而只能用数学变换和数学分析的方法获取。目前提取影像纹理特征的方法众多,归纳起来可分为统计方法、结构(几何)方法、模型方法以及基于数学变换的方法。分形是一种基于模型的方法,它通过分形维数来表征影像纹理的粗糙程度,可以通过计算影像每个像元的分形维数进而获得纹理特征影像。

为了提取整幅影像的纹理特征,必须计算每个像元的分形维数,而单个像元的分形维数计算是基于其所在的邻域范围的。因此要计算整幅影像中每个像元的分形维数可采用类似卷积的方式,在滑动窗口内按模型进行计算,并选择合适的窗口尺寸来遍历影像中的所有像素。

以双毯覆盖模型为例,分形维数影像提取步骤如下:

(1)确定需计算的像素 (i,j),$1 \leqslant i \leqslant M$,$1 \leqslant j \leqslant N$,$M$、$N$ 为影像的行、列数。

(2)确定像素 (i,j) 的邻域范围。

(3)用双毯覆盖模型计算此范围内的分形维数,并将计算结果作为像素 (i,j) 的返回值。

(4)重复计算,遍历影像中的所有像素,得到与原影像同样大小的基于双毯覆盖分形维数的影像,从而提取出原影像的纹理特征图。

对于影像而言,分形维数的取值范围在 2~3,将其映射到 0~255 后形成纹理特征影像。为取得较好的效果,可以采用不同尺寸的滑动窗口提取影像的纹理特征,对比提取结果,确定最佳窗口尺寸。纹理信息提取后,即可结合光谱信息等进行分类(胡杏花 等,2011)。

4.6.4　支持向量机分类

支持向量机是建立在统计学习理论上的一种新的学习方法,体现了学习过程的一致性和结构风险最小化原理。

1. 支持向量机原理

定义训练样本为 $\{(x_1,y_1),(x_2,y_2),\cdots,(x_n,y_n)\}$,其中,$x_i \in \mathbb{R}^d$,表示输入模式,$y_i \in \{\pm 1\}$ 表示目标输出。设最优决策面方程 $w_i x_i + b = 0$,则权值向量 $\boldsymbol{w}$ 和偏置 b 须满足约束:

$$y_i(w_i x_i + b) \geqslant 1 - \varepsilon_i \tag{4.63}$$

式中,ε_i 为线性不可分条件下的松弛变量,它表示模式对理想线性情况下的偏离程度。根据决策面在训练数据上平均分类误差最小的原则,可推导出以下优化问题:

$$\Phi(\boldsymbol{w},\varepsilon) = \frac{1}{2}\boldsymbol{w}^{\mathrm{T}}\boldsymbol{w} + C\sum_{i=1}^{N}\varepsilon_i \tag{4.64}$$

式中,C 是正则化参数,表示 SVM 对错分样本的惩罚程度,是错分样本比例与算法复杂程度之间的平衡。用拉格朗日乘子法,最优决策面的求解可转化为以下的约束优化问题:

$$Q(\alpha) = \sum_{i=1}^{N}\alpha_i - \frac{1}{2}\sum_{i=1}^{N}\sum_{j=1}^{N}\alpha_i\alpha_j y_i y_j K(x_i,x_j) \tag{4.65}$$

式中,$\{\alpha_i\}_{i=1}^{N}$ 为拉格朗日乘子,且满足约束条件:$\sum_{i=1}^{N}\alpha_i y_i = 0$,$0 \leqslant \alpha_i \leqslant C$,$i = 1、2、3、\cdots、N$;$K(x,x_i)$ 为核函数,满足 Mercer 定理,常用的核有两种:多项式核 $K = (\boldsymbol{x}^{\mathrm{T}} x_i + 1)^p$ 和 RBF 核 $K = \exp\left\langle -\dfrac{1}{2\sigma^2}\|x - x_i\|^2 \right\rangle$。

根据高分辨率影像的特点,由于类间方差较大,同类地物样本的光谱特征比较分散,并非紧紧围绕着某些中心,即高分辨率影像的光谱样本没有明显的中心。对于 RBF 核来说,其对于远离节点中心的样本输出几乎为零,样本根据离中心距离的远近有不同的权重和响应值;然而多项式核却不存在局域性,所以它更适合作为高分辨率影像特征的核函数。

选择 SVM 作为空间特征的分类器,是因为它无需特征空间正态分布的假设,而且核空间的映射更适合多维的空间特征输入。SVM 提供的模型复杂度与输入特征维数无关,这使得输入特征可以多元化,核函数将输入特征映射到高维空间可能产生原始数据所不具备的新特征(黄昕 等,2007)。空间邻域介入分类器增强了决策过程中相邻像元的相关性,提高了分类精度。

2. 半监督分类支持向量机

支持向量机能够较好地解决高维数据的非线性分类问题,因而被广泛地使用(李涛 等,2013)。标准的支持向量机是基于监督学习的,Joachims(1999)将半监督学习引入到支持向量机中,形成了直推式支持向量机 TSVM,可以预测潜在的未知数据,因此 TSVM 在通常情况下也被认为是半监督分类支持向量机(Semi-Supervised-SVM,S3VM)。

由于 S3VM 同时利用已标记和未标记样本去最大化分类间隔,从而使得其目标函数是非凸的。目前,S3VM 的研究主要集中在非凸目标函数的优化上。这些算法主要解决的是 S3VM 目标函数的非凸优化问题,需要反复迭代运算,计算复杂度较高,难以应用于大规模数据的分类(Zhu,2008)。其半监督思想主要体现为:在标准支持向量机的目标函数中加入了无标记样本的损失项,使用混合样本进行学习,经过求解使得目标函数达到极小值的最优决策超平面来得到一个泛化性能更好的分类器。最终达到通过利用无标记样本的信息来调整决策边界,从而得到一个既通过数据相对稀疏的区域又尽可能正确划分有标记样本的超平面。而根据聚类假设,如果高密度区域的两个点可以通过区域内某条路径相连接,那么这两点拥有相同标记的可能性就比较大。

Chapell 等在非凸目标函数的优化的基础上,提出了构造聚类核的整体框架,其具体过程是:根据已有的标记样本和无标记样本去构造核矩阵,通过使用不同的转换函数去改变核矩阵,经过特征分解后的特征值来得到不同的核。基于聚类核的半监督支持向量机分类方法依据聚类假设,即属于同一类的样本点在聚类中被分为同一类的可能性较大的原则去对核函数进行构造;采用 K-均值聚类算法对已有的标记样本和所有的无标记样本进行多次聚类,根据最终的聚类结果去构造聚类核函数,从而更好地反映样本间的相似程度,然后将其用于支持向量机的训练和分类。理论分析和计算机仿真结果表明,该方法充分利用了无标记样本信息,提高了支持向量机的分类精度(李涛 等,2013)。

4.6.5 人工神经网络分类

近年来,随着人工神经网络理论的发展,各种神经网络模型在影像分类中的应用受到广泛关注。常用的人工神经网络模型是采用误差反向传播算法或反向传播算法变形的前馈多层感知机神经网络,具有大规模并行处理能力、分布式存储能力、自学习能力等特性,但是不适合表示基于规则的知识,只能处理数值型数据,不能处理和描述模糊信息。鉴于模糊逻辑和神经网络在模拟人脑功能方面各有偏重,模糊逻辑主要模仿人脑的逻辑思维,具有较强的结构性知识表达能力;神经网络主要模仿人脑神经元的功能,具有较强的自学习能力和数据的直接处理能力。

1. BP 算法

BP 算法描述如下：

（1）初始化。用小的随机值初始化所有连接权值和偏置。

（2）正向计算。设一个训练样本 $(\boldsymbol{x}(n),\boldsymbol{y}(n))$，输入向量 $\boldsymbol{x}(n)$ 指向感知节点的输入层，期望响应向量 $\boldsymbol{y}(n)$ 指向计算节点的输出层。不断地经由网络一层一层地前进，可以计算网络的净输入和激活函数。在层 l 的神经元 j 的净输入为 $\mathrm{net}_j^{(l)}(n)=\sum_{i=1}^{m}w_{ji}^{(l)}(n)y_i^{(l-1)}(n)$，$y_i^{(l-1)}(n)$ 是迭代 n 时前面第 $L-1$ 层的神经元 i 的输出，而 $w_{ji}^{(l)}(n)$ 是从第 $l-1$ 层的神经元 i 指向第 l 层的神经元 j 的权值。如果神经元 j 在输出层（即 $l=L,L$ 为网络的深度），令 $y_j^{(L)}=o_j(n)$，计算误差 $e_j(n)=t_j(n)-o_j(n)$，$t_j(n)$ 是理想输出向量 $t(n)$ 的第 j 个分量，$o_j(n)$ 是实际输出向量 $\boldsymbol{y}(n)$ 的第 j 个分量。

（3）反向计算。计算网络的局部梯度 δ：

$$\delta_j^{(l)}(n)=\begin{cases}e_j^{(L)}(n)f_j'(\mathrm{net}_j^{(L)}(n)), & j\text{ 为输出层 }L\text{ 的神经元}\\ f_j'(\mathrm{net}_j^{(l)}(n))\sum_k\delta_k^{(l+1)}(n)w_{kj}^{(l+1)}(n), & j\text{ 为隐含层 }l\text{ 的神经元}\end{cases} \tag{4.66}$$

根据广义 Delta 规则调节网络第 l 层的连接权值：

$$w_{ji}^{(l)}(n+1)=w_{ji}^{(l)}(n)+\alpha\left[w_{ji}^{(l)}(n-1)\right]+\eta\delta_j^{(l)}(n)y_i^{(l-1)}(n) \tag{4.67}$$

式中，η 为学习率；α 为动量常数。学习率和动量常数随着训练迭代次数的增加而逐步减小。

（4）迭代。通过新的一回合样本给网络根据第（2）和第（3）步进行前向和反向迭代计算，直到满足停止条件。

由于网络的权值通过沿局部改善的方向一步步进行修正，试图得到使准则（误差）函数最小化的全局最优解。因此，网络权值的初始化对网络训练学习有较大的影响。

2. BP 神经网络分类过程

多层感知机网络（也称 BP 神经网络）是人工神经网络中研究最多、应用最广的网络之一，该网络常作为分类器用于影像分类，其分类的基本过程如下：

（1）向网络提供训练样本，给定网络的实际输出和理想输出之间的误差。

（2）通过反向传播算法改变网络中所有连接权值，使网络产生的输出更接近于期望的输出，直到满足确定的允许误差或者达到最大的训练次数。样本训练过程结束时，影像分类中使用的 BP 神经网络模型的各个参数就确定了。

（3）将影像上待分类区域送入训练好的网络分类器中获得分类结果，完成对影像的分类任务。

BP 神经网络的学习过程由正向计算传播和误差反向传播组成，通过逐次处理训练样本，将每个样本的理想输出与实际输出做比较，将比较结果反馈给网络的前层单元中，修改单元之间的连接权值，使得理想输出和实际输出之间的均方误差达到最小。

神经网络是通过点对点映射描述系统的输入输出关系，且训练值都是确定量，因而映射关系是一一对应的；反映输入输出关系的曲面通常比较光滑，精度较高。所以，神经网络不能直接处理结构化的知识，需要用大量的训练数据，通过自学习的过程，以并行分布结构来估计输入输出的映射关系。

人工神经网络方法的学习机制,使其具有自学习、自适应能力,已经广泛用于影像分类。但是,神经网络对于问题的求解具有黑箱特性,不具有可解释性,并且对样本的要求较高。与其他系统相结合,如模糊系统(模糊系统能够利用已有的经验知识,对样本要求较低),充分利用彼此优势,可以有效处理分类过程中的模糊性和不确定性,大大提高了分类的精度。

地物信息提取对于 GIS 数据更新、影像匹配、变化检测、应急救灾等具有重要意义(Zhu et al,2005)。高分辨率影像能提供更多的地面目标和更多的细节特征,为地物信息的提取提供更大的可能性和更高的准确性。典型信息提取涉及影像分割(Meng et al,2011)、面向目标的分类(Juan et al,2011)、规则提取与表达(Li et al,2004)等问题。地物信息提取应进一步加强下述几方面的研究(宫鹏 等,2006):

(1)高分辨率影像的地物特征分析和理解。

(2)利用分类、分割等结果进一步提取目标。

(3)深入应用数学、模式识别等理论方法。

(4)提取的目标在 GIS 数据更新、城市管理、变化检测等方面的应用。

对于多时相影像进行变化检测与动态分析,变化信息提取是重要问题,变化检测方法面临的问题包括:对象比较法是高分辨率影像变化检测方法的主要特点,但面临对象的自动提取难度大、准确度低;对象如何比较,如何判断对象是否发生改变,与对象类型和分割方法有密切的关系。在现有方法的基础上,提高检测方法的自动化程度,将时态数据挖掘与变化检测结合(宫鹏 等,2006),建立影像库和特征信息知识库以满足实时检测需求的增长,是以后的研究方向。

§4.7　测绘产品生产

测绘产品生产是影像处理的最终目的,也是决策支持和信息服务的依据。无人机移动测量中生产的测绘产品主要有数字高程模型(DEM)、数字正射影像(DOM)、数字线划图(DLG)、数字栅格地图(DRG)和应急影像图等。本节将主要介绍测绘产品生产技术流程、常用方法等。

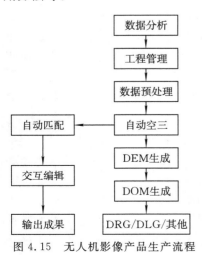

图 4.15　无人机影像产品生产流程

无人机影像产品生产流程(图 4.15):

(1)了解测区情况和生产任务概况,进行数据分析。

(2)建立工程文件,以项目区为单元建立测区,设置"相对定向限差"和"模型连接限差"等基本参数;建立相机文件,输入相机参数,设置相机检校参数,填写航带的航向重叠度(周占成 等,2011)。

(3)进行数据预处理。预处理的主要工作包括辐射校正和畸变校正。辐射校正的目的是调整影像间的反差和亮度,消除成像条件(天气条件、光照条件、硬件条件等)对影像的各类影响,尽量保持各航片目视影像效果一致。畸变核正是根据数码相机的内方位元素及畸变差模型系数,使用核正软件对原始航摄影像进行处理,消除影像的畸变差和主点偏移量;精确变换原始影像,进行原始影像主点校正及畸变和旋转,输出无畸变差影像,为下一步自动空三做好准备。

（4）自动空三。主要包括相对定向和绝对定向。通过影像匹配技术自动提取相邻两张影像同名定向点的影像坐标,并输出各原始影像的像点坐标文件,进行相对定向。利用已有的控制资料进行绝对定向,进行交互编辑,删除粗差大的像点,直至得到的结果满足要求。

（5）数据产品生成。利用密集匹配和空三加密结果自动生成 DEM,再利用 DEM 制作测区 DOM、DLG、DRG 及应急影像图等专题产品(周占成 等,2011)。

4.7.1 数字高程模型

数字高程模型(digital elevation model,DEM)是在某一投影平面(如高斯投影平面)上规则格网点的平面坐标(X,Y)及高程(Z)的数据集。

DEM 数据源是构造 DEM 的基础,其主要的获取方法有航天和航空影像、全站仪和 GPS 等仪器野外实测、从现有地形图上采集、利用机载激光雷达(LiDAR)采集、干涉雷达(InSAR)采集等方法。无人机光学影像获取 DEM 的主要方法是全自动匹配提取与自动量测多点,排除和过滤掉不合格的点后,经内插构造 DEM(毕凯,2009)。

DEM 有多种表述形式,主要包括规则矩形格网与不规则三角网等。DEM 的格网间隔应与其高程精度相适配,并形成有规则的格网系列。根据不同的高程精度,可分为不同类型,为完整反映地表形态还可增加离散高程点数据。但是,采用规则格网 DEM 表示不足以反映出地形特征点、山脊线、山谷线、断裂线等复杂地形表面现象,将把地形特征采集的点按一定规则连接成覆盖整个区域且互不重叠的许多三角形,构成一个不规则三角形网(triangulated irregular network,TIN),以此表示的 DEM 能够很好地表示出地貌特征。往往在地形比较复杂的地区,采用三角网 DEM 或 TIN 表示。

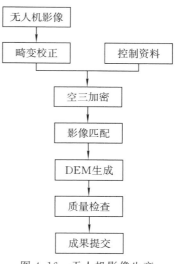

制作 DEM 主要是为满足 DOM 快速制作的需要,因此手工编辑并不是必要步骤,可根据任务时间决定是否手工编辑以提高精度(Zhang,2008)。利用无人机影像生产 DEM,流程如图 4.16 所示。

图 4.16 无人机影像生产 DEM 技术流程

1. 畸变校正

无人机航测在影像获取的过程中未进行检校,其畸变差较大,无法直接用于后续的空三与测图处理。在进行空三加密之前,必须先进行畸变差校正(任志明,2011)。通常根据提供的相机鉴定报告,提取像主点的坐标、焦距、径向畸变系数、偏心畸变系数和 CCD 非正方形比例系数。然后,利用影像畸变差校正模块进行影像的畸变差改正。

2. 空三加密

无人机影像的 POS 数据仅用于无人机的飞行导航,精度低,无法采用 POS 辅助空三加密的方法。目前,无人机影像的空三加密通常按照加密周边布点的传统航测加密方法,经过影像的内定向、相对定向与模型连接、自由网平差处理后,转刺野外控制点,进行光束法区域网平差。

由于无人机影像的重叠度大,为避免大量同名点的自动匹配错误及减少计算量,通常航带内隔片抽取影像参与空三加密,并且需人工合理地选取航线间的初始偏移量。无人机影像的像幅覆盖范围小、重叠度大、影像数量多,可以通过分网加密的方法加快处理速度。为了减少测区内部的加密分区接边,分网处理达到要求之后再进行合网加密处理。

在空中三角测量中,利用影像匹配技术来确定同名像点。影像匹配分为全自动和半自动影像匹配两种方法。对于绝大部分的工程,一般的软件都可以实现全自动影像匹配,对于困难地形要实行基于人工辅助的半自动影像匹配(程亚慧,2012)。

1)相对定向

通过影像匹配技术自动提取相邻两张影像同名定向点的影像坐标,并输出各原始影像的像点坐标文件,以第一张影像的影像坐标系为基准,对其他同航带影像做相对定向。通过光束法进行单航带自由网平差,生成单航带定向点文件。将第一条航带内所有与下条航带相同的定向点当作控制点,对下条航带做绝对定向,从而使下条航带内所有影像统一至上一条航带坐标系内。然后对该航带再做一次自由网平差计算产生新的航带定向点文件,作为下条航带的控制点来使用。依此类推,将所有航带统一到一个坐标系内。通过多视影像匹配技术自动提取航带间所有连接点,通过光束法进行区域自由网平差,输出整区域定向点(同名像点)三维坐标。全自动相对定向需要解决的关键问题有如下几点:提取特征点;计算影像重叠区;剔除粗差点。

2)绝对定向

利用野外实测像控点成果,对各分区影像进行绝对定向。绝对定向分为两个步骤:一是集中添加野外控制点;二是利用野外控制点坐标进行绝对定向运算,然后进行平差计算得到最后的空三结果。调整外方位元素的权和欲剔除粗差点的点位限差,通过区域网光束法平差计算,生成各分区平差成果。将生成的各分区全部合格成果进行整网约束平差,生成平差后的定向点(同名像点)三维坐标、外方位元素及残差成果等文件。绝对定向完成后,根据地面控制点坐标提取全区控制点子影像,根据平差计算结果依次对每个控制点的位置进行调整,直到达到精度要求。

3. DEM 生成

根据空三加密成果,对原始影像重采样生成核线影像;然后利用高精度的数字影像匹配算法自动匹配大量三维离散点,得到成图区域的数字表面模型(DSM);最后,自动滤波便可得到数字高程模型(DEM)(张雪萍 等,2011)。

4.7.2　数字正射影像

数字正射影像(digital orthophoto map,DOM)是利用数字表面、高程模型(DSM、DEM),经数字微分纠正(逐像元几何纠正)、数字镶嵌(影像拼接),并按国家基本比例尺地形图图幅范围裁剪、整饰生成的数字正射影像数据集(张书煌,2007)。

数字正射影像是客观物体或目标的真实反映,信息丰富逼真,人们可以从中获得所研究物体的大量几何信息和物理信息(张平,2003)。数字正射影像具有精度高、信息丰富、直观、快速获取等优点,应用广泛。不仅可以应用在城市和区域规划、土地利用和土壤覆盖图,也可以使用的地图为背景,分析控制信息,提取历史发展的自然资源和社会最新经济信息,并为防灾害和建设公共设施的规划申请提供可靠的依据,还可以提取和派生出新的地图,实现对地图的修测和更新(谢艳玲 等,2011)。

　　作为极其重要的基础地理信息产品之一,数字正射影像图具有地图的几何精度,并且还具有影像的特征,其主要的特征有(冯圣峰,2013):

　　(1)数据信息量大,内容丰富。

　　(2)按照比例尺分幅管理,比例尺和分幅标准同地形图一致。

　　(3)数学精度以及坐标系统与同比例尺的地形图标准一致。

　　(4)具有空间参考,可以直接测量在图形中。

　　无人机影像与传统的航空数码影像相比,具有其独特的特点,具体的处理方法也与传统影像不同,生产的主要技术流程如图 4.17 所示(冯圣峰,2013)。

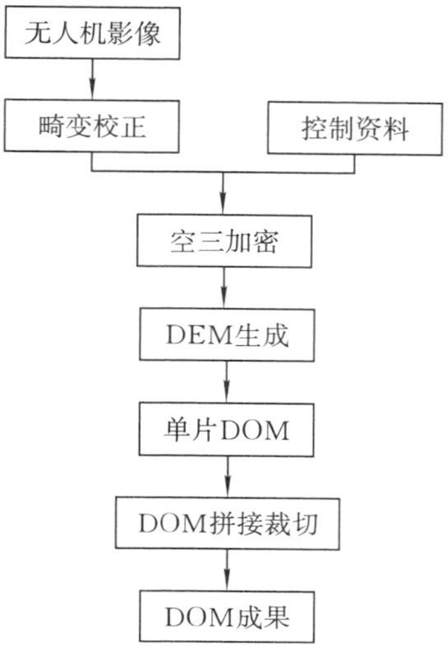

1. 数字微分纠正

　　在已知影像内定向参数、内外方位元素以及数字高程模型(DEM)的前提下,可以进行数字微分纠正。通过计算地面点坐标、计算像点坐标、灰度内插、灰度赋值等步骤,即能获得纠正后的数字影像。

图 4.17　无人机影像生产
DOM 技术流程

2. 影像匀色与镶嵌

　　选取摄区具有代表性的影像作为标准模板,采用基于蚁群算法的最小二乘原理,并行计算摄区所有影像,使摄区所有影像与标准模板的影像色调一致,达到进行整体匀色的效果。

　　数字微分纠正得到了每张纠正影像左下角的地面坐标,利用此信息,结合匀色后的单片纠正结果,自动完成正射影像的镶嵌拼接和接边处理。

3. 手工编辑

　　全自动处理快速生成了测区 DEM,但是 DEM 格网点不一定全部正确,局部粗差会导致影像的拉花;DSM 到 DEM 的过程中,也不一定能保证所有房屋、树木等高于地面的点全部滤除干净,所以必须对测区的 DEM 和 DOM 进行编辑,以达到正射影像的成果要求。编辑主要包括对点的编辑和对影像的编辑。

　　1)点的编辑

　　DEM 置平:将多边形或矩形框区域内部选中的 DEM 点赋予相同的高程值。DEM 点的删除:删除选中的 DEM 各网点或 DSM 格网点。

　　2)影像的编辑

　　当对 DEM 点进行编辑后,必须利用给定的采样片和当前的 DEM 或 DSM 重采样。当镶嵌线穿过了房屋、导致房屋被切割的情况下,采用选片采样,即利用给定的采样片和当前的 DEM 或 DSM 重采样。在影像中存在色调的拼接线问题时,要进行重新羽化。

4. DOM 拼接裁切

　　为了保证影像的完整性并且达到标准要求,通常情况下左右影像的正射影像都要同时生成并合并成像对,再将合并后的正射影像进行 DOM 的镶嵌。一幅标准图幅 DOM 通常需要多个像对的正射影像进行拼接镶嵌,所以必须提高镶嵌工艺的水平。采用不同的软件进行正射影像的拼接和裁切时,应选择合适的镶嵌线,最好选在河边、路边、沟、渠、田埂等地方。无法避开居民地时,应选在街道中间或河流中间穿过,尽量避开阴影、大型建筑物及影像差异较大的地方。

为保证影像的协调性,DOM 镶嵌之前应调整每个像对的正射影像,使其达到近似一致的色调和对比度。

5. 拼接后检查

拼接后检查主要包括影像的辐射质量检查和影像的精度质量检查。

影像的辐射质量检查主要从影像的亮度和色彩两方面进行检查,一般采用目视检查法,主要包括:整幅图色调是否均匀,反差及亮度是否适中,影像拼接处色调是否一致,是否存在斑点、拉花痕迹等(连蓉,2014)。影像要色彩均衡,饱和度适中、自然,无明显接边痕迹。

影像的精度质量检查主要对图幅影像质量、图幅影像接边质量和影像数学精度进行检查。

图幅影像质量检查主要检查整个图幅 DOM 中各像对的正射影像之间是否自然过渡,有无明显接线,图幅影像是否存在影像"拉花"和"变形"的现象,要确保图幅 DOM 清晰易读、反差适中、色调均匀一致。

图幅影像接边质量检查主要检查相邻图幅 DOM 接边线两侧节点处是否有影像错位现象,观察相邻图幅 DOM 之间影像是否模糊、色彩是否均衡等。

DOM 数学精度最直接的检查是在 DOM 上选择一定数量的明显地物点,进行外业施测坐标,与数字正射影像上的同名点坐标的比较,每幅图的检测点数量按照有关规范要求,通常不少于 30 个点。

4.7.3 数字栅格地图

数字栅格地图(digital raster graph,DRG)是以栅格数据形式表达地形要素的地理信息数据集。数字栅格地图数据可由矢量数据格式的数字线划图转化而成,也可由模拟地图经扫描、几何纠正及色彩归化等处理后形成。

在利用测区已有地形图的基础上,利用无人机影像制作数字栅格地图的常用制作方法有单张影像纠正法、拼接后纠正法和空中三角测量法(何敬 等,2011)。

1. 单张影像几何纠正法

由于无人机单张影像的覆盖范围相对较小,需要首先确定单张影像所覆盖地形图的大致范围。从影像的匹配区域左下角开始寻找明显的地物信息(如道路交叉口、房屋墙角、平坦地面等),同时观察地形图上是否有与其对应的点,如果有,则在影像上做出控制点标记,并输入点号;在地形图上找到同名点并注上点号,以方便检查过程中的快速定位;量取同名点的地理坐标,根据这些地理坐标对影像进行纠正。

为了获得更好的影像纠正效果,应从左到右、从下到上比较均匀地标出影像上的控制点,同时在地形图上标出同名点的位置和点号,直到整幅影像 4 个角、左右边的中间和上下边的中间位置都标上控制点为止(何敬 等,2011)。

多项式纠正法避开了成像的几何空间过程,并将影像的总体变形看作是平移、缩放、旋转、仿射、弯曲以及更高次变形综合作用的结果,通常采用多项式模型进行纠正。将纠正后的单张影像进行镶嵌处理,并与地形图叠加,形成整个测区的数字栅格地图,具体流程见图 4.18。

2. 影像拼接后纠正法

在完成匹配后,利用 POS 数据、特征、分块拼接等方法即可对无人机影像进行拼接。将拼接后的影像利用地形图上的控制点进行几何纠正，技术流程如图 4.19 所示。

3. 空中三角测量法

利用专业的摄影测量软件，根据测区控制点数据完成空中三角测量，准确地求取每张影像的外方位元素，生成测区影像的 DEM。利用生成的 DEM 数据和相机的内外方位元素，通过相应的构像方程对影像进行倾斜纠正和投影差改正，将原始的非正射数字影像纠正为正射影像，然后对测区内多个正射影像拼接镶嵌，其流程如图 4.20 所示。

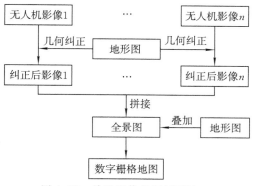

图 4.18　单张影像几何纠正法

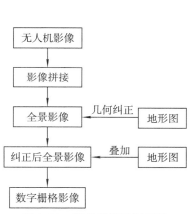

图 4.19　影像拼接后纠正法

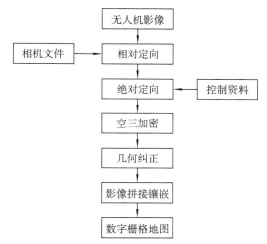

图 4.20　空中三角测量法

从影像接边处镶嵌的视觉效果来看：单张影像几何纠正法中由于单幅影像覆盖范围较小，且每幅影像中能够找到的控制点数目不一，造成了每幅影像纠正的精度不一样，最终导致在接边处存在误差；影像拼接后纠正法仅是从影像学的角度出发，并没有考虑到地形的起伏，在特征不明显的地区匹配精度不高，这些因素都降低了拼接模型参数求解的精度，同时在后期的接边处理过程中又采用了羽化拉伸，因此在接边处的错位就演变成了扭曲；空中三角测量法纠正的影像则不存在错位和扭曲现象。

就成图精度而言：由于空三测量方法是从严格意义上的摄影测量学角度出发，考虑了地形起伏、镜头畸变等其他诸多因素的影响，其成图无论是从视觉效果还是精度上都是三种方法中最优的；影像拼接后纠正法前期将各单张影像的误差都混合带到了最终的拼接影像中，加大了后期的影像配准难度，其成图精度最低；单张影像几何纠正法是在前期对各单张影像进行了纠正，减少了误差的传播，因此其总体误差相对较小（何敬 等，2011）。

从方法的难易复杂程度考虑：单张影像几何纠正法和 SIFT 拼接后纠正法的复杂程度相同，只要将控制点和相应的纠正模型选好，即可对其进行纠正；空中三角测量法不仅需要设置很多参数，而且当迭代不收敛时还需对各个参数的设置和控制点的点位进行反复微调，直至解算收敛，相对比较复杂。在实际作业中，选择何种方法要根据实际情况而定。

4.7.4　数字线划图

数字线划图(digital line graph,DLG)是以点、线、面形式或地图特定图形符号形式表达地形要素的地理信息矢量数据集。点要素在矢量数据中表示为一组坐标及相应的属性值;线要素表示为一串坐标组及相应的属性值;而面要素表示为首尾点重合的一串坐标组及相应的属性值。

利用无人机机动、快速航摄等特点,获取的高分辨率影像通过布设一定的像控点,再进行空三加密处理,在航测数字测图系统中进行地形图测绘,并结合外业调绘数据、外业检测点数据进行地形图修测,提供了 DLG、DOM 等丰富的数据产品,精度满足规范要求。无人机航空摄影测量技术在大比例尺基础测绘工程应用中,在一定程度上可以提高工作效率,有效缩短工程周期(姜丽丽 等,2013)。利用无人机影像生产 DLG 技术流程,如图 4.21 所示。

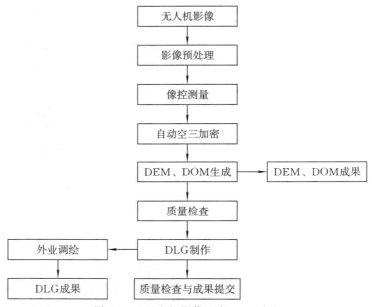

图 4.21　无人机影像生产 DLG 流程

1. DEM/DOM 生成

自动空三完成后,即可通过自动匹配生产测区 DEM。但因现实地物的复杂性,为了提高 DEM 的精度,需要对树木、水域和人工地物进行人工编辑。根据编辑的高精度 DEM,可以对影像进行几何纠正,通过镶嵌线自动搜索和人工编辑,并进行适当的色调均衡处理,自动镶嵌处理成全区正射影像 DOM。

2. 内业采编

无人机影像处理软件提供了强大的图形编辑功能,基本实现 DLG 采编一体化。在进行地物采集之前要进行比例尺的设置和图廓的生成。可以根据外业调绘片仔细辨认地物属性,及时进行标记,以免遗漏。在森林覆盖区域,先采集植被覆盖缝隙裸露地面的高程点,再采集概略等高线,然后以采集的高程点作为地形控制点修改概略等高线,最终将采集成果进行编辑和图层转换。

3．调绘与修补测

为提高生产效率，先内业判绘，再外业调绘。以编绘原图为工作底图，利用 RTK、全站仪等工具进行地名、地物属性调绘标注、房檐改正。重点补测内容包括影像模糊地物、阴影遮挡地物、水淹云影地段、新增地物等（尚海兴 等，2013）。

4．输出成果与精度评定

所有数据采集、编辑完毕后，就可以输出数字线划图，对输出的线划图进行精度评定。需要在线划图上均匀选择几个控制点，然后进行野外实地测量，通过计算线划图点坐标与实测坐标的中误差进行精度评定。

4.7.5　应急影像图

无人机应急影像图是在没有布设地面控制点和没有高精度位置姿态测量系统的情况下，将无人机获取的序列影像直接快速拼接成图，然后经纠正处理后与地形图融合而成（吴俣 等，2013）。

无人机移动测量虽具有机动性、灵活性、时效性和分辨率高等特点，但如果无人机所拍摄的影像不经过处理或只经过简单拼接处理，那就存在变形大、定位精度差、可用信息少等缺点，不能充分发挥无人机低空的作用。无人机影像和地形图都有自身的特点和局限性，把它们结合起来相互取长补短，可以发挥各自的优势、弥补各自的不足，能更全面地反映地面目标，提供更强的信息解译能力和更可靠的分析结果。无人机应急影像图不需要工序复杂、耗时长的空中三角解算，既可以充分利用影像图的直观、形象的丰富信息和现势性，又利用了地形图的数学基础和地理要素，生产过程见图 4.22。

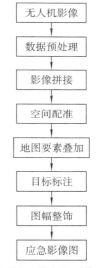

图 4.22　无人机影像生产应急影像图技术流程

无人机影像快速拼接过程中，影像序列中的相邻影像之间都会有一定的重叠区域，通过重叠区域的特征点匹配，理论上可以将影像进行快速地拼接成全景图。但是，由于无人机的影像是中心投影而且影像的变形比较大，如果将无人机的影像无选择地进行顺序拼接就必然会造成旁向或者航向的分离，所以拼接的难点就集中在特征点匹配和影像的拼接方法之中。

无人机获取影像拼接方法主要有基于姿态参数（POS 数据）的拼接、基于 SIFT 算子的特征点拼接、区域分块综合法拼接等。

1．基于 POS 数据影像拼接

无人机上安装的导航定位装置和云台上的陀螺测微装置分别可以测出每张像片曝光时刻的地理坐标和旋转角度，根据航高和焦距可以计算出每张像片的比例尺，通过比例尺可以将曝光点的地理坐标转换成像素坐标，通过这些坐标点可以将影像快速拼接，具体流程如图 4.23 所示。

目前，由于提供的 POS 数据存在误差，且影像的变形严重，对于航带中的像片拼接可以达到无缝，但整个区域的拼接效果不是很理想。随着无人机硬件设备的改进，将来提供的 POS 数据越来越准确，其拼接效果也会随之改善。

2.基于特征的影像拼接

基于特征的拼接方法的核心是特征点匹配,即在两个具有重叠度的像片中寻找多个同名点、线。寻找同名点、线的方法有很多,但是无人机空中姿态稳定性差,拍摄影像存在倾斜、变形、色彩不均匀等缺点,常规匹配方法错误率高,甚至无法匹配,因此要求特征点、线的算法具有一定的适应性。特征点匹配算法首先对无人机影像提取特征点、线,利用距离函数进行粗匹配,通过距离中误差进行精匹配,减少影像间投影转换次数,在匹配完成后需要对影像进行重采样,最后拼接成一幅完整影像,具体流程如图 4.24 所示。

3.分块影像拼接

分块影像拼接首先根据无人机航拍时所提供的外方位元素,将其按照一定的数据格式制作成野外测量数据。在测量软件中导入制作好的航线数据文件,绘制出无人机拍摄的航线图。在航线图中可清晰地看出各个像片的相邻影像,即同名相对。将这些像片名称按照航带图上的顺序制作成相对表,并根据相对表文件确定分块大小,将第一次拼接后的影像再次进行分块拼接,直至将所有影像拼接为一张全景影像,具体流程如图 4.25 所示。分块影像拼接中,应注意每个影像块不宜过大,否则就起不到降低拼接误差的作用。

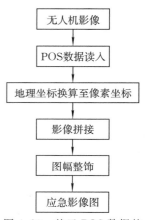

图 4.23　基于 POS 数据的影像拼接方法

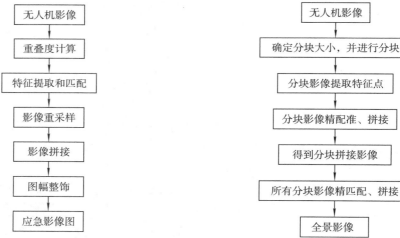

图 4.24　基于特征的影像拼接

图 4.25　分块影像拼接

基于 POS 方法耗时最低,在通信良好的情况下可做到实时拼接。这种拼接算法需要高精度的 POS 数据和无人机影像畸变处理算法,其准确性和稳定性较差,精度不能满足需求。基于特征的拼接方法虽然相对于前者耗时量有所增加,但精度有了大幅度提高。与基于 POS 数据的拼接方法和基于特征的拼接方法相比,分块拼接方法综合利用了 POS 数据和特征提取的优点,在精度和效率上有了明显的提高(任志明,2011)。

§4.8　无人机影像处理软件

无人机影像与常规卫星影像和载人航拍影像相比,具有相幅小、分辨率高、重叠度大、数量多的特点,传统影像处理软件不能满足其处理需求,需要用专门的软件进行处理。当今,数字摄影测量和制图生产的从业人员正在面临越来越大的压力：既要在较短的时间内处理海量的数据，但又不能以降低精度为代价。大多数的数字摄影测量软件，虽然可以提供强大的功能和足够的精度，操作却相对复杂，不但价格昂贵，而且生产效率不高。本节主要介绍了几种国内外主流的无人机影像处理软件平台及其特点，包括 ERDAS LPS、Pix4Dmapper、Pixel Factory、INPHO、IPS Geomatica 等国外软件以及 PixelGrid、MAP-AT、Geolord-AT 等国内软件，并以 IPS、INPHO、PixelGrid 为例，分析了软件在应急工作中的适应性能。

4.8.1　国外常用影像处理软件

1. ERDAS LPS 数字摄影测量及遥感处理软件

LPS（Leica photogrammetry suite）是徕卡公司最新推出的数字摄影测量及遥感处理软件系列。LPS 为影像处理及摄影测量提供了高精度及高效能的生产工具。流程管理使得自动连接点量测、自动地形提取和智能多影像装载等工作变得简单。界面简洁明了，易学易用，工具栏按照工作流程设计，以过程驱动，并能引导操作，为项目管理者形成了流线型生产流程。具有强大数据的兼容性，在 LPS 中可以直接使用从其他主流摄影测量软件导出的数据。模块式结构能够适应各种摄影测量、遥感图像处理和 GIS 的工作流程。

1）LPS eATE 增强的自动地形提取模块

LPS eATE（enhanced automatic terrain extraction）是从立体影像对中提取高分辨率地形信息的模块，用高级算法实现密集高程表面的生成和分类，支持从卫片到框幅式相机、数字推扫式传感器等数据类型在多处理器、多机器环境中的操作。它以像素级的密度输出表面，并集成了点分类和 Bare Earth 生成，利用分布计算和并行计算来提高效率。

它针对不同的传感器、辐射测量、地形类型和地面覆盖提供了灵活的处理选项，能充分利用现在机载和卫星传感器越来越高分辨率的特征，生成高密度地形数据。既可以利用多核计算机系统，也可以通过一组网络计算机来支持并行处理，提供了可伸缩的解决方案，适于不同范围的地形生产工作。允许用户同时生成包括 LAS 点云在内的多个不同密度的输出格式，并可关联 LAS 文件地形点和影像的 RGB 值，以三维的方式显示影像，增加处理的灵活性。LPE eATE 提取的高密度地形数据产品如图 4.26 所示。

图 4.26　LPE eATE 提取的高密度地形数据产品

2) LPS Core 立体像对正射纠正数字摄影测量模块

LPS Core 为影像处理及数字摄影测量提供高精度及高效能的生产工具,对各种具有一定重叠度的卫星与航空影像进行区域网正射纠正,并具有区域网平差的功能。其功能主要包括处理各种航天及航空的各类传感器影像定向及空三计算、正射影像纠正以及影像处理。LPS Core 包含 ERDAS Imagine Advantage 遥感处理软件,能够完成包括卫片、航片在内的各种影像处理。LPS 将数字摄影测量和遥感图像处理完全流程化管理,简单方便。

LPS Core 提供了自动处理和分析的工具,形成批量生产摄影测量数据的处理工作流,在维持甚至提高数据产品精度的同时,能达到更高的生产效率。它提供了工作流向导式工程管理系统,可以访问摄影测量过程的所有阶段。界面友好、易用,带有参数设置和可视化、报告和管理工具,满足专业的分析需求。它包含 Imagine Advantage 模块的所有功能,允许用户在一个无缝的工作流中用影像处理和遥感分析工具处理数据,支持 150 多种不同数据格式的地理空间数据。

LPS Core 包含 ERDAS MosaicPro,可以利用 MosaicPro 对两幅甚至上千幅影像进行无缝的匀色拼接。ERDAS MosaicPro 提供了简单的工作流,使用单一的工作界面,所有工具都集中在一个统一的工具条中;改进了拼接线编辑界面,并可以立即显示编辑后的裁切效果;带有丰富的匀色工具集,批处理、区域预览、直接写为压缩格式,满足高生产力需求。LPS 相点量测界面如图 4.27 所示。

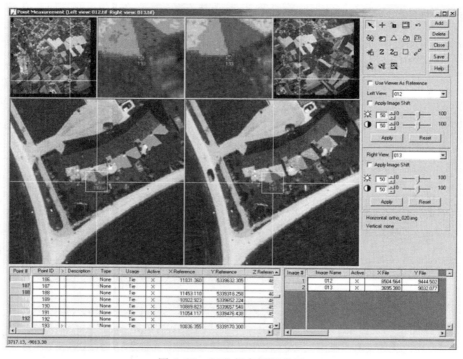

图 4.27　LPS 相点量测界面

3) LPS ATE 数字地面模型自动提取模块

LPS ATE(automatic terrain extraction)是 LPS 的扩展模块,提供了从包含大量影像的项目区域中自动提取数字地面模型(DEM)的能力。通过 LPS ATE,可以快速地创建中等密度的表面；利用向导式处理工作流，可以快速地建立 DTM 工程，然后自动进行提取，也可以进行地形过滤、裁切等更高级的操作。内嵌的质量控制和精度报告工具保证输出的精度。

LPS ATE 是一个快速提取相对低密度（与 LPS eATE 比较）的地形产品工具。虽然算法不如 eATE 高级，在相关性策略、输出设置和分类方面不够灵活，并且不能进行多线程操作或分布式操作；但是，LPS ATE 在有限的处理条件下，运行的速度比 eATE 快，一些影像类型可以产生相同的低密度的地形结果。它通过自动提取三维地形数据提高生产力，仅仅要求对输出进行编辑，而不用在全手动编辑上耗时，并可以通过多样的质量检查和精度报告工具来保证自动提取结果的详细追踪和质量控制。DTM 提取界面如图 4.28 所示。

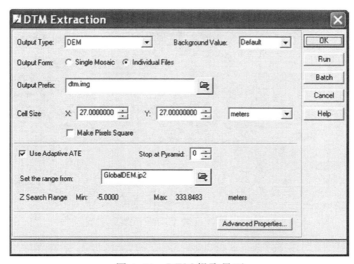

图 4.28　DTM 提取界面

4）LPS TE 数字地面模型编辑模块

LPS TE(terrain editor)是编辑 DTM 全面有力的工具，可迅速更新地图，包括立体模式下的点、线和面地形编辑。地形编辑支持多种 DTM 格式，包括 Leica Terrain Format、SOCET SET TINs、SOCET SET Grids、TerraModel TINs 和 Raster DEMs 等。

地形模型的质量影响正射校正的几何精度，摄影测量工作流程至关重要的部分就是质量控制和改进 DTM，来提高整个摄影测量处理过程。LPS Terrain Editor 是一个动态的编辑工具，某个点一旦被修改，可以实时更新地形的显示。为了地形模型的可视化，LPS Terrain Editor 可以显示地形图元，包括在立体影像上叠加点、线、网格和等高线层，用于编辑和质量保证。支持广泛的数字地形模型格式，包括多种 GRID 和 TIN 格式。这些地形数据可以用大量的编辑工具编辑，包括点、断线和地貌线状的编辑等。立体模式下的三维地形编辑如图 4.29 所示。

5）LPS ORIMA 空三加密模块

LPS ORIMA 是一个区域网空中三角测量与分析的软件系统，能够处理大量的影像坐标、地面控制点和 GPS 坐标。ORIMA 利用高级的工具集，实现包括在点测量的过程中多窗口显示、在立体或单景模式下连接点全自动量测（APM）和半自动的控制点量测的功能，在流程化的处理过程中尽可能地达到精确。它可以为补偿本地系统误差计算校正格网，可以处理 Airborne GPS 和 Inertial Measurement Unit(IMU)姿态数据，包括 GPS 偏移和 IMU 误差参

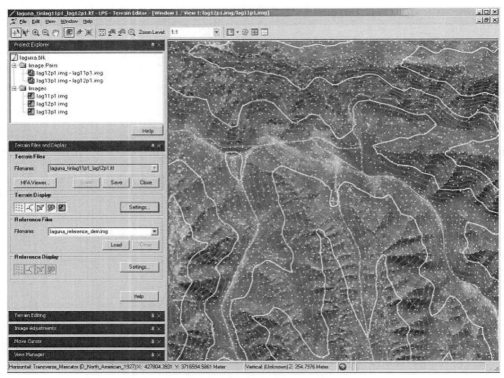

图 4.29　立体模式下的三维地形编辑

数,完全支持航空 GPS IMU 数据。支持 LPS 支持的所有坐标系统和基准面,在非笛卡儿(Cartesian)坐标系统中为三角测量提供了一个严密的数学解决方案,所有需要的坐标转换都可以在 ORIMA 中进行处理。有高度自动化的统计进行错误检查和消除及防止误差的全面扩散,有全自动化点位量测和地面控制点转换。按序-按序校正可以令量测更方便,并且尽早发现误差;有互动式的图形工具,如误差椭圆、矩形、射线贯通几何图形和影像区域辨别等;可进行成组分析,辨认和消除大错误或者虚弱的区域,用点-点击监视进行重测。

6)LPS PRO600 数字测图模块

LPS PRO600 是交互式特征采集并在 MicroStation GeoGraphics 环境下进行编辑的性能完善的软件包,为用户提供了灵活易学的以 CAD 为基础的用于立体影像大比例尺数字成图的工具,包括标记、符号、颜色、线宽、用户自定义的线型和格式等;提供广泛全面的工具集,PRO600 的采集和编辑工具为高精度的生产制图提供了完整的解决方案,自动备份和多种采集模式提高了生产效率。利用 PRO600 中 PROCART 模块详尽的特征提取,为数字制图提供最高的精度。PRO600 的 PRODTM 模块整合了地形处理功能,为广泛的制图需求提供一个完美的解决方案。LPS PRO600 工作界面如图 4.30 所示。

7)LPS Stereo 立体观测模块

LPS Stereo 以多种方式对影像进行三维立体观测,能够在立体模式下提取地理空间内容,进行子像元定位、连续漫游和缩放以及快速图像立体、分窗、单片和三维显示等。应用LPS立体观测模块可以以多种方式对影像做三维立体视测,它的立体显示可让使用者更有效地使用所推荐的图形卡。

图 4.30　LPS PRO600 工作界面

　　LPS Stereo 为满足各种立体可视化的需要,提供了多个同时显示的立体窗口、连续和非连续的缩放、子像元光标定位和测量、各种各样的光标移动和显示选项等功能。这些广泛的工具集和快速制图透视结合起来,使 LPS Stereo 直观易用。可以高效地从多种方式重叠的影像上收集和编辑同名点、控制点和检查点,为影像的显示和测量建立多个单景和立体窗口,这些窗口中的影像基于传感器模型可以被关联缩放、旋转和漫游,以达到最佳的跟踪。具有完善的三维可视化功能,可以进行亮度、对比度和动态距离调整等。LPS Stereo 立体观测模块界面如图 4.31 所示。

　　8)ERDAS Imagine Equalizer 影像匀光器

　　Imagine Equalizer 是 LPS 修正和增强影像质量的工具,可以对影像进行匀光处理,均衡和完善单幅或多幅影像的色调,并具有交互式和批处理工作方式。它采用高级的算法进行辐射调整,提供去除热点、斑点及产生均匀辐射校正结果的工具,创建均衡的辐射校正影像。预览功能能使用户在没有真正运行调整的情况下,立即查看应用算法参数的效果,这使用户在处理影像数据之前确保结果的质量。LPS Imagine Equalizer 辐射校正界面如图 4.32 所示。

　　2.Pix4Dmapper

　　Pix4Dmapper(原为 Pix4UAV)是瑞士 Pix4D 公司的全自动快速无人机数据处理软件,是集全自动、快速、专业、精度为一体的无人机数据和航空影像处理软件。无需专业知识和人工干预,即可将数千张影像快速制作成专业的、精确的二维地图和三维模型。具有完善的工作流,能动获取相机参数,无需 IMU 数据,自动生成 Google 瓦片和带纹理的三维模型。Pix4Dmapper 软件界面如图 4.33 所示。

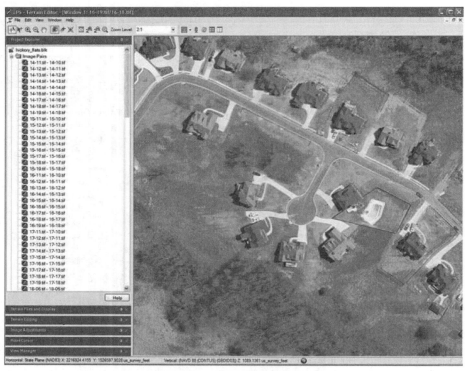

图 4.31　LPS Stereo 立体观测模块界面

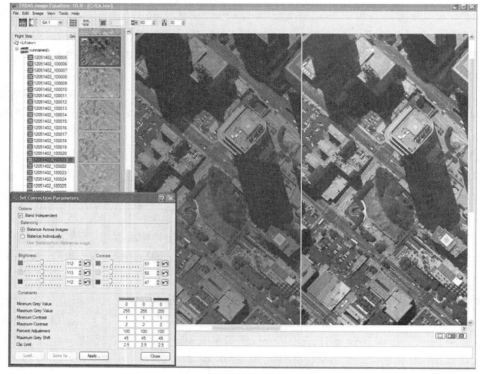

图 4.32　LPS Imagine Equalizer 辐射校正界面

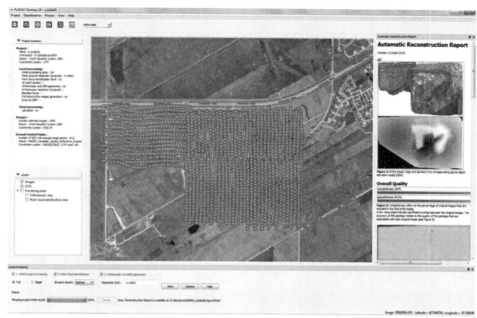

图 4.33　Pix4Dmapper 软件界面

其功能特点如下：

（1）处理过程完全自动化，并且精度更高。只需要简单地操作，不需专业知识，飞控手就能够处理和查看结果，并把结果发送给最终用户。

（2）通过软件自动空三计算原始影像外方位元素，利用区域网平差技术自动校准影像。软件自动生成精度报告，可以快速和正确地评估结果的质量，提供详细的、定量化的自动空三、区域网平差和地面控制点的精度。

（3）无需 IMU，只需影像的 GPS 位置信息，即可全自动一键操作，且不需要人为交互处理无人机数据，大大提高处理速度。自动生成正射影像并自动镶嵌及匀色，将所有数据拼接为一个大影像。

（4）利用自己独特的模型，可以同时处理多达 10 000 张影像。可以处理多个不同相机拍摄的影像，可将多个数据合并成一个工程进行处理。同时处理在同一工程中来自不同相机的数据，拥有多架次、大于 2 000 张数据全自动处理的直观便捷的界面，便于添加 GCP 和快速成图。

3．Pixel Factory

像素工厂（pixel factory，PF）由法国地球信息（Info Terra）公司研制开发，是一套用于大型生产的对地观测数据处理系统，是一种能批量生产且由一系列算法、工作流程和硬件设备组成的复合最优化系统，包含具有强大计算能力的若干个计算节点。输入航空数码影像、卫星影像或者传统光学扫描影像，在少量人工干预的条件下，经过一系列自动化处理，输出包括 DSM、DEM、DOM 及 TDOM 等产品，并能生成一系列其他中间产品。

像素工厂具有大数据量并行计算、高效快速生产制图数据，以及高度自动化生产等特性，具有专门的硬件配置（优化的网络、计算机组、巨大的存量）和与该硬件结构对应的算法，进行并行计算，加速生产流程，提高了生产效率。

其系统特点如下：

（1）高效的空三解算能力和快速的 DSM 自动计算能力。采用计算机并行运算技术，不需要人工干预，自动完成 DSM 计算，其分辨率最高为 1 个像素，精度可以和 LiDAR 相媲美。具有一套成熟的 DSM 到 DEM 的编辑方法，采用自动滤波技术，可快速对成片地面物体进行滤除，外加点云数据处理方法，在二维环境下进行人工检查编辑，生成 DEM 成果。

（2）高效的影像镶嵌和出众的影像云光匀色功能。影像镶嵌时拼接线计算采用 DSM、DEM 数据，并结合影像灰度算法，可以使航带拼接线很好地绕过地面建筑物，并结合航带影像灰度数据，保证航带影像接边颜色最为接近。影像匀光匀色具有大气辐射校正功能，能很好地过滤影像表面的水汽，使得匀光匀色效果更为出众。

（3）极高的生产效率、整体运行效率和高度自动化程度，并且软件对程序任务运行控制做到随心所欲，具有"执行、暂停、继续"等功能。可以使用较少的人员完成很大的 DEM、DOM 数据生产。像素工厂提供了建立精密传感器模型的 SDK 软件包，能够通过参数的调整来适应不同的传感器类型，只要获取相机参数并将其输入系统，像素工厂系统就能够识别并处理该传感器的图像。系统可处理全部已有航空数字传感器，还可轻易地添加新的传感器模型而不需要系统和工作流程重大改变。像素工厂使用严密的物理数学模型计算出精准的结果，不仅可以对传感器参数进行线性近似估计，也可以对推扫式传感器进行内部检校，对于框幅式相机还支持径向畸变参数。

（4）强大的并行计算能力、自动化处理能力和存储能力。像素工厂采用并行计算技术，大大提高了系统的处理能力，不仅提供多任务功能以管理并行的工作流，而且对处理数据量无限制。像素工厂允许多个不同类型的项目同时运行，并能根据计划自动安排生产进度，充分利用各项资源，最大限度地提高生产效率，缩短了项目周期。像素工厂具有强大的自动化处理技术，在少量人工干预的情况下，能迅速生成正射影像等产品。在整个生产流程中，系统完全能够且尽可能多地实现自动处理。从空三解算到最终产品如 DSM、DEM、正射影像、真正射影像，系统根据计划自动分派、处理各项任务，自动将大型任务划分为若干子任务。像素工厂在数字产品生产过程中会产生比初始数据更加大量的中间数据及结果数据，只有拥有海量的在线存储能力才能保证工程连续的自动的运行。像素工厂使用磁盘阵列实现海量的在线存储技术，并周期性地对数据进行备份，以最大程度避免意外情况造成的数据丢失，确保数据安全。

（5）对传统算法的改进和 200 多种先进的算法。传统摄影测量是通过对每张影像单独进行纠正来获取正射影像的，然后通过镶嵌使每张影像的视差达到最小。但是对于像素工厂来说，正射纠正的方式正好相反：正射影像上面的每一个像素都是单独考虑的，每个点都是通过它在原始影像上的像点结合它在 DSM 中的高程信息来确定的。这一步骤是全自动化的，也是分布式的。它可以保证地面上的每一个点都是从垂直角度看去的（高层建筑的倾斜可以消除），提供的一款全新高效的模块，可对已有的数字正射、镶嵌影像进行迅速更新。该处理通过从参考数据库提取所有需要的参数，自动完成光束法平差和辐射校正。该功能极大缩短了镶嵌影像的制作时间，且与原有数据完美契合，无生产环境限制。

（6）开放式的体系结构。像素工厂是基于标准 J2EE 应用服务开发的系统，具有本地开放式的体系结构，使用 XML 实现不同结点之间的交流和对话，可在 XML 中嵌入数据、任务以及工作流等，支持跨平台管理，兼容 Linux、Unix、True64 和 Windows 等操作系统。像素工厂有外部访问功能，支持互联网网络连接（通过 http 协议、RMI 等），并可以通过互联网（如 VPN）

对系统进行远程操作；支持扩展包和动态库方法；支持通过范性 XML/PHP 接口整合任何第三方软件,辅助系统完成不同的数据处理任务,其中主流应用软件提供接口。

(7)周密而系统的项目管理机制和内嵌生产工作流机制。像素工厂具有周密而系统的项目管理机制,能够及时查看工程进度和项目完成情况,并能根据生成的信息适时做出调整;对当前任务序列进行自动进程管理,对并行计算机的使用进行优化,提供持续 100% 利用所有计算机的能力,以致系统闲置节点的运行无须等待优先任务完成;可配置大于实际硬件计算机的虚拟计算机数量,平衡所有计算机的任务计算,避免瓶颈,产生调度系统,易于对硬件故障进行管理。像素工厂包含了内嵌生产工作流机制,帮助用户在生产过程中查找相关任务。该工作流机制基于产品自动处理而设计,同时也保持了用户直接与工作流交互的灵活性。管理工具可帮助用户查看每个项目的进展情况,且根据需要停止或重启某个工作。以完全重算或只计算失败任务的方式,重载工作像素工厂的工作流编辑器可以使用户通过图形界面定义满足特定需求的工作流。这个工具允许用户根据自身的特殊需求,建立一个新的工作流程,而且这个新建的工作流可以仍然采用像素工厂中所包含的各个独立的处理手段,如影像相关、光束法区域平差、真正射处理等。像素工厂自我管理其数据和生产工作流,以便让用户可以关注于更高层次的生产任务,如项目管理和质量控制。

软件主要功能如下:

(1)全自动提取密集数字表面模型(DSM)。像素工厂可以在 25 cm 至 1 m 的地面采样距离(GSD)之间自动进行 DSM 计算,无需人工干预。在加载了影像数据之后,像素工厂会利用专有的算法生成大量立体像对,并将这些立体像对分配到可用的计算结点上进行并行计算,这样可以减少立体像对匹配过程所花费的时间。根据对多视角数据的自动多重相关,可轻松提取 DSM。航向和旁向的立体像对之间通过多相关方法进行匹配,优选立体像对进行交叉相关,逐点进行计算,每个像素值来源于多个像素高程值的复杂解算。自动化算法可从原始影像每两像素提取高程信息,最后通过融合得到数字表面模型。此外,像素工厂系统可以导入、导出 LAS(LiDAR)格式数据,因此可对 LiDAR DSM 和多重相关生成的 DSM 进行混合。DSM 的计算是进行真正射计算过程中的最重要一步,只有利用数字表面模型才可以进行对正射影像的真正射校正,以确保影像上任意点的几何精度。图 4.34 为像素工厂提取的数字表面模型。

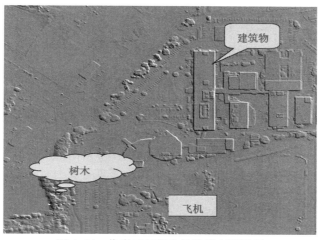

图 4.34　像素工厂提取的数字表面模型

（2）半自动提取数字地形模型（DTM）。通过对 DSM 采取滤波算法，可半自动化地生成 DTM，减少大量的人工编辑。图 4.35 为通过对 DSM 过滤半自动生成的 DTM。

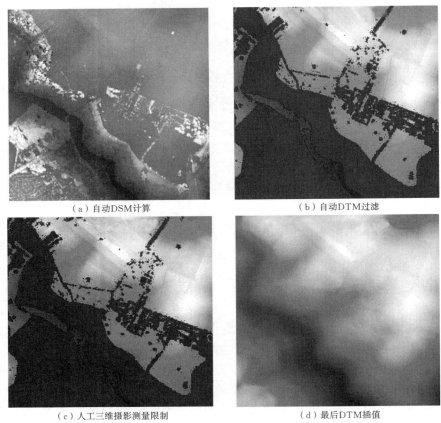

　　（a）自动DSM计算　　　　　　　　　　　　　（b）自动DTM过滤

　　（c）人工三维摄影测量限制　　　　　　　　　（d）最后DTM插值

图 4.35　通过对 DSM 过滤半自动生成 DTM

　　（3）大规模生产真正射影像和传统正射影像。像素工厂可以通过对多视角的影像逐点计算，消除所有倾斜，生成真正射影像（true ortho）。在大比例尺影像图中，避免了高大建筑的倾斜对其他地物的遮挡，在拼接地区能够实现平滑自然的过渡。利用完美的 DSM，能够生成完美的真正射影像。像素工厂实现了真正射产品的商业化和大规模生产，并实现了针对真正射影像的物理纠正、匀色等一系列解决方案，大大降低制图成本，提高作业效率。真正射影像通过高精度 DSM 纠正，消除了所有视差，建立了完全垂直视角的地表景观，建筑物保持垂直视角。因此，在真正射影像上只显示了建筑物的顶部，不显示侧面，避免了高大建筑物对其他地表信息的遮挡，恢复了地物的正确方位。图 4.36 反映了传统正射影像与真正射影像之间的主要区别。

　　（4）大面积影像无缝自动镶嵌及匀色。像素工厂实现了对正射影像的自动拼接，并具有强大的匀色功能，在大面积区域的处理更能体现该套系统的高效率和高质量。对于传统正射影像，系统可以对任何光谱波段结合高分辨率全色波段生成融合影像。自动生成算法可以提高多光谱影像的分辨率，且保留其光谱信息，并且像素工厂可以根据影像光谱特征自动生成最优的图像组合方式，在融合后的图像上进行分类不会产生伪影。图 4.37 为大面积影像自动无缝镶嵌后得到的影像。

（a）正射影像

（b）真正射影像

图 4.36 正射影像与真正射影像

图 4.37 大面积影像自动无缝镶嵌后的影像

4．INPHO 摄影测量系统

INPHO 摄影测量系统是由世界著名的测绘学家 Fritz Ackermann 教授于 20 世纪 80 年代在德国斯图加特创立,历经 30 年的生产实践、创新发展,INPHO 已成为世界领先的数字摄影测量处理及数字地表地形建模的系统工具,为全球各种用户提供高效、精确的软件解决方案。

1）ApplicationsMaster 模块

ApplicationsMaster 模块是各种应用软件的控制中心,并为工程的处理提供广泛、全面的基本工具。通过 INPHO 的模块系统,用户可以灵活地为自己的生产选择最佳的系统配置,为自己特定的工作流程选择所需要的模块。工具界面包含了传感器定义、数据输入和输出、坐标转换以及影像处理等过程所需要的所有功能,使得用户只需要进行一系列简单、便捷的设置就可以完成操作,帮助用户实现流水线式处理地理空间工程。广泛地支持各种类型的数字影像,输入、输出支持众多的影像格式、GPS/IMU 数据、正射影像、DTM,可以为完整的摄影测量工程制作一个开放的系统,从而可以非常容易地整合到任一第三方的工作流程中。

2）MATCH-AT 空三模块

MATCH-AT 基于先进而独特的影像处理算法,提供高精度、高性能、数字航空三角测量。空三的所有处理即使是大的工程也均是完全自动化,从项目设定到连接点的精确匹配,再到综合的测区平差,以及带有漂亮图解支撑的测区分析,所有的工作流程都符合逻辑并且容易操作。严格支持 GPS 和 IMU 数据,可以进行视轴校准及平移、漂移修正。综合多窗口立体模块可以轻松进行立体查证,以及控制点和其他连接点的量测。具有灵活的数据转换能力,MATCH-AT 可以很容易地与任一第三方摄影测绘系统结合。

　　3)inBLOCK 测区平差模块

　　inBLOCK 结合先进的数学建模和平差技术,通过友好的用户界面极好地实现交互式图形分析,平差功能十分灵活并可配置。可完全支持 GPS 和 IMU 数据平移和漂移修正,通过附加参数设置实现自校准,以及有效的多相位错误检测,可以进行包括变量组成、精度、内外测量可靠性等信息统计。极好的绘图工具可以方便监测测区平差结果。适用范围广泛,适于对任何形状、重叠、任意大小的航空测区进行平差,是数字航空框幅式相机校准的理想工具。

　　4)MATCH-T DSM 提取模块

　　MATCH-T DSM 自动进行地形和地表提取,从航空或卫星影像中提取高精度的数字地形模型和数字地表模型,为整个影像测区生成无缝模型。将所有影像重叠区均加入计算,并通过应用先进的多影像匹配和有效的数据滤波实现提取的最高精度和可靠性。在 DSM 模式下,影像重叠至少 60% 时,城市区域的狭窄街道都可以被探测出来,生成的地表模型非常适于城市建模。

　　5)DTMaster DTM 编辑模块

　　DTMaster 为数字地形模型或数字地表模型的快速而精确地数据编辑提供最新的技术,是一款强大的 DTM 编辑软件,拥有极好的平面或立体显示效果。它为 DTM 项目的高效检查、编辑、分类等提供最优技术,非常容易地处理 5 000 万个点。此外,DTMaster 可以将数千幅正射像片或完整的测区航片放在 DTM 数据下作为底图,通过提供高效率的显示和检查工具来保证 DTM 的质量。

　　6)OrthoVista 镶嵌模块

　　OrthoVista 利用先进的影像处理技术,对任何来源的正射影像进行自动调整、合并,从而生成一幅无缝的、颜色平衡的镶嵌图。对源于影像处理过程的影像亮度和颜色的大幅度变化进行自动补偿,在单幅影像中计算辐射平差以补偿视觉效果,如热斑、镜头渐晕或颜色变化。此外,OrthoVista 通过调节、匹配相邻影像的颜色和亮度进行测区范围的颜色平衡,将多景正射影像合并成一幅无缝的、色彩平衡的而且几何完善的正射镶嵌图。对于由上千幅正射影像组成的大型测区,无需进行任何细分处理就可以直接处理。新的全自动的拼接线查找算法可以探测人工建筑物体,甚至是在城市区域依然能够获得高质量的结果。这大大简化了手工拼接线的编辑,改进了数字正射镶嵌影像产品的效率、质量,镶嵌结果无缝并且色彩平衡,为用户提供了最优的辐射和几何质量。

　　7)SCOP++地形建模模块

　　SCOP++被设计出来以高效管理 DTM 工程,数据源可以是 LiDAR、摄影测量或其他来源。SCOP++提供非常卓越的 DTM 内插、滤波、管理、应用和显示质量,所有模块均具有处理成千上万个 DTM 点的能力,具有综合的数据库系统,非常适合大的 DTM 工程,尤其是国家级的 DTM。SCOP++处理混合式 DTM 数据结构十分高效,内插方法灵活而先进,保证了严格考虑到断裂线和合适的数据过滤问题。它可以对机载激光扫描数据进行滤波,以自动将原始点分成地面点和非地面点,为进一步 DTM 的处理提取真正的地面点。对不同的地面类型和地表覆盖,进行灵活的调整,从而采用不同的有效的内插技术。它涵盖了做等高线、做山体阴影图、做断面图、体积计算或者坡度分析等众多的 DTM 应用。

8）SummitEvolution 数字摄影测绘立体处理模块

SummitEvolution 是一款界面友好的数字摄影测绘立体处理工作站，可将收集的三维要素直接导到 ArcGIS、AutoCAD 或 MicroStation。通过整合 SummitEvolution 的部分功能后，DAT/EMCapture 和 ArcGIS 的 StereoCapture 提供广泛而精确的要素收集功能。通过 SummitEvolution 获得或从 GIS、CAD 系统中导入的矢量数据，可以分层直接导入立体模型，从而极好地为制图、改变及更新 GIS 数据提供解决方案。采集数据时，自动批量图形编辑提供最优制图性能，包括了常规的数据生成、检查及自动的线编辑。SummitEvolution 基于投影环境运作，该投影区是由 MATCH-AT 或其他软件生成的三角测量影像区，用户可以在整个投影区生成任意大小的无缝图。基于 SCOP＋＋技术的可选模块 CaptureContour，在 SummitEvolution 环境下提供联机等高线的生成。

5. IPS Geomatica

IPS Geomatica 是 IPS Geoamtics 于 1982 年开始自主研发的，以影像处理软件开发为核心的完整地理资讯系统解决方案。IPS Geomatica 作为图像处理软件的先驱，以其丰富的软件模块、支持大多数的数据格式、适用于各种硬件平台、灵活的编程能力和便利的数据可操作性代表了图像处理系统的发展趋势和技术先导。软件产品采用模块化管理方式，用户可根据自己的需要，合理选择不同的功能模块进行组合，最大限度地满足其专业应用需求。

1）IPS Geomatica 模块组成

IPS Geomatica 2013 版本的模块组成如表 4.1 所示。

表 4.1　IPS Geomatica 模块组成

	产品名称	技术描述
一、基础主模块包—Geomatica Core（GEO）		
1	Geomatica Core 基础主模块包	核心模块——桌面平台环境，包括数据访问、数据显示与编辑、影像分类、重投影、裁切等
		FLY——三维地形可视化工具
		几何校正和手动镶嵌
		数据处理和专业制图
		通用数据库模块——支持超过 100 种数据格式读写的数据互操作，包括 JPEG 2000 数据格式
二、专业主模块包—Geomatica Prime（GTA）		
2	Geomatica Prime 专业主模块包	Version 2013 Geomatica Core（Geomatica 核心模块）
		桌面产品引擎模块——包括两个强大的 Geomatica 界面：IPS 可视化 Modeler 和 EASI（模型和脚本编程）
		桌面引擎附加模块——支持在 Modeler 环境中批处理功能
		空间分析模块——支持用户对地理数据的可视化、分析和模拟，支持用户分析数据的空间关系、趋势和对数据的模拟
三、Geomatica 正射纠正模块集		
3	Air Photo Ortho Suite 航空影像正射纠正模块	航片模型——是严格模型，可用于模拟相机、数字相机和数字摄像机影像的几何校正；ADS40-80 相机支持

续表

	产品名称	技术描述
4	Ortho Production Toolkit 影像正射生产工具集	自动采集工具——通过自动影像相关技术采集连接点(同名点)。一旦一幅影像的框标点被手工输入后,其他影像的框标点就可以通过模式匹配的方法自动采集
		自动镶嵌工具——包括自动检测和去除影像中的高亮变化图斑、影像间的色彩辐射均匀,以及接边线的自动选取,使镶嵌影像间的接缝差异最小化
		自动配准工具——包括自动 GCP 采集工具。通过先进的影像间的配准技术,原始影像文件中的行列位置可与参考影像重叠的地理坐标相匹配,并同时支持影像控制点库的自动配准
5	Auto DEM DEM 自动提取模块包	DEM 自动提取——可从立体航片或立体影像中提取数字高程模型(DEM)。采用影像匹配技术来提取两个影像重叠区域的匹配点,采用通过数学模型计算得出的传感器几何特性计算 x、y 和 z 的位置。 DEM 自动提取可以进行核线影像生成、DEM 提取的批处理操作、DEM 坐标赋值、创建绝对和相对 DEM
		雷达 DEM 提取——可从立体雷达数据中生成 DEM。采用影像匹配技术来提取两个影像重叠区域的匹配点,采用通过数学模型计算得出的传感器几何特性计算 x、y 和 z 的位置。 雷达 DEM 提取可以进行核线影像生成、DEM 提取的批处理操作、DEM 坐标赋值、创建绝对和相对 DEM
四、Additional Geomatica Tools(Geomatica 附加工具集)		
6	Feature ObjeX FOX	智能地物要素提取模块——通过从卫星和航空影像中提取可视特征的独立产品。可用于城市规划、GIS 更新、林业、环境监测、变化和目标提取等
7	Atmospheric Correction 大气校正模块	表观反射率图像的计算及薄云和薄雾去除——通过计算实现像元值到物理反射率的转换。规范不同采集时间下光照条件的差异,验证影像的校准系数,并为云和水体掩膜确定合适的阈值,以用于薄雾去除和云掩膜

2)功能特点

(1)强大的数据输入输出。采用 IPS Geomatica GeoGateway(IPS 通用数据转换工具)技术,强大的数据转换工具包可输入输出 100 多种影像、矢量和其他数据格式;投影变换工具支持 90 多种不同的投影,并且允许用户自定义投影;支持 Oracle Spatial 10g 空间数据库;强大的矢量操作支持包括任意数量的矢量层和存放属性数据的电子表格;多种格式的栅格、矢量和其他信息快速而直接的访问。

(2)专业的数据可视化、分析及制图。专业的制图环境,完全的矢量拓扑支持,属性表、数据编辑工具,图表显示工具,可实现基于地理编码的数据浏览;拥有丰富的数据检查工具,包括直方图、散点图等;通用的数字图像处理,监督及非监督分类及分类后处理。

(3)丰富的图像处理算法。具有各种直方图变换工具,可进行缺省的直方图显示;具有丰富的滤波器,并能实现定制;具有多种高级分类算法,如小波变换分类、模糊逻辑分类器、基于频率的上下文分类器、多层感知器神经网络分类器、Narendra-Goldberg 方法、模糊多中心聚类、子象元分类等。

(4)强大的专业制图工具。可进行模板定制与快速成图,定制地图图饰,注记按任意形状矢量线排列,具有完备的符号库,实现专业地图生产。

(5)高精度 DEM 提取。应用全新的 DSM 提取算法,可从高分辨率的立体像对提取具备更多细节的 DEM;启用 OpenMP,具有更高精度、更好效果;新的滤波、地形选项,更好处理起伏地形;新的简化工作流,自动处理 100~1 000 景立体像对,效率提升。图 4.38 为提取的

DEM 和 DTM。

图 4.38　PCI 提取的 DEM 和 DTM(从左至右依次为原始影像、DSM、DTM)

（6）领先的大气校正技术。支持用户自动检测影像中的云和雾,使用户更加直观地执行云覆盖区域的无缝镶嵌;自动化的元数据提取技术极大提升用户工作流的速度和精度;全新的向导界面,实现包括薄雾检测去除、云检测和掩模工作流。图 4.39 为大气校正前后的影像对比图。

（7）基于 Web 方式的空间数据管理。Geomatica Discover 空间数据管理器,是一个基于Web 方式的空间数据管理工具,能为大型、复杂的空间数据生产提供空间数据管理,能够快速、有效地扫描本地或系统局域网内部的与生产有关的空间数据(包括空间栅格数据和矢量数据),并自动为其创建覆盖范围,更有效地帮助用户组织空间数据生产支持空间数据及文本的查询功能。

图 4.39　影像大气校正前后对比图

4.8.2　国内常用影像处理软件

国内常用的软件主要包括 PixelGrid、MAP-AT、Geolord-AT、JX-4、Virtuzo 等,其中 JX-4和 Virtuzo 应用已经相当普及,这里不再赘述。

1. PixelGrid-UAV 模块无人机影像数据处理系统

高分辨率遥感影像一体化测图系统 PixelGrid 是以全数字化摄影测量和遥感技术理论为基础,针对目前高分辨率遥感影像的特点和现有数据处理软件及系统中仍然存在的困难和不足，采用基于多基线多重匹配特征的高精度数字高程模型自动匹配、高精度影像地图制作与拼接等技术开发的新一代遥感影像数据处理软件。系统全面实现对多种高分辨率影像的摄影测量处理，构建集群分布式网络，采用计算机多核并行处理、自动化和人工编辑相结合作业的方式，完成遥感影像从空中三角测量到各种国家标准比例尺的 DSM/DEM、DOM 等产品的生产。它具有先进的摄影测量算法、CPU/GPU 集群分布式并行处理技术、强大的自动化业务化处理能力、高效可靠的作业调度管理方法、友好灵活的用户界面和操作方式，能全面实现对卫星影像数据、航空影像数据、低空无人机影像数据等数据源的集群分布式、自动化快速处理，能够在稀少控制点或无控制点条件下完成从空中三角测量到各种比例尺 DSM/DEM、DOM 等测绘产品的生产任务。图 4.40 为 PixelGird 软件界面。

图 4.40　PixelGird-UAV 影像数据处理系统软件界面

系统的特点主要包括：

（1）多数据源支持。采用统一的 RFM 传感器成像几何模型、数据处理算法及作业流程，支持多种传统扫描航空影像数据和新型数字航空影像数据，并支持大数据量的影像处理。针对无人机获取高分辨率遥感影像及后续数据处理的特点，支持非量测相机的畸变差改正，能够高效完成无人机遥感影像从空中三角测量到各种国家标准比例尺的 DEM/DSM、DOM 等测绘产品的生产任务。

（2）自动匹配技术。首次提出并研发了独特的基于多基线、多重匹配特征（特征点、格网点及特征线）的自动匹配技术，有效解决了复杂地形条件下 DEM/DSM 的全自动提取；利用立体遥感影像，仅需要少量人工编辑，自动生成的 DEM 可以满足国家标准规范对 DEM 精度的要求。

（3）DEM 自动提取。采用基于多基线、多重匹配特征（特征点、格网点及特征线）的自动匹配技术，有效解决了复杂地形条件下 DEM/DSM 的全自动提取。算法能够同时适用于多源遥感影像、多重分辨率影像、星载三线阵影像的高精度匹配，同时提高影像匹配和三维地形信息自动提取的可靠性和精度，减少对自动提取的地表三维信息的人工编辑工作量，提高作业效率。

（4）等高线半自动提取。自动提取的数字地面模型的立体编辑，等高线的立体叠加及修饰，采用基于地形坡度、高差分析和保持重要地貌特征的等高线数据自适应滤波、光滑等关键技术，进行测图区域等高线的半自动提取，可大大减轻内业数据采集的工作量。

（5）DOM 快速更新制作。结合遥感影像数据与已有 DOM 数据，利用 PixelGrid 软件，避免了常规的人工选点和数据拼接过程。采用基于多基线、多重匹配特征（特征点、格网点及特征线）的自动匹配技术，基于高分辨率航空影像与已有正射影像数据的自动配准功能，实现无控制或稀少控制的影像自动高效更新。

在进行数据全流程作业时，采用 PixelGrid 软件进行操作，仅需要极少量人员即可在极短的时间内完成生产，不仅提高了工作效率，而且由于软件的自动作业模式，一键式的操作可以实现夜间无人作业。

（6）分布式并行处理。使软件系统具有大规模并行处理能力和较大的数据处理吞吐量，结合集群计算机系统和无/稀少控制区域网平差以及多基线、多重匹配特征匹配等数据的自动化、智能化处理关键算法研究开发，基本上实现了基于松散耦合并行服务中间件的分布式并行计算，即把局域网中互联的所有计算机（包括 PC 机和高性能的集群计算机）通过软件的方式进行通信和协作，以一定的任务调度策略共同完成影像数据的分布式处理工作。分布式并行处理不仅能够减轻人员的工作量，而且还能够实现影像预处理、核线影像生成、影像匹配和正射纠正等作业步骤的高度自动化。

（7）扩展性强。软件系统采用模块化体系结构，能方便地接口或集成第三方的软件模块或插件，例如 MapMatrix、DPGrid、JX-4 等系统的地物要素采集模块等。

（8）生产效率高。PixelGrid 软件自动化程度高、控制点的需求少，只需极少量的控制点就能满足正射影像的精度要求，大大减少了外业控制点的测量工作，更节约了大量的费用。PixelGrid 软件的分布式并行处理模块大大提高了生产效率。

2．MAP-AT 现代航测全自动空三软件

MAP-AT 现代航测自动空三软件突破传统航测在摄影比例尺、姿态角、重叠度等方面的严格限制，能够处理现有胶片相机、数码相机、组合宽角相机像片等面阵相机影像。通过普通飞机航摄、低空轻型机航摄、无人机航摄、无人飞艇航摄所获取的竖直摄影影像、交向摄影影像、倾斜影像以及复杂航线多基线摄影影像，可以通过多视影像匹配自动构建空中三角测量网，能进行多达 10 000 片影像的大区域网光束平差；配合低空遥感的高分辨率影像，实现高精度航测定位；通过高速影像匹配、点云自动过滤和适量特征线，能快速自动生成 DEM、DOM、DSM、DLG 等产品。MAP-AT 软件在全自动化空中三角测量、自动 DEM 采集、自动 DOM 制作上取得了很多的技术突破，在目前的处理软件中是空中三角测量功能最强的软件，具有以下特点：

（1）突破传统航测在摄影比例尺、姿态角、重叠度等方面的严格限制，能够处理普通飞机航摄、低空轻型机航摄、无人机航摄所获取的影像，尤其是能够处理姿态和比例尺差别比较大的无人机、无人飞艇航摄所获取的影像。

（2）能够处理现有市场上所有的面阵相机的数据，如 DMC、UCD、UCX、SWDC-2、SWDC-4、LCK-2、LCK-4 等高端及组合数码相机所获取的数据，也能处理 Canon 系列、Nikon系列等低端数码相机以及传统的胶片 RC 系列相机所获取的数据。

（3）能够批量处理海量数据且精度高。能进行多达 10 000 片影像的大区域网光束平差，其空三处理精度：传统航空摄影成果进行计算可达到 1∶500 地形图精度要求，无人飞艇航测系统、无人机低空航测系统成果可达到 1∶1000 地形图精度要求。

（4）处理效率高。可以自动构建自由空三网，自动寻找控制点，自动构建 DEM，自动生成 DOM。

图 4.41 为 MAP-AT 空三软件操作界面，主要包括 MAP-AT、MAP-DEM、MAP-DSM、MAP-DAM 4 个模块。

（1）MAP-AT 自动空中三角测量模块。根据 POS 或 GPS 等飞行数据自动建立航带内和

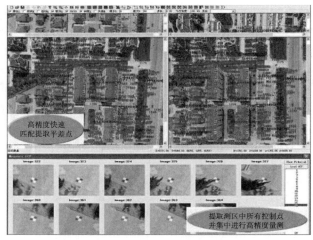

图 4.41　MAP-AT 空三软件操作界面

航带间模型间的拓扑关系网,用于后面的全自动定向处理。自动内定向(用于 RC 相机):自动识别影像框标、提取框标子影像用于修正错误以及计算内定向参数;根据航向自动修正影像的航偏角;自动提取定向点用于相对定向和建立平差网,自动生成 DEM 和等高线;自动检查模型内定向点分布和数量是否合理,是否要追加点;利用初始平差结果或者 POS 数据自动提取控制点子影像,做控制点的集中高精度量测;通过大量平差点以及快速平差算法,完全剔除粗差点;支持测区分块和合并平差计算;支持无 POS、无 GPS、有 POS、有 GPS 等条件下的空三平差;支持有控制点和无控制点等条件下的空三平差。

(2)MAP-DEM 自动生成 DEM 模块。可以进行 DEM 的切割与合并,DEM 的批量或单模型修正与过滤;支持由 TIN 生成的等高线、离散点内插 DEM、TIN,定向点批量生成 DEM,由 TIN 或离散点内插 DEM,DEM 差分等功能。

(3)MAP-DSM 自动生成 DSM 模块。可以进行边沿多模型全自动匹配生成 DSM,以及全像素多模型全自动匹配生成 DSM。

(4)MAP-DOM 自动生成 DOM 模块。由 DEM 生成单幅正射影像、TIN 生成单幅正摄影像、DEM 批量生成正射影像等功能,制作 DLG 并编辑。

3.Geolord-AT 自动数字空中三角测量软件

该软件用于计算每张影像的外方位元素,还原影像航摄时的几何位置和姿态,解算"4D"数据采集时所用的控制点坐标问题。主要功能特点如下:

(1)对任何飞行质量差、影像质量差、地形复杂的困难测区,都能完成空中三角测量。

(2)采用数字影像匹配技术,全片密集选点,点位均匀分布,构网力度强,有效地降低了构网的系统误差,并在光束法整体平差时采用多种系统误差改正方法,所以加密成果精度很高。

(3)具有机载 DGPS 数据、POS 数据联合平差功能,能大量减少地面控制点;具有构架航线整体平差功能,能大量节省地面高程点。

(4)作业过程的检测功能很强,每步作业完成后均可进行图示、图表化检测,直观醒目。

(5)数据粗差检测、粗差定位功能很强,每步作业、计算都具有数据粗差检测功能,尤其是对于航线间公共点、地面控制点中的粗差,检测、定位功能更强。

4.8.3　软件应急适用性分析——以 IPS、INPHO、PixelGrid 为例

多次应急实战工作证明,应急测绘工作争分夺秒,只有第一时间获取准确的灾情信息才能科学指导救灾。为提高应急影像快拼效率,快速为提供更为全面、有效的应急测绘保障数据服务,亟需开展应急影像快速拼接技术研究。通过对不同特征的无人机影像进行生产试验对比,分析各类影像处理软件针对应急测绘保障工作的适用性,以寻求快拼效率和效果最优的装备,提升制图输出效率和效果。

本小节以德国 INPHO 软件、以色列 IPS 软件、中国测绘科学研究院 PixelGrid 软件三款软件进行应急成图效率和效果对比分析。

1. 对比指标

1)处理效率

处理效率由原始航拍无人机影像快拼处理成应急影像图的耗时决定,用于对比分析不同软件在同一硬件环境下完成同一套影像拼接成图所耗的时间。通过统计不同测试数据在不同软件和硬件环境中的快拼成图时间,对比不同软件影像快拼的处理效率。

2)成图效果

成图效果围绕快拼图整体效果、自动匀光匀色效果、影像镶嵌效果、影像拼接错位情况、快拼影像拉花情况 5 个方面展开。成图效果是无人机影像快拼效果评价分析的重要指标。其中,快拼图整体效果决定快拼影像是否可用于应急制图,反映了不同快拼软件能否在应急情况下完成影像快拼,提供应急服务;自动匀光匀色效果评价影像总体色调均衡效果;影像镶嵌效果用于分析影像拼接线处理情况;影像拼接错位情况主要分析路桥等重要信息错位是否明显,以及错位数量是否较多;快拼影像拉花情况着重于分析影像内部是否有较大拉花现象。

3)功能特性

功能特性主要考查软件的稳定性、功能完备性和自动化处理程度。其中,稳定性主要体现在软件影像处理过程是否稳定,是否可流畅、完整地完成影像快拼处理;功能完备性主要体现在软件功能是否齐全,是否具有后处理编辑、制图等能力,能否提高影像拼接效果;自动化处理程度主要对比软件能否提供更加简便和易操作的作业模式,减少拼接处理中人工参与的工作量,降低对操作人员的专业技术要求,同时提高生产效率。

2. 对比试验

1)试验数据概况

应急状态下,受恶劣天气、地形地貌、紧迫时间等因素的限制和影响,无人机航摄的原始影像可能出现多云、旋偏角过大、航摄漏洞、航摄高差大等多种情况,航摄影像质量参差不齐,导致影像拼接难度增大。因此,结合应急时期无人机航摄影像特征,选取了包括常规飞行影像、航线狭长形影像、多云雾影像以及曝光点坐标(X,Y,Z)精度低影像等 4 类无人机影像进行测试对比。选取目的和数据情况见表 4.2。

表 4.2　测试数据情况一览表

影像类型	影像特点	数据选取目的	测试数据	影像面积/km²
常规飞行影像	曝光点坐标准确,飞行区域地势平坦,测区面积小	测试各款软件对比常规影像快拼处理能力,同时对比不同软件对不同应急影像的处理能力	宝兴县五龙乡90张 0.2 m 分辨率原始影像	4

影像类型	影像特点	数据选取目的	测试数据	影像面积/km²
航线狭长形影像	航摄高差大,航摄区域跨度大,航摄漏洞;以道路或河流为主,基本是每次应急必要处理影像类型	测试各款软件对航摄高差大、航摄区域跨度大、航摄漏洞等数据处理能力	G213 国道映秀至桃关段 130 张 0.2 m 分辨率原始影像	20
多云雾影像	恶劣天气严重影响影像质量	测试各款软件对质量差(如多云雾、局部遮挡等)原始影像处理能力	都江堰三溪村 500 张 0.2 m 分辨率原始影像	36
曝光点坐标 (X,Y,Z) 精度低影像	无人机轻小,受风力影响摆动较大,同时无人机采用单点 GPS 定位,自身定位精度低	测试各款软件对 GPS 定位不准确、曝光点坐标 (X,Y,Z) 精度低等原始影像的处理能力	汶川县桃关沟 450 张 0.2 m 分辨率原始影像	38

2)测试环境

为对比不同软件在不同硬件环境下的处理效率,以及不同硬件环境对影像处理效率的影响,对比试验在移动图形工作站和台式图形工作站中同时进行。测试硬件环境配置如表 4.3 所示。

表 4.3　工作站硬件配置

配置	主频	处理器	内存	显卡	硬盘	系统
移动图形工作站	2.4 GHz	Intel CORE I7－3630	8 GB	1. NVIDIA Quadro k2000M; 2. Intel(R) HD Graphics 4000	普通硬盘 5 600 转/分	WIN7 系统 64 位
台式图形工作站	3.1 GHz	Intel Xeon E5-2687W	64 GB	NVIDIA Quadro 6000	500 GB 固态硬盘	WIN7 系统 64 位

3)试验流程

测试对比以应急影像快速拼接为主、测绘产品生产为辅,根据测试需求,设计如下试验对比流程,主要包括空三加密、DTM/DOM 生成、自动拼接、匀光匀色以及制图输出几个环节。详细流程如图 4.42 所示。

3. 对比分析

1)处理效率对比

各款软件处理不同影像的耗时统计见表 4.4。

表 4.4　影像快拼耗时统计　　　　　　　　单位:min

数据 软件	常规影像 (宝兴县五龙乡)		航线狭长型影像 (G213 国道)		多云雾影像 (都江堰三溪村)		曝光点坐标精度低影像 (桃关沟)	
	台式图形工作站	移动图形工作站	台式图形工作站	移动图形工作站	台式图形工作站	移动图形工作站	台式图形工作站	移动图形工作站
IPS	23	30	50	75	70	90	95	125
INPHO	25	28	65	80			105	140

注:原始影像多云雾时,INPHO 不能生成快拼影像;桃关沟处理时间为影像坐标相对精度较好部分数据,其数据量为全部影像的 70%。

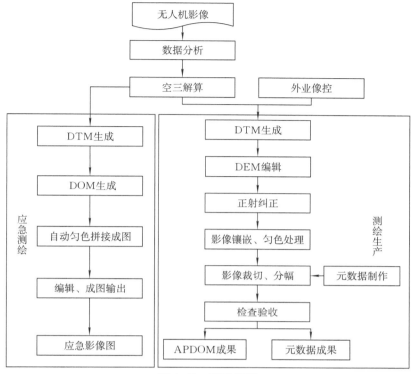

图 4.42　测试流程

2）成图效果对比

a. 快拼图整体效果

各款软件生成的影像快拼图如图 4.43 至图 4.46 所示。

图 4.43　宝兴县五龙乡影像快拼图（从左至右依次为 IPS、INPHO、PixelGrid）

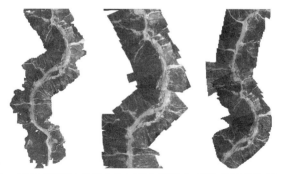

图 4.44　G213 国道快拼图（从左至右依次为 IPS、INPHO、PixelGrid）

图 4.45　都江堰三溪村泥石流 IPS 快拼影像图

图 4.46　桃关沟快拼影像图（从左至右 IPS、INPHO、PixelGrid）

　　尽管几款软件都可以生成拼接影像图，但拼接后的影像效果却不尽相同，有些软件拼接的影像图错位、拉花等现象严重，不能满足应急需求。试验对比结果统计分析见表 4.5。

表 4.5　快拼影像是否满足应急服务需求汇总

数据 软件	常规飞行影像 （宝兴县五龙乡）	航线狭长型影像 （G213 国道）	多云雾影像 （都江堰三溪村）	曝光点坐标精度低 影像（桃关沟）	备注
IPS	满足 （可直接对全部原始影像处理，生成完整拼接影像）	满足 （可直接对全部原始影像处理，生成完整拼接影像）	基本满足 （可直接对全部原始影像处理，生成较完整拼接影像）	满足 （可直接对全部影像处理，生成较完整拼接影像）	共 4 幅影像可用，占测试比例的 100%
INPHO	满足 （先修改影像坐标后，可生成完整结果影像）	满足 （可直接对全部原始影像处理，生成完整拼接影像）	不满足 （无法生成快拼影像）	满足 （可完成原始影像中坐标精度较高区域数据快拼，坐标精度较低区域修改坐标后可完成快拼成图）	共 3 幅影像可用，占测试比例的 75%
PixelGrid	满足 （可直接对全部原始影像处理，生成完整拼接影像）	满足 （可直接对全部原始影像处理，生成完整拼接影像）	不满足 （无法生成快拼影像）	满足 （可完成影像坐标精度较高区域数据直接快拼）	共 3 幅影像可用，占测试比例的 75%

由总体质量分析可得：

（1）IPS软件应用情况很好，对数据兼容性较强，对不同情况的输入影像都可以生成对应的快拼结果，能适用于多种复杂情况下的影像快拼处理工作；操作简单，附有影像后处理模块，可编辑、修改快拼影像结果，通用性较强。不足之处是：在影像质量不高的情况下，空三加密时sigma可能不收敛，导致影像错位。

（2）INPHO软件对应急影像处理基本通用，输出影像质量较高，但对云层较多的影像处理能力不足。在曝光点坐标(X,Y,Z)精度低情况下，通过修改曝光点坐标，依然可生成快拼影像，具有一定的通用性，但操作繁琐，影响影像处理效率。

（3）PixelGrid能处理多种应急影像。由于其航带关系为手动建立，因此对曝光点坐标的精度要求较低，空三整体收敛效果好；对多云雾影像和山区影像可通过去云雾处理后再进行影像匹配。

b. 自动匀光匀色效果

各款软件匀光匀色效果见表4.6，其中IPS与INPHO匀光匀色效果明显较PixelGrid更好。

表4.6　自动匀光匀色对比

IPS	INPHO	PixelGrid
较好	好	无
较好地解决测区色彩不一致等问题	OrthoVista模块能很好地解决测区色彩不一致等问题	影像匀光匀色处理能力不足，无法有效解决影像色差问题

以宝兴县五龙乡影像结果数据为例，IPS与INPHO拼接影像整体色调均衡，直观上差别不大，而PixelGrid拼接结果能明显看到色调差异。各软件匀色匀光效果前后对比如图4.47所示。

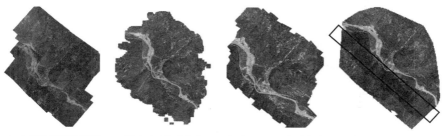

（a）原始影像叠置图　　　（b）IPS匀光匀色　　　（c）INPHO匀光匀色　　　（d）PixelGrid匀光匀色
图4.47　匀光匀色前后对比

c. 影像镶嵌效果

各款软件拼接线处理分析如下，其中INPHO与IPS拼接线处理效果更优。

表4.7　拼接线处理效果对比

IPS	INPHO	PixelGrid
好	好	一般
无缝镶嵌；自动匹配镶嵌线能够自动绕开大面积水域或者具有一定高差的建筑物等地物类型	无缝镶嵌；自动匹配镶嵌线能够自动绕开大面积水域或者具有一定高差的建筑物等地物类型	镶嵌线走向比较生硬，一般为直线连接或者折线连接；镶嵌线匹配效果差，无法绕开具有投影差的地物

IPS、INPHO快拼处理软件具备拼接线显示功能，如图4.48和图4.49所示。

（a）IPS拼接线　　　　　　　　　　　　（b）INPHO拼接线

图 4.48　拼接线

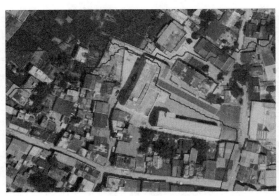

（a）IPS拼接线　　　　　　　　　　　　（b）INPHO拼接线

图 4.49　拼接线局部放大影像

　　IPS、INPHO 软件拼接线处理能力较强，可查看、编辑影像拼接线，PixelGrid 软件拼接线处理能力较弱。由拼接处影像色调差可判断该两款软件拼接线处理情况，由框标记，如图 4.50 所示。

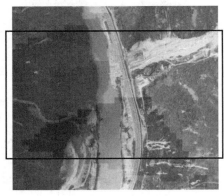

图 4.50　PixelGrid 拼接线

　　d. 影像拼接错位情况

　　影像拼接错位情况见表 4.8。

表 4.8　影像快拼典型错位分析

软件 \ 数据	宝兴县五龙乡典型错位	G213 国道典型错位	桃关沟典型错位
IPS	1 处 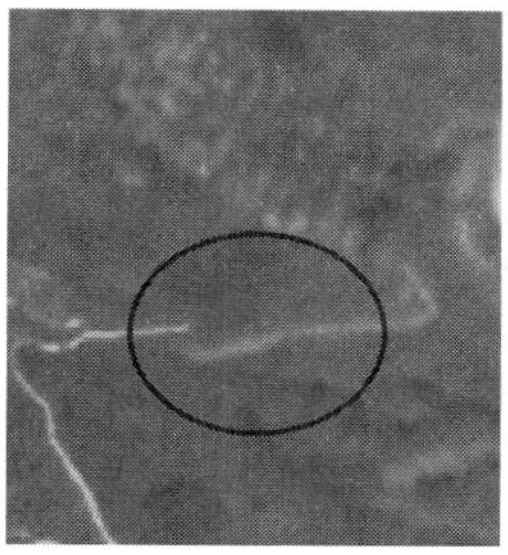	4 处 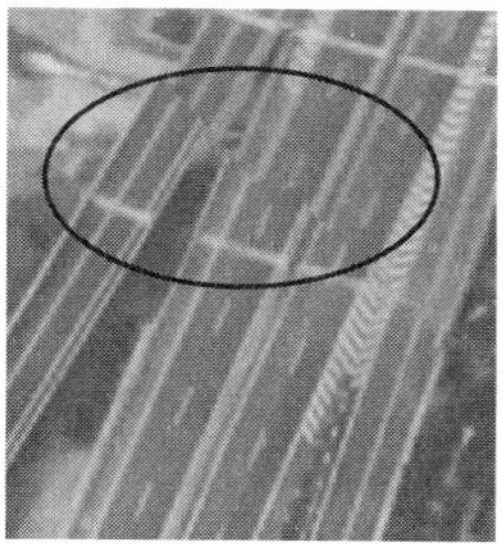	5 处 
INPHO	1 处 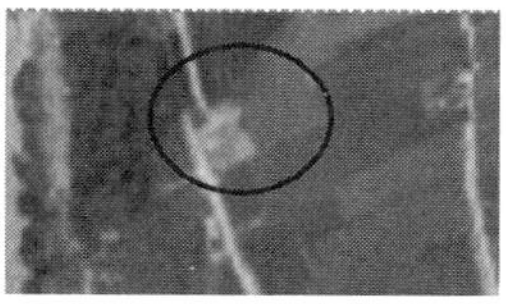	3 处 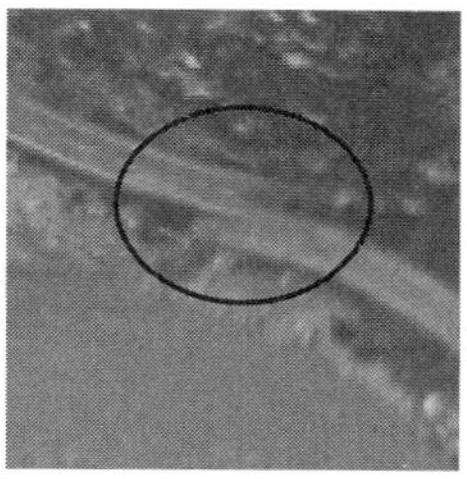	3 处 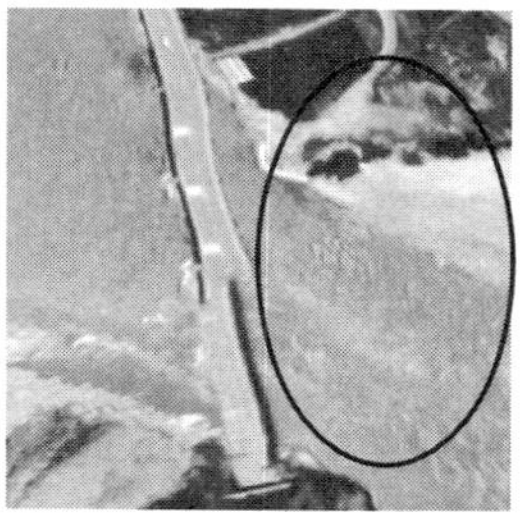
PixelGrid	4 处 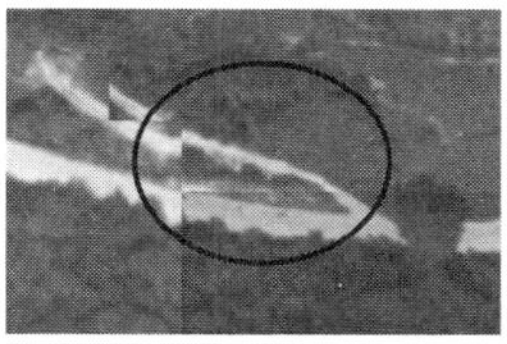 	8 处 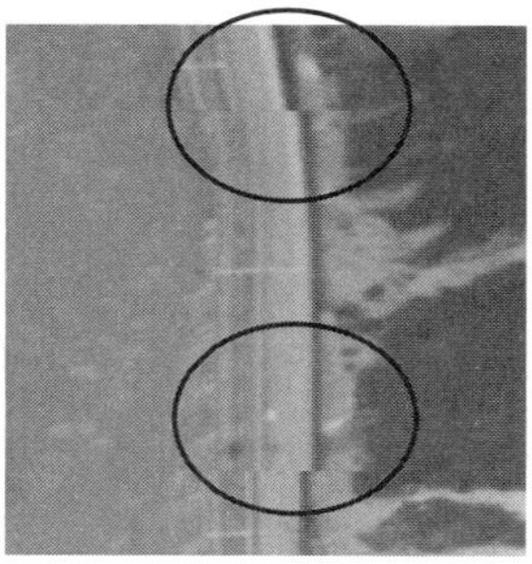	6 处 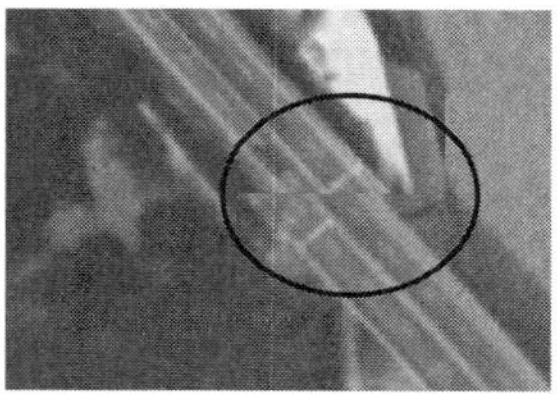

注：都江堰三溪村影像 IPS 无明显错位，INPHO、PixelGrid 未拼接成功，故此处未统计。

总体上看，INPHO 软件影像拼接错位情况最少，其次为 IPS 和 PixelGrid。

e. 快拼影像拉花情况

表 4.9　快拼影像典型拉花分析

数据＼软件	G213 国道典型拉花	都江堰三溪村典型拉花	桃关沟典型拉花
IPS	4 处 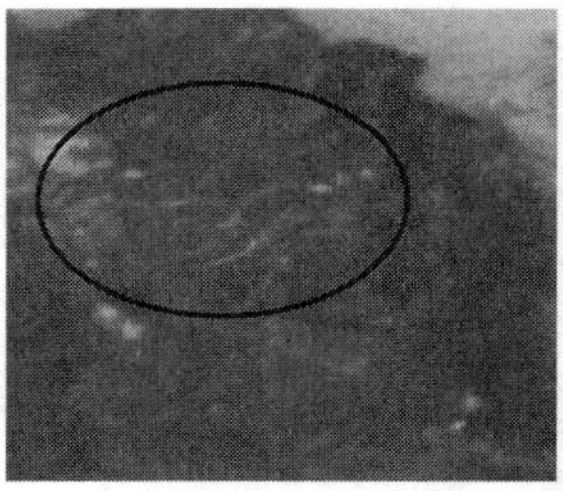	1 处 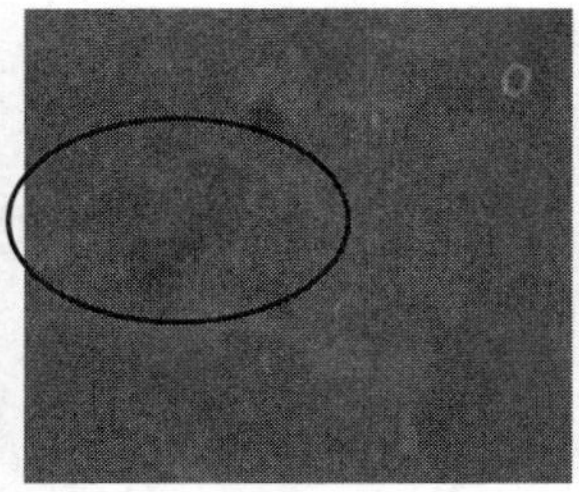	3 处 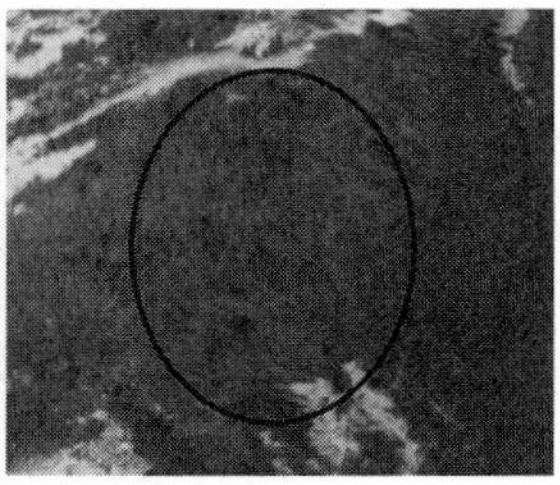
INPHO	5 处 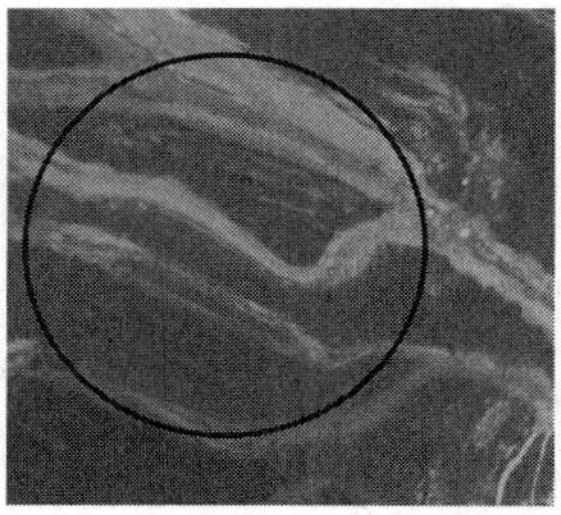	无明显拉花	4 处 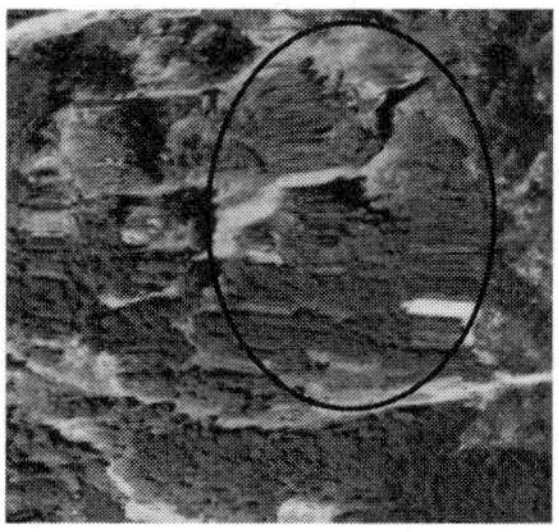
PixelGrid	4 处 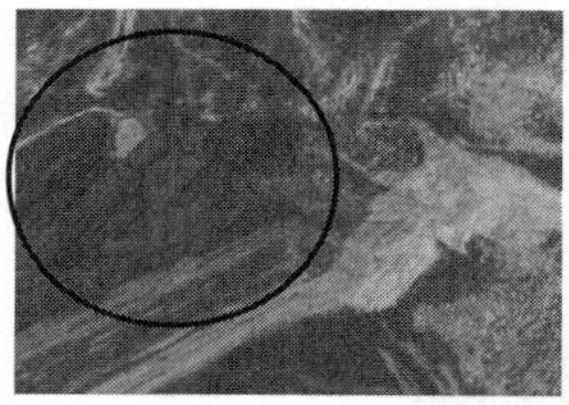	无明显拉花	无明显拉花

注:1. 三种软件在处理宝兴县五龙乡时,均没有明显拉花;

　2. 边缘拉花现象不计,IPS 和 INPHO 总体拉花现象较少,多集中在山区,而 PixelGrid 总体拉花现象较少,偶尔会出现漏洞。

由表 4.9 总体分析,快拼影像拉花现象多发生在山区。IPS、INPHO 以及 PixelGrid 的处理效果较好,拉花现象由少到多依次为 PixelGrid、IPS、INPHO。

综合分析评价指标可知:

(1)IPS 对数据源质量要求较低,生成快拼影像结果多数可用。不足是偶有迭代不收敛现象,导致纠正后影像错位。

(2)INPHO 对输入数据质量要求较高,空三加密结果准确,输出结果稳定。不足是对于质量较差的影像,空三加密结果不能保证,从而不能有效保证成功生成拼接结果影像。

(3)PixelGrid 对曝光点坐标的精度要求较低,对数据源的要求低,空三加密收敛效果好,纠正出的正射影像精度高。不足是影像拼接中拼接缝走向生硬,影像整体匀光、匀色效果欠佳。

3)功能特性对比

表 4.10　功能对比分析

数据／软件	稳定性	自动化程度	功能完备性	空三加密灵活性
IPS	稳定	高 纠正、匀色镶嵌是独立模块,业务流程间的衔接需要人工干预,但人工操作简单	高 具备 DEM、编辑功能;可以调整修改拼接结果影像;可编辑、修改拼接线,影像后处理功能较强	高 对曝光点坐标精度要求较高,基本可以完成各种影像空三解算,容错性高;快拼影像质量多数可用;可同时兼顾影像处理效率和影像质量
INPHO	稳定	一般 纠正、匀色镶嵌是独立模块,业务流程间的衔接需要人工干预,人工参与对专业背景要求较高	高 具备 DEM、编辑功能;可以调整修改拼接结果影像;具备分幅裁剪等处理功能	一般 对曝光点坐标精度要求较高,空三容错性低;输出影像质量高
PixelGrid	稳定	一般 纠正、匀色镶嵌是独立模块,业务流程间的衔接需要人工干预,人工参与对专业背景要求较高	低 具备 DEM 编辑功能;拼接线人工编辑工作量大	高 对曝光点坐标精度要求较低,自动空三解算,支持跨水域、漏飞、航带断裂等情况下测区影像定向参数的自动解算;空三容错性高,平差收敛效果稳定、可靠

通过表 4.10 的功能对比分析可知:

(1)IPS 具有稳定、操作简便、功能全面等特点,同时 IPS 空三加密的强容错性特点是应急影像处理中非常重要的因素。

(2)INPHO 具有性能稳定、功能全面等特点,但对原始影像质量要求较高。

(3)PixelGrid 具备稳定、操作简单、良好的人机交互等特点,同时空三加密结果可靠,但影像的匀光、匀色、拼接效果不佳。

4．产品制作对比分析

INPHO 软件和 IPS 软件在应急测绘方面具有很大优势,而 PixelGrid 软件在常规生产过程中具有更多优势。

(1)PixelGrid 因在空三加密中具有更好的人机交互操作和稳定的平差效果,可满足数码航空影像、无人机影像以及卫星遥感影像的 DEM、DOM 制作需求,故在实际测绘生产应用中依然以 PixelGrid 为主。

(2)IPS 软件空三加密容错性高,影像拼接、匀色、匀光处理能力强,且可以对其他软件纠正出的单片 DOM 进行拼接,是应急工作的首选。

(3)INPHO 镶嵌匀色模块功能齐全,且可以对其他软件纠正出的单片 DOM 进行拼接,生成无缝、颜色均衡的镶嵌影像图,能自动补偿源于成像过程的大幅度的色彩变化。

5. 结论与建议

通过对几款软件的测试对比,形成以下结论和建议。影像处理能力对比结果见表 4.11。

表 4.11　影像处理能力对比

项目类型	对比项	IPS	INPHO	PixelGrid
	处理效率	高	较高	较高
应急测绘	成图效果	优	优	一般
	功能完备性	高	高	高
测绘生产	实用性	实用	实用	实用
综合对比结果		最优	优	优

(1)IPS 软件具备影像处理快速、性能稳定、操作简单、快拼影像人工干预工作量较小且质量可靠等优点,能有效处理多种突发情况下的应急影像,在几款软件中最适用于应急影像处理。

(2)INPHO 软件具有良好的稳定性且输出影像质量较好,但处理效率不及 IPS,对影像数据源要求过于苛刻,无法全面满足应急状态下各类复杂影像处理的需要。同时,INPHO 软件在测绘生产中具备良好的空三解算、DOM 生产、标准影像分幅等功能。

(3)PixelGrid 软件具有稳定、良好的人机交互等特点,同时空三加密结果可靠,完全可以满足测绘生产,且是目前各生产单位中使用的主流软件。但由于其对影像的匀光、匀色、拼接效果不佳,在影像处理中需要其他软件的辅助。

§4.9　高效能数据处理技术

随着无人机航摄技术的发展,数字摄影测量软件处理的数据量越来越大,对于数据处理的效率和质量提出了更高的要求。以集群并行处理技术和 GPU 技术为代表的高性能处理技术的发展,为海量数据的高效处理提供了良好的解决方案。本节阐述了集群和 GPU 的概念及发展情况,详细分析了每种技术的特点,并举例进行简要介绍。

4.9.1　集群并行处理技术

集群概念最早由 IBM 公司于 20 世纪 60 年代提出。所谓集群,是通过高性能的互联网络连接的一组相互独立计算机(节点)的集合体(刘航治 等,2010)。各节点除了可以作为单一的计算资源供用户使用外,还可以协同工作,作为一个集中的计算资源执行并行计算任务(张剑清 等,2008)。

从结构和结点间的通信角度看,集群是一种分布式存储方式的并行系统。集群系统中的主机和网络可以是同构的,也可以是异构的。集群中的计算机节点可以是一个单处理器或多处理器的系统,拥有内存、I/O 设备和操作系统。节点之间通过高速网络连接在一起,在物理上可以是邻近的,也可以是分散的。

从大的范畴来看,集群系统属于分布式存储多指令多数据流(multiple instruction mutiple data,MIMD)多处理机系统的一种。每台处理机都有自己的局部存储器(局存),构成一个单独的节点,节点之间通过互联网络连接。每台处理机只能直接访问局存,不能访问其他处理机的存储器，它们之间的协调以消息传递的方式进行。与共享存储并行机比较，分布式存储并行机具有很好的可扩展性，可以最大限度地增加处理机的数量；但它的每个节点机需要依赖消息传递来相互通信，而消息传递对编程者来说是不透明的，因而它的编程较共享存储复杂。

集群的一个主要特性是构成集群的各结点有独立的、不为其他机器所共享的存储器，处理器只访问与自己在同一结点内的存储器，当要与其他处理器通信交换数据时，需要借助消息传递机制。集群环境下的并行算法是一种基于消息传递的算法，或者被称为非共享存储器的算法。该类型的并行计算不可避免地会产生顺序计算过程不需要付出的开销；而集群中不同处理器间的通信正是并行开销的主要部分，是造成并行算法性能损失的主要原因之一（刘航冶等，2010）。因此，应尽量减少处理器间交互的频率，保证计算的局部性。即在计算过程中，处理器最好访问同一结点存储器上的数据块。同时，由于处理器负载的不平衡分布（即各处理器完成的计算量不均衡）引起的闲置时间也是影响并行算法性能的一个重要因素。为了提高数据处理效率，各处理器的计算时间应大致接近，这样就要求指派给各处理器的计算负载尽可能一致（李劲澎 等，2012）。

集群并行处理系统具有以下优点（李劲澎，2013）：

（1）系统性价比高。工作站或高性能 PC 机是批量生产出来的，售价较低，且由近十台或几十台工作站组成的机群系统可以满足多数应用的需求。

（2）资源利用率高。可以充分利用现有设备，将不同体系结构、不同性能的工作站连在一起，现有的一些性能较低或型号较旧的机器在集群系统中仍可发挥作用。

（3）系统可扩展性好。从规模上说，集群系统大多使用通用网络，系统扩展容易；从性能上说，对大多数中、粗粒度的并行应用都有较高的效率。

（4）系统容错性好。在软件上采用失效切换技术，当系统中的一个节点出错时，这个节点上的任务可转移到其他节点上继续运行，用户本身感觉不到这种变化。

集群技术近年来取得了长足的发展，随着相关技术尤其是集群系统结构及高速网络技术的日趋成熟，集群系统的计算能力已经相当可观，而且受传统大型主机价格昂贵及升级困难等诸多条件的限制，成本相对低廉的集群已成为高性能计算平台的一个重要发展方向。

多核已经成为目前提升处理器性能的主要手段。如今，主流的处理器芯片几乎都是多核构架，如 Intel 的 6 核与 4 核 Xeon、AMD 的多核 Opteron，Sun 的 8 核 UltraSPARCT1 以及 IBM 的 Cell 等。并且，随着工艺技术的发展，单个芯片上集成的核越来越多，多核乃至众核构架将是今后很长一段时间内的主流处理器构架。与此同时，在高性能计算领域，多核处理器也将高性能计算集群带入了多核集群时代。

多核集群具有层次性、异构的特点，其中多核集成和多机分布两种架构是其最大的异构成分，这使得编程方式和优化技术也呈现出异构的特点（陈天洲 等，2007），主要表现在以下两个方面：

（1）共享存储与分布式存储的不同。多机分布式环境中，每台机器都有自己独立的存储器，各节点机器的内存不共享，如果要进行全局共享数据读写操作，必须通过机器间的通信来进行数据传输。而在多核环境中，由于内存是共享的，对全局共享数据的访问不存在数据通信问题，只存在锁保护问题。

（2）编程环境的不同。集群是采用互联网络连接多台计算机，实现大规模的分布式并行，集群的单个节点以多核服务器为主,且单个处理器包含的核数越来越多,同一个程序在多个核上并行执行,这种多核并行方式是线程级并行。多核环境通常使用共享存储编程环境,也可以使用消息传递编程模型。但是,在多核环境中使用消息传递编程会带来性能上的损失,并且不是所有的共享数据类型都适合用消息传递模型来解决(陈莉丽,2011)。多核集群天然具有多层次访问存储特性,集群内具有多层次的并行性。与之相适应,使用多层次的并行编程模式才更能挖掘体系结构的性能(Rabenseifner,2008),因此"消息传递+多线程"的混合编程方式逐渐成为主流(Hager et al,2009)。

1. 集群环境下的摄影测量并行处理平台

为了提高摄影测量数据处理的效率,应当最大限度地发挥硬件的计算性能。传统集群并行处理通常都是借助基于消息传递的并行机制,节点之间的数据通信是制约并行处理效率的一大瓶颈。在多核集群中,节点间的数据通信方式没有变化,节点内部的多个处理核通过总线访问共享内存来实现数据通信,这种通信的效率远远高于节点之间的消息传递效率,可以有效地减小系统的总体数据通信延迟,提高系统处理性能。

针对摄影测量的具体问题,可以根据并行的粒度采用多进程或多线程的并行处理方案。所谓线程是指控制线程,逻辑上由程序代码、一个程序计数器、一个调用堆栈以及适量的线程专用数据所组成,不同线程共享对存储器的访问;而进程是拥有私有地址空间的线程,进程间交互需借助消息传递。并行的粒度是由线程或进程之间的交互频率所决定的,即跨越线程或进程边界的频率,通常使用"粗"和"细"来描述。粗粒度是指线程或进程依赖于其他线程或进程的数据或事件的频度较低,而细粒度计算则是那些交互频繁的计算。

对于单个任务计算量较大、内存开销较多而单任务之间交互较少的摄影测量数据处理,可以采用粗粒度的划分方式,将任务分配到各节点上,实现一种基于消息传递的多进程并行处理。例如,采用特征匹配方法对无人机影像序列进行匹配处理时,单幅影像特征提取的计算量较大,占用内存较多,但影像之间的计算彼此独立,不需要数据交换,就可将影像特征提取任务分配到各个节点并行同步完成。对于内存开销较小、单位任务之间数据交互较多的处理,则适合进行细粒度的划分,采用多核多线程的并行处理。针对具体的应用,也可以采取粗细粒度相结合的处理方案。例如,对小幅面的影像进行增强预处理时,单幅影像的计算量并不大,但影像数据的传输量是保持不变的,如果采用传统的节点间并行方式,网络延迟势必会严重影响并行性能。这时,将单幅影像增强任务的多线程并行计算放到单个节点上进行(即将影像按一定的格网大小划分为多个影像块,利用多个核对其分配到的数据块施加相同的操作),而在集群节点之间实现任务级的并行,是一种有效的解决方案。

2. 集群环境构建的基本内容

影像处理任务,存在着集群节点间粗粒度并行、节点内部多个核之间细粒度并行或两者结合的多层并行处理的可能。根据摄影测量数据处理的特点,选择相应的并行方案,才能最大限度发挥集群体系的计算能力,达到理想的并行处理性能。

摄影测量集群平台的构建主要包括以下两方面内容:

(1)硬件选择。从主频和外频、每时钟周期执行指令数、缓存、发热量、制程、字长、价格几方面考虑选择处理器,从容量和带宽方面考虑选择内存,同时选择相匹配的总线、磁盘与 I/O,以构建集群中的单个节点。节点间的网络互连形式包括以太网、光纤通道、Myrinet、Infiniband 等,由于价格原因,一般常采用以太网,根据带宽、接口类型、总线类型等因素来选择网络适配卡(网卡),综合考虑机架插槽数和扩展槽数、最大可堆叠数、背板吞吐量、缓冲区大小、最大 MAC 地址表大小等方面因素来选择交换机,把分散的节点连成一个整体。可以选用独立的商品部件构建集群,也可采用制造商预先装配好的集群。

(2)软件选择。为构建高性能集群,第一个问题是操作系统的选择。操作系统应可以在大多数的 PC 机和服务器上运行,并具有稳定性,源代码开发具有众多的软件开发支持的特点。另一个重要问题是编程环境的选择,须是并行编程语言与环境。

3. 典型集群式摄影测量系统

数字摄影测量软件可处理的数据量越来越大,在应急响应中越快获知灾区情况越好。为了提高效率,并行处理方式在数据处理中被广泛应用起来(王彦敏 等,2010)。

图 4.51 展示了典型摄影测量系统的分布式处理架构,基于高速局域网络,基本上实现了基于松散耦合并行服务中间件的影像数据集群分布式并行计算(艾海滨 等,2009)。当接到任务时,任务调度模块首先根据性能检测模块的报告,按照负载均衡的方式将待处理的任务发送到相应的处理节点上;然后操作员通过软件界面实时了解任务进展,接收远端处理完的成果数据,并在本机上储存该数据。影像正射纠正中涉及的重采样操作往往耗时巨大,在高数据处理量的系统中,采用分布式计算。将系统计算功能分块并行计算,可大大提高处理效率。

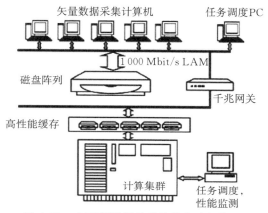

图 4.51　典型摄影测量系统分布式架构

在实际生产中,可以根据需要选择使用单机多核或者多机分布式处理。

1)像素工厂系统

法国 Info Terra 公司研制的像素工厂系统(pixel factory,PF)是集成高性能计算技术构建的摄影测量处理平台。该平台采用计算机集群系统作为其硬件处理平台,并开发了适合遥感数据大规模并行处理的功能和算法,提供了遥感数据处理任务管理与调度功能。其系统硬件体系结构如图 4.52 所示。

它的硬件由 4 个部分组成:①存储设备:负责输入原始数据和保存结果数据。②服务器:包括 2 个文件服务器和 1 个数据库服务器。服务器上安装的是 Linux 操作系统,通过 Windows 工作站进入服务器。③并行处理集群:包括 6 个计算结点和两个工作站。其中,计算结点只负责计算,每个结点将任务分为 4 部分并行处理。④备份库:在数字产品生产完毕后进行系统备份和项目备份。

海量数据大规模处理与管理功能由两大部分提供:一是存储系统网络对海量遥感数据存储和管理;二是集群并行处理系统针对海量数据的快速处理。这两个部分是提高摄影测量处理效率的关键,如果采用专用的快速网络实现数据的交换,可以大大减少网络延迟对数据传输与处理效率的影响。

高速的存储局域网络(SAN)提供了对海量遥感数据存储和管理的支持,降低了数据传输的延迟;多个磁盘阵列周期性地对数据进行备份,尽可能地避免了意外情况造成的数据丢失,使得数据管理具有很高的可靠性。管理部件对整个系统进行监控,提供对多用户和多任务管理的支持,实现对作业任务的调度。

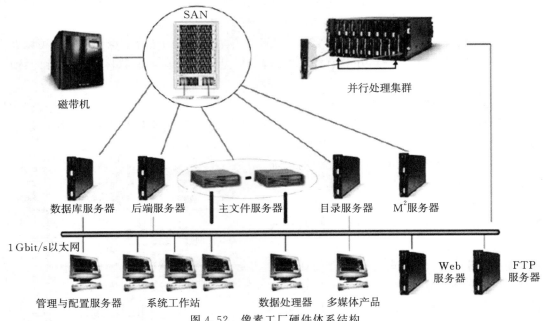

图 4.52　像素工厂硬件体系结构

集群并行处理系统是整个系统的核心部件,提供面向海量数据的摄影测量并行算法集。并行算法根据任务量和系统配置,选择最高效的并行方式,快速响应处理需求。通过并行计算技术,像素工厂系统能够同时处理多个海量数据的项目,根据不同项目的优先级自动安排和分配系统资源,使系统资源最大限度地得到利用。系统自动将大型任务划分为多个子任务,把这些子任务交给各个计算结点去执行。结点越多,可以接收的子任务越多,整个任务需要的处理时间就越少。因此,像素工厂系统能够提高生产效率,大大缩短整个工程的工期,使效益达到最大化。

2)数字摄影测量网格系统

数字摄影测量网格(digital photogrammetry grid,DPGrid)是新一代高性能数字摄影测量处理平台,大幅度提高了航空航天遥感影像数据处理的效率,提高了空间信息获取的实时性,系统主要有以下几部分组成。

a. 集群并行计算机系统

DPGrid 使用的集群计算机是一种刀片式服务器(刀片机)系统。刀片式服务器系统是一种高可用、高密度的服务器平台,它的硬件系统主要包括四大部分:刀片服务器、磁盘阵列、工作站和千兆以太网交换机。每个刀片服务器有自己独立的 CPU、内存、硬盘和操作系统,每个刀片服务器为一个计算节点。磁盘阵列作为文件服务器,用于存储海量航空影像数据。工作站作为客户端,用于管理和分发任务。刀片服务器、磁盘阵列和客户端通过千兆以太网交换机和光纤通信等设备建立连接,集合成一个服务器集群。

b. 集群计算机系统的并行处理机制

客户端(工作站)负责管理和分发任务,刀片服务器根据接收到的任务从磁盘阵列取出影像进行处理,然后将结果存入磁盘阵列。客户端要根据测区影像创建测区任务表,通过

TCP/IP 协议与服务器建立通信,并将测区任务分成若干子任务分配给每台刀片服务器。

当刀片服务器接收到任务时,启动该服务器上相应的计算模块对磁盘阵列中的数据进行计算,在处理完任务以后将表示成功的消息返回给客户端。

客户端根据与服务器的连接状态,自动地将任务表内的子任务发送到可用的刀片服务器进行处理,当某台刀片机服务器返回任务完成信息后,客户端继续给该台服务器分配新的任务。如果任何一台服务器的任务处理失败,客户端将此服务器的任务重新分配给其他服务器。

c. 航空摄影测量中的并行处理算法

(1)影像并行预处理。影像匹配 75% 以上的时间用于影像预处理,例如彩色影像转灰度影像、灰度影像的增强、特征点的提取、创建影像多级金字塔等。因此,影像的并行预处理可成倍地缩短匹配的时间。

(2)影像并行匹配。在传统空中三角测量中,匹配过程是按照航带顺序和像对顺序进行串行匹配,极大地限制了空三的效率,匹配处理方式已远远不能满足海量航空影像空三的需求。利用多台刀片服务器,可以将传统的匹配流程由串行变为并行,大大缩短了匹配的时间,成倍地提高了空三的效率。

(3)正射影像并行纠正。传统航空正射影像图的制作人工干预量大,并且编辑结果不直观,多个模型的接边区域往往需要进行多次编辑,效率低下。集群计算机的磁盘阵列容量大,可以将整个测区的正射影像保存为一个文件,并将数字微分纠正任务分配给多台服务器进行并行计算。这样不仅缩短了采样的时间,同时减少了文件的数目,易于数据的管理、编辑和浏览。

4.9.2　GPU 处理技术

无人机影像数据量巨大,单靠 CPU 来处理这些海量数据很难达到时间的要求(张欢,2012)。解决这个问题的一个有效方法是引入图形处理器(GPU)通用计算,在统一计算设备架构(computer unified device architecture,CDUA)下进行算法设计,将无人机影像特征提取的部分运算高度并行化,可以有效地减少无人机影像处理的时间。

NVIDIA 公司于 2006 年 11 月推出了 CUDA(Sanders et al,2010)。CUDA 是一种新的处理和管理 GPU 计算的软件架构,其直接将 GPU 看作一个数据并行计算设备,通过代码直接对其进行控制来实现大量数据的并行加速。

由于 GPU 硬件设备本身的限制,并不是每个算法的所有步骤都全部适合在 GPU 端进行并行加速,所以基于 CUDA 开发的程序代码在实际执行过程中一般分为两类:一类是运行在 CPU(Host)上的串行代码,这部分代码主要通过 CPU 负责处理整个系统中逻辑性较强的事务和串行计算;另一类是运行在 GPU (Device)上的并行代码,这部分代码主要通过 GPU 来负责处理系统中的并行计算。通过 CUDA 计算架构采用 CPU 和 GPU 协同处理模型,将 CPU 和 GPU 进行有机的结合,使 GPU 和 CPU 各司其职,实现对算法的并行加速。通用的"CPU＋GPU"异构模型如图 4.53 所示(杨云麟 等,2010)。

从图 4.53 可以看出,采用 CUDA 进行加速处理的完整程序是由主机端(CPU)的串行代码和设备端(GPU)的 Kernel 函数共同组成:运行在 CPU 端的串行部分主要用于程序的逻辑控制、GPU 的初始化及实现 GPU 和 CPU 之间的通信控制等;而运行在 GPU 上的并行代码

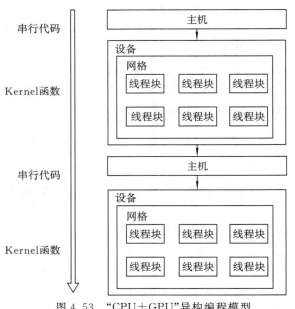

串行代码

Kernel函数

串行代码

Kernel函数

图 4.53 "CPU＋GPU"异构编程模型

也被称为内核函数（Kernel），CUDA 程序中的并行处理部分是由 Kernel 函数来完成的。Kernel 函数是整个 CUDA 程序中的一个可以被 GPU 各个线程并行执行的步骤，多个线程并行地执行这个 Kernel 函数即可快速完成该步骤。GPU 端执行时的最小单位是线程，当整个 CUDA 程序执行到某个 Kernel 函数时，GPU 端先前的大量线程就会同时执行同一个内核函数。当执行这个内核函数的所有线程全部执行完毕以后（通过线程同步来实现），程序再返回到 CPU 端继续执行程序的下一个步骤。若下一个步骤需要用到 GPU 端前一个步骤的计算结果，则需将计算结果回传到 CPU 端。在最完美的状况下，GPU 端应非常紧凑地进行数据的并行计算，而 CPU 端则只负责数据准备和初始化工作。但由于当前的 GPU 架构和编程模型并不支持所有的计算模式，尤其对控制流的支持还比较弱，所以 CPU 端还需要负责一系列的数据计算和控制工作。因此在进行程序设计时，应尽最大努力使 CPU 和 GPU 的通信降到最少，因为 CPU 和 GPU 的通信特别耗费资源。若 GPU 端和 CPU 端频繁的通信，必然会使得整个程序的执行效率大大下降。

CUDA 将线程组织成了网格（grid）、线程块（block）和线程（thread）三个层次，执行内核（Kernel）函数的多个线程被组织成一个线程块。一个线程块内可以包含的最多线程数目是根据所采用的 GPU 的硬件配置来决定的。同一个内核函数（Kernel）可以同时被一个格网内的多个线程同时执行。

GPU 端的相关存储资源是通过 CUDA 采用分层的存储器模型来进行管理的，GPU 端的存储资源主要分为如下几个部分：寄存器（register）、局部存储器（local memory）、共享存储器（shared memory）、全局存储器（global memory）、纹理存储器（texture memory）和常数存储器（constant memory），其中纹理存储器和常数存储器是只读存储器。

GPU 技术以其卓越的图形处理功能，在数字摄影测量领域的应用越来越重要。根据其并行结构和硬件特点，使利用 GPU 实现通用计算和图像处理的高性能并行计算成为可能，并且发展成为趋势。利用 GPU 对摄影测量中相关图像处理算法的并行化，可以极大地提高摄影测量处理的效率（贾娇 等，2013）。

第 5 章　无人机移动测量作业基本要求

§5.1　数据产品生产质量控制

数据产品生产质量控制是无人机移动测量数据产品应用中的重要内容,直接关系到产品结果的可靠性。质量控制贯穿数据生产的始终,包括外业控制、内业源数据控制、产品控制等环节。其中,外业控制主要包括控制点的精度、密度、布设控制等;内业源数据控制主要包括空中三角测量精度、重叠度、倾角、旋角、弯曲度、航高保持、覆盖保证、漏洞检查等控制;产品控制包括几何校正、匀色处理、影像拼接、影像处理等控制。

5.1.1　外业控制

1.控制点精度

平面位置精度、高程精度、最大误差按照 GB/T 18315—2001《数字地形图系列和基本要求》执行。1:500 地形图高山地的地面坡度在 40°以上,对于 1:1000 地形图高山地、1:2000地形图高山地,高山地在图上不能直接找到衡量等高线高程精度的位置时,等高线高程精度可按式(5.1)计算。

$$m_h = \pm(a + b\tan\alpha) \tag{5.1}$$

式中, m_h 为等高线高程中误差,单位为 m; a 为高程注记点高程中误差,单位为 m; b 为地物点平面位置中误差,单位为 m; α 为检查点附件的地面倾斜角,单位为(°)。

2.控制点密度

基本控制点是指可作为首级影像控制测量起闭点的控制点。平面基础控制点包括国家等级三角点、精密导线点、5 秒级的小三角点和导线点,其密度应满足每四幅图面积内最少有一个点;高程基础控制点包括国家等级水准点和等外水准点,其密度应满足 2~4 km 最少有一个点。

3.控制点布设

1)选点条件

控制点应满足以下要求:

(1)影像控制点的目标影像应清晰,易于判刺和立体量测,应是高程起伏较小、常年相对固定且易于准确定位和量测的地方,弧形地物及阴影等不应选作点位目标。

(2)高程控制点点位目标应选在高程起伏较小的地方,以线状地物的交点和平山头为宜;狭沟、尖锐山顶和高程起伏较大的斜坡等,均不宜选作点位目标。

2)布设方式

常用的布设方式有全野外布点、航线网布点、区域网布点及特殊情况布点。

a.全野外布点

全野外布点主要有综合法成图和全能法成图两种方式。

(1)对于综合法成图,当成图比例尺不大于航摄比例尺 4 倍时,在隔号影像测绘区域的 4个角上各布设 1 个平高点,在像主点附近布设 1 个平高点作检查。成图比例尺大于航摄比例尺 4 倍时,应加布控制点。

(2)对于全能法成图,立体测图或微分纠正时,每一个立体像对应布设 4 个平高点。当成图比例尺大于航摄比例尺 4 倍时,应在像主点附近布设 1 个平高点。当控制点的平面位置由内业加密完成,高程部分由全野外施测时,平高控制点可以改为高程控制点。

b. 航线网布点

航线网布点应按照航线每分段布设 6 个平高点,航线首末端上下两控制点应布设在通过像主点且垂直于方位线的直线上,航线中间两控制点应布设在首末控制点的中线上。

c. 区域网布点

区域网内不应包括影像重叠不符合要求的航线和像对,平面网和平高网的航线跨度、控制点间基线数不应超过表 5.1 规定。

表 5.1　区域网航线书和控制点间基线数

比例尺	航线数	平高控制点间基线数	高程控制点间基线数
1∶500	4～5	4～5	5～6
1∶1000	4～6	6～7	6～10
1∶2000	2～4	2～4	4～6

当区域网用于加密平面或者平高控制点时,可沿周边布设 6 个或者 8 个平高点。受地形条件限制时,可采用不规则区域网布点:应在凸出处布平高点,凹进处布高程点,当凹角点与凸角点之间的距离超过两条基线时,在凹角处应布设平高点。

d. 特殊情况布点

当遇到像主点、标准点位落水,海湾岛屿地区,航摄漏洞等特殊情况,不能按正常情况布设像控点时,视具体情况以满足空中三角测量和立体测图要求为原则布设控制点。

5.1.2　初始数据控制

初始数据控制主要包括空中三角测量精度控制、飞行质量检查、影像质量检查。

1. 空中三角测量精度控制

1)空中三角测量精度要求

空中三角测量精度应满足下列要求:

(1)数字线划图、数字高程模型、数字正射影像图制作时,内业加密点对附近野外控制点的平面位置中误差、高程中误差按 GB/T 7930—2008《1∶500 1∶1000 1∶2000 航空摄影测量内业规范》要求执行,成果仅用于数字正射影像图制作时,高程精度可适当放宽。

(2)数字线划图(B类)、数字正射影像图(B类)制作时,内业加密点对附近野外控制点的平面位置中误差、高程中误差不应大于表 5.2 规定,成果仅用于数字正射影像图(B类)制作时,高程精度可适当放宽。

表 5.2　内业加密点对附近野外控制点的平面位置中误差、高程中误差　　单位:m

成图比例尺	平面位置中误差		高程中误差			
	平地、丘陵地	山地、高山地	平地	丘陵地	山地	高山地
1∶500	0.4	0.55	0.35	0.35	0.5	1.0
1∶1000	0.8	1.1	0.35	0.35	0.8	1.2
1∶2000	1.75	2.5	1.0	1.0	2.0	2.5

2）相对定向要求

空中三角测量相对定向应满足下列要求：

（1）连接点上下视差中误差为 2/3 个像素，最大残差 4/3 个像素，特别困难地区（大面积沙漠、戈壁、沼泽、森林等）可放宽 0.5 倍。

（2）模型连接较差限差按式（5.2）和式（5.3）计算：

$$\Delta S = 0.03 \times m_{像} \times 10^{-3} \tag{5.2}$$

式中，ΔS 为平面位置较差，单位为米；$m_{像}$ 为影像比例尺分母。

$$\Delta Z = 0.02 \times \frac{m_{像} \times f_k}{b} \times 10^{-3} \tag{5.3}$$

式中，ΔZ 为高程较差，单位为米；$m_{像}$ 为影像比例尺分母；f_k 为航摄仪焦距，单位为毫米；b 为影像基线长度，单位为毫米。

（3）每个像对连接点应分布均匀，自动相对定向时，每个像对连接点数目一般不少于 30 个，人工相对定向时，每个像对连接点数目一般不少于 9 个。

（4）在精确改正畸变差的基础上，连接点距影像边缘不应小于 100 个像素。

3）绝对定向要求

空中三角测量绝对定向应满足下列要求：

（1）数字线划图、数字高程模型、数字正射影像图制作时，区域网平差计算结束后，基本定向点残差、检查点误差及公共点的较差按照 GB/T 7930—2008《1：500 1：1000 1：2000 航空摄影测量内业规范》要求执行，成果仅用于数字正射影像图制作时，高程精度可适当放宽。

（2）数字线划图（B 类）、数字正射影像图（B 类）制作时，区域网平差计算结束后，基本定向点残差、检查点误差及公共点的较差不得大于表 5.3 的规定，成果仅用于数字正射影像图（B 类）制作时，高程精度可适当放宽。

表 5.3　基本定向点残差、检查点误差、公共点较差最大限值　　　　单位：m

成图比例尺	类别	平面				高程			
		平地	丘陵地	山地	高山地	平地	丘陵地	山地	高山地
1：500	基本定向点	0.3	0.3	0.4	0.4	0.26	0.26	0.4	0.75
	检查点	0.5	0.5	0.7	0.7	0.4	0.4	0.6	1.2
	公共点	0.8	0.8	1.1	1.1	0.7	0.7	1.0	2.0
1：1000	基本定向点	0.6	0.6	0.8	0.8	0.26	0.26	0.6	0.9
	检查点	1.0	1.0	1.4	1.4	0.4	0.4	1.0	1.5
	公共点	1.6	1.6	2.2	2.2	0.7	0.7	1.6	2.4
1：2000	基本定向点	1.5	1.5	2	2	0.8	0.8	1.5	1.9
	检查点	1.75	1.75	2.5	2.5	1.0	1.0	2.0	2.5
	公共点	3.5	3.5	5	5	2.0	2.0	4.0	5.0

注：1. 基本定向点残差为加密点中误差的 0.75 倍；

　　2. 1：500、1：1000 检查点的误差为加密点中误差的 1.25 倍；1：2000 检查点的误差为加密点中误差的 1.0 倍；

　　3. 公共点的较差为加密点中误差的 2.0 倍；

　　4. 特殊困难地区（沙漠、戈壁、沼泽、森林等）平面和高程中误差可放宽 0.5 倍，应在技术设计书中规定。

（3）可采用带附加参数的自检校区域网平差以消除系统误差。

2．飞行质量控制

1）影像重叠度

影像重叠度应满足以下要求：航向重叠度一般应为 $60\% \sim 80\%$，最小不应小于 53%；旁向重叠度一般应为 15%～60%,最小不应小于 8%。

2)影像倾角

影像倾角一般不大于 5°,最大不超过 12°,出现超过 8°的片数不多于总数的 10%。特别困难地区一般不大于 8°,最大不超过 15°,出现超过 10°的片数不多于总数的 10%。

3)影像旋角

影像旋角应满足以下要求:影像旋角一般不大于 15°,在确保影像航向和旁向重叠度满足要求的前提下,个别最大旋角不超过 30°;在同一条航线上旋角超过 20°影像数不应超过 3 片;超过 15°旋角的影像数不得超过分区影像总数的 10%;影像倾角和影像旋角不应同时达到最大值。

4)摄区边界覆盖保证

航向覆盖超出摄区边界线应不少于两条基线。旁向覆盖超出摄区边界线一般应不少于像幅的 50%;在便于施测影像控制点及不影响内业正常加密时,旁向覆盖超出摄区边界线应不少于像幅的 30%。

5)航高保持

同一航线上相邻影像的航高差不应大于 30 m,最大航高与最小航高之差不应大于 50 m,实际航高与设计航高之差不应大于 50 m。

6)漏洞补摄

航摄中出现的相对漏洞和绝对漏洞均应及时补摄,应采用前一次航摄飞行的数码相机补摄,补摄航线的两端应超出漏洞之外两条基线。

7)飞行记录资料的填写

每次飞行结束,应填写航摄飞行记录表,格式见表 5.4。

表 5.4　航摄飞行记录

机组日期　　　　　从时　分　到　时　分

摄区	摄区名称		摄区代号		航摄分区		地面分辨率	
	绝对航高		摄影方向		航线条数		地形地貌	
飞机	飞机型号		飞机编号		导航仪			
航摄仪	航摄仪型号		航摄仪编号		镜头号码		焦距	
	滤光镜		光圈		曝光时间		感光度	
影像	盘号				摄影时间			
	摄影前试片				摄影后试片			
天气	天气状况		水平能见度		垂直能见度			
机组	操控手		地面站人员		摄影测量员		机械师	
航线飞行示意图								
备注:								

填表人　　　　　　　　　　　　送片人　　　　　　　　　　　　接片人

3．影像质量控制

影像质量检查应采用以下方法：

（1）通过目视观察，检查以下方面：影像的清晰度，层次的丰富性，色彩反差和色调柔和情况，影像有无缺陷，拼接影像拼接带有无明显模糊、重影和错位。

（2）根据飞机飞行速度、曝光时间和影像地面分辨率，利用相应公式计算像点位移。最大像点位移由航摄分区最高点处对应的参数计算获得。

5.1.3　产品质量控制

产品控制包括几何校正、匀色处理、影像拼接、影像处理等控制。

1．几何校正

几何校正可采用数字微分纠正等方法。纠正范围选取影像的中心部分，同时保证影像之间有足够的重叠区域进行镶嵌。对平地、丘陵地可采用隔片纠正，对山地、高山地以及平地和丘陵地中的居民地密集区可采用逐片纠正。

2．匀色处理

对影像进行色彩、亮度和对比度的调整和匀色处理。匀色处理应缩小影像间的色调差异，使色调均匀、反差适中、层次分明，保持地物色彩不失真，不应有匀色处理的痕迹。

3．影像拼接

检查拼接的接边精度是否符合规定，接边超限应返工处理。接边差符合要求后，选择拼接线进行拼接处理。拼接后的影像应确保无明显拼接痕迹、过渡自然、纹理清晰。

4．影像处理

按相关要求检查影像质量，对影像模糊、错位、扭曲、重影、变形、拉花、脏点、漏洞、地物色彩反差不一致等问题，应查找和分析原因，并进行处理。涉及保密的内容应进行保密处理。

§5.2　常规测量成果整理与验收

无人机移动测量任务执行完成后，测量任务执行单位需要对测量成果进行及时整理，交于验收单位验收。整理内容主要是指数字航片和文档资料。验收涵盖了验收程序、移交的资料、验收报告等。

5.2.1　测量成果整理

1．数字航片整理

1）预处理

数字航片预处理内容和要求如下：

（1）格式转换。为归档资料或后处理的需要，将不同低空航摄系统获取的专用影像数据格式转换为通用格式，转换过程应采用无损方法。

（2）旋转影像。所有低空数字航片应保持与相机参数的一致性，不做旋转指北处理，通过标明飞行方向、起止影像编号的航线示意图（图 5.1），以及航摄相机在飞行器上安装方向示意图（图 5.2），建立对应关系。

（3）畸变差改正。可采用专用软件对原始数字航片数据进行畸变差改正，输出无畸变影像和与之相应的相机参数。

(4)增强处理。不影响成果质量和后续处理的前提下,对阴天有雾等原因引起的影像质量较差的数字航片,可适度做增强处理。

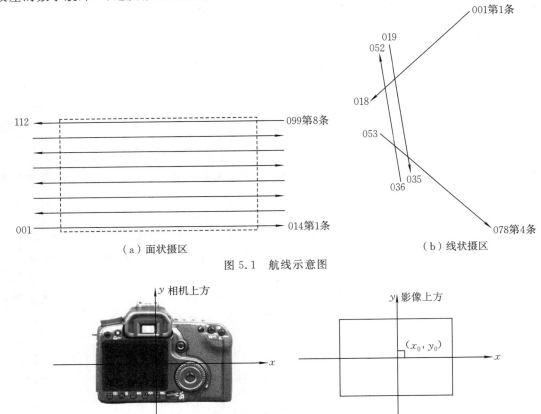

（a）面状摄区　　　　　　　　　　　　（b）线状摄区

图 5.1　航线示意图

图 5.2　相机安装方向示意图

2)航片编号

航片编号方法为:

(1)航片编号由 12 位数字构成,采用以航线为单位的流水编号。航片编号自左至右 1~4 位为摄区代号,5~6 位为分区号,7~9 位为航线号,10~12 位为航片流水号;没有摄区代号的,可自行定义摄区代号。

(2)一般以飞行方向为编号的增长方向。

(3)同一航线内的航片编号不允许重复。

(4)当有补飞航线时,补飞航线的航片流水号在原流水号基础上加 500。

3)航片存储

按照航线建立目录分别存储,一般应采用光盘或硬盘存储,存放于纸质或塑料光盘盒、硬盘盒内。

4)外包装

硬盘或光盘和其包装盒标签的注记内容应包括:

(1)总体信息部分:摄区名称,相机型号及其编号,相机主距,航摄时间,飞行器型号,航线数和航片数,摄区面积,地面分辨率,航摄单位。

(2)本盘装载内容部分:盘号(分盘序号/总盘数),影像类型,航线号,起止片号,备注。

2. 文档资料整理

1)纸质文档资料的整理

(1)所有文档应单独装订成册,存放在 A4 幅面的档案盒内。

(2)每份案卷中应包含卷内资料清单。

2)电子文档资料的整理

(1)电子文档的名称和内容应与纸质文档一致,无电子格式的纸质文档应扫描成电子文档。

(2)电子文档的存储介质为光盘。光盘存放于方形硬质塑料盒内,盒外注明摄区名称、摄区代码和资料名称。

5.2.2　测量成果验收

1. 验收程序

验收应按照以下程序执行:

(1)航摄执行单位按本规范和摄区合同的规定对全部航摄成果资料逐项进行认真的检查,并详细填写检查记录手簿。

(2)航摄执行单位质检合格后,将全部成果资料整理齐全,移交航摄委托单位代表验收。

(3)航摄委托单位代表依据本规范和航摄合同规定对全部成果资料进行验收,双方代表协商处理检查验收工作中发现的问题,航摄委托单位代表最终给出成果资料的质量评定结果。

(4)成果质量验收合格后,双方在移交书上签字,并办理移交手续。

2. 移交的资料

移交的资料应包括:影像数据,标明飞行方向、起止影像编号的航线示意图(图 5.1),航摄相机在飞行器上安装方向示意图(图 5.2),航空摄影技术设计书,飞行记录表,相机检定参数报告,航摄资料移交书(包括航摄任务说明、航摄面积统计表和航摄资料统计表),航摄军区批文,航摄资料审查报告及其他有关资料。

表 5.5　航摄面积统计

地区类别	完成航摄面积/km²	地面分辨率/cm	影像类型	像幅	航向重叠	旁向重叠	备注

表 5.6　航摄资料统计

项目	规格	单位	份数	数量	备注
航摄影像		套			
航线示意图		张			附电子文档
相机安装示意图		张			附电子文档
相机检校参数报告		张			附电子文档
航摄技术设计书		本			附电子文档
航摄资料移交书		本			附电子文档

续表

项目	规格	单位	份数	数量	备注
航摄飞行记录		本			附电子文档
航摄军区批文		套			附电子文档
航摄资料审查报告		套			附电子文档
其他					

3. 验收报告

航摄委托单位代表完成验收后,应写出验收报告。报告的内容主要包括:

(1)航摄的依据——航摄合同和技术设计。

(2)完成的航摄图幅数和面积。

(3)对成果资料质量的基本评价。

(4)存在的问题及处理意见。

§5.3　无人机移动测量应急响应预案

无人机移动测量具有快速响应、机动灵活、简单方便的特点,常用于应急测绘。应急事件的突发性,要求测绘无人机有完善的响应预案。本节主要介绍了应急测绘无人机的应急组织体系、应急响应和应急保障。

5.3.1　无人机移动测量应急组织体系

无人机移动测量应急组织体系(图5.3)可由测绘应急保障单位、应急测绘办公室、数据获取组、数据处理组、数据传输组、宣传后勤组组成,在上级测绘应急指挥中心和应急测绘保障处的领导下,快速开展应急保障工作。

各部门职责如下:

(1)测绘应急保障单位。在上级测绘应急指挥中心和应急测绘保障处的领导下,总体负责测绘应急保障工作,实时汇报应急工作动态。

(2)应急测绘办公室。在应急领导小组的领导下,负责组织实施应急测绘前方分队开展测绘应急保障工作;负责无人机中队、数据处理组、数据传输组和宣传后勤组人员的调度与管理;负责应急数据资料的归档管理与保密工作。

(3)数据获取组。负责快速获取应急测绘数据,负责应急现场任务装备的管理与维护工作。

(4)数据处理组。负责应急数据的快速处理工作,快速生产应急专题图、正射影像图等应急专题产品。

(5)数据传输组。负责将现场数据资料传输、传送至上级指挥中心。

(6)宣传后勤组。负责应急现场摄录和宣传工作,负责应急测量调度与管理,做好应急现场人员后勤保障工作。

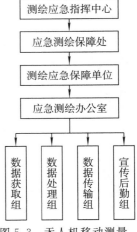

图5.3　无人机移动测量应急组织体系

5.3.2　无人机移动测量应急响应

当辖区内发生重大突发公共事件，或者收到上级测绘应急指挥中心和应急测绘保障处开展应急测绘工作指示后，应急领导小组和应急测绘分队成员应立即按照应急测绘响应要求开展应急测绘保障工作。

1. Ⅰ级响应

当辖区内突发公共事件造成或预判可能造成大面积、大范围的人员死伤、公共基础设施损毁和经济损失，或者收到上级测绘应急指挥中心和应急测绘保障处测绘应急保障Ⅰ级响应指令时，应急测绘中心立即启动测绘应急Ⅰ级响应。应急领导小组、应急测绘办公室、无人机中队（至少两个机组）、数据处理组（至少两个处理组）、数据传输组及宣传后勤组所有人员，以最快速度响应，立即奔赴指定地点集合，迅速向事发区域或地点出发。

2. Ⅱ级响应

当辖区内突发公共事件造成一定面积和范围的人员死伤、公共基础设施损毁和经济损失，或者收到上级测绘应急指挥中心和应急测绘保障处测绘应急保障Ⅱ级响应指令时，应急测绘中心立即启动测绘应急Ⅱ级响应。应急测绘办公室负责人以及无人机中队（至少一个机组）、数据处理组（至少一个处理组）、数据传输组，以最快速度响应，并按照规定时间奔赴指定地点集结出发。

3. Ⅲ级响应

当辖区内突发公共事件造成小范围内人员死伤、公共基础设施损毁和经济损失，应急测绘中心立即启动Ⅲ级响应。应急测绘办公室、无人机中队、数据处理组、数据传输组等有关人员做好随时集结出发的准备工作。

在测绘应急Ⅰ级和Ⅱ级响应状态下，各任务小组须火速完成装备集结，并填写《应急装备集结清单》（表 5.7）。

表 5.7　应急装备集结清单

响应级别＿＿＿＿＿＿＿＿＿＿　　　　集结日期：＿＿＿＿＿年＿＿月＿＿日＿＿时＿＿分

装备类别		装备名称	数量	是否装车(√) 车牌：	备　注
无人机中队集结装备	无人机系统	飞行平台			
		地面站系统			
		数码相机			
	通信设备	卫星电话			
		对讲机			
		3G 网卡			
	工具、配件	油桶			
		启动器			
		油泵			
		充电器			
		螺旋桨			
		螺丝			
		胶水			
		拆卸工具			

续表

装备类别		装备名称	数量	是否装车(√) 车牌：	备　注
无人机中队 集结装备	宣传与后勤 装备	旗帜			
		车贴			
		服装			
		相机			
		摄像机			
		应急食品			
		应急药品			
		照明设备			
数据处理组 集结装备	软硬件设备	数据处理软件			
		软件狗			
		图形工作站			
		插线板及连接线			
		移动存储设备			
		绘图仪及相纸			
		拆卸工具			

无人机中队负责人确认签字＿＿＿＿＿＿＿＿　　　　　数据处理组负责人确认签字＿＿＿＿＿＿＿＿

宣传后勤组负责人确认签字＿＿＿＿＿＿＿＿

5.3.3　无人机移动测量应急保障

灾害具有突发性和不确定性的特点,应急测绘队伍应不断完善应急测绘工作机制,积极开展应急测绘新技术研究与转化应用,做好日常应急装备维护保养;持续开展队伍训练,保持并稳步提升应急战斗力,在灾害发生时做到立即响应、分工明确、迅速行动。

1. 应急装备维护

在非应急状态下,无人机中队和数据处理组需做好应急装备的日常维护保养工作,并按月进行装备维护检查,填写并提交应急装备维护保养记录表(表5.8),及时解决装备存在的问题或隐患,以保障应急状态下装备完好、齐备、整洁。

表5.8　应急装备维护保养记录

维护年月：＿＿＿＿＿＿年 ＿＿＿月

维护项目	检查维护内容	检查维护结果
飞行平台	飞机机身有无开胶或裂损现象	
	飞机各设备固定螺丝是否松动或缺失	
	清洗化油器和火花塞	
	弹射架各部件有无松动或损坏,确认钢绳没有断头 现象	
	通电测试自驾仪是否正常工作、GPS是否正常定位、 各个舵机是否工作正常、各个舵面是否转动灵活	
	维护日期＿＿＿＿＿＿＿＿　　　　维护人员签字＿＿＿＿＿＿＿＿	

续表

维护项目	检查维护内容	检查维护结果
地面监控站监控系统	数传电台天线连接头是否完好	
	地面进行电台通信距离测试,距离不低于 10 km	
	检查相机的镜头是否有灰尘或污点	
	地面监控站计算机是否正常工作	
	维护日期＿＿＿＿＿＿　　维护人员签字＿＿＿＿＿＿＿	
辅助设备及常用工具	电池充放循环测试,容量是否高于额定容量70%	
	螺旋桨储备数不低于 10 个	
	舵机储备数是否大于 10 个	
	GPS 天线储备数不低于 3 个	
	卫星电话、对讲机、3G 网卡是否正常工作	
	宣传与后勤装备储备数和整洁性是否达标	
	工具是否完整	
	维护日期＿＿＿＿＿＿　　维护人员签字＿＿＿＿＿＿＿	
车辆	油箱油量是否高于 2/3	
	轮胎气压	
	电瓶电压	＿＿＿＿＿＿ V
	机油、刹车油、防冻液等是否充足	
	维护日期＿＿＿＿＿＿　　维护人员签字＿＿＿＿＿＿＿	
数据传输设备	应急监测车内电脑、UPS、发电系统、卫星传输系统是否工作正常	
	维护日期＿＿＿＿＿＿　　维护人员签字＿＿＿＿＿＿＿	

注:开机后各项检查正常则在"是否正常"栏打√,否则打×,打×时需在备注栏里注明原因。

具体维护工作如下:

1)机库维护及装备储备

维护内容:①应急装备储备。应急装备及配件均需满足在任何情况下的应急测绘需求,所有零配件均需按照台账的形式登记,每次使用完成以后,需及时补充更新。负责人需实时关注装备储备数是否满足应急需求,在汛期按周提交应急装备储备表,其他月份则按月提交。②机库维护整理。保持机库的整洁性以及机库内装备放置的整齐性,所有装备均按照"下重件、上轻件"的原则整齐摆放在机库内,任何零配件均需以储备箱的形式分类摆放,在每个储备箱上都以标签的方式注明。在任何情况下使用完成以后,均需放回原位。

2)飞行平台

(1)装备组成:无人机机身、机翼、水平尾翼、发动机、弹射起飞系统、遥控器、电池、自动驾驶仪、GPS 模块、机载数传电台、差分系统。

(2)维护内容:检查飞机机身的整体性,如有开胶或裂损现象及时处理。检查飞机各设备固定螺丝是否有松动或缺失;转动发动机检查缸压是否正常,并打开化油器和火花塞,使用化清剂清洗;启动发动机检查发动机是否正常工作,转速是否正常,油门曲线是否平稳;检查弹射架各部件有无松动或损坏,确认钢绳没有断头现象;检查弹射架滑道上减震海绵垫是否有板结变形现象,如有则及时更换;通电测试自驾仪是否正常工作、GPS 是否正常定位、各个舵机是否工作正常、各个舵面是否转动灵活。

3)地面监控站

(1)装备组成:数传电台、地面站计算机、信号天线、机载数码相机。

　　(2)维护内容:检查数传电台天线连接头是否完好,通电测试通信是否流畅;在地面进行通信距离测试,检测电台是否正常;检查机载相机的镜头是否有灰尘或污点,如有,立即使用专用清洁工具清洁,避免损伤镜头镀膜;开机检查拍照等各项功能是否正常;机载数码相机储备数不得低于2个,每个相机配2块电池,如相机数量不足应立即报告应急测绘办公室,并及时补充。

　　4)辅助设备及常用工具

　　(1)装备组成:电池、充电器、启动器、加油泵、汽油桶、工具箱、环氧树酯、碳纤维布、卫星电话、对讲机、3G网卡、宣传与后勤装备。

　　(2)维护内容:镍氢电池、锂电池应将电充满存放,每月对电池进行维护保养;使用充电器对电池进行充放循环,对放电量达不到出厂容量70%的电池应停止使用;清点配件及易损配件,备用螺旋桨数目不得低于10个,备用舵机不低于5个;起落架不少于3个;GPS天线数量不少于3个;检查并保障有满足应急需要的油料;检查卫星电话、对讲机、3G网卡是否正常工作;保持宣传与后勤装备的储备数和整洁性;检查工具箱内各种工具是否齐备,如有缺少,需及时补充。

　　5)车辆

　　(1)装备组成:应急监测车、越野车等满足应急测绘需要的车辆。

　　(2)维护内容:所有车辆内外部需保持整洁;车辆达到规定保养里程时,需及时保养;车辆应停放在不易被阻挡的位置,油量始终保持在2/3箱以上;检查轮胎气压有无缺气、漏气现象,如有,需及时加气或补胎;检查车辆是否能够正常发动、电瓶电压是否正常(若低于12 V应及时充电);机油、刹车油、防冻液等是否充足,如缺少,需立即补充。

　　6)数据传输设备

　　(1)装备组成:应急监测车内电脑、UPS、发电系统。

　　(2)维护内容:检查应急监测车内的电脑、UPS、发电系统、卫星传输系统是否工作正常。

　　7)数据处理装备

　　(1)装备组成:数据处理软件、移动图形工作站、软件狗、绘图仪、移动存储设备。

　　(2)维护内容:定期升级图形工作站系统安全防护软件,删除不需要的文件,备份重要文件,优化系统操作速度;同时,定期给电脑做清洁,日常使用过程需注意防尘、防高温、防磁、防潮、防静电、防震。确保数据处理软件、软件狗、移动存储设备和绘图仪均可正常使用,以保持装备在应急现场发挥最佳性能。

　　2.应急队伍训练

　　1)应急操练

　　由应急测绘办公室负责,每年举行应急操练不少于一次,模拟实战应急,检验和完善测绘应急保障工作规范,提高测绘应急保障能力。

　　2)无人机操控训练

　　在执行生产任务过程中,无人机中队需同步开展无人机操控训练,提升在复杂地形地貌、天气情况恶劣、起降条件不佳等各种环境下的航线设计和飞行操控能力。同时,开展机务人员和地面监控站人员之间的轮岗训练,要求机务人员能够熟练操作地面监控站、设计飞行航线,地面监控站人员能够熟练独立完成机务工作。

　　3)数据处理训练

　　保持数据处理训练的常态化,要求数据处理组的所有人员针对不同测区的无人机数据,每月进行一次生产训练,不断丰富数据处理经验,提高数据处理速度。

第6章 无人机移动测量应用

§6.1 无人机移动测量在应急保障中的应用

无人机移动测量能及时提供区域现状信息,增强对突发自然灾害和公共事件的响应和处置能力,广泛应用于地质灾害监测预警、森林火灾监测救援、公共安全应急保障等领域,为应急决策提供技术支撑和信息服务。本节将以地质灾害应急监测、森林火灾救援预警、公共安全应急保障为例,介绍无人机移动测量在应急保障中的应用。

6.1.1 无人机移动测量在地质灾害应急测绘保障中的应用

近年来,地质和自然灾害频发,准确快速地获取区域范围内受灾区的高空间分辨率影像,对防灾减灾和快速应急响应至关重要。无人机航摄系统不仅可以机动灵活、高效快速、精细准确地获取测区范围内的地形信息和高空间分辨率影像,而且可以在云下摄影,这对于恶劣天气中的应急救灾和地质灾害调查和评估极其重要(李森森 等,2013)。

灾害发生后,需要迅速、准确地获取灾情信息,快速评估出灾害损失,制定出救灾策略。以往,灾情信息的获取主要依靠人工实地勘测调查来实现,不但工作量大、效率低、费用高,且存在着很大的人身安全隐患。随着技术的发展,卫星影像的获取在一定程度上代替了人工实地勘察,成为一种有效的灾情获取手段。但是,由于卫星受运行周期及空间分辨率的限制,不能满足灾后影像获取及时性的要求,在一定程度上限制了其在应急救援方面的应用。传统的载人航空摄影要考虑到飞行人员和设备的安全,且受到气候条件和起飞场地限制,成本较高,无法保证数据的实时采集。无人机航摄系统能获取实时影像,成本低、分辨率高,不存在人身安全隐患,在灾害应急救援中具有广阔的应用前景。

利用无人机航摄为地质灾害区域监测和救援提供及时应急响应所达到的效果,充分说明系统可以快速获取,能够生动而又直观地及时反映现状的高清晰地表影像数据。通过后期加工处理和数据利用,还可生成 DEM、正射影像图、三维虚拟景观模型、三维地表模型等三维可视化数据,便于地质灾害的调查评估,有利于提早防治。在紧急情况发生时,无人机可做到快速响应并在远离危险地区的地点起飞,奔赴人员不能到达区域。在取得热点区域的影像后,一般不需要对其进行精确的坐标定位,可实现快速拼接,在第一时间获取受灾地区的影像数据,为抢险救灾提供及时的数据保障(王国洲,2010)。

根据无人机技术进行灾害监测,主要包括任务规划、飞行控制、影像处理、综合分析和数据管理 5 部分。任务规划负责确定监测范围、监测目标、飞行环境和飞行参数;飞行控制负责安全航拍采集监测影像;影像处理负责对监测影像进行技术处理、有效关联和全景拼接;综合分析负责对处理后的监测影像进行判读,定性或定量地描述监测结果;数据管理负责归档各类历史影像资料,逐渐形成影像资料库(李云 等,2011)。

作为无人机灾害监测成果的吸收者,灾害管理部门主要关心的是如何综合分析、正确判读处理后的无人机影像,以达到识别受灾体、准确判断灾情的目的。

目前,在救助阶段,利用无人机影像进行灾害监测的方法主要是通过人工判读方式,借助案例和经验,识别和分类提取灾区反映灾情的地物目标,采用定性或大致定量的方式描述灾情。同时,结合不同时相、不同来源数据的对比和交叉验证,分析灾害特征目标的空间位置、地理分布、形态变化和灾害损失情况。具体包括:确立反映灾情的各项灾情指标,如农作物受损面积、倒损房屋数量、灾民状况、基础设施状况和公路桥梁坍塌情况、山体滑坡、崩塌、泥石流等;确定各项灾情指标地物在无人机影像中的位置,按照指标的不同功能和不同结构分区,根据资料掌握情况,通过多时相影像的变化判读指标地物受损程度;结合其他多源高分辨率影像,综合对比验证判读结果,提高判读准确度。

在应急处置阶段,对临时安置区、救灾帐篷等进行持续监测,分析安置点布局的合理性;在损失评估阶段,通过判读无人机影像,结合地面抽样调查和舆论等信息,对城市人口聚居区和农村离散分布居民区房屋倒塌、损失情况进行监测,分析不同功能结构、不同用途房屋倒塌、严重受损和轻度损害比例;在重建规划阶段,建立灾区三维实景模型,结合规划模型分析重建方案的合理性和适用性;在恢复重建阶段,对重灾乡镇进行抽样监测,通过不同时相的数据对比分析,判读开工、在建和竣工房屋数量和比例,分析灾区恢复重建进度。

1. 灾情信息评估

重大自然灾害如地震、水灾、冰雪等具有突发性强、灾害范围广、破坏性大特点,往往会造成重灾区信息通信中断和道路交通破坏,灾情信息不畅将导致抢险救灾盲目部署,继而造成更大的损失和次生灾害(陆博迪 等,2011)。无人机低空航摄系统具有很高的机动性、灵活性和安全性,可获取多角度、高分辨率影像,不受高度限制和阴云天气影响,且系统成本及影像处理费用较低,可为决策者提供准确、详细、及时的第一手资料。在低空领域、小区域具有一定的优势(马瑞升 等,2005),能实现高危目标的实时动态监测,为各级领导和抗震救灾指挥专家的决策,提供及时可靠的数据和信息支持。

对无人机遥感数据进行图像拼接与几何校正,正射精校正等处理后与高精度 DEM 融合,制作出测区三维模型,通过分析三维可视化图像,结合地形资料,对灾区进行了灾害信息获取和灾情评估。实践表明,在灾害应急和复杂地形条件下,使用无人机低空航摄及其三维可视化技术进行实地数据采集和信息提取,能够对震后各种实时情景进行精确描述,为决策者提供准确、详细的第一手资料,更好地服务于应急救灾(何磊 等,2010)。

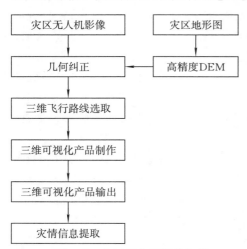

图 6.1 灾区无人机影像解译

1)正射纠正及三维可视化

实现无人机影像三维可视化的技术和思想,就是依据 DEM 建立表面模型来显示真实地形,然后再将影像进行纹理叠加来显示地表细节,充分发挥计算机图示技术和虚拟现实技术的优势,利用影像、地理要素和文字符号标注等多种数据生成三维地形影像。

灾区无人机影像解译三维可视化(图 6.1)主要包括以下内容。

(1)影像数字处理。影像数字处理的目的是对原始影像进行辐射校正、几何校正和投影差改正等,最终制作出统一规格标准的高质量影像,以提高解译应用效果。

(2)高精度 DEM 生成。高精度三维立体图像需要高精度的 DEM 来支撑,在影像的正射处理中,各像点的投影差改正也需要对应点的高精度 DEM。

(3)三维飞行路线选取。根据工作区的地质构造复杂程度和工作需要,按照一定的规则进行飞行勘察路线部署。

(4)三维可视化系列动画产品制作。首先进行三维飞行的参数设置,如航高、时速、夸大系数、屏幕大小、视角设置及背景效果等;然后再根据布置的飞行路线完成三维动画制作。

(5)三维可视化产品输出。根据选择的飞行路线,逐条生成影像地质解译三维可视化及影像动态分析系列动画,并把这些产品转换成了通用动画所支持的格式打包,提交给有关的工作人员使用。

(6)灾害信息提取。地震次生灾害(滑坡、堰塞湖等)、地质构造、岩溶地貌解译和影像判读等。

影像三维可视化,是在高程表面模型(DEM)上覆盖影像、地理要素和文字符号标注等多种数据,从而生成的三维地形影像。不同类型数据的集成套合,是以地理坐标为组织的,因此在套合成三维影像时必须做到不同数据间的坐标配准,将同一地区不同来源的影像、地理要素和文字符号转换到同一坐标系中。

以地形图的地理坐标作为配准参考,进行数据坐标转换。其中 DEM 由地形图上数字化得来的等高线或高程点生成,因此已实现了与地形图的坐标配准。无人机影像在进行几何纠正时,已实现了与地形图间的配准。这样 DEM 和影像都是依据地形图内容而进行的特征数字化或文字符号注记,与地形图存于同一坐标系中,无须进行再次配准(李玉霞 等,2007)。考虑到模拟飞行观察效果、计算机处理能力,以及编辑操作简便易行等因素,叠合后生成的三维影像实现了三维地形影像模拟飞行的动态观测。

2)灾情地质信息评估

无人机航摄系统能提供完整影像,且分辨率较高,经过灾害区域校正、对象增强处理,结合部分地理信息,能满足对灾害信息的快速定量评估与解译要求,实现灾害特征及感兴趣目标点的解译与空间统计分析,提供灾后恢复与重建详细统计数据的信息支撑(易美华 等,2003)。灾害定量信息评估与解译包括:

(1)滑坡。根据影像的比例尺和方向,判别滑坡的长度和宽度,以及滑动方向。由于无人机影像重叠度较大,通过立体像对可快速提取滑坡体高度和厚度,再通过地质图的资料对比,可准确得出滑体的主要岩性。

(2)崩塌。进行崩塌体长度、宽度信息的提取。与滑坡基本一样,灾害区崩塌体的平面规模与其厚度有相关性,可通过崩塌体的长度推算其高度。

(3)泥石流。泥石流沟的判读主要是通过对沟道内松散固体物质的辨识获得。一般通过专家知识库及相关经验,判断具备爆发泥石流所需要的地形条件。

(4)堰塞湖。堰塞湖是由于河道岸上滑坡(崩塌)阻塞河道所致,堰塞坝为阻塞河道的滑坡体。可判读出堰塞坝的平面规模,结合其高度,确定堰塞坝体积。在灾区三维动态影像上,可以根据堰塞体的回水位置,确定其高程,结合地形图数据,计算坝体位置水深。通过坝体前、后的有水和无水区位置,可以确定坝体的高度,从而计算出堰塞坝的体积。堰塞湖的流域面积可通过地形图量算,再配合水文以及气象资料,计算出有关汇流以及水位上涨信息。坝体的稳定性评估,除了对堰塞体的组成物质进行判断外,还需要深入到现场考察。

2. 灾区道路损毁评估

灾害往往造成惨重的人员伤亡和财产损失(王文龙,2010)。道路损毁严重,不能正常通行,是影响救援人员和设备物资难以迅速抵达灾区的直接原因(王秀英 等,2009)。交通线的快速抢通决定了救灾工作能否快速高效地开展,也是灾后救援工作的首要任务(常燕敏,2013)。被混有岩块的崩塌体所掩埋或者路面严重塌陷,严重阻碍了交通工具的通行及救援人员进入灾区进行救灾工作(秦军 等,2010)。地质灾害发生后,救援人员无法及时进入灾区进行救援行动,会错过最佳救援时间,造成人员大量伤亡。如果震后可以对被损毁的道路快速评估,根据评估结果制定合理的打通通往灾区的生命救援线的措施,对抢险救灾的顺利开展是至关重要的。

以无人机影像进行灾害评估,流程见图 6.2(常燕敏,2013)。

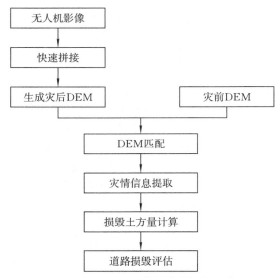

图 6.2　基于无人机影像的道路损毁评估流程

(1)以灾后无人机影像和震前的 DEM 为数据源,通过摄影测量软件对低空无人机影像快速处理得到震后高分辨率的 DEM 和 DOM。

(2)通过基于特征提取的 DEM 自适应匹配算法,将震前与震后的 DEM 无控制点匹配。

(3)根据地质灾害及次生地质灾害、道路的影像信息特征,通过对正射影像镶嵌图目视解译识别道路及灾害体的范围并勾绘。

(4)运用地理信息空间分析技术提取道路损毁区的 DEM 范围并对道路损毁区滑坡体的体积或道路塌方量进行计算。

(5)根据道路损毁区震前与震后高程差、损毁长度、掩埋体的组成成分、土方量及施工机械性能等因素,对道路损毁类型、损毁程度和抢险工期进行预测分析。

3. 灾区损失评估

无人机影像用于灾区经济损失评估技术路线(图 6.3)如下:

(1)综合市政功能、道路和河流分布等情况,完成震区空间格网分区。

（2）制定受损评判等级，并使用高分辨率无人机影像数据，按照评判等级判别灾区受损情况，并结合现场评估组实地调查数据进行核准和修正。

（3）综合上报灾情、农业普查和国土资源调查等数据，通过空间统计分析，得到不同类型和等级的地物受损面积。

（4）根据地物受损等级和受损面积，结合经济数据信息，推算震区经济损失。

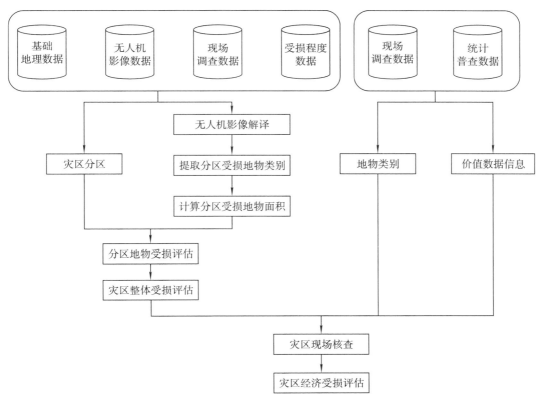

图 6.3　无人机影像用于灾区经济损失评估技术路线

无人机影像是整个灾区经济损失监测评估的关键依据，直接影响监测评估中对地物受损等级的评判以及对各等级倒塌、损失房屋面积的计算。解译无人机影像直接决定灾情评估结果，相比其他统计、上报、抽样等固定计算数据，解译（综合分析）主要靠人工判读。由于解译过程中对地物破坏程度的定义和理解存在差别，可能造成对受损等级评判不同，容易产生偏差，影响最终监测评估结果的准确性（李云 等，2011）。所以，一方面要求尽可能获取高分辨率、高精度无人机影像，便于人工清晰识别地物；另一方面要求统一人工判读标准，提高人工判读经验，便于准确判定地物的受损等级和面积。

4．灾场重建

近年，自然灾害多发、频发，对社会经济与安全的威胁十分严峻。人类尚难改变或控制自然灾害发生的时间、地点与规模，但快速、机动、可靠的应急测量可为灾情评估、灾害链分析、减灾救灾等提供灾情信息和决策支持（沈永林 等，2011）。

无人机灾害应急测量系统以快速探查灾情、掌握受损地物空间信息为主，可为应急协同观测提供空间局部参照和联络服务。依据计算机视觉原理，利用无人机搭载可见光相机获取的高重叠度、高分辨率影像以及飞控系统提供的无人机位置信息实现灾场三维重建,技术流程包括数据预处理、特征提取、影像匹配、运动与结构重建、地理注册等。

　　基于无人机影像的灾场重建技术,可在不依赖相机校验或其他先验信息提供位置、姿态或几何关系前提下,从无序的无人机影像中自动恢复相机位置、内外方位元素及灾场特征点云信息,并可依据无人机飞控提供的位置信息实现点云数据的地理注册,为应急协同和一体化作业提供参考。该方法主要包括数据预处理、特征点提取、影像匹配、运动与结构重建、地理注册五步,其技术流程见图 6.4。

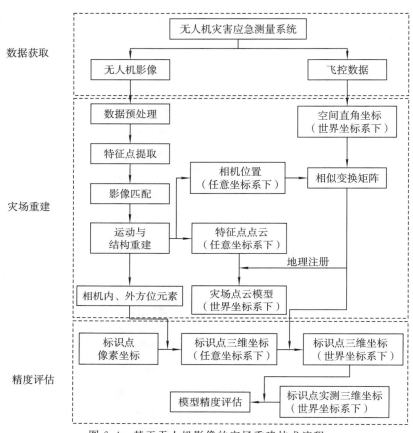

图 6.4　基于无人机影像的灾场重建技术流程

　　1)数据预处理

　　本步骤主要进行数据分析和影像质量检核。无人飞行器受偏向风干扰,使得影像重叠率不规则(旁向重叠率相差较大)、畸变较大,影像间明暗对比度不尽相同;飞控系统 GPS 采用动态绝对定位,定位精度较低。故需检查影像的清晰度、层次的丰富性、色彩反差、色调等,手动剔除明显模糊、重影和错位的影像。

　　2)特征点提取

　　在目标识别和特征匹配领域,基于局部不变量描述子块的特征点提取方法成果丰富。针对高分辨率无人机影像进行特征点提取时,易出现计算机内存不足等问题,可以采取分块策略,即在每一子块上分别提取特征点,然后合并子块生成最终结果。此外,为避免各子块交界处特征信息丢失,需确保块与块之间有一定的重叠度。

3）影像匹配

在确定各影像提取的特征点位置并建立相应局部特征描述算子后,选择相似度准则,建立各影像间的关联关系。具体过程包括:影像间的粗匹配,进一步剔除误匹配点,最终得到满足对极几何约束的匹配特征点对。

4）运动与结构重建

计算机视觉中,运动与结构重建是指从二维图像对或视频序列中恢复出相应的三维信息(李德仁 等,2006),包括成像摄像机运动参数、场景的结构信息等。可以采用通用稀疏光束法平差法解决目标函数的非线性最小二乘问题,通过逐步迭代不断最小化投影点与观测图像点之间的重投影误差,解算出最佳相机位置、姿态,进而得到测区三维点云坐标。

5）地理注册

地理注册是指实现从三维重建点云坐标到地理坐标间的映射变换过程,包括基于参考影像(如卫星影像、数字高程模型等)的配准方法和直接地理坐标(如相机的 GPS 位置信息)注册方法。运动与结构重建得到的点云坐标是任意空间直角坐标系下的,实际应用中需将其转换为 WGS-84 等坐标系下才能进行重建模型误差评估及灾损量测工作。针对灾害应急条件下地面控制点布置困难等问题,考虑在无地面控制点条件下,可尝试利用无人机飞控系统提供的辅助数据实现地物三维坐标的自动解算。

已知拍照时刻飞控系统记录的相机 WGS-84 大地坐标 (B,L,H),可将其转换为 WGS-84 空间直角坐标。此外,已知三维重建得到的相机在任意空间直角坐标系下的坐标,可将其与前者进行空间匹配与相互转换。当两坐标系下公共点数大于 3 时,可采用布尔莎七参数模型及间接平差原理组成误差方程式,利用转换矩阵求得转换参数,并可排除飞控数据中 GPS 位置异常点。最后,利用求得的转换参数,将整个点云模型转换到 WGS-84 坐标系下。

低空无人机以其机动、快速、经济等优势,在灾害应急事件中逐渐发挥作用,而灾场三维重建也因其突破了常规无人机遥感无法快速提供三维空间信息的局限,在灾害测量中的地位日益凸显(沈永林 等,2011)。

基于低空无人机影像的灾场三维重建是在无地面控制点条件下,利用无人机自身飞控系统记录的低精度位置信息实现重建模型地理注册。利用地面布设的标志点,进行灾场重建模型的误差评估与分析,虽然模型的绝对误差较大,但其相对误差较小,可满足灾害应急测量与灾情评估需求。此外,通过利用地面控制点约束模型重建,大幅降低了模型的绝对误差。基于无人机影像和飞控数据的灾场重建可实现低成本、较可靠的灾情应急测量,可为灾损目标精准识别、灾情快速评估提供强技术保障。

5. 灾后重建

针对灾后重建规划设计的需要,将重建规划设计模型直接引入三维地理信息系统环境。与卫星影像数据相比,无人机获取的影像在三维可视化中能提供更详细、更丰富的几何和语义信息。采用设计模型与三维地形景观相结合的技术,能实时再现设计成果,避免复杂环境下二维图形带来的思维局限性和片面性,提高设计效果的真实表现力(鲁恒 等,2010b)。

对无人机影像进行几何纠正、影像拼接,利用摄影测量方法生成测区的 DEM,进而将影像制作成正射影像图;将无人机影像纹理映射到 DEM 上构建灾区的三维地形景观,并以正射影像图为底图对安置区的地物进行三维建模;最后根据规划和管理需要,编制三维景观系统,实现地震灾区三维景观的浏览、查询与分析。实践表明,采用无人机影像制作的三维景观图具有分辨率高、形象逼真等特点,可为灾区重建提供丰富翔实的信息(李军,2012)。

　　地震后灾情及灾后重建信息的实时性和准确性非常重要,相比于卫星影像和航空影像,无人机低空的影像空间分辨率更高,更适合作为精细三维建模的地形底图,且建立的地表纹理具有更逼真的效果。救灾中,无人机影像三维景观系统的建立,为决策者及时了解震后灾区的房屋、道路等损毁程度与空间分布,地震次生灾害如滑坡、崩塌,以及因此形成的堰塞湖的分布状况与动态变化等,提供了有效的数据来源和分析手段(周洁萍 等,2008),将三维建模和空间分析结合起来,能够为有关规划、建设和管理部门提供基础信息及科学决策平台。

　　灾区三维景观系统具体制作流程(图 6.5)如下(李军 等,2012):

　　(1)对获取的灾区无人机影像,进行畸变差改正、几何纠正、影像拼接等一系列处理,将生成的无人机影像地表纹理映射到已经建好的 DEM 模型上构建三维地表景观。

　　(2)从拼接好的无人机影像上提取地物的数字线划图(对影像上无法获得的数据和信息通过现场测量和调查方式获得),进行地物的三维精细建模。

　　(3)将建立的三维地表景观与三维地物等空间数据叠加生成灾区的三维景观。

　　(4)根据灾区情况,编制三维景观系统,实现三维查询和分析功能。

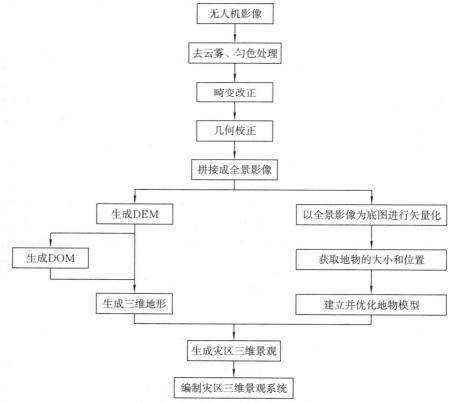

图 6.5　灾区三维景观系统编制流程

6. 应用价值

　　灾害往往带来重大的破坏和人员损失,而且造成灾害地区信息设备受到破坏,从而信息封闭,加之灾后的地区往往车辆人员不能及时到达,因此在灾害发生后,如何及时取得灾害信息及信息传输成为迫切的问题。使用无人机来完成灾情监测与评估工作，无论是在留空时间、使用成本、耗费人力资源上，还是在恶劣环境作业要求、长时间飞行作业要求、人员生命安全要求以及图像分辨率和工作效率上，都优于载人飞机和卫星。无人机系统具有一些独特的优势，它可在复杂地形、复杂天气下飞行，可以在许多特定的领域如高污染、高辐射、高风险领域执行飞行任务，因此，低成本、多用途的测绘型无人机系统技术在灾情监测与评估工作中具有必要性作用(蒋令，2011)。

1)在国家重大自然灾害监测方面

利用无人机飞行机动、快速、覆盖范围大、任何条件皆可以到达等特点，迅速对灾情做出监测，将灾情速报一直是无人机自然灾害监测中的重要特点。在地震、洪涝、特大泥石流、雪灾、森林大火等灾情监测工作中，利用无人飞机测量技术，能快速获取灾区影像，经过校正和灾害区域、对象增强处理，结合地理信息，能满足对灾害的快速定量评估与解译要求(蒋令，2011)，可以在较快的时间内完成灾区的建筑物、公路、生态环境等几个大的灾情勘察监测报告，达到快速摸清灾情的目的，为灾害处理决策工作提供重要的依据。

2)减灾救灾科技支撑方面

在减灾救灾工作中最重要的便是完善灾害监测网络，加强地震、气象、水文、地质、森林草原火灾等各类灾害监测系统建设，建立灾害监测预警体系。无人机航测系统可以为灾害监测预警系统提供灾后影像图和灾后地形图，实现国家减灾救灾重大需求与现势性资源的有机结合，提高灾害预测预警系统的工作机能。

3)灾后重建工作方面

大灾后的灾区重建是一个庞大而复杂的系统工程，可以结合灾区的地形、地质、社会经济等数据，对灾区重建选址和移民搬迁做出决策。

在汶川地震灾害救助过程中，民政部门首次实战运用无人机航测技术。实践证明，该技术对灾害救助具有积极的推动作用。

(1)提高了灾情监测能力。在恶劣的灾害环境(如地震、雪灾、山洪等)和地理条件(如高山险要地区，人员无法抵达地区)下，遇到受灾地域广、救灾任务紧的时候，可以借助无人机快速飞抵受灾现场进行监测灾情，为灾害救助提供决策支持，提高灾害救助的时效性。

(2)提供了客观的灾情数据。根据无人机影像，可以排除现场人为灾情信息采集时表述不清、意见相左等主观因素影响，有利于对灾害损失程度做出正确判断和评估，制定科学、合理的救灾方案，避免灾害救助的盲目性。

(3)监督了灾后恢复重建进展。无人机影像不但可以作为灾区灾后恢复重建规划依据，也能作为恢复重建工作监测和督查、援建项目验收和评判的依据，实效明显。

(4)提升了预警监测水平。以无人机为载体，采用航拍手段进行灾害监测，利用航拍影像，建立相关的减灾救灾预警数据库，有利于提高灾害预警的准确性。

(5)健全了对地观测技术在减灾救灾中的应用。利用无人机航测技术进行灾害监测，很好地弥补了卫星、航空等对地观测精度、频度和时效上的不足。

6.1.2　无人机移动测量在森林火灾应急测绘保障中的应用

在以卫星、航空巡航、瞭望塔、地面巡护为依托的森林立体防护体系中，无人机系统具有安全性高、受气象条件影响小、起降方便、维护使用成本低、可近距离观测、航测面积覆盖率大等特点,可以作为一线森林防火的监测平台,搭载专业的自动化火情预警系统,在实时数据采集、火情自动识别等方面建立和完善更加全面的立体防火信息化体系,从而为林场提供专业的防火解决方案,提升获取预警能力,降低森林火灾的损失(侯海龙,2013)。

1. 技术路线

基于无人机影像的森林火灾应急系统是利用无人机及时准确地获取森林火灾现场信息,利用林火蔓延模型实现对火灾现场火势的计算机推演,辅助指挥人员做出正确决策。它是建立在现有的森林资源数据库、防火信息数据库、林区大比例尺电子地图和无人机影像数据的基础上,利用 GIS 平台展现火灾现场场景,为救灾指挥提供各种资源信息。这些信息分为背景(静态)信息、气象动态信息、火场现势信息、扑救资源与人员位置信息、间接分析信息等。其中静态信息主要包括火场的地形地貌、森林资源类型及分布、河流水系、交通状况、防火力量、防火设施设备、居民地分布等;动态信息包括实时的气象信息(温度、湿度、风力、风向)等。火场现势信息主要是指无人机拍摄的火区高分辨率影像以及基于影像提取的过火区范围;预测信息主要指各时间段林火蔓延扩散信息;间接分析信息主要指通过 GIS 空间分析产生的中间数据。

通过对上述各类信息的集成与分析,实现对火灾蔓延趋势的预测分析。同时,结合应急预案,建立集防火资源的统筹组织与配置、基于“资源”的最佳路径分析,以及基于电子地图动态标绘于一体的应急服务系统(图 6.6)。

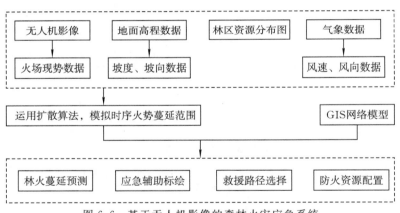

图 6.6　基于无人机影像的森林火灾应急系统

2. 应用价值

(1)弥补传统森林防火系统的不足,强化系统的模拟可视化和空间分析功能。将林火蔓延数学模型与 GIS 平台相结合,使理论成果在实践中的应用成为可能,实现复杂的林火蔓延过程的计算机模拟和推演,借助 GIS 平台以可视化的手段表现出来,为决策指挥者提供直观、准确的火场信息,辅助展开林火扑救工作。借助 GIS 平台,增加系统的空间分析功能,将地理信息系统的空间数据输入、管理。空间查询、空间分析、分析结果可视化输出等功能应用于火灾应急领域,更好地服务于森林防火工作。

(2)将无人机技术与 GIS 的结合,推动着林火模拟研究向着系统化和集成化方向发展。将 GIS 技术与无人机实时数据采集结合起来,建立林火地理信息系统,利用 GIS 平台对林火的各类信息进行可视化显示;同时将无人机系统作为一线森林防火的现势数据获取平台,实时数据采集、监测不同时段的火灾变化情况,并将实时获取的火情数据、环境数据与林火蔓延的数学模型结合动态推演林火扩散范围,实现及时掌握火情态势辅助决策,为政府职能部门做出扑火方案提供科学依据。

(3)实时监测数据与预测模型的有机结合,有助于提高林火扩散模拟、预测的准确度以及反馈火场行为指标的测量精度,更有力的辅助林火扑救指挥工作。

通过将实际火场动态监测数据与林火扩散模拟有机结合起来,将林火现场的动态环境数据和实际监测的火场数据实时输入至林火模型,并在此基础上对模型参数进行拟合修正,实现林火蔓延模拟与火灾现场之间的动态反馈,达到模型参数的自动修正,使模拟结果逐步趋于林火蔓延的实际情况。不仅可以从总体上有效提高林火扩散推演的模拟精度,而且能够相对准确地计算林火行为指标(火区周长面积、火线强度、火区温度、火焰长度)和掌握林火扩散态势,为林火扑救指挥提供客观的火场信息,辅助决策指挥。

总之,在现有的森林资源数据库、防火信息数据库和林区大比例尺电子地图的支持下,利用 GIS 平台模拟火灾现场场景,集成并展示指挥决策所需的森林火灾现场的各种信息。同时,利用无人机及时准确地获取森林火灾现场信息,对无人机原始影像进行快速拼接以及重要信息提取;利用 GIS 工具对不同时段林火行为进行计算机推演模拟、浏览、输出以及对灾情及其趋势进行分析评估,防火资源的统筹管理、扑火路径分析等业务操作,提出对当前森林火灾进行有效扑救的解决方案,变有灾为无灾,变大灾为小灾,具有重要的实践和应用价值(侯海龙,2013)。

6.1.3　无人机移动测量在公共安全应急测绘保障中的应用

公共安全包括处置突发事件、反恐作战、抢险救灾、重要目标监测、边防、海防巡逻侦察等多样化任务。随着国内外恐怖主义活动的增多和自然灾害的频发,国家安全部门所负担的任务日益增多。执勤任务的完成受地理、天气等环境条件影响较大,如何保证国家安全防卫力量在各种复杂、危险环境下,快速有效地完成任务,成为急需解决的问题。无人机对任务现场状况进行实时跟踪,将视频影像实时传输至地面控制系统,为领导和指挥机关分析、判断和决策提供依据,同时可以利用微型机载武器,实现杀伤性攻击。

无人旋翼机对起飞场地的要求较低,具有低能耗、高功效、受环境因素影响小等优点,适合安保部队处理突发事件、反恐、维稳等多样化任务需要,可以完成宣传威慑、高空监控、杀伤性与非杀伤性攻击等任务,维护公共安全(徐慧 等,2011)。

§6.2　无人机移动测量在数字城市建设中的应用

无人机影像分辨率高、信息丰富,可满足大比例尺数字化成图的成像要求,相比卫星影像,更适于"数字城市"建设,广泛应用于城市三维建模、城镇规划、小城镇建设等领域。本节将以城市三维建模和城镇规划为例,介绍无人理移动测量在数字城市建设中的应用。

6.2.1　无人机移动测量城市三维建模中的应用

利用无人机低空摄影测量可获取城市或重点区域多角度的高分辨率影像,解决了普通航摄和地面摄影无法拍摄到的"死角"。利用航摄影像可生成 DEM 和 DOM,从影像中提取建筑物纹理,进行三维建模,省去地面拍照人工采集建筑物纹理这一传统工序,完成用于三维建模的建筑物纹理采集,实现全摄影测量方式三维建模(王洛飞,2014)。

1. 应用背景

目前城市三维建模的方法大致可以归纳为以下 5 类(易柳城,2013):①利用传统的城市规划图和建筑物地形图,依靠人力实地采集地物点及纹理数据,该方法工作强度大且其适用性受到较大局限;②通过获取地物平面二维坐标建立地理信息数据库,设定虚拟高程及纹理信息构建三维模型,虽然数据冗余度低,但是真实感不够;③结合影像数据和 DEM 数据,建立大规模城市立体模型,但是要实现对具体地物进行量化查询与分析还有一定难度,该模型在数字表达上存在一定的粗略性;④通过航空或近景测量方法制取立体像对来建立地物的数字化模型,但这种方法存在精度不高或者工作量大的问题;⑤应用集成的多源数据获取手段,构建真实三维模型,该方法在表达精度、真实感、应用分析等实际需求上具有一定的优势,但是目前技术还不够成熟。

如何利用高分辨率的无人机影像快速建立多视角的可视化立体模型,一直以来在遥感、摄影测量还有计算机视觉等相关领域都受到诸多学者浓厚的研究兴趣(易柳城,2013)。与其他数字图像相比较,由于无人机影像其自身的特殊性,它们在处理方法上也有很大不同。无人机影像在拼接、匹配技术上已经有着比较成熟的应用。尤其是对拼接算法的应用研究上,国内外很多学者在其文献中都做过大量的理论与实践分析。基于无人机影像获取高精度 DEM 数据具有一定的可行性,通过实例采用检查点法对生成的 DEM 分辨率尺度范围进行分析,通过设定 DEM 栅格大小,并以内插中误差的大小来衡量 DEM 数据的精度,可以得到无人机低空影像合适分辨率大小的数字高程模型(胡荣明 等,2011)。

不同航带线上的无人机影像具有一定的重叠度,对于利用高重叠度的无人机影像进行三维应用,也有一些学者做出了尝试性的研究。通过引入约束条件,从而提高影像上同名点的识别与匹配精度,在未知无人机飞行姿态条件下采用直接法进行相对定向,从而解算出空间任意点的三维坐标。实验证明,通过结合适量地面特征点,搭载 GPS 装置的无人机获取的地物影像对无人机影像三维建模具有有效性。另外,在缺少地物特征的地方,如道路等,在构建三维模型时会出现较大的噪声,通过平滑处理或者提高同名像素点的匹配精度可以消除噪声。

利用无人机航摄系统进行建筑物三维建模,王继周等(2004)提出了从单幅无人机影像上提取建筑物的结构、纹理信息来建立三维数字化模型的方法。通过计算求取影像的内外方位元素,解算出无人机摄影姿态以及模型比例因子,进而计算得出建筑物的高度。针对建筑物不同方向上的纹理信息,通过计算求得原始图像上的像素点坐标,利用双线性内插算法将求得的 RGB 值传递给纠正后的像素点。

2. 技术路线

针对现有无人机影像在三维数字化建模方法上存在的建模速度慢、精度不高、空间分辨率达不到要求,以及在建立 DEM 过程中产生诸多误差等问题,通过提取无人机影像特征点制取不同范围分辨率的 DEM,并且选取中误差和地面粗糙度为评价指标对生成的 DEM 精度进行质量评价,通过分析得出合适大小分辨率的 DEM。在地形可视化模型显示效率上采取多分辨率模型的方式来表达不同地形环境,这种方法的提出有效地解决了计算机内存与模型显示速度上的矛盾,使得三维模型的显示速度更快、适应性更强、质量更高、三维可视化结果更加理想。

基于无人机影像进行三维建模,步骤(图 6.7)如下:

(1)分析影像变形原因,根据相机检校文件
和控制资料,对无人机影像进行纠正处理。

(2)利用纠正后的无人机影像,提取不同分
辨率的数字高程模型 DEM。

(3)根据 DEM 分辨率的质量评价机制,结合
数据误差来源,对生成的数字高程模型进行评
价,分析数据源和模型精度对 DEM 的影响。

(4)利用 DEM 建立三维模型,在模型建立过
程中根据地面起伏情况,可采用自适应分割、合
并的方法,快速建立三维模型。

(5)根据不同地形区域间分辨率模型的变换
关系,构建地面多分辨率三维模型。

无人机影像高分辨的特征使其更加适合构
建小范围区域的精细的三维地表模型。但是,由
于软硬件各方面条件的限制,快速建立大范围的

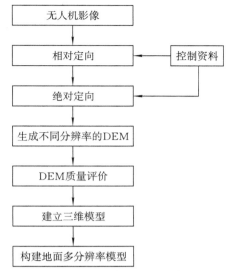

图 6.7　基于无人机影像进行三维建模技术流程

三维可视化地形还比较困难。对于具有大重叠度的无人机低空影像,如何有效提高同名点之
间的识别精度,加强影像三维信息的获取都值得进一步研究。在构建地形模型算法的过程中,
有效地加入性线等条件约束,根据地表情况自动的实现约束线条件下的三维地形建模是今后
研究的主要方向。

6.2.2　无人机移动测量在城市规划中的应用

城市规划对城市的发展至关重要,城市规划需要大量的大地测量测绘信息。采用无人机
技术获取大量精度高的测量信息,根据测量信息制作数字地形模型,绘制大比例地形图,同时
可以从不同角度拍摄同一地区的地理状况,从多方位了解目标区域的实际情况,促进有关部门
和人员做出科学的城市规划决策,推动城市健康发展(郑期兼,2014)。

近几年来,随着经济建设的快速发展,地表形态发生着剧烈变化,迫切需要实现地理空间
数据的快速获取与实时更新。无人机数字航摄系统是快速获取地理信息的重要技术手段,是
测制和更新国家地形图及地理信息数据的重要资料源,在应急数据获取和小区域低空测绘方
面有着广阔的应用前景,起着不可替代的作用(王太坤,2012)。

在小城镇规划方面,目前我国仍有数以万计的小城镇规划缺乏高精度空间信息源。特别
是许多小城镇地处边远地区,面积小、分布散,采用常规航空摄影耗费高、采用人工测量困难
多、采用超轻型飞机姿态难控制,而无人机遥感系统以其独特的优势,可为 1∶2000、1∶5000、
1∶1 万规划制图提供经济快速的数据源(王太坤,2012)。

在城区区域规划方面,随着城市信息化建设的进一步深入,目前新规划以及实施改造的城
区非常缺乏所在区域及影响范围内的现势性强的大比例尺、高分辨率、高精度格网的数字测绘
产品。无人机低空摄影测量可为重点区域提供高分辨率航摄像片、正射影像 DOM、高精度数
字高程模型 DEM、数字栅格图 DRG 和数字线划图 DLG 等测绘产品(王洛飞,2014)。

在城镇三维规划方面,近年来随着计算机技术、遥感技术、摄影测量技术及其相关信息技

术的飞速发展,使得通过快速获取地表信息并重建三维地表形态成为现实。以三维数据和影像为基础的遥感图像三维可视化技术,能产生更加逼真的环境模拟。

无人机获取的影像在三维可视化中能提供更详细、更丰富的几何和语义信息;采用设计模型与三维地形景观相结合的技术,能实时再现设计成果,避免复杂环境下二维图形带来的思维局限性和片面性,提高设计效果的真实表现力(鲁恒 等,2010a)。

目前,规划设计常常是根据经验在平面上进行,忽略了竖向环境的影响,与实际偏离很大,项目难以实施。即使制作了方案和工作模型,也只能获得区域景观的鸟瞰形象,无法用正常人的视觉感受其景观空间,难以进一步推敲、修改方案。无人机高分辨率影像保证了地面的资源、环境、社会和经济等主要内容都清晰可见,能为地表模型的建立提供详细、丰富的几何和语义信息。

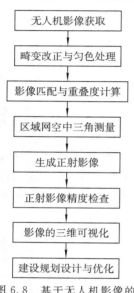

图 6.8　基于无人机影像的
城镇三维规划

1. 技术流程

影像三维可视化利用 DEM 表达地形起伏要素,影像纹理表示地表真实覆盖和土地利用状况,直接将实地的影像数据映射到 DEM 透视表面,并可叠加各种自然的、人文的特征信息等空间数据,对提高规划设计水平和保障工程质量有重要作用(张永军,2009)。

基于无人机影像的城镇三维规划,技术流程(图 6.8)如下:

(1)影像数据获取。以无人机为航摄平台,合理进行航线设计及无人机影像获取。

(2)影像数字处理。以无人机获取的影像为数据源,对其进行畸变差校正与匀色处理、空中三角测量、DEM 采集与检查、正射影像生成等操作。

(3)三维可视化。将 DEM 与全区域正射影像图叠加,并调整显示分辨率,达到最佳显示效果。

(4)规划设计应用。将生成的三维地形景观与灾后重建规划设计的模型相结合,综合考虑规划设计的合理性。

2. 应用分析

从目前的情况看,规划设计中图纸上的设计方案是零碎的,缺乏对设计效果的感性表达。如果将方案可视化就可以一目了然,而规划方案可视化的平台是三维地形(鲁恒 等,2010a)。三维虚拟景观和规划设计相结合,具有非常重要的现实意义。对于规划师,可以真实、直观地体验规划设计效果,将利用三维虚拟景观创建的区域三维景观模拟空间作为决策支持的辅助手段;对于社会公众来说,利用三维虚拟景观和多媒体技术创建的区域三维模拟空间,避免了以往规划设计图纸专业知识的欠缺,可通俗、形象、直观地感受、理解规划设计效果,能更好地理解规划师的意图,从而有效参与规划设计和决策过程;对于政府管理人员,可将基于三维虚拟景观的区域三维景观模拟空间作为公众参与、展望未来和区域宣传的手段(党安荣 等,2003)。

将规划设计引入三维虚拟景观环境,在景观规划中可以进行视域观察、空间体验、环境分析和方案优化等,施工开始前就可以有效地发现景观规划设计的某些不合理处,以便及时修正(Muhar,2001)。

基于无人机影像建立的三维地形景观具有很强的真实感和可读性,使地图的几何、语义信息更加丰富,可以广泛地应用于山地、丘陵和平原等不同坡度地区的规划和优化设计。将设计模型引入三维地形景观环境中,避免了复杂环境下二维图形带来的景观展示的局限性和片面性,提高了设计效果的表现力和真实设计的再现力。

§6.3　无人机移动测量在地理国情监测中的应用

无人机移动测量能对土地、林地等资源的变化信息进行实时、快速地采集,提供区域现势性信息,实现对重点地区和热点地区滚动式循环监测,及时发现违规违法用地、滥占耕地、非法开采矿山等现象,为土地、林地监察部门监察资源提供技术保障。本节将以国土资源调查为例,介绍无人机移动测量在地理国情监测中的应用。

地理国情监测既是国家经济社会发展的必然需求,也是我国测绘和地理信息未来发展的重大战略之一。国家相关单位和技术人员针对无人机在服务于地理国情监测方面做了大量的研究和尝试,并将其广泛地应用到国情监测领域。主要包括农林、国土监测、环境监测、海洋监测、地质矿产勘查等。

1. 农林、国土、环境监测

农林、国土和环境监测是地理国情监测的基础内容,以往一般采用基于国外卫星数据影像长时间序列的动态监测方法,但是随着动态监测需求时间的缩短、分辨率的提高、常态化的发展,这种方法难以满足当前的需求(曾伟 等,2013)。

国土资源监察工作的重要内容之一是对土地和资源的变化信息进行实时、快速地采集,对重点地区和热点地区要实现滚动式循环监测,对违规违法用地、滥占耕地、私自填湖、非法开采矿山、滥砍滥伐、破坏生态环境等现象要做到及早发现、及时制止。无人机航测系统在接到任务后,可以快速出动,及时到达监测区域附近,获取监测区域现势性高清影像,为国土、林业等监察部门查处违法行为提供技术保障(刘刚 等,2011)。

通过无人机遥感监测成果,发现和查处被监测区域国土资源违法行为,建立国土资源动态巡查监管科技机制,做到对违法违规用地、滥占耕地、破坏生态环境等现象早发现、早制止、早查处。试验证明,无人机遥感监测系统具备高机动性、便捷性、低使用成本等特点,在土地利用、矿产资源及开发重点和热点地区的重复监测中具有独特的优势(王太坤,2012)。

当前城市建设日新月异,需要对城市核心地区及散落在城区内的多个建设区域进行动态管理,也需要不断地对这些大到几十平方千米,小到零点几平方千米的区域进行大比例尺、高分辨率、高精度格网测绘数据定期更新。利用无人机低空航摄系统可对重点目标进行动态监测,并可通过自动比较不同时期的 DSM 得到变化检测结果,通过 DOM 与变化检测的结果套合,得到直观的检测结果(王洛飞,2014)。

随着经济的快速发展,耕地、矿产资源等不断减少,生态环境面临严峻考验。全面、准确、及时地掌握国土资源的数量、质量、分布及其变化趋势,进行合理开发和利用,直接关系到国民经济的可持续发展。国土资源管理部门正在逐步建立“天上看、网上管、地上查”的立体跟踪监测体系,对土地和资源的利用情况进行动态监测,同时加大执法监察力度(韩杰 等,2008)。

国土监察技术路线(图 6.9)如下:

选择一个重点区域,结合土地执法检查工作,接到任务后快速出动,及时到达监测区域附近;快速航摄获取监测区域高清晰度影像,制作土地利用现状图,并与进行比较、分析,圈出可疑违法用地影像图斑信息,作为违法用地行为查处的重要依据,由土地监察部门进行定性分析。也可以现场实现影像的预处理、空三平差、粗纠正、快速拼接,生成国土资源管理部门所需的标准化数据格式,通过影像匹配技术自动提取地物变化区域的信息,自动生成数据报表,快速发现土地和资源利用信息的变化情况。

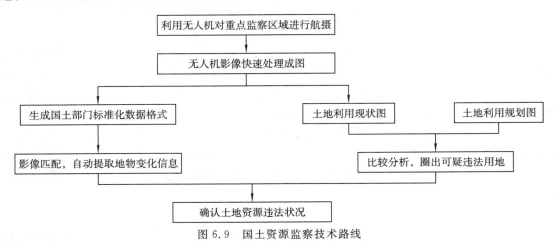

图 6.9　国土资源监察技术路线

2. 海洋监测

我国地处太平洋西岸,濒临渤海、黄海、东海和南海,海岸线绵长,岛屿众多,只有加强海洋测绘监测的能力才能更好地管理维护我们的海洋权益。我国正处于由一个陆地大国向海洋大国的迈进过程中,如何对周边海域进行常态测绘监测是一个非常关键的问题。海洋的地理环境与气象环境都比较特殊,主要面临以下困难:无起飞和降落场地;天气变化比较快,短时间内可能出现阴晴雨的交替;海风比较大等。无人机监测是海洋监测的重要手段之一,它主要针对海面目标或海岛礁进行常态监测(曾伟 等,2013)。

随着国家海洋经济的提出,将无人机低空遥感运用于海洋监测,对海洋突发性事件、海洋灾害、海洋环境变化进行动态监测、实时追踪,为海洋预报人员快速预警提供实时的现场数据,为海洋管理部门提供科学的决策依据和解决方案。监测内容包括赤潮监测与分析、海面溢油的监测与响应,主要实现:定位赤潮发生区,定量赤潮面积;定位突发溢油事件,估算溢油面积及漂移路径。

不管从海洋防灾减灾服务保障以及国家高新技术发展的需求,都迫切需要发展快速响应、精细化的海洋环境实时监测技术以及建立在新技术基础上的高效灾害预警报服务。无人机低空遥感海洋监测作为一个重要的、正在起步阶段的监测技术,一方面可以做到应急响应不受卫星过境时间限制,另一方面搭载多种任务载荷进行低空监测,可以克服南方多云和阴雨天气下传统的卫星光学遥感技术的缺陷,将极大提高海洋机动监测和防灾减灾应急监测能力,为海洋防灾减灾提供优质的服务(张永年,2013)。

3. 地质矿产勘查

矿产资源的开发、加工和利用在促进区域社会经济发展的同时,也引发了多种生态环境和社会负面影响。将多源多时相、高分辨率、高清晰度的无人机影像数据进行系统分析研究,综合考虑地下开采优化、地表沉陷控制,兼顾经济效益和环境效益,合理开发利用资源,实现资源的可持续利用(刘刚 等,2011)。

地质矿区开发引发生态环境的变化,矿产资源规划执行情况不清,缺乏客观有效的数据,由于缺乏实时监控使得违法行为频繁发生。无人机可以观测矿产资源开发引发的地质灾害,包括地面沉陷范围、地裂缝长度、塌陷坑位置、山体塌陷范围、崩塌位置、滑坡位置等(曾伟 等,2013)。

4. 气象、灾害应急监测

气象、灾害应急的监测往往伴随着气象或地理环境的急剧恶化。例如地震后,由于地震影响地球磁场,无线电与微波通信受到干扰,飞机仪表也受到了极大的影响,同时气象环境极差,重灾区不仅弥漫着厚厚的云层,而且含有大量的有毒气体,地震多发区往往地形复杂,所以常用的卫星与普通航摄无法及时获取地面情况(曾伟 等,2013)。无人机航摄系统受天气影响小,在及时获取灾情信息、减灾救灾中发挥了独特的作用。

5. 土地执法检查

土地执法检查工作的特点是时间紧、任务急,使用最新的高分辨率影像数据是其开展工作的基础。这些地区虽然一般面积不是很大,但卫星遥感由于受其重返周期和天气等因素限制,往往不能及时获取到所需要的影像数据。而无人机系统所具备的快速反应和高分辨率数据获取能力,与其他数据获取方式相比具有明显优势(刘洋 等,2014)。

§6.4　无人机移动测量在传统测量领域的应用

随着无人机移动测量数据获取和处理技术的提高,其数据和产品精度越来越高,已经作为传统测量方式的重要辅助手段,逐步在传统工程测量如基础测绘、土地利用调查、矿山测量、海岸地形测量、管线测量、土地整治、大型工程建设、公路选线等领域得到广泛应用。本节将以大比例尺测图和土地利用调查为重点,介绍无人机移动测量在传统测量领域中的应用。

6.4.1　无人机移动测量在大比例尺基础测绘中的应用

无人机航测不仅作业速度快,而且将大量的野外数据采集工作移到室内进行,减轻了野外工作量,大幅度降低了作业成本。传统测绘方法只能提供数字线划图,无人机航测不仅能提供数字线划图,而且能提供 DOM、DEM 等成果,各种成果结合使用,成果丰富,方便直观。

对于无植被覆盖,地形破碎以及地形复杂、地势险要的地方,很多地方人工难以到达,如采用传统测绘方法进行,许多地形变换点无法采集,就会形成图面精度不均匀、图面地形表示失真等问题。无人机移动测量成果不受地形条件限制,精度均匀,对微地貌表示逼真,从而整体提高了地形图的精度,在高原、矿区、戈壁滩、荒漠、草原等边远、复杂地区的大比例尺基础测绘中具有十分明显的优势。

基于无人机航摄系统的大比例尺测图作业流程(图 6.10)如下:

(1)影像控制。在测区内,按照规范要求布设地标控制点,覆盖整个研究区,其平面、高程精度均符合规范要求。根据《低

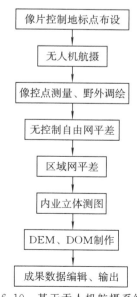

图 6.10　基于无人机航摄系统的大比例尺测图作业流程

空数字航空摄影测量外业规范》的要求,逐行带布设像控点。由于测区内明显地形地物稀少,像控点布设主要以航前布设地标点为主,航摄后电子选刺为辅,像控点可以再原有控制点的基础上采用 RTK 方法进行测量。同时,在平缓地区较明显的便道拐弯处等布设高程检查点(郑永虎 等,2013)。

(2)内业加密。在进行区域网空中三角测量平差前,影像进行畸变差改正后,进行无控制自由网平差。在作业过程中,精确设计空三处理航线,经过自动挑粗差点以后,在确保每个点均为同名点的同时,检查测区内是否有漏点,然后手动增加一些连接点,保证模型间有足够的连接强度,最后利用空三加密软件进行无人机航空影像区域网平差。并对平差结果进行检查,区域网平差结果应符合《数字航空摄影测量空中三角测量规范》精度要求。

(3)立体测图。模型定向采用空三自动恢复模型进行立体测图,在立体测图的基础上,将控制点展绘到数字线划图(DLG)上,以等高线内插的方法检查 DLG 的精度,精度应满足《低空数字航空摄影测量外业规范》要求。

(4)DEM、DOM 制作。对采集数据进行编辑,删除无用数据后直接内插生成 DEM,并在 DEM 的基础上制作 DOM。

(5)成果编辑、输出。在 DEM、DOM 的基础上制作大比例尺测绘产品,对其精度、质量检查,满足要求后,提交产品。

6.4.2　无人机移动测量在土地利用现状调查中的应用

对于土地利用现状的准确掌握是政府科学决策的重要依据之一,但是在目前情况下,许多地方政府、特别是不发达地区的政府部门,由于各种原因往往难以掌握当地的实际土地利用情况。近年来我国经济建设飞速发展,城乡土地利用状况变化很强烈,个别地区的地图甚至半年就需要更新一次,对目前土地利用调查技术手段的时效性、准确性、经济性提出了更高的要求(马瑞升 等,2006)。

利用高分辨率卫星数据监测土地利用的变化,虽然较之传统的人工野外调查和测量更加高效,但仍然存在以下问题:

(1)大多数卫星影像的空间分辨率还达不到要求,尤其是对城乡结合处等地类复杂且破碎的地区。

(2)卫星影像的现势性通常难以达到要求。通过商业途径购买的卫星影像一般为历史存档数据,即使通过编程定购,由于受卫星重访周期与天气条件等因素的制约,也往往难以获得理想的卫星影像,这一点在我国南方多云地区尤其明显。

(3)国外高分辨率商业卫星影像价格昂贵,一般地区的经济能力难以承受。

利用无人机影像资料进行土地利用三维地形建模,具有更清晰、逼真的虚拟现实效果(李文慧 等,2008),能科学、有效、直观地反映基础地理信息状况,从根本上改变传统的工作模式,提高管理效率。基于无人机影像的土地利用三维虚拟地理环境生成技术流程,如图 6.11 所示。

1. 无人机影像预处理

因无人机平台的自身特点,其所获取的影像必须对由传感器本身引起的系统变形和其他因素(如飞行姿态等)引起的外部几何变形纠正。影像的精纠正可采用大比例尺地形图数据为参照或实地测量控制点坐标对影像进行纠正,然后,进行镶嵌拼接得到目标区高分辨率影像数据。

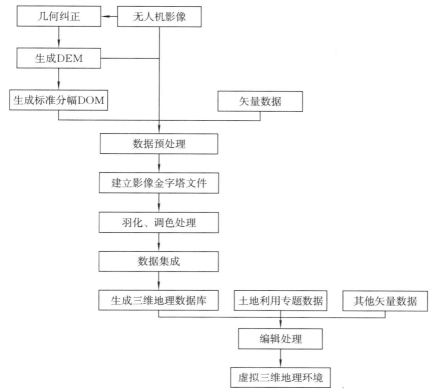

图 6.11　基于无人机影像的土地利用虚拟三维地理环境技术流程

2．生成标准分幅正射影像图

取得影像数据之后，还必须进行投影变换等步骤生成标准分幅的正射影像图才能在三维系统中顺利使用。根据影像的内外方位参数和数字高程模型，对影像进行重采样，纠正其因地面起伏、飞机倾斜等因素引起的失真，并把中心投影转换为垂直投影，从而得到相应的正射影像。然后，所得的正射影像经调色、镶嵌、裁切、图廓整饰等步骤，生成标准分幅的正射影像图。

3．三维建模

三维地形数据库平台的建立是整个三维 GIS 系统的基础，其质量将直接影响到所建立模型的效果。三维地形数据库的具体操作步骤如下：

（1）获取 DOM、DEM、无人机影像数据及其他矢量数据等。

（2）对影像数据进行拼接、坐标转换等预处理，对矢量数据进行预处理。

（3）建立影像金字塔文件。

（4）对数据进行裁减、羽化、调色等处理。

（5）对不同数据来源的影像数据、DEM 数据和矢量数据进行数据集成，生成三维地理数据库。

（6）调入所生成的三维地理数据库，导入土地利用专题数据及其他矢量数据，并根据需要对其进行属性编辑等操作，形成虚拟地理环境。

采用高分辨率的无人机影像、卫星影像等，利用多数据源、多尺度、多时相的数字高程模型（DEM）构建三维地理数据库，并进行地名标注，构建一个真实感强的三维虚拟现实系统。在此基础上,叠加土地调查数据,建立基于三维基础地理数据库的土地利用现状数据库,对数据进行集成管理,在选定的三维 GIS 平台基础上进行二次开发,进行查询、分析、修改等操作,建设满足国土资源部门业务化运行的国土资源信息集成平台(李文慧 等,2008)。

将无人机影像进行纠正及投影变换,建立三维模型,效果比使用卫星影像建立的三维模型效果更加清晰逼真,具有很高的应用价值。不仅可以满足综合基础信息的获取与收集的要求,而且便于相关部门对区域内进行核查、纠错、变更、决策和管理,极大地提高了测绘成果的现势性和通用性,为后期的三维景观模型与三维地表模型等三维可视化数据的制作,以及旅游景区项目的可开发利用、可行性研究、空间布局规划、产品开发、形象策划、营销管理提供全方位的测绘保障(罗先权 等,2013)。

6.4.3　无人机移动测量在其他传统测量领域中的应用

1. 矿山测量

矿山测量测绘是安全开采的基本保证,可以为矿山开采和管理提供有益的信息依据,可以为煤炭资源和矿山周边的生态环境的保护提供决策支持(郑期兼,2014)。无人机移动测量在矿山建设中的应用如下:

(1)在数字矿山建设方面,数字矿山的建设需要大量的影像、地形图件和数字高程模型等基础数据,而无人机技术采用低空飞行方法获取地理信息,能克服矿山处于偏远山区、地理环境复杂的劣势,为数字矿山建设提供大量数据。

(2)在矿山环境整治方面,矿山开采破坏了周边的自然环境,如果不注重环境保护,最终将会影响到矿山开采的顺利进行。然而,矿山所处的地理环境使得环境整治较困难,获取基本的环境信息难是一直困扰相关职能部门的问题。而采用低空飞行的无人机技术能快速获取大量目标区域的微波、可见光、红外、多光谱影像数据,经过数据处理,得到更多定量、定性分析数据,为矿山的环境整治提供依据。

(3)在矿山资源保护和利用方面,矿产资源属于不可再生能源,必须合理利用和保护,严禁肆意开采。虽然有行政部门监管,但仍存在不少乱采、乱挖现象。采用无人机技术恰好可以实现在无人到达目标区域的情况下即刻取证、空中监测的效果,实现资源保护和利用的动态检测,保证矿山开采的合理性和科学性。

2. 海岸地形测量

港口建设、水产养殖、围海造田、敷设电缆管道、海岸资源开发、登陆作战训练和海岸军事工程等都需要海岸地形信息,因此海岸地形测量也是社会经济生活中的一项重要内容。在海岸地形测量中,利用无人机影像,结合分析获得的地理信息数据,再综合各方面信息绘制海岸地形图,能满足海岸地形成图的要求,有效地提高测量效率(郑期兼,2014)。

3. 长距离输油(气)管道测量

长距离输油(气)管道测量,主要涉及线路测量、穿跨越工程测量和站址测量。传统的地形测量采用全野外数字成图的方法,测量成果单一,且耗费了大量的时间、金钱、人员和技术设备。无人机航摄系统具有灵活机动、高效快速、精细准确、作业成本低等特点,在小区域和飞行困难地区高分辨率影像快速获取方面具有明显优势,可广泛应用于国家重大工程、新农村建设和应急救灾等方面的测绘保障服务(赵永明,2011)。长距离输油(气)管道进行无人机航摄,属于线状地带航空摄影,航段沿着指定的走向敷设,测量成果丰富,成图速度快、精度高,大大缩短了测量作业工期,提高了测量效率。

4．公路选线

对于山区公路选线,由于测区高差比较大,带状地形且面积比较小,利用普通大飞机获取影像数据很不方便并且成本比较高。而无人机具有独特优势,可以很好地应用于这种小面积的带状地形,并可以在保证成图精度的情况下缩短作业周期,降低作业成本,提高作业效率。

利用无人机航摄系统获取航摄影像数据,通过数据处理与采集带状公路选线提供大比例尺地形区和数字正射影像,方便设计部门根据地形图并结合正射影像图科学、合理、高效地确定公路的走向(吴磊 等,2012)。

5．水利工程建设

基于无人机数字正射影像和数字高程模型,不仅能为大型水利工程(桥梁、堤坝、水库、闸门等)提供选址服务,还能监测施工进程(王春生 等,2012)。

水电工程环境大都十分险峻,难以人工测制,利用无人机系统获取水电项目设计和施工中必不可少的大比例尺地形图,既安全、经济,又准确、可靠(王太坤,2012)。

6．土地整治

以往土地整治工作中,无论是整治前的勘测设计还是整治项目完成后的竣工验收,都必须进行外业勘测和竣工测绘;实施过程中的监督检查也只能采取到项目区实地踏勘,不仅外业工作量很大,还由于检查不能面面俱到而存在争议,整个过程缺乏有效的监督监控手段。利用无人机移动测量的优点,改善土地整治工作中传统测量方式,不仅可以清楚直观地查看分析施工与设计的一致性及最终成效,更有利于监控施工进度和成果验收。

在土地整治重大工程项目中引进无人机航空摄影测量技术,拍摄各项目区整理前、中、后期的航片,对获取的影像加工处理,制作大比例尺正射影像图,经过对项目区各阶段影像对比,以及对影像和规划图、竣工图比对,能够及时、全面、准确掌握项目的工程质量和进度情况。首先,分析整治前各项目区现状,根据无人机特点制定航空摄影技术方案,利用无人机拍摄项目区整治前的航片,经过野外布控、空三加密,利用全数字摄影测量工作站制作整治前项目区无人机正射影像图,不仅保留了项目区在整治前的原始状况,而且可以将其与实测现状图加以比较,能够发现前期勘测设计中的差、错、漏。其次,在项目实施过程中,对项目区进行航拍、制作正射影像图,以了解掌握各个项目区的施工进度及变化情况,检测施工是否与规划设计相一致,发现偏差加以纠正。最后,在项目实施完成后,再对整个项目区进行航拍,制作整治后的项目区正射影像图。通过前、中、后影像图的比对,可以一目了然地看到项目的实施及完工情况,掌握项目的实施进展(任向红,2013)。

7．地籍测量

地籍测量是土地管理工作的重要基础。它以地籍调查为依据、以测量技术为手段,从控制到碎部,精确测出各类土地的位置与大小、境界、权属界址点的坐标与宗地面积以及地籍图,以满足土地管理部门以及其他国民经济建设部门的需要(刘洋 等,2014)。要稳定和完善农村土地政策,加快推进地籍调查和地籍信息化建设,必须推进包括农户宅基地在内的农村集体建设用地使用权确权登记颁证工作。要发证就必须进行地籍测量,传统的全野外数据采集方法成图,作业量大、成本也高,且不宜大面积开展。相比野外实测,无人机航测具有周期短、效率高和成本低等特点,可以将大量的野外工作转入内业,既能减轻劳动强度,又能提高作业的技术水平和精度。

对于农村地籍调查,急需大比例尺航空影像作为底图。由于村级行政单位分布广、每个村的成图面积小,采用卫片制作正射影像分辨率难以达到要求,采用传统航空摄影方法成本又过高,采用地面测量的方式周期又过长。采用无人机影像,航摄成果完全满足大比例尺影像图的精度要求,在以村落为单位的测量中具有明显的技术优势。

8. 土地利用变更调查与核查

每年开展的全国土地变更调查监测与核查项目中对影像数据的需求量非常大,且对数据的时效性要求非常强,卫星影像数据往往难以满足需求,特别是在一些重点地区,如 35 个国家审批监管城市,要求在 1~2 个月的时间采用高分辨率的影像数据完成变更监测。由于受天气、过境时间等因素的制约,高分辨率遥感卫星很难在这么短的时间内及时获取全部的影像数据。采用无人机移动测量系统配合高分卫星,对于高分卫星未获取到合格数据的地区,在一定的时间点启用无人机系统进行作业,确保监测地区内高分影像数据全覆盖,保证变更调查和监测有图可依,有据可查(刘洋·等,2014)。

§6.5 无人机移动测量在电力巡检中的应用

作为一种新型的数据获取手段,无人机移动测量处理除了在应急测绘保障、地理国情监测、数字城市建设、传统工程测量等领域取得广泛应用之外,它还拓宽了测量的应用范围。电力巡检就是其中的一个典型。本节将以技术路线和应用分析为重点,介绍无人机移动测量在电力巡检中的应用。

电力的产生、运送、分流和应用过程具有瞬时性和连续性的特点。整个体系非常复杂,其中每一个关键的环节出现了问题都会直接或间接地影响用户的电力供应和系统的供电安全,造成不可估量的经济损失并威胁生命财产安全。故障的事故位置难以在第一时间确定,排查时间越长,经济损失就越大,用电也就越不安全。无人机移动测量和电力设备的红外热成像技术的进一步应用是保障供配电系统的可靠性、经济性的重要步骤。

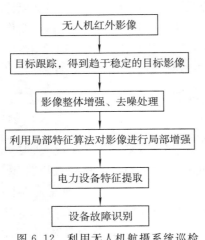

图 6.12 利用无人机航摄系统巡检电路技术流程

传统的电力线路巡检通常是人工到位的方式,需要人员多、工作量大、效率低,无人机巡查可以达到对较长线路的大范围快速信息搜寻,同时使用搭载的可见光拍摄设备和红外热成像设备拍摄电力线路及附加设备的图片信息,分析常见的线路上的故障隐患,在很大程度提高了巡检线路的可行性和效率,是目前最先进、科技含量最高的一种线路检修的方式,具有极高的实用性(郑维刚,2014)。

利用无人机航摄系统巡检电路技术流程,如图 6.12 所示。

(1)利用红外热像仪采集电力设备发生故障时产生的热辐射图像,分析周围环境所产生的热辐射对热像仪的影响,并且考虑到周围环境对红外设备进行图像采集时产生的干扰因素,在这些外界环境干扰因素作用下,采集准确实用的红外影像。

(2)根据无人机的动态图像拍摄的特点,利用图像的质心为动态目标进行跟踪,得到多幅图像的动态轨迹,经过计算得出趋于稳定的目标图像,并通过红外图像分割法和目标设备图像中心偏移递归修正法来提高目标设备定位精度。

(3)对采集到的红外影像进行去噪和增强处理,并利用局部特征提取算法对影像作进一步增强处理,利用多种方法综合比较判断,推断出电气设备的故障率和故障类型,通过比较详细的设备分类和故障分类提高识别率。

(4)依据密集度区域提取策略和最近邻规则聚类算法进行红外影像中的电力设备特征的提取,根据这些轮廓特征和颜色特点,依据不同类别设备的构造特点进行设备故障的识别。

1. 红外影像优化

在目前电网应用的设备中,很多的设备故障都会表现出运行中的温度异常的情况,客观上能够说明设备的故障状态,这些设备的故障也会有大量的热量损耗的产生。电力设备的关键部位温度变化往往是设备出现故障的先兆,所以要及时检测电力设备表面所表现出来的故障信息,进而做出故障类型的判断和确认。要根据红外信息进行故障的分析,就要利用设备的红外特征变化进行故障信息的收集。正常的电气设备的表面温度分布根据各种设备类型的不同而不同,但大多都呈现均匀的热分布,而有故障的设备通常会出现异常的集中升温和热量聚集现象,设备的红外辐射也会出现不均匀现象,利用红外成像仪可以把这种辐射转化为可见的有矢量像素的热感图像,再通过观察分析这种热图像所描述的设备热特征,就存在了判断设备缺陷类型的可能。

2. 目标设备定位

影像提高目标设备定位精度的原因主要有两种:一是由于预测不准确导致的窗口拍摄偏差较大;二是图像预处理算法和分割方式导致的失准。另外还有图像窗口的像素大小与质量也是影像定位和偏差预估的主要因素,主要在目标方差的计算上体现。所以在算法的选择和应用上,要努力在偏移误差的计算上减少误差累积。采用红外图像分割法,对一些基本特征轮廓、描边、亮度、对比度的一些参数进行强调和突出显示,或目标设备图像中心偏移递归修正法,减少目标窗口的大小和精度,提高定位精度。

3. 设备故障判断

目前我们应用红外技术对电力设备的内在和外在故障进行判断,尤其针对运行中的设备,这是红外技术应用的目的,误判、错判、漏判都会对电力设备的正常使用和用电生产形成一定的损失。所以一方面要在采集红外影像的图像质量上入手,另一方面也要加强科学的综合判断分析的方法,才能提高判断经验和准确率。在诊断故障设备中结合外界条件,包含温度湿度、空气气象条件,以及内部的电压电流情况和电流导致的温度变化都会对判断造成影像。判断的主要方式有以下几方面:

(1)变化温度温差法。需要根据 GB/T 11022 标准的规定,对超标的温度进行超标率、负载量、设备功能和关联性进行综合判断来确定缺陷目标和性质,对于综合指标较为严重的设备目标需要仔细严格确定。

(2)相对温差判断法。复测的原则是当发觉运行中的设备电流导流部分出现红外热异常,需要根据热点所在的温度来计算温差值。

(3)历史资料法。根据同一设备在一段时间内所检测到的数据作为基础数据,通常要大于一年,根据其数据曲线作为依据判断当前的数据是否属于正常范围。

(4)设备红外图谱分析法。依据热图像的特点,通过采集到的设备红外影像比较同设备同时段下设备的参数来确定设备是否有问题。

(5)同类设备对应比较法。一般来说,在一个区域内的三相电流所流经的电力设备中,具有可比性。因为一条线路上电流导致的温度升高会导致三相负荷的电流出现波动,出现三相电流不对称性。同类的设备会有较高的可比性,并且对应点的比较也较为可靠。

(6)设备热点纵向比较法。设备通过历史数据的积累后进行当前测量的温度比较,可以对能够换算成当前条件的历史数据进行比较判断,能够得到是否为新出现的热点、坏点,当实测温度来确定设备状态时,可以把额定负载的电流提高,继而提高温度来进行比较。

4. 电力设备影像特征提取

通过故障类型的分类可以更加规范、快捷地找到设备发热类故障,要进一步查找到故障的原因和解决方案需要进一步对图像信息进行提取和算法识别。在图像预处理中可以把红外影像的外界干扰降到最低,热影像就比较客观地描述了物体的轮廓和集合特征,可以采用密集度区域提取和偏心度区域提取的聚类方式对影像进行判定,识别电力设备。

5. 设备故障识别

根据提取的影像特征,结合设备故障红外影像判断方法,识别电力设备故障的类型及其检测方式见表 6.1(郑维刚,2014)。

表 6.1 无人机巡检电网故障检测方式

故障类型	故障内容	检测方式
杆塔类型故障	杆塔缺失,螺栓松脱,号牌丢失,鸟巢,覆冰,倒塌	可见光
基础类故障	塔基保护帽被埋,填土下沉或丢失,保护被破坏	可见光
导线类故障	导线变断股,磨损变形,电流烧伤,压接管过热	可见光,红外线
架空底线类型故障	断股,磨损,雷击,异物	可见光
绝缘子类故障	覆冰,电流烧伤,污损,芯棒外露,受潮发热,异常放电	可见光,红外线
金属类故障	各种线夹缺损,间隔棒异常	可见光,红外线
接地类故障	放电烧伤,接地线外露,螺栓丢失	可见光
拉线类故障	拉线生锈,磨损,固件丢失	可见光
通道类故障	线路走向有树木、房屋等危险因素	可见光

无人机巡检系统可以将拍摄到的红外影像传回地面监控站,既可以利用地面系统来根据红外影像特征进行自动判断,也可以提供给专业人员进行人工判断,发现并及时排除故障隐患。这样一比较会发现除平原外的地形采用无人机巡检的方式更为经济,其余采用无人机更为适合,还包含人员很难到达的区域,同时也保障了人员的人身安全。除此之外,无人机系统还具有应急性强,跨地形率高,巡检效率高,到位率高,远程专家控制等诸多优点,可以归纳为:

(1)采用无人机的方式进行电力维护的巡线工作,大大提高了检修的速度和效率,这样就让不少工作能够在设备运行中进行检测,很大程度上提高了用电安全。

(2)与人工巡检线路相比,应用无人机系统对线路设备进行常规巡查,可降低劳动强度,加大了异常地形的巡查可能性,提高巡线作业人员的安全性,一定程度上降低了成本。

(3)无人机的特点是飞行速度快、应急反应迅速、针对性强等,并能及时发现缺陷,捕捉故障信息,避免了许多故障发生后的停电情况,挽回了高额的停电费用损失。

参考文献

艾海滨,张剑清.2009.基于中间件的高分辨率卫星影像正射纠正的分布式处理[J].测绘科学(4):158-160.

鲍文东,杨春德,邵周岳,等.2009.几何精校正中三种重采样内插方法的定量比较[J].测绘通报(3):71-72.

毕建涛,曹彦荣,刘鹏,等.2004.海量遥感影像数据的网络共享与服务[C]//全国地图学与GIS学术会议:5.

毕凯.2009.无人机数码遥感测绘系统集成及影像处理研究[D].北京:中国测绘科学研究院.

薄树奎,韩新超,丁琳.2009.面向对象影像分类中分割参数的选择[J].武汉大学学报:信息科学版(5):514-517.

常燕敏.2013.无人机影像在地震灾区道路损毁应急评估中的应用研究[D].成都:西南交通大学.

陈爱军,黄晓斌.1999.数字地球中的元数据管理模型研究[J].中国图象图形学报(11):98-103.

陈大平.2011.测绘型无人机系统任务规划与数据处理研究[D].郑州:解放军信息工程大学.

陈惠珍,田红心,易克初.2004.一种基于二次扩频的帧同步提取的FPGA实现[J].电子设计应用(1):40-42.

陈坤.2012.微型无人机图像传输系统研究[D].天津:天津大学.

陈拉,黄敬峰.2008.几何校正中定位随机误差对结果的影响[C]//《测绘通报》测绘科学前沿技术论坛:8.

陈莉丽.2011.基于多核集群的并行离散事件仿真性能优化技术研究[D].长沙:国防科学技术大学.

陈天恩,刘凤英,卢秀山,等.2013.带自稳定双相机的低空无人飞艇航测系统[J].山东科技大学学报:自然科学版,32(1):62-66.

陈天洲,曹捷,王靖淇.2007.多核程序设计概述[J].计算机教育(13):39-41.

陈为民,文学东,陈立波.2012.城市应急测绘保障服务体系的建设——以宁波市应急测绘保障服务为例[J].城市勘测(5):5-7,15.

陈香,王琳,张晔.2013.基于SIFT的无人机遥感影像匹配算法研究[J].测绘与空间地理信息,36(4):106-108,111.

陈裕,刘庆元.2009.基于SIFT算法和马氏距离的无人机遥感图像配准[J].测绘与空间地理信息,32(6):50-53.

陈志雄.2008.基于图像配准的SIFT算法研究与实现[D].武汉:武汉理工大学.

程超,段连飞,李金,等.2008.无人机航空像片绝对定向非迭代解算方法研究[J].海洋测绘,28(5):49-52.

程红,王志强,张耀宇.2009.航空影像几何校正方法的研究[J].东北师范大学学报:自然科学版(3):50-54.

程亚慧.2012.基于轻小型组合宽角低空相机的1:500测图研究[D].青岛:山东科技大学.

崔红霞,林宗坚,孙杰.2005.大重叠度无人机遥感影像的三维建模方法研究[J].测绘科学,30(2):36-38.

崔红霞,孙杰,林宗坚.2004.无人机遥感设备的自动化控制系统[J].测绘科学,29(1):47-49.

崔麦会,周建军,陈超.2007.无人机视频情报的压缩传输技术[J].电讯技术(1):131-133.

戴芹,刘建波,刘士彬.2008.海量卫星遥感数据共享的关键技术[J].计算机工程(6):283-285.

党安荣,史慧珍,何新东.2003.基于3S技术的土地利用动态变化研究[J].清华大学学报:自然科学版(10):1408-1411.

邸凯昌,李德仁,李德毅.2000.基于空间数据发掘的遥感图像分类方法研究[J].武汉测绘科技大学学报(1):42-48.

丁团结,方威,王锋.2011.无人机遥控驾驶关键技术研究与飞行品质分析[J].飞行力学,29(2):17-19,24.

丁兆连,顾梁,丁国峰.2013.基于SWDC数字航空摄影仪的航摄数据生产及初检查流程初探[J].测绘与空间地理信息(6):198-201.

段连飞,王国成,黄克明.2008.无人机航空像片全数字定位仪的关键技术与实现[J].探测与控制学报(S1):72-76.

范承啸,韩俊,熊志军,等.2009.无人机遥感技术现状与应用[J].测绘科学,34(5):214-215.

范贤学,金兴华.2012.无人机通信网络跨空域切换技术[C]//第九届长三角科技论坛——航空航天科技创新与长三角经济转型发展分论坛:302-306.

方贤勇,张明敏,潘志庚,等.2007.基于图切割的图像拼接技术研究[J].中国图象图形学报(12):2050-2056.

方志中.2010.小波分析及其在遥感图像分析中的应用研究[D].长沙:湖南大学.

冯敏,诸云强,张鸣之,等.2008.多源遥感影像共享平台的设计与实现[J].地球信息科学(1):102-108.

冯圣峰.2013.无人机正射影像无缝拼接的研究[D].南昌:东华理工大学.

符名引,张杏清,周叙,等.2007.影像镶嵌重采样算法的选择[J].地理空间信息(4):28-30.

高力,赵杰,王仁礼.2004.利用 Leberl 模型进行机载 SAR 图像的立体定位[J].测绘学院学报(4):269-271.

高云飞,苏玉瑞,王晓南,等.2014.无人机低空遥感的航路设计[J].测绘与空间地理信息(1):147-148,152.

葛永新,杨丹,张小洪.2007.基于特征点对齐度的图像配准方法[J].电子与信息学报(2):425-428.

龚剑明,杨晓梅,张涛,等.2009.基于遥感多特征组合的冰川及其相关地表类型信息提取[J].地球信息科学学报(6):765-772.

宫阿都,何孝莹,雷添杰,等.2010.无控制点数据的无人机影像快速处理[J].地球信息科学学报(2):2254-2260.

宫鹏,黎夏,徐冰.2006.高分辨率影像解译理论与应用方法中的一些研究问题[J].遥感学报(1):1-5.

郭丽艳.2005.舰载无人机系统图像信息分级压缩/解压缩技术分析[J].舰船电子工程(6):103-106.

郭忠磊,滕惠忠,张靓,等.2013.海岛区域低空无人机航测外业的质量控制[J].测绘与空间地理信息,36(11):27-30.

韩杰,王争.2008.无人机遥感国土资源快速监察系统关键技术研究[J].测绘通报(2):4-6,15.

韩文超.2011.基于 POS 系统的无人机遥感图像拼接技术研究与实现[D].南京:南京大学.

韩文超,周利剑,贾韶辉,等.2013.基于 POS 系统的无人机遥感图像融合方法的研究与实现[J].遥感信息,28(3):80-84,90.

韩文权,任幼蓉,赵少华.2011.无人机遥感在应对地质灾害中的主要应用[J].地理空间信息(5):6-8.

韩玉辉.2008.无人机测控与信息传输有关系统问题探讨[J].无线电工程(8):4-6.

何敏,李永树,鲁恒,等.2011.无人机影像地图制作实验研究[J].国土资源遥感(4):74-77.

何磊,苗放,唐姝娅,等.2010.无人机遥感图像及其三维可视化在汶川地震救灾中的应用[J].物探化探计算技术(2):111-112,206-210.

何敏,张文君,王卫红.2009.面向对象的最优分割尺度计算模型[J].大地测量与地球动力学(1):106-109.

何少林,徐京华,张帅毅.2013.面向对象的多尺度无人机影像土地利用信息提取[J].国土资源遥感(2):107-112.

何苏勤,刘学.2012.无人机巡检链路数据传输系统的设计与实现[J].实验技术与管理(9):93-96.

何一,张亚妮,王永生.2009.超宽带微型无人机数据链传输性能分析[J].西北工业大学学报(2):245-249.

侯海龙.2013.基于无人机影像的火灾应急辅助决策系统的设计与实现[D].青岛:山东科技大学.

侯海周.2007.微型无人机图像处理与传输系统设计[D].南京:南京理工大学.

胡开全,张俊前.2011.固定翼无人机低空遥感系统在山地区域影像获取研究[J].北京测绘(3):27,35-37.

胡荣明,张敏,刘潘.2011.高分辨率无人机低空影像 DEM 的建立及其精度研究[J].测绘科学(4):138,201-202.

胡伟军,李克非.2003.视频压缩标准的最新进展[J].中国有线电视(24):57-61.

胡晓曦,李永树,李何超,等.2010.无人机低空数码航测与高分辨率卫星遥感测图精度试验分析[J].测绘工程,19(4):68-70,74.

胡杏花,朱谷昌,徐文海.2011.基于分形理论的遥感影像分类研究[J].遥感信息(5):100-103.

胡中华,赵敏.2009.无人机研究现状及发展趋势[J].航空科学技术(4):3-5,8.

黄家威,罗卫兵,邵华.2011.微小型无人机无线数字视频传输系统的设计与实现[J].现代电子技术(4):4-6.

黄贤忠,张建霞,刘宗杰.2009.国产 SWDC 航空数码相机及其应用[J].测绘通报(9):36-38.

黄昕,张良培,李平湘.2007.基于多尺度特征融合和支持向量机的高分辨率遥感影像分类[J].遥感学报(1):48-54.

吉彩妮,郭忠诚.2014.无人机测控与信息传输系统相关问题研究[J].中国高新技术企业(5):8-9.

贾娇,艾海滨,张力,等.2013.应急响应中 PixelGrid 无人机遥感数据处理的关键技术与应用[J].测绘通报(5):62-65.

贾树泽,杨军,施进明,等.2010.新一代气象卫星资料处理系统并行调度算法研究与应用[J].气象科技(1):96-101.

姜丽丽,高天虹,白敏.2013.无人机影像处理技术在大比例尺基础测绘工程中的应用研究[J].测绘与空间地理信息,36(7):174-176.

蒋令.2011.无人飞机摄影测量在灾害工作中的必要性和优点[C]//第十三届中国科协年会第 12 分会场——测绘服务灾害与应急管理学术研讨会:4.

蒋谱成,武坦然,宋宇涵.2008.近地空间飞艇发展现状与趋势[J].空间电子技术,5(3):5-10.

金石,张晓林,周琪.2004.无人机通信信道的统计模型[J].航空学报(1):62-65.

柯涛,张永军.2009.SIFT 特征算子在低空遥感影像全自动匹配中的应用[J].测绘科学,34(4):23-26.

赖积保,罗晓丽,余涛,等.2013.一种支持云计算的遥感影像数据组织模型研究[J].计算机科学(7):80-83,115.

赖水清,陈传琪,张思,等.2013.无人直升机自主飞行控制技术[J].直升机技术(2):65-71.

赖志恒,王美娟.2014.新时期国内外数码航空摄影仪研究[J].信息系统工程(2):15-16.

雷小群,李芳芳,肖本林.2010.一种基于改进 SIFT 算法的遥感影像配准方法[J].测绘科学(3):143-145.

雷仲魁,仲筱艳,钱默抒.2009.无人驾驶飞机飞行控制新技术[J].南京航空航天大学学报,41(z1):12-14.

李波.2005.一种基于小波和区域的图像拼接方法[J].电子科技(4):49-52.

李朝奎,周国清.2006.基于 DLT 算法的微型无人机(MUAV)视频影像的几何纠正方法[J].国土资源遥感(4):23-28,中插 22.

李德仁,江志军.2006.车载视频图像序列卡尔曼滤波及其移动量测应用[J].测绘科学(4):11-13.

李德仁,王树良,李德毅,等.2002.论空间数据挖掘和知识发现的理论与方法[J].武汉大学学报:信息科学版(3):221-233.

李海星,惠守文,丁亚林.2014.国外航空光学测绘装备发展及关键技术[J].电子测量与仪器学报(5):469-477.

李红林.2013.基于无人机航摄平台的应用研究[J].测绘与空间地理信息,36(7):225-226,232.

李劲澎.2013.集群环境下无人机影像快速拼接及点云生成技术研究[D].郑州:解放军信息工程大学.

李劲澎,龚志辉,张婷.2012.无人机影像 SIFT 特征匹配的集群并行处理方法[J].测绘科学技术学报,29(6):440-444.

李军.2012.基于地震灾区无人机遥感的地形图制作及三维重建技术研究[D].成都:西南交通大学.

李军,李永树,蔡国林.2012.利用无人机影像制作地震灾区三维景观图[J].测绘工程,21(1):50-53.

李军杰,关艳玲,杨蒙蒙,等.2013.数字航测相机的研究进展[J].测绘科学(1):54-56.

李俊萍.2010.基于 FPGA 的多无人机系统信息传输技术研究[D].北京:北京邮电大学.

李玲玲,李翠华,曾晓明,等.2008.基于 Harris-Affine 和 SIFT 特征匹配的图像自动配准[J].华中科技大学学报:自然科学版(8):13-16.

李淼淼,乔振民,江西善.2013.Inpho 在无人机应急测绘保障中的应用[J].测绘与空间地理信息(z1):232-234.

李涛,汪西莉.2013.一种基于聚类核的半监督支持向量机分类方法[J].计算机应用研究(1):42-45,48.

李文慧,杨斌,黄永璘,等.2008.无人机遥感在三维地形建模中的应用初探[J].气象研究与应用(4):38-41.

李晓铃.2014.基于FME的无人机遥感影像几何校正[J].信息技术(2):23-26,30.

李新,程国栋,卢玲.2000.空间内插方法比较[J].地球科学进展(3):260-265.

李一波,李振,张晓东.2011.无人机飞行控制方法研究现状与发展[J].飞行力学,29(2):1-5,9.

李玉霞,杨武年,刘汉湖,等.2007.遥感图像三维可视化技术在西部高原区机场建设工程中的应用——以昆明小哨机场为例[J].物探化探计算技术(3):181-182,260-263.

李云,徐伟,吴玮.2011.灾害监测无人机技术应用与研究[J].灾害学,26(1):138-143.

连蓉.2014.四旋翼无人机影像获取及DOM生产研究[J].地理空间信息(1):80-83.

梁永玲,王永生,姚如贵.2006.无人机通信网的网络协议研究[J].微电子学与计算机(1):67-70.

林先成,李永树.2010.成都平原高分辨率遥感影像分割尺度研究[J].国土资源遥感(2):7-11.

林宗坚.2011.UAV低空航测技术研究[J].测绘科学(1):5-9.

林宗坚,苏国中,支晓栋.2010.无人机双拼相机低空航测系统[J].地理空间信息,8(4):1-3,24.

刘方敏,吴永辉,俞建新.2002.JPEG2000图像压缩过程及原理概述[J].计算机辅助设计与图形学学报(10):905-911,916.

刘刚,许宏健,马海涛,等.2011.无人机航测系统在应急服务保障中的应用与前景[J].测绘与空间地理信息,34(4):177-179.

刘航冶,张永生,邓雪清.2010.集群环境下的影像并行匹配算法[J].测绘科学技术学报(3):205-208.

刘亮,李显彬,姜小光,等.2012.刃边法的MTF评价精度分析[J].中国科学院研究生院学报(6):786-792.

刘明军,林宗坚,苏国中.2013.无人飞艇低空航测系统在1:500大比例尺地形图航测中的应用[J].遥感信息,28(4):69-74.

刘潘,张兴元,魏国.2013.GPS事后差分无人机遥感平台[J].中国科技成果(20):59-61.

刘鹏,彭艳鹏,邹秀琼,等.2010.我国无人机航摄系统现状和前景[J].地理空间信息,8(4):4-6,161.

刘荣科,张晓林.2002.无人机载图像实时传输方案的研究[J].北京航空航天大学学报,28(2):208-212.

刘洋,祁琼.2014.无人机航摄技术在国土资源领域的应用[J].地理空间信息(1):29-30,39.

鲁恒,李永树,何敬,等.2010a.一种基于特征点的无人机影像自动拼接方法[J].地理与地理信息科学(5):16-19,28.

鲁恒,李永树,何敬.2011a.大重叠度无人机影像自动展绘控制点方法研究[J].国土资源遥感(4):69-73.

鲁恒,李永树,何敬,等.2011b.无人机低空遥感影像数据的获取与处理[J].测绘工程,20(1):51-54.

鲁恒,李永树,李何超,等.2010b.无人机影像数字处理及在地震灾区重建中的应用[J].西南交通大学学报,45(4):533-538,573.

陆博迪,孟迪文,陆鸣,等.2011.无人机在重大自然灾害中的应用与探讨[J].灾害学(4):122-126.

罗睿.2001.遥感图像信息系统的设计与分析[D].郑州:解放军信息工程大学.

罗伟国.2012.关于无人机航测系统外业像控的探讨[J].矿山测量(5):56-58,93.

罗先权,罗甫.2013.无人机航摄系统在大比例尺成图中的应用[J].地理空间信息(3):23-25.

吕雪锋,程承旗,龚健雅,等.2011.海量遥感数据存储管理技术综述[J].中国科学技术(12):1561-1573.

马广彬,章文毅,陈甫.2007.图像几何畸变精校正研究[J].计算机工程与应用(9):45-48.

马瑞升.2004.微型无人机航空遥感系统及其影像几何纠正研究[D].南京:南京农业大学.

马瑞升,孙涵,林宗桂,等.2005.微型无人机遥感影像的纠偏与定位[J].南京气象学院学报(5):58-65.

马瑞升,孙涵,马轮基,等.2006.基于微型无人机影像的土地利用调查试验[J].遥感信息(1):43-45.

马社祥,刘贵忠,尚赵伟.2001.基于小波变换的图像和视频压缩编码[J].工程数学学报(S1):17-30.

买小争,杨波,冯晓敏.2012.无人机航摄像控点布设方法探讨[C]//第四届测绘科学前沿技术论坛.

毛伟勇.2009.可用于无线传输的高清MPEG-2实时编码器的设计与实现[D].上海:上海交通大学.

倪国强.2001.多波段图像融合算法研究及其新发展[J].光电子技术与信息(5):11-17.

裴锦华.2009.无人机撞网回收的技术发展[J].南京航空航天大学学报,41(z1):6-11.

彭晓东,林宗坚.2009.无人飞艇低空航测系统[J].测绘科学,34:5.

钱建梅,郑旭东.2003.国家卫星气象中心气象卫星资料存档系统[J].应用气象学报(6):760-766.

秦军,曹云刚,耿娟.2010.汶川地震灾区道路损毁度遥感评估模型[J].西南交通大学学报(5):768-774.

秦其明,金川,陈德智,等.2006.无人机遥感数据压缩解压缩系统的设计和实现[J].国土资源遥感(2):31-34.

秦其明,金川,李杰,等.2005.高空超高空无人机遥感数据传输问题研究[C]//第十五届全国遥感技术学术交流会:1.

任伏虎,王晋年.2012.遥感云服务平台技术研究与实验[J].遥感学报(6):1331-1346.

任向红.2013.微型无人机航空摄影测量技术在宁夏土地整治中的应用——以宁夏中北部土地开发整理重大工程项目为例[J].测绘与空间地理信息(9):168-169.

任志明.2011.无人机航测技术在成都平原信息快速获取中的应用研究[D].成都:西南交通大学.

尚海兴,黄文钰.2013.无人机低空影像在地形图测绘中的应用[J].地理空间信息(3):29-31.

申文明,王文杰,罗海江,等.2007.基于决策树分类技术的遥感影像分类方法研究[J].遥感技术与应用(3):333-338.

沈体雁,程承旗.1999.地理元数据技术系统的设计与实现[J].武汉测绘科技大学学报(4):326-330.

沈永林,刘军,吴立新,等.2011.基于无人机影像和飞控数据的灾场重建方法研究[J].地理与地理信息科学,27(6):13-17.

石祥滨,王锋.2012.无人机自组网络多媒体数据传输路由算法研究[J].沈阳航空航天大学学报(2):33-36.

孙杰,林宗坚,崔红霞.2003.无人机低空遥感监测系统[J].遥感信息(1):27,49-50.

孙雨.2011.小型无人机通信系统的研究与构建[D].武汉:华南理工大学.

田文,王宏远,徐帆,等.2009.RANSAC算法的自适应 T_(c,d)预检验[J].中国图象图形学报(5):973-977.

王勃.2011.基于特征的无人机影像自动拼接技术研究[D].郑州:解放军信息工程大学.

王春生,杨鲁强,王杨,等.2012.无人机低空摄影测量系统在水利工程测量中的应用[C]//第四届"测绘科学前沿技术论坛"论文集:408-410.

王冬,卢秀山,刘凤英,等.2011.自稳定双拼相机低空无人飞艇航测系统[J].遥感信息(4):96-99.

王国洲.2010.无人机航摄系统在贵州地质灾害应急中的应用[J].地理空间信息,8(5):1-3.

王华斌,唐新明,李黔湘.2008.海量遥感影像数据存储管理技术研究与实现[J].测绘科学(6):153,156-157.

王继周,林宗坚,李成名,等.2004.基于UAV遥感影像的建筑物三维重建[J].遥感信息(4):11-15.

王琳.2011.高精度、高可靠的无人机影像全自动相对定向及模型连接研究[D].北京:中国测绘科学研究院.

王洛飞.2014.无人机低空摄影测量在城市测绘保障中的应用前景[J].测绘与空间地理信息(2):217-219,222.

王鹏,马永青,汪宏昇,等.2011.无人机通信应用设想及关键技术[J].飞航导弹(5):53-56.

王强.2010.基于网格服务的遥感数据集成与共享平台[J].电脑知识与技术(10):2462,2465.

王青山.2010.简述无人机在遥感技术中的应用[J].测绘与空间地理信息,33(3):100-101,104.

王太坤.2012.无人机数字航摄系统的快速测绘与应用[J].资源导刊:地球科技版(5):54-55.

王伟,胡镇,马浩,等.2014a.多旋翼倾转定翼无人机的姿态控制[J].计算机仿真,31(1):31-35.

王伟,马浩,徐金琦,等.2014b.多旋翼无人机标准化机体设计方法研究[J].机械设计与制造(5):147-150.

王文龙.2010.重大公路灾害遥感监测与评估技术研究[D].武汉:武汉大学.

王晓晖,朱耀庭,朱光喜.1999.解压缩图象质量的客观评价研究[J].中国图象图形学报(12):17-21.

王鑫,姜挺.2012.DMCⅡ数字航空摄影传感器性能改进及应用[J].影像技术(2):32-36.

王秀英,聂高众.2009.地震应急中诱发滑坡灾害致灾距离快速评估方法研究[J].中国地震(3):333-342.

王彦敏,卢刚.2010.基于PixelGrid实现DOM的快速更新[C]//地理信息与物联网论坛暨江苏省测绘学会2010年学术年会.

王英勋,蔡志浩.2009.无人机的自主飞行控制[J].航空制造技术(8):26-31.

温红艳,周建中.2009.遥感图像拼接算法改进[J].电光与控制(12):34-37.

温文雅,陈建华.2009.一种基于特征点的图像匹配算法[C]//2009系统仿真技术及其应用学术会议.

吴海仙,俞文伯,房建成.2006.高空长航时无人机SINS/CNS组合导航系统仿真研究[J].航空学报,27(2):299-304.

吴佳楠,王伟,吴成富.2009.关于提高无人机飞控系统生存力的研究[J].航空制造技术(18):34-37.

吴磊,金伟娜,燕樟林.2012.无人机摄影测量在公路选线上的应用研究[J].大坝与安全(2):35-38,42.

吴潜,雷厉.2008.多无人机测控与信息传输系统的技术与发展[J].电讯技术(10):107-111.

吴益明,卢京潮,魏莉莉,等.2006.无人机遥控遥测数据的实时处理研究[J].计算机测量与控制(5):681-682,694.

吴俣,余涛,谢东海.2013.面向应急响应的无人机图像快速自动拼接[J].计算机辅助设计与图形学学报,25(3):410-416.

吴云东,张强.2009.立体测绘型双翼民用无人机航空摄影系统的实现与应用[J].测绘科学技术学报,26(3):161-164,169.

谢清鹏.2005.无人机序列图像压缩方法研究[D].武汉:华中科技大学.

谢艳玲,夏正清.2011.数字正射影像制作的应用和探讨[J].科技资讯(20):14-15.

熊登亮,陈舫益.2014.采用无人机影像生成高原山区高精度DEM的一种方法[J].测绘与空间地理信息(1):127-128,134.

熊自明,葛文.2007.基于GIS的无人机地面监控系统的设计与实现[J].海洋测绘,27(4):54-56,80.

徐慧,张伯虎,董文柱,等.2011.多功能无人旋翼机在公共安全方面的应用[J].现代电子技术,34(20):128-130.

徐靖涛,陆钰,王金根.2007.无人机通信链路抗干扰手段探析[J].桂林航天工业高等专科学校学报(4):1-3,14.

严俊雄,王文,李子扬,等.2008.基于DCT和DWT的遥感图像压缩算法比较[J].科学技术与工程(19):5439-5445.

杨爱玲,孙汝岳,徐开明.2010.基于固定翼无人机航摄影像获取及应用探讨[J].测绘与空间地理信息,33(5):160-162.

杨爱玲,于洪伟,郑灿辉.2011.关于轻型无人机航摄影像的质量探讨[J].测绘与空间地理信息,34(2):185-187.

杨海平,沈占锋,骆剑承,等.2013.海量遥感数据的高性能地学计算应用与发展分析[J].地球信息科学学报(1):128-136.

杨艳伟.2009.基于SIFT特征点的图像拼接技术研究[D].西安:西安电子科技大学.

杨云麟,罗忠奎,谭诗翰.2010.基于GPU的高速图像融合[J].计算机工程与设计(22):4870-4872,4876.

姚喜,卢秀山.2008.基于特征的影像拼接算法[J].城市勘测(6):75-77.

叶海全.2014.PixelGrid-UAV模块在滩涂资源动态监测中的应用[J].测绘与空间地理信息(2):142-143,147.

易柳城.2013.无人机遥感影像与数字高程模型的三维可视化研究[D].长沙:中南大学.

易美华,朱自强,黄国祥,等.2003.小波变换在遥感图像压缩中的应用及Matlab实现[J].物探化探计算技术(3):270-272.

于瑶瑶.2012.无人机影像快速拼接关键技术研究[D].郑州:解放军信息工程大学.

喻鸣,向浩.2010.UCD数码航测相机效率分析[C]//全国测绘科技信息网中南分网第二十四次学术信息交流会:5.

喻玉华,梁莉,傅飞.2009.无人机通用型智能化飞行控制与管理系统[J].航空制造技术(8):89-91.

余昀.2008.无人机数据链协议研究[J].舰船电子工程(9):50-54,84.

袁安富,徐金琦,王伟,等.2013.基于双 STM32 多旋翼无人机控制系统设计[J].电子技术应用,39(11):136-138.

袁辉,胡庆武.2013.利用低空无人机飞控数据的摄影航带全自动整理方法[J].测绘科学(3):34-36,46.

袁文龙.2005.星载 SAR 图像几何校正原理及软件设计与实现[D].北京:中国科学院研究生院电子学研究所.

袁修孝,明洋.2010.POS 辅助航带间航摄影像的自动转点[J].测绘学报(2):156-161.

曾丽萍.2008.遥感图像几何校正算法研究[D].成都:电子科技大学.

曾伟,李德龙.2013.无人机在地理国情应急监测中的应用探讨[J].地理信息世界(5):84-88.

张浩,张育林.2007.卫星遥感图像数据压缩质量评价研究[J].中国空间科学技术(1):55-60.

张欢.2012.无人机遥感影像快速处理关键技术研究及实现[D].成都:电子科技大学.

张剑清,柯涛,孙明伟,等.2008.并行计算在航空摄影测量中的应用与实现——数字摄影测量网格(DPGrid)并行计算技术研究[J].测绘通报(12):11-14.

张平.2003.数字正射影像的制作技术及问题探讨[J].测绘通报(10):28-30.

张强,吴云东,张超.2012.低空遥感小型三轴陀螺稳定平台的设计与实现[J].测绘科学技术学报,29(4):276-280,284.

张书煌.2007.数字正射影像图的质量控制与评价方法[J].福建地质,26(1):40-46.

张涛,芦维宁,李一鹏.2013.智能无人机综述[J].航空制造技术(12):32-35.

张晓林,姚远.2008.无人机载 SAR 图像压缩传输中的关键技术研究[J].航空科学技术(3):34-39.

张雪萍,刘英.2011.无人机在大比例尺 DOM 生产中的应用[J].测绘标准化(4):25-27.

张艳,王涛,徐青,等.2006.无人机载线阵摆扫 CCD 影像几何校正[J].测绘科学技术学报,23(3):168-170.

张永红,林宗坚,张继贤,等.2002.SAR 影像几何校正[J].测绘学报(2):134-138.

张永军.2009.无人驾驶飞艇低空遥感影像的几何处理[J].武汉大学学报:信息科学版(3):284-288.

张永年.2013.无人机低空遥感海洋监测应用探讨[J].测绘与空间地理信息,36(8):143-145.

张永生.2013.机载对地观测与地理空间信息现场直播技术[J].测绘科学技术学报,30(1):1-5.

张正阳.1999.高性能图像编码研究[D].西安:西安电子科技大学.

张周威,余涛,孟庆岩,等.2013.空间重采样方法对遥感影像信息影响研究[J].华中师范大学学报:自然科学版(3):426-430.

张祖勋.1983.影象灰度内插的研究[J].测绘学报(3):178-188.

赵辉,陈辉,于泓.2007.一种改进的全景图自动拼接算法[J].中国图象图形学报(2):336-342.

赵立成,王素娟,施进明.2002.国家卫星气象中心信息共享体制研究与技术实现[J].应用气象学报(5):627-632.

赵琦,张晓林.2002.用面向对象方法设计无人直升机信息处理系统[J].北京航空航天大学学报,28(4):409-412.

赵双明,李德仁.2006.ADS40 影像几何预处理[J].武汉大学学报:信息科学版(4):308-311.

赵永明.2011.无人机航摄系统在长距离输油(气)管道测量中的应用探讨[J].矿山测量(1):12-15,26.

郑期兼.2014.无人机技术在测绘测量中的应用分析[J].科技与创新(5):40-41.

郑维刚.2014.基于无人机红外影像技术的配电网巡检系统研究[D].沈阳:沈阳农业大学.

郑永虎,张启元,陈丰田.2013.无人机航测在高原矿区测绘中的应用[J].青海大学学报:自然科学版,31(3):58-61.

郑永明,王艳梅,张志霞,等.2012.无人机航测数据质量检查及成果应用[J].测绘通报(S1):430-432,476.

周骥,石教英,赵友兵.2002.图像特征点匹配的强壮算法[J].计算机辅助设计与图形学学报(8):754-757,777.

周洁萍,龚建华,王涛,等.2008.汶川地震灾区无人机遥感影像获取与可视化管理系统研究[J].遥感学报(6):

877-884.

周帅.2013.无人直升机在民用行业的应用与发展[J].舰船电子对抗,36(1):117-120.

周祥生.2008.无人机测控与信息传输技术发展综述[J].无线电工程(1):30-33.

周友义.2013.基于 PixelGrid 软件的无人机数据处理[J].测绘与空间地理信息(1):128-130.

周占成,朱陈明.2011.无人机航摄系统获取 DOM 的技术研究[J].测绘标准化(3):16-18.

朱博,王新鸿,唐伶俐,等.2010.光学遥感图像信噪比评估方法研究进展[J].遥感技术与应用(2):303-309.

朱彩英,徐青,吴从晖,等.2003.机载 SAR 图像几何纠正的数学模型研究[J].遥感学报(2):112-117.

朱万雄.2013.无人机数据处理关键技术运用[J].地理空间信息,11(6):34-35,43.

朱学伟,李晓辉,朱博.2013.CCSDS 压缩算法对高光谱数据质量的影响研究[J].遥感信息(4):29-36.

邹晓亮,缪剑,张永生,等.2012.基于像素工厂的无人机影像空三优化技术[J].测绘科学技术学报,29(5):362-367.

Balakrishnan H, Padmanabhan V N. 2001. How network asymmetry affects TCP [J]. Communications Magazine,39(4):60-67.

Beruti V, Forcada M E, Albani M. 2010. ESA plans-a pathfinder for long term data preservation [C]// Proceedings of the 7th International Conference on Preservation of Digital Objects (IPRES2010). Vienna, Austria.

Bins L S A, Fonseca L M G, Erthal G J, et al. 1996. Satellite imagery segmentation: a region growing approach [C]//The 8th Brazilian Symposium on Remote Sensing, Brazil.

Brown M, Lowe D G. 2007. Automatic panoramic image stitching using invariant features[J]. International Journal of Computer Vision,74(1):15.

Burt P J, Adelson E H. 1983. A multiresolution spline with application to image mosaics [J]. ACM Transactions on Graphics(2):20.

Chapman T. 2011. Autonomous unmanned helicopter system for remote sensing missions in unknown environments[J]. International Archives of the Photogrammetry, Remote Sensing and Spatial Information Sciences:XXXVIII-1/C22.

Colomina I, Blázquez M, Molina P, et al. 2008. Towards a new paradigm for high-resolution low-cost photogrammetry and remote sensing.[J]. IAPRS & SIS,37(B1):1201-1206.

Colomina I, Molina P. 2014. Unmanned aerial systems for photogrammetry and remote sensing: a review[J]. ISPRS Journal of Photogrammetry and Remote Sensing,92:79-97.

Esfandiari M, Ramapriyan H, Behnke J, et al. 2006. Evolving a ten year old data system[C]//Second IEEE International Conference on Space Mission Challenges for Information Technology:8.

Espindola G M, Camara G, Reis I A, et al. 2006. Parameter selection for region-growing image segmentation algorithms using spatial autocorrelation[J]. International Journal of Remote Sensing:9.

Fong W C, Chan S C, Nallanathan A, et al. 2002. Integer lapped transforms and their applications to image coding[J]. IEEE Transactions on Image Processing, 11(10):1152-1159.

Forzieri G, Tanteri L, Moser G, et al. 2013. Mapping natural and urban environments using airborne multi-sensor ADS40-MIVIS-LiDAR synergies [J]. International Journal of Applied Earth Observation and Geoinformation,23:313-323.

Friedl M A, Brodley C E, Strahler A H. 1999. Maximizing land cover classification accuracies produced by decision trees at continental to global scales[J]. Geoscience and Remote Sensing, IEEE Transactions on, 37(2):969-977.

Fusco L, Cossu R. 2009. Past and future of ESA earth observation grid[J]. Mem SAIt,80:16.

Girard A R, Howell A S, Hedrick J K. 2004. Border patrol and surveillance missions using multiple unmanned air vehicles[C]// 43rd IEEE Conference on Decision and Control，621：620-625.

Gonizzi S，Barsanti F R，Visintini D. 2013. 3D surveying and modeling of archaeological sites[C]//XXIV International CIPA Symposium. Strasbourg，France.

Hager G，Jost G，Rabenseifner R. 2009. Communication characteristics and hybrid MPI/OpenMP parallel programming on clusters of multi-core SMP nodes[C]//Cray User Group 2009 Proceedings.

Hopkinson C，Lovell J，Chasmer L，et al. 2013. Integrating terrestrial and airborne LiDAR to calibrate a 3D canopy model of effective leaf area index[J]. Remote Sensing of Environment，136：301-314.

Insaurralde C C，Lane D L. 2014. Metric assessment of autonomous capabilities in unmanned maritime vehicles[J]. Engineering Applications of Artificial Intelligence，30：41-48.

Itakura K. 2006. MDPS：the new mass data processing storage system for the earth simulator[J]. Journal of the Earth Simulator，5：5.

Jamshidi M，Jaimes B A S，Gomez J. 2011. Cyber-physical control of unmanned aerial vehicles[J]. Scientia Iranica，18(3)：663-668.

Jin H，Sang W. 2001. Partial successive interference cancellation in hybrid DS/FH spread-spectrum multiple-access systems[J]. IEEE Transactions on Communications，49(10)：1710-1714.

Joachims T. 1999. Transductive inference for text classification using support vector machines [C]// Proceedings of ICML-99，16th International Conference on Machine Learning. San Francisco，US：200-209.

Juan S，Jinling W，Yaming X. 2011. Object-based change detection using georeferenced UAV images[C]// International Archives of the Photogrammetry，Remote Sensing and Spatial Information Sciences. Zurich，Switzerland.

Kemper G. 2012. New airborne sensors and platforms for solving specific tasks in remote sensing [C]//XXII ISPRS Congress. Melbourne，Australia.

Kewu P，Kieffer J C. 2004. Embedded image compression based on wavelet pixel classification and sorting[J]. IEEE Transactions on Image Processing，13(8)：1011-1017.

Kim M，Madden M，Warner T. 2008. Estimation of optimal image object size for the segmentation of forest stands with multispectral IKONOS imagery. Object-based image analysis. Lecture notes in geoinformation and cartography[M]. Springer Berlin Heidelberg.

Koller A A，Johnson N. 2005. Design，implementation，and integration of a publish/subscribe-like multi-UAV communication architecture[C]//AIAA Modeling and Simulation Technologies Conference and Exhibit. San Francisco，California.

Lee C A，Gasster S D，Plaza A，et al. 2011. Recent developments in high performance computing for remote sensing：a review[J]. IEEE Journal of Selected Topics in Applied Earth Observations and Remote Sensing，4(3)：508-527.

Li P，Xiao X. 2004. An unsupervised marker image generation method for watershed segmentation of multispectral imagery[J]. Geosciences Journal，8(3)：325-331.

Li X，Yeh A G. 2004. Multitemporal SAR images for monitoring cultivation systems using case-based reasoning[J]. Remote Sensing of Environment，90(4)：524-534.

Liew A C，Hong Y. 2004. Blocking artifacts suppression in block-coded images using overcomplete wavelet representation[J]. IEEE Transactions on Circuits and Systems for Video Technology，14(4)：450-461.

Lowe D G. 2004. Distinctive image features from scale-invariant key points[J]. International Journal of Computer Vision(1)：20.

Malvar H S. 1998. Biorthogonal and nonuniform lapped transforms for transform coding with reduced blocking and ringing artifacts[J]. IEEE Transactions on Signal Processing，46：11.

Matikainen L, Kaartinen H, Hyyppä J. 2007. Classification tree based building detection from laser scanner and aerial image data [C]//ISPRS Workshop on Laser Scanning 2007 and Silvi Laser 2007, Finland.

Mayr W. 2011. Unmanned aerial systems in use for mapping at BLOM[R]. Stuttgart, Germany.

McIver D K, Friedl M A. 2001. Estimating pixel-scale land cover classification confidence using nonparametric machine learning methods[J]. Geoscience and Remote Sensing, IEEE Transactions on, 39(9):1959-1968.

Medina D, Hoffmann F, Rossetto F, et al. 2010. A cross layer geographic routing algorithm for the airborne internet[C]//2010 IEEE International Conference on Communications (ICC):1-6.

Meng Z, Xiao B. 2011. High-resolution satellite image classfication and segmentation using Lapalacian graph energy [J]. IGARSS(11):4.

Mészáros J. 2011. Aetial surveying UAV based on open-source hardware and software[C]//Conference on Unmanned Aerial Vehicle in Geomatics. , Zurich, Switzerland.

Mikolajczyk K, Schmid C. 2005. A performance evaluation of local descriptors [J]. Pattern Analysis and Machine Intelligence, IEEE Transactions on, 27(10):1615-1630.

Min S, Qingming Y, Jianming G. 2006. A new deblocking algorithm based on wavelet transform and MRF for DCT-coded images[C]//CCECE '06 Canadian Conference on Electrical and Computer Engineering, Canada: 1944-1947.

Mitchell A, Ramapriyan H, Lowe D. 2009. Evolution of web services in EOSDIS-search and order metadata registry (ECHO)[C]//2009 IEEE International Geoscience and Remote Sensing Symposium: V371-V374.

Muhar A. 2001. Three-dimensional modelling and visualisation of vegetation for landscape simulation[J]. Landscape and Urban Planning, 54(4):5-17.

Nakajima K. 2004. Preconditioned iterative linear solvers for unstructured grids on the Earth simulator[C]// Proceedings of Seventh International Conference on High Performance Computing and Grid in Asia Pacific Region:150-159.

Nakano T, Kawase Y, Yamaguchi T, et al. 2010. Parallel computing of magnetic field for rotating machines on the earth simulator[J]. IEEE Transactions on Magnetics, 46(8):3273-3276.

Nathan P T, Almurib H A, Kumar T N. 2011. A review of autonomous multi-agent quad-rotor control techniques and applications[C]//4th International Conference On Mechatronics (ICOM):1-7.

Oktem L, Astola J. 1999. Hierarchical enumerative coding of locally stationary binary data[J]. Electronics Letters, 35(17):1428-1429.

Oliver J, Malumbres M P. 2006. Huffman coding of wavelet lower trees for very fast image compression[C]// Proceedings of 2006 IEEE International Conference on Acoustics Speech and Signal Processing:II-II.

Paparoditis N, Souchon J P, Martinoty G, et al. 2006. High-end aerial digital cameras and their impact on the automation and quality of the production workflow[J]. ISPRS Journal of Photogrammetry and Remote Sensing, 60(6):400-412.

Pendleton C. 2010. The world according to bing[J]. Computer Graphics and Applications, 30(4):15-17.

Pen-Shu Y, Venbrux J, Bhatia P, et al. 2000. A real-time high performance data compression technique for space applications[C]//Proceedings of IEEE 2000 International Geoscience and Remote Sensing Symposium: 612-614.

Quigley M, Goodrich M A, Griffiths S, et al. 2005. Target acquisition, localization, and surveillance using a fixed-wing mini-UAV and gimbaled camera[C]//Proceedings of the 2005 IEEE International Conference on Robotics and Automation(ICRA):2600-2605.

Rabenseifner R. 2008. Some aspects of message-passing on future hybrid systems[R]. Dublin, Ireland: High Performance Computing Center(HLRS), University of Stuttgart, Germany.

Said A,Pearlman W A. 1996. A new,fast,and efficient image codec based on set partitioning in hierarchical trees[J]. IEEE Transactions on Circuits and Systems for Video Technology,6(3):8.

Samad T,Bay J S,Godbole D. 2007. Network-centric systems for military operations in urban terrain: the role of UAVs[J]. Proceedings of the IEEE,95(1):92-107.

Sanders J,Kandrot E. 2010. CUDA by example: an introduction to general-purpose GPU programming[M]. Beijing:Tsinghua University Press.

Scaioni R B. 2011. UAV photogrammetry for mapping and 3D modeling -current status and future perspectives[R]. Italy.

Schiewe J. 2005. Status and future perspectives of the application potential of digital airborne sensor systems[J]. International Journal of Applied Earth Observation and Geoinformation,6(3/4):215-228.

Servetto S D,Ramchandran K,Orchard M T. 1999. Image coding based on a morphological representation of wavelet data[J]. IEEE Transactions on Image Processing,8(9):1161-1174.

Shan Z,Kai-Kuang M. 1997. A new diamond search algorithm for fast block matching motion estimation[C]// Proceedings of 1997 International Conference on Information,Communications and Signal Processing,291: 292-296.

Shapiro J M. 1993. Embedded image coding using zero trees of wavelet coefficients[J]. IEEE Trans Signal Processing,41:18.

Sunil N,Dattatray S. 2010. Performance evaluation of IEEE 802. 16e (mobile WiMAX) in OFDM physical layer[J]. International Journal of Engineering Research and Applications (IJERA):393-397.

Szeliski R. 1996. Video mosaics for virtual environments [J]. Computer Graphics and Applications, IEEE,16(2):22-30.

Taubman D. 2000. High performance scalable image compression with EBCOT[J]. IEEE Transactions on Image Processing,9(7):1158-1170.

Taylor R C,Dolloff T J,Bower M,et al. 2010. Automated video geo-registration at real-time rate[C]//ASPRS 2010 Annual Conference. San Diego,California.

Thomos N,Boulgouris N V,Strintzis M G. 2005. Wireless image transmission using turbo codes and optimal uneaqual error protection[J]. Transactions on Image Processing,14(11):10.

Thurling A J,Adams A J,Greene K A,et al. 2000. Improving unmanned aerial vehicle handling qualities by compensating for time delay[R]. USAF Test Pilot School.

Tran T D. 2000. The binDCT: fast multi-plierless approximation of the DCT[J]. Signal Processing Letters, IEEE,7(6):141-144.

Tran T D,Jie L,Cheng J T. 2003. Lapped transform via time-domain pre- and post-filtering[J]. Signal Processing,IEEE Transactions on,51(6):1557-1571.

Triantafyllidis G A,Tzovaras D,Strintzis M G. 2002. Blocking artifact detection and reduction in compressed data[J]. IEEE Transactions on Circuits and Systems for Video Technology,12(10):877-890.

Walker GPAS. 2007. Airborne digital imaging technology: a new overview [J]. The Photogrammetric Record, 22(119):23.

Wang H, Ellis E C. 2005. Image misregistration error in change measurements [J]. Photogrammetric Engineering & Remote Sensing,71:8.

Wei Y,Di L,Zhao B,et al. 2007. Transformation of HDF-EOS metadata from the ECS model to ISO 19115-based XML[J]. Computers & Geosciences,33(2):238-247.

Wua X, Guob J, Wallacea J, et al. 2009. Evaluation of CBERS image data: geometric and radiometric aspects[J]. Inn Rem Sens Phot,2:13.

Yuan X. 2008. A novel method of systematic error compensation for a position and orientation system[J]. Progress in Natural Science,18:11.

Zhang Y. 2008. Photogrammetric processing of low altitude image sequences by unmanned airship[C]//The International Archives of the Photogrammetry,Remote Sensing and Spatial Information Sciences,Beijing.

Zhu C,Shi W,Pesaresi M,et al. 2005. The recognition of road network from high-resolution satellite remotely sensed data using image morphological characteristics[J]. International Journal of Remote Sensing,26(24): 5493-5508.

Zhu X. 2008. Semi-supervised learning literature survey[R]. University of Wisconsin-Madison.